Signalverarbeitung

Martin Meyer

Signalverarbeitung

Analoge und digitale Signale,
Systeme und Filter

9., korrigierte Auflage

Martin Meyer
Fachhochschule Nordwestschweiz
Hochschule für Technik
Windisch, Schweiz

Ergänzendes Material zu diesem Buch finden Sie auf
https://link.springer.com/book/10.1007/978-3-658-32801-6

ISBN 978-3-658-32800-9   ISBN 978-3-658-32801-6   (eBook)
https://doi.org/10.1007/978-3-658-32801-6

Die Deutsche Nationalbibliothek verzeichnet diese Publikation in der Deutschen Nationalbibliografie; detaillierte bibliografische Daten sind im Internet über http://dnb.d-nb.de abrufbar.

Planung/Lektorat: Reinhard Dapper
Springer Vieweg ist ein Imprint der eingetragenen Gesellschaft Springer Fachmedien Wiesbaden GmbH und ist ein Teil von Springer Nature.
Die Anschrift der Gesellschaft ist: Abraham-Lincoln-Str. 46, 65189 Wiesbaden, Germany

Vorwort

Dieses Buch behandelt auf Hochschulniveau die Grundlagen der analogen und digitalen Signalverarbeitung, wie sie für Anwendungen in der Nachrichten-, Regelungs- und Messtechnik benötigt werden. Das Buch entstand aus meiner Tätigkeit als Dozent an der Fachhochschule Nordwestschweiz (FHNW).

Die Signalverarbeitung befasst sich mit der mathematischen Darstellung von Signalen sowie von Algorithmen (z.B. Filterung), die von Systemen ausgeführt werden. In diesem einführenden Buch wird die klassische Theorie der Signalverarbeitung behandelt. Aus mehreren Gründen wird eine abstrakte, „theorielastige" Darstellung benutzt:

- Abstrakte Betrachtungen sind universeller, also breiter anwendbar.

- Die Theorie lässt sich dadurch mit Analogien aufgrund vorhergehender Kapitel aufbauen, sie wird somit kompakter.

- Die Theorie veraltet viel weniger schnell als die Praxis. Unter „Praxis" verstehe ich hier die Implementierung eines Systems, z.B. mit einem digitalen Signalprozessor. Diese Implementierung und die dazu benutzten Hilfsmittel werden darum nur knapp besprochen.

Heute stehen natürlich die digitalen Konzepte im Vordergrund, sie werden im Folgenden auch speziell betont. Trotzdem finden sich noch Kapitel über analoge Signale und Systeme. Aus deren theoretischem Fundament wächst nämlich die Theorie der digitalen Signale und Systeme heraus. Der Aufwand verdoppelt sich also keineswegs durch die Behandlung beider Welten. Zudem werden immer noch beide Theorien benötigt: digitale Rekursivfilter beispielsweise werden häufig aufgrund ihrer analogen Vorbilder dimensioniert und sehr oft verarbeitet man ursprünglich analoge Signale mit digitalen Systemen.

Das Buch umfasst einen „analogen Teil" (Kapitel 2, 3 und 4) und einen „digitalen Teil" (Kapitel 5, 6 und 7), welche in sich gleich aufgebaut sind: Signale - Systeme - Filter. Man kann das Buch auf zwei Arten durcharbeiten: entweder entsprechend der Nummerierung der Kapitel oder aber analoge und digitale Teile quasi parallel, d.h. Kapitel 2, 5, 3, 6, 4, 7.

Als Voraussetzung zum Verständnis dieses Buches braucht der Leser Kenntnisse der Mathematik, wie sie in jedem technischen oder naturwissenschaftlichen Grundstudium angeboten werden. Konkret bedeutet dies den Umgang mit komplexen Zahlen, Funktionen, Reihen (insbesondere Fourier-Reihen) sowie der Differential- und Integralrechnung. Kenntnisse der Elektrotechnik, Elektronik und Digitaltechnik sind nützlich, aber nicht unbedingt erforderlich.

Die Entwicklung eines Systems für die Signalverarbeitung erfolgt heute mit Hilfe des Computers. Dies bedeutet aber nicht, dass fundierte Kenntnisse der Theorie durch Mausklicks ersetzt werden können. Oft lässt sich nämlich eine Aufgabe nur näherungsweise lösen. Der Ingenieur muss deshalb die Vor- und Nachteile der verschiedenen Verfahren sowie die theoretischen Grenzen kennen, um den für seine Anwendung günstigsten Kompromiss zu finden und seine Systeme zu optimieren. Die eigentliche Rechenarbeit überlässt man natürlich dem Computer. Dazu sind leistungsstarke Softwarepakete erhältlich, die es auch gestatten, die Theorie zu visualisieren und zu überprüfen. Im vorliegenden Buch arbeite ich mit MATLAB. Ich empfehle dringendst, dieses Buch zusammen mit einem Softwaretool durchzuarbeiten, sei es MATLAB oder irgend eines der Konkurrenzprodukte. Der Gewinn liegt erstens im tieferen und anschaulicheren Verständnis der Theorie und zweitens verfügt der Leser danach über ein wirklich starkes Werkzeug zur Behandlung neuer Aufgabenstellungen.

Im Hinblick auf einen für Studierende erträglichen Verkaufspreis achtete ich auf einen begrenzten Umfang. Es war darum nicht möglich, alle wünschbaren Rechenbeispiele in den Text einzufügen. Zusätzliche Beispiele und einige Abschnitte der Theorie sind deshalb in einen Anhang ausgelagert, der auf der Verlags-Webplattform unter www.springer.com erhältlich ist. Ebenfalls dort finden sich Hinweise zum Einsatz von MATLAB in der Signalverarbeitung sowie einige nützliche MATLAB-Routinen.

Es freut mich ausserordentlich, dass dieses Buch auf grosse Akzeptanz stösst und nun bereits in der 9. Auflage erscheint.

Bei den Mitarbeiterinnen und Mitarbeitern des Springer Verlages bedanke ich mich für die stets angenehme Zusammenarbeit.

Hausen AG (Schweiz), im November 2020   *Martin Meyer*

Inhaltsverzeichnis

Anhänge, erhältlich unter www.springer.com:

Anhang A: Ergänzungen zu den Kapiteln 1 bis 7

Anhang B: Zusatzkapitel
  8. Zufallssignale
  9. Reaktion von Systemen auf Zufallssignale
  10. Einige weiterführende Ausblicke

Anhang C: Hinweise zum Einsatz von MATLAB

1 Einführung

1.1 Das Konzept der Systemtheorie

Die Signal- und Systemtheorie befasst sich mit der Beschreibung von Signalen und mit der Beschreibung, Analyse und Synthese von Systemen. Die Anwendung dieser Theorien, z.B. in Form von digitalen Filtern, heisst Signalverarbeitung.

Signale sind physikalische Grössen, z.B. eine elektrische Spannung. Aber auch der variable Börsenkurs einer Aktie, die Pulsfrequenz eines Sportlers, die Drehzahl eines Antriebes usw. sind Signale. Signale sind Träger von Information und Energie.

Unter Systemen versteht man eine komplexe Anordnung aus dem technischen, ökonomischen, biologischen, sozialen usw. Bereich. Als Beispiele sollen dienen: Die Radaufhängung eines Fahrzeuges, der Verdauungstrakt eines Lebewesens, ein digitales Filter usw. Systeme verarbeiten Signale und somit auch Information und Energie.

Information ist ein Wissens*inhalt*, die physikalische Repräsentation dieses Wissens (also die Wissens*darstellung*) ist ein Signal. Beispiel: Die Körpertemperatur des Menschen ist ein Signal und gibt Auskunft über den Gesundheitszustand.

Für die Untersuchung von Systemen bedient man sich eines mathematischen Modells. Es zeigt sich, dass in der abstrakten mathematischen Formulierung viele äusserlich verschiedenartige Systeme dieselbe Form annehmen. Beispiel: ein gedämpfter elektrischer Schwingkreis kann mit der gleichen Differentialgleichung beschrieben werden wie ein mechanisches Feder-Masse-Reibungssystem, Bild 1.1.

Bild 1.1 Gedämpfter Serieschwingkreis (links) und gedämpfter mechanischer Schwinger (rechts)

Die physikalische Gemeinsamkeit der beiden Systeme in Bild 1.1 ist die Existenz von zwei verschiedenartigen Energiespeichern, nämlich Kapazität C und Induktivität L bzw. Feder und Masse. Dies führt zu einem schwingungsfähigen Gebilde, falls in mindestens einem der Speicher Energie vorhanden ist. Z.B. kann die Kapazität geladen und die Feder gespannt sein. Beide Systeme haben eine Dämpfung, es wird sich also bei der Freigabe der Systeme (schliessen des Stromkreises bzw. Lösen der Arretierung) eine gedämpfte Schwingung einstellen. Mathematisch lauten die Formulierungen mit den Variablen i für den elektrischen Strom bzw. x für die Längenkoordinate:

Zusatzmaterial online
Zusätzliche Informationen sind in der Online-Version dieses Kapitel (https://doi.org/10.1007/978-3-658-32801-6_1) enthalten.

$$u_L = L \cdot \frac{di(t)}{dt} = L \cdot \dot{i}$$

Spannungen: $\quad u_C = \frac{1}{C} \cdot \int i(t)\, dt$

$$u_R = R \cdot i$$

Kräfte: $\quad$
$F_M = m \cdot \ddot{x} \quad$ (Trägheit)
$F_D = b \cdot \dot{x} \quad$ (Dämpfung)
$F_F = c \cdot x \quad$ (Federkraft)

Nach dem Kirchhoff'schen Gesetz muss die Summe der Spannungen Null sein. Damit das Integral in der Kondensatorgleichung verschwindet, leiten wir alle Gleichungen nach der Zeit ab und erhalten die Differentialgleichung des gedämpften elektrischen Schwingkreises. Ebenso müssen sich nach d'Alembert alle Kräfte zu Null summieren und wir erhalten die Differential-gleichung des gedämpften mechanischen Schwingers. Bei beiden Gleichungen sortieren wir die Summanden nach dem Grad der Ableitung.

$$L \cdot \ddot{i} + R \cdot \dot{i} + \frac{1}{C} \cdot i = 0 \qquad\qquad m \cdot \ddot{x} + b \cdot \dot{x} + c \cdot x = 0$$

Mit den Korrespondenzen $L \leftrightarrow m$, $R \leftrightarrow b$ und $c \leftrightarrow 1/C$ lassen sich die beiden Gleichungen ineinander überführen.

Diese Beobachtung hat zwei Konsequenzen: Erstens ist es vorteilhaft, eine „Systemtheorie" als eigenständige Disziplin (also ohne Bezug zu einer realen Anwendung) zu pflegen. In dieser mathematischen Abstrahierung liegt die ungeheure Stärke der Systemtheorie begründet. Ver-treter verschiedener Fachgebiete sprechen dadurch eine gemeinsame Sprache und können ver-eint an einer Aufgabe arbeiten.

Zweitens ist es möglich, den gleichen Wissensinhalt (Information) auf verschiedene Arten physikalisch darzustellen: der Verlauf eines Wasserdruckes beispielsweise kann optisch (Far-be), mechanisch (Höhe einer Quecksilbersäule) oder auch in Form einer elektrischen Spannung dargestellt werden. Es ist die Aufgabe der Sensorik und Messtechnik, die Information (Tempe-ratur, Druck, Kraft, Weg, Helligkeit, Geschwindigkeit usw.) in einer gewünschten physikali-schen Form darzustellen. Man wird nun jene Signalarten wählen, welche einfach übertragen, verarbeitet und gespeichert werden können. Dies sind natürlich die elektrischen Signale, für die Übertragung mit wachsendem Anteil auch optische Signale. Aus diesem Grund nimmt die Systemtheorie für die Elektroingenieure eine zentrale Stellung ein. Die umgekehrte Aufgabe, nämlich ein elektrisches Signal in eine andere physische Form umzuwandeln, wird durch Akto-ren wahrgenommen. Beispiele: Lautsprecher, Elektromotor. In der Regelungstechnik wird mit Aktoren in das physische System eingegriffen. In der Messtechnik und der Systemanalyse werden die Ergebnisse der Signalverarbeitung lediglich angezeigt, Bild 1.2.

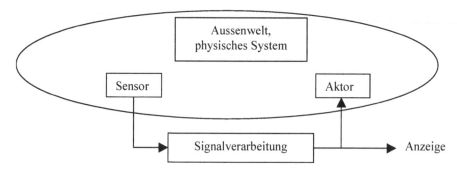

Bild 1.2 Ankoppelung der Signalverarbeitung an die Aussenwelt

Ein weiterer Vorteil der abstrakten Theorie liegt darin, dass man Systeme unabhängig von ihrer tatsächlichen Realisierung beschreiben kann. Ein digitales Filter beispielsweise kann in reiner Hardware realisiert werden oder als Programm auf einem PC ablaufen. Es lässt sich aber auch auf einem Mikroprozessor oder auf einem DSP (digitaler Signalprozessor) implementieren. Für den Systemtheoretiker macht dies keinen Unterschied. Zweites Beispiel: die theoretischen Grundlagen der CD (Compact Disc) wurden 1949 erarbeitet, die brauchbare Realisierung erfolgte über drei Jahrzehnte später.

Es wird sich zeigen, dass Signale und Systeme auf dieselbe Art mathematisch beschrieben werden, mithin also gar nicht mehr unterscheidbar sind. Die Systemtheorie befasst sich demnach mit Systemen *und* Signalen.

Ein eindimensionales Signal ist eine Funktion einer Variablen (meistens der Zeit). Mehrdimensionale Signale sind Funktionen mehrerer Variablen, z.B. zweier Ortskoordinaten im Falle der Bildverarbeitung. In diesem Buch werden nur eindimensionale Signale behandelt. Die unabhängige Variable ist die Zeit oder die Frequenz, die Theorie lässt sich aber unverändert übertragen auf andere unabhängige Variablen, z.B. eine Längenkoordinate.

Beispiel: Am Ausgang eines Musikverstärkers erscheint eine zeitabhängige Spannung $u(t)$. Auf einem Tonband ist hingegen die Musik in Form einer längenabhängigen Magnetisierung $m(x)$ gespeichert. Transportiert man das Tonband mit einer konstanten Geschwindigkeit $v = x/t$ am Tonkopf vorbei, so entsteht wegen $t = x/v$ wieder ein zeitabhängiges Signal $u(t) = m(x/v)$. Wegen dieser Umwandelbarkeit spielt also die physikalische Dimension ebensowenig wie der Name der Variablen eine Rolle.

□

Das mathematische Modell eines realen Systems ist ein Satz von Gleichungen. Um losgelöst von physikalischen Bedeutungen arbeiten zu können, werden die Signale oft in normierter, dimensionsloser Form notiert. Zum Beispiel schreibt man anstelle eines Spannungssignals $u(t)$ mit der Dimension Volt das dimensionslose Signal $x(t)$:

$$x(t) = \frac{u(t)}{1\,\mathrm{V}} \quad [\ ] \tag{1.1}$$

Die Möglichkeit der Dimensionskontrolle geht damit leider verloren, dafür gewinnt man an Universalität.

Um den mathematischen Aufwand in handhabbaren Grenzen zu halten, werden vom realen System nur die interessierenden und dominanten Aspekte im Modell abgebildet. Das vereinfachte Modell entspricht somit nicht mehr dem realen Vorbild. Dies ist solange ohne Belang, als das Modell brauchbare Erklärungen und Voraussagen für das Verhalten des realen Systems liefert. Andernfalls muss das Modell schrittweise verfeinert werden. Grundsätzlich gilt: Ein Modell soll so kompliziert wie notwendig und so einfach wie möglich sein. Beispiel: in der Mechanik wird häufig die Reibung vernachlässigt, die prinzipielle Funktionsweise einer Maschine bleibt trotzdem ersichtlich. Möchte man aber den Wirkungsgrad dieser Maschine bestimmen, so muss man natürlich die Reibung berücksichtigen.

Das Vorgehen besteht also aus drei Schritten:

1. Abbilden des realen Systems in ein Modell (Aufstellen des Gleichungssystems)
2. Bearbeiten des Modells (Analyse, Synthese, Optimierung usw.)
3. Übertragen der Resultate auf das reale System

Für Punkt 2 wird das Gleichungssystem häufig auf einem Rechner implementiert (früher Analogrechner, heute Digitalrechner). Dank der einheitlichen Betrachtungsweise ist dieser Punkt 2 für alle Fachgebiete identisch. Aus diesem Grunde lohnt sich die Entwicklung von leistungsfähigen Hilfsmitteln in Form von Software-Paketen. Eines dieser Pakete (MATLAB) wird im vorliegenden Buch intensiv benutzt.

Der in der Anwendung wohl schwierigste Teil ist die Modellierung (Punkt 1). Die Frage, ob ein Modell für die Lösung einer konkreten Aufgabenstellung genügend genau ist, kann nur mit Erfahrung einigermassen sicher beantwortet werden. Mit Simulationen kann das Verhalten des Modells mit demjenigen des realen Systems verglichen werden. Allerdings werden dazu vertiefte Kenntnisse der physikalischen Zusammenhänge benötigt (dies entspricht Punkt 3 in obiger Aufzählung). Die Systemtheorie als rein mathematische Disziplin unterstützt diese physikalische Interpretation nicht. Die Systemtheorie ist somit nichts weiter als ein Werkzeug (wenn auch ein faszinierend starkes) und dispensiert den Anwender in keiner Art und Weise von profunden Fachkenntnissen in seinem angestammten Fachgebiet. Hauptanwendungsgebiete für die Systemtheorie innerhalb der Elektrotechnik finden sich in der Nachrichtentechnik, der Regelungstechnik und der Messtechnik. Typischerweise sind diese Fächer abstrakt und theorielastig, dafür aber auch universell einsetzbar. Für die Anwendung wird nebst der Theorie auch Erfahrung benötigt, die ihrerseits durch die Anwendung gewonnen wird, Bild 1.3.

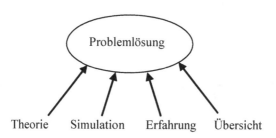

Bild 1.3 Theorie alleine genügt nicht! Die Erfahrung kann erst durch die Anwendung gewonnen werden.

1.2 Übersicht über die Methoden der Signalverarbeitung

Ziel dieses Abschnittes ist es, mit einer Übersicht über die Methoden der Signalverarbeitung eine Motivation für die zum Teil abstrakten Theorien der folgenden Kapitel zu erzeugen. Die hier vorgestellten Prinzipien skizzieren den Wald, die folgenden Kapitel behandeln die Bäume. Es geht also keineswegs darum, die gleich folgenden Ausführungen schon jetzt im Detail zu verstehen. Alles, was in diesem Abschnitt behandelt wird, wird später noch exakt betrachtet werden.

Signale (dargestellt durch zeitabhängige Funktionen) werden verarbeitet durch Systeme. Ein System bildet ein Eingangssignal $x(t)$ auf ein Ausgangssignal $y(t)$ ab, Bild 1.4.

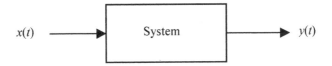

Bild 1.4 System mit Ein- und Ausgangssignal

Die durch das System ausgeführte Abbildung kann man beschreiben durch eine

- Funktion: $\quad y(t) = f\big(x(t)\big)$ $\hspace{4cm}$ (1.2)
- Kennlinie, Bild 1.5:

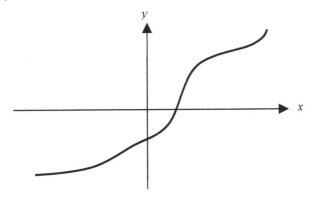

Bild 1.5 Abbildungsvorschrift als Systemkennlinie

Die Kennlinie in Bild 1.5 kann mathematisch beschrieben werden durch eine Potenzreihe:

$$y = b_0 + b_1 \cdot x + b_2 \cdot x^2 + b_3 \cdot x^3 + b_4 \cdot x^4 + ...$$ (1.3)

Die Gleichung (1.3) ist eine Näherung der Funktion (1.2). Diese Näherung kann beliebig genau gemacht werden.

Die Beschreibungen eines Systems durch die Kennlinie bzw. durch die Abbildungsfunktion sind demnach äquivalente Beschreibungsarten. Je nach Fragestellung ist die eine oder die andere Art besser geeignet.

Ein sehr wichtiger Spezialfall ergibt sich aus (1.3), wenn die Koeffizienten b_i alle verschwinden, *ausser* für $i = 1$. Die degenerierte Form von (1.3) lautet dann:

$$y = b \cdot x$$ (1.4)

Systeme, die mit einer Gleichung der Form (1.4) beschrieben werden, heissen *linear*. Ist der Koeffizient b zeitunabhängig, so ist das System zusätzlich auch *zeitinvariant*. Solche Systeme sind in der Technik sehr wichtig, sie heissen *LTI-Systeme* (linear time-invariant). Praktisch der gesamte Stoff dieses Buches bezieht sich auf solche LTI-Systeme. Eine mögliche Kennlinie eines LTI-Systems zeigt Bild 1.6.

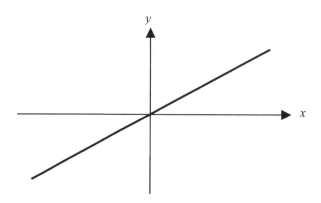

Bild 1.6 Kennlinie eines statischen LTI-Systems

Vorsicht: In der Mathematik heissen Funktionen der Form $y = b_0 + b_1 \cdot x$ linear. In der Systemtheorie muss die Zusatzbedingung $b_0 = 0$ eingehalten sein, erst dann spricht man von linearen Systemen. Die Kennlinie muss also durch den Koordinatennullpunkt gehen, wie in Bild 1.6 gezeigt.

Der grosse „Trick" der linearen Systeme besteht darin, dass sie mathematisch einfach zu beschreiben sind. Der Grund liegt darin, dass bei linearen Systemen das *Superpositionsgesetz* gilt. Dieses besagt, dass ein Signal x aufgeteilt werden kann in Summanden:

$$x = x_1 + x_2$$

Diese Summanden (Teilsignale) können einzeln auf das System mit der Abbildungsfunktion f gegeben werden, es entstehen dadurch zwei Ausgangssignale:

$$y_1 = f(x_1) \qquad y_2 = f(x_2)$$

Die Summe (Superposition) der beiden Ausgangssignale ergibt das Gesamtsignal y. Dasselbe Signal ergibt sich, wenn man das ursprüngliche Eingangssignal x auf das System geben würde:

$$y = y_1 + y_2 = f(x_1) + f(x_2) = f(x_1 + x_2) = f(x) \qquad (1.5)$$

Dieses Superpositionsgesetz kann wegen der Assoziativität der Addition auf beliebig viele Summanden erweitert werden:

$$x = x_1 + x_2 + x_3 = (x_1 + x_2) + x_3 = x_1 + (x_2 + x_3)$$

Hätte ein System eine Abbildungsfunktion in der Form $y = b_0 + b_1 \cdot x$ mit $b_0 \neq 0$, so würde das Superpositionsgesetz nicht gelten. Dies lässt sich an einem Zahlenbeispiel einfach zeigen:

   Systemkennlinie: $y = 1 + x$

   Eingänge: $x_1 = 1$ $x_2 = 2$ $x = x_1 + x_2 = 3$
   Ausgänge: $y_1 = 2$ $y_2 = 3$ $y = 4 \neq y_1 + y_2 = 2 + 3 = 5$

Im Zusammenhang mit LTI-Systemen ist es also vorteilhaft, ein kompliziertes Signal darzustellen durch eine Summe von einfachen Signalen. Man nennt dies *Reihenentwicklung*. Gleichung (1.3) zeigt ein Beispiel einer sog. Potenzreihe, welche sehr gut für die Beschreibung von Systemkennlinien geeignet ist. Für die Beschreibung von Signalen bewährt sich hingegen die *Fourier-Reihe* weitaus besser. Bei jeder Reihenentwicklung treten sog. Koeffizienten auf, in Gleichung (1.3) sind dies die Zahlen b_0, b_1, b_2 usw. Hat man sich auf einen Typ einer Reihenentwicklung festgelegt, z.B. auf Fourier-Reihen, so genügt demnach die Angabe der Koeffizienten alleine. Diese sog. Fourier-Koeffizienten beschreiben das Signal vollständig, formal sieht das Signal nun aber ganz anders aus. Die neue Form ist aber oft sehr anschaulich interpretierbar, im Falle der Fourier-Koeffizienten nämlich als *Spektrum*.

Für den Umgang mit LTI-Systemen werden die Signale also zerlegt in einfache Grundglieder, nämlich in harmonische Funktionen. Je nach Art der Signale geschieht dies mit der Fourier-Zerlegung, der Fourier-Transformation, der Laplace-Transformation usw. Alle diese Transformationen sind aber eng miteinander verwandt und basieren auf der Fourier-Transformation. Dieser wird deshalb im Abschnitt 2.3 breiter Raum gewidmet.

> *Bei LTI-Systemen kann aus einem Spezialfall*
> *(z.B. Systemreaktion auf harmonische Signale)*
> *auf den allgemeinen Fall*
> *(Systemreaktion auf ein beliebiges Eingangssignal)*
> *geschlossen werden.*

Die Kennlinie in Bild 1.6 müssen wir noch etwas genauer betrachten. Diese Kennlinie gilt nur dann, wenn sich das Eingangssignal sehr langsam ändert. $x(t)$ könnte z.B. ein Sinus-Signal sehr tiefer Frequenz sein. Wird die Frequenz erhöht, so reagiert der Ausgang wegen der Systemträgheit verzögert, d.h. Ein- und Ausgangssignal sind phasenverschoben und die Kennlinie wird zu einer Ellipse, Bild 1.7.

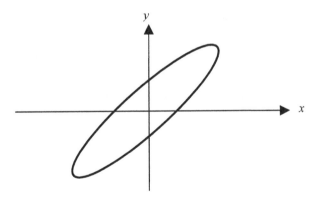

Bild 1.7 Kennlinie eines dynamischen LTI-Systems

In Bild 1.6 ist die Steigung der Kennlinie ein Mass für die Verstärkung des Systems. In Bild 1.7 hingegen steckt die Verstärkung in der Steigung der Halbachse, während die Exzentrizität der Ellipse ein Mass für die Phasenverschiebung ist. Die Ellipse in Bild 1.7 ist nichts anderes als eine Lissajous-Figur.

> *Ein LTI-System reagiert auf ein harmonisches Eingangssignal mit
> einem ebenfalls harmonischen Ausgangssignal derselben Frequenz.*

Genau aus diesem Grund sind die Fourier-Reihe und die Fourier-Transformation so beliebt für
die Beschreibung von LTI-Systemen.

Da das harmonische (d.h. cosinus- oder sinusförmige) Eingangssignal die Grundfunktion der
Fourier-Reihenentwicklung darstellt und da bei LTI-Systemen das Superpositionsgesetz gilt,
kann auch festgestellt werden:

> *LTI-Systeme reagieren nur auf Frequenzen,
> die auch im Eingangssignal vorhanden sind.*

Ein LTI-System verändert also ein harmonisches Eingangssignal qualitativ nicht, sondern es
ändert lediglich Amplitude und Phase. Dies kann frequenzabhängig erfolgen, d.h. für jede
Frequenz muss die Lissajous-Figur nach Bild 1.7 aufgenommen werden. Da von diesen Figu-
ren lediglich je zwei Zahlen interessieren (umrechenbar in Verstärkung und Phasendrehung),
kann ein System statt mit zahlreichen Lissajous-Figuren kompakter mit seinem *Frequenzgang*
(aufteilbar in *Amplituden- und Phasengang*) dargestellt werden.

Die Phasenverschiebung zwischen Ein- und Ausgangssignal ist die Folge einer Systemträgheit,
welche ihrerseits durch die Existenz von Speicherelementen im System verursacht wird. Ein
Netzwerk aus Widerständen beispielsweise hat keine Speicherelemente, verursacht also keine
Phasendrehungen. Ein Netzwerk aus Widerständen und Kondensatoren hingegen bewirkt eine
Phasendrehung. Ein System mit Speichern heisst *dynamisches* System.

Bild 1.8 zeigt einen Spannungsteiler als Beispiel für ein einfaches lineares System ohne Speicher.

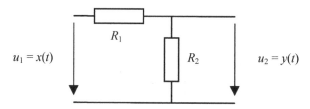

Bild 1.8 Spannungsteiler als statisches LTI-System

Gleichung (1.4) lautet für diesen Fall:

$$y(t) = \underbrace{\frac{R_2}{R_1 + R_2}}_{b} \cdot x(t) \tag{1.6}$$

Der Koeffizient b lässt sich direkt durch die Widerstände bestimmen, b ist darum reell und
konstant.

*Statische LTI-Systeme werden beschrieben durch algebraische
Gleichungen mit konstanten und reellen Koeffizienten.*

Nun betrachten wir ein *dynamisches* System, als Speicher dient eine Kapazität, Bild 1.9.

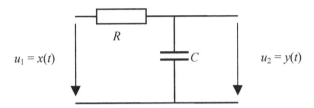

$u_1 = x(t)$ R C $u_2 = y(t)$

Bild 1.9 RC-Glied als dynamisches LTI-System

Der Strom durch die Kapazität ist gleich dem Strom durch den Widerstand:

$$i_C(t) = C \cdot \frac{du_C(t)}{dt} = C \cdot \frac{du_2(t)}{dt} = i_R(t) = \frac{u_1(t) - u_2(t)}{R}$$

Die Verwendung der allgemeineren Namen x und y statt u_1 und u_2 sowie der Substitution $T = RC$ (Zeitkonstante) ergibt:

$$C \cdot \dot{y}(t) = \frac{1}{R} \cdot \left(x(t) - y(t)\right)$$

$$\frac{1}{R} \cdot y + C \cdot \dot{y} = \frac{1}{R} \cdot x$$

$$y + RC \cdot \dot{y} = x$$

$$y(t) + T \cdot \dot{y}(t) = x(t) \tag{1.7}$$

Berechnet man kompliziertere dynamische Systeme, d.h. solche mit zahlreicheren und verschiedenartigen Speichern, so ergeben sich entsprechend kompliziertere Ausdrücke. Die allgemeine Struktur lautet aber stets:

$$a_0 \cdot y(t) + a_1 \cdot \dot{y}(t) + a_2 \cdot \ddot{y}(t) + \dots = b_0 \cdot x(t) + b_1 \cdot \dot{x}(t) + b_2 \cdot \ddot{x}(t) + \dots \tag{1.8}$$

Dies ist eine lineare Differentialgleichung. Die Koeffizienten a_i und b_i ergeben sich aus den Netzwerkelementen, sie sind darum reell und konstant. Aus (1.8) gelangt man zu (1.6), indem man die Koeffizienten a_i und b_i für $i > 0$ auf Null setzt und b_0 mit a_0 zu b zusammenfasst. Gleichung (1.8) ist somit umfassender.

*Dynamische LTI-Systeme werden beschrieben durch lineare
Differentialgleichungen mit konstanten und reellen Koeffizienten.*

Differentialgleichungen sind leider nur mit Aufwand lösbar. Mit der Laplace- oder der Fourier-Transformation kann man aber eine lineare Differentialgleichung umwandeln in eine algebraische Gleichung. Allerdings wird diese komplexwertig. Alle Zeitfunktionen $x(t)$, $y(t)$ usw. müssen ersetzt weden durch ihre sog. Bildfunktionen $X(s)$, $Y(s)$ (Laplace) bzw. $X(j\omega)$, $Y(j\omega)$ (Fourier). Alle Ableitungen werden ersetzt durch einen Faktor s (Laplace) bzw. $j\omega$ (Fourier). Aus (1.8) entsteht dadurch im Falle der Laplace-Transformation:

$$a_0 \cdot Y(s) + a_1 \cdot s \cdot Y(s) + a_2 \cdot s^2 \cdot Y(s) + ... = b_0 \cdot X(s) + b_1 \cdot s \cdot X(s) + b_2 \cdot s^2 \cdot X(s) + ... \quad (1.9)$$

Mit Ausklammern von $Y(s)$ und $X(s)$ ergibt sich daraus:

$$Y(s) \cdot \left(a_0 + a_1 \cdot s + a_2 \cdot s^2 + ... \right) = X(s) \cdot \left(b_0 + b_1 \cdot s + b_2 \cdot s^2 + ... \right) \quad (1.10)$$

Dividiert man $Y(s)$ durch $X(s)$, so ergibt sich die *Übertragungsfunktion $H(s)$*, welche das LTI-System vollständig charakterisiert.

$$H(s) = \frac{Y(s)}{X(s)} = \frac{b_0 + b_1 \cdot s + b_2 \cdot s^2 + ...}{a_0 + a_1 \cdot s + a_2 \cdot s^2 + ...} \quad (1.11)$$

Im Falle der Fourier-Transformation ist das Vorgehen identisch, es ergibt sich aus der Substitution $s \rightarrow j\omega$ der *Frequenzgang $H(j\omega)$*, der das LTI-System ebenfalls vollständig beschreibt:

$$H(j\omega) = \frac{Y(j\omega)}{X(j\omega)} = \frac{b_0 + b_1 \cdot j\omega + b_2 \cdot (j\omega)^2 + ...}{a_0 + a_1 \cdot j\omega + a_2 \cdot (j\omega)^2 + ...} \quad (1.12)$$

> *LTI-Systeme werden im Bildbereich beschrieben durch einen komplexwertigen Quotienten aus zwei Polynomen in s bzw. jω. Beide Polynome haben reelle und konstante Koeffizienten.*

Für den einfachen Fall des RC-Gliedes aus Bild 1.9 ergibt sich mit $a_0 = b_0 = 1$ und $a_1 = T$:

Übertragungsfunktion: $H(s) = \dfrac{1}{1 + sT}$ Frequenzgang: $H(j\omega) = \dfrac{1}{1 + j\omega T}$

Dieses Resultat ist bereits aus der komplexen Wechselstromtechnik bekannt. Dort geht es um genau dasselbe: unter Inkaufnahme komplexer Grössen vermeidet man das Lösen der Differentialgleichungen.

Es wurde bereits festgestellt, dass man bei LTI-Systemen vom speziellen auf den allgemeinen Fall schliessen kann. Für die Systembeschreibung benutzt man darum gerne spezielle „Testfunktionen", allen voran den Diracstoss $\delta(t)$. Diesen Stoss kann man sich als sehr schmalen aber dafür sehr hohen Puls vorstellen. Physisch ist $\delta(t)$ nicht realisierbar, mathematisch hat $\delta(t)$ aber sehr interessante Eigenschaften. Regt man ein LTI-System mit $\delta(t)$ an, so ergibt sich ein spezielles Ausgangssignal, nämlich die *Stossantwort $h(t)$* oder *Impulsantwort*, Bild 1.10.

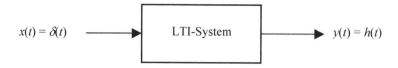

Bild 1.10 Stossantwort $h(t)$ als Reaktion des LTI-Systems auf $\delta(t)$

$h(t)$ beschreibt das LTI-System vollständig, es muss darum mit $h(t)$ auch die Reaktion des LTI-Systems auf eine beliebige Anregung $x(t)$ berechnet werden können. Tatsächlich ist dies möglich, nämlich durch die Faltungsoperation, die mit dem Symbol $*$ dargestellt wird, Bild 1.11. Was die Faltungsoperation genau macht, wird im Abschnitt 2.3.2 behandelt.

$$y(t) = h(t) * x(t) \tag{1.13}$$

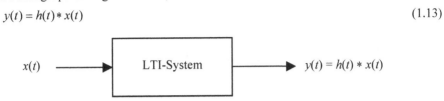

Bild 1.11 Reaktion $y(t)$ des LTI-Systems auf ein beliebiges Eingangssignal $x(t)$

Die Stossantwort $h(t)$ beschreibt das System vollständig, dasselbe gilt auch für die Differentialgleichung, die Übertragungsfunktion $H(s)$ und den Frequenzgang $H(j\omega)$. Zwischen diesen Grössen muss demnach ein Zusammenhang bestehen:

$H(s)$ ist die Laplace-Transformierte von $h(t)$

$H(j\omega)$ ist die Fourier-Transformierte von $h(t)$

Von $H(s)$ gelangt man zu $H(j\omega)$ mit der Substitution $s \rightarrow j\omega$

Die Differentialgleichung und $H(s)$ haben dieselben Koeffizienten, vgl (1.8) und (1.11)

Die Laplace- und die Fourier-Transformation bilden Zeitfunktionen wie z.B. $x(t)$ in Bildfunktionen wie $X(s)$ bzw. $X(j\omega)$ ab. Anstelle von einzelnen Funktionen können auch ganze Gleichungen transformiert werden. Später werden wir sehen, dass aus der Faltungsoperation im Zeitbereich eine normale Produktbildung im Bildbereich wird. Aus (1.13) wird demnach:

$$y(t) = h(t) * x(t) \quad \leftrightarrow \quad \begin{aligned} Y(s) &= H(s) \cdot X(s) \\ Y(j\omega) &= H(j\omega) \cdot X(j\omega) \end{aligned}$$

Löst man dies nach $H(s)$ bzw. $H(j\omega)$ auf, so ergibt sich dasselbe wie in (1.11) bzw. (1.12).

Nun betrachten wir noch die Gründe, weshalb die Fourier-Transformation mit all ihren Abkömmlingen so beliebt ist für die Signal- und Systembeschreibung. Ein Grund liegt darin, dass diese Transformation eine Differentialgleichung (1.8) in eine komplexwertige algebraische Gleichung (1.9) überführt. Es gibt aber sehr viele andere Transformationen, die dies auch ermöglichen. Was die Fourier-Transformation speziell auszeichnet ist die Tatsache, dass das Spektrum eine Entwicklung nach harmonischen Funktionen ist. Man beschreibt also jedes Signal als Summe von Bausteinen der Form $e^{j\omega t}$. Mit der Formel von Euler lassen sich daraus auch die Sinus- und Cosinus-Funktionen zusammensetzen.

LTI-Systeme lassen sich mit Differentialgleichungen der Form (1.8) beschreiben. Eine Differentialgleichung bildet eine Funktion (Eingangssignal $x(t)$) in eine andere Funktion (Ausgangssignal $y(t)$) ab. Die *Eigenfunktion* einer Differentialgleichung ist diejenige Funktion, die bei der Abbildung durch die Differentialgleichung ihre Gestalt nicht ändert. Jeder Typ von Differentialgleichung hat eine andere Eigenfunktion. (1.8) ist eine lineare Differentialgleichung und diese haben als Eigenfunktion die harmonische Schwingung. Dies ist sehr rasch gezeigt:

$$\frac{d\,e^{j\omega t}}{dt} = j\omega \cdot e^{j\omega t} \tag{1.14}$$

Die höheren Ableitungen lassen sich auf (1.14) zurückführen. Alle Summanden in (1.8) sind demnach harmonisch mit derselben Frequenz, also ist auch die Summe harmonisch mit der gleichen Frequenz. Dies ist der Grund, weshalb LTI-Systeme nur auf denjenigen Frequenzen reagieren können, die auch im Eingangssignal vorhanden sind.

Die Fourier- und die Laplace-Transformation sind also deshalb so beliebt, weil sie auf den Eigenfunktionen der für die Beschreibung von LTI-Systemen benutzten linearen Differential-gleichung aufbauen.

Den Faktor $j\omega$ in (1.14) findet man übrigens in (1.12) wieder.

Damit sind wir fast am Ende unseres Überblickes angelangt. Folgende Erkenntnisse können festgehalten werden:

- Die Systemtheorie ist mathematisch, abstrakt und universell.
- Wir beschränken uns auf einen (allerdings technisch sehr wichtigen und häufigen) Fall, nämlich die LTI-Systeme.
- LTI-Systeme kann man gleichwertig durch eine lineare Differentialgleichung (Zeitbe-reich), Stossantwort (Zeitbereich), Übertragungsfunktion (Bildbereich) oder Frequenzgang (Bildbereich) beschreiben.
- Zeit- und Bildbereich sind unterschiedliche Betrachtungsweisen desselben Sachverhaltes. Jede Betrachtungsweise hat ihre Vor- und Nachteile. Am besten arbeitet man mit beiden Varianten.

Für die digitalen Signale und Systeme ergeben sich ganz ähnliche Betrachtungen, für die zum Glück weitgehend mit Analogien gearbeitet werden kann. Auch digitale LTI-Systeme (diese heissen LTD-Systeme: linear time-invariant discrete) werden durch die Stossantwort (Zeitbe-reich) oder den Frequenzgang bzw. die Übertragungsfunktion (Bildbereich) dargestellt. Im Bildbereich ergeben sich wiederum Polynomquotienten mit reellen und konstanten Koeffizien-ten. Anstelle der Laplace-Transformation wird jedoch die z-Transformation benutzt.

Von zentraler Bedeutung ist das Konzept des Signals. Signale sind mathematische Funktionen, die informationstragende Ein- und Ausgangsgrössen von Systemen beschreiben. Spezielle Signale (nämlich die „kausalen" und „stabilen" Signale) werden benutzt zur Beschreibung der Systeme, gemeint sind die bereits erwähnten Stossantworten. Die Eigenschaften „kausal" und „stabil" sind nur bei Systemen sinnvoll, nicht bei Signalen. Da Stossantworten ein LTI-System vollständig beschreiben, treten sie stellvertretend für die Systeme auf. LTI-Systeme sind in ihrer mathematischen Darstellung also lediglich eine Untergruppe der Signale.

Des weitern sind Filter nichts anderes als eine Untergruppe der LTI-Systeme. Es lohnt sich, diese Hierarchie sich ständig vor Augen zu halten, damit die Querbeziehungen zwischen den nachfolgenden Kapiteln entdeckt werden.

Die Signalverarbeitung mit LTI-Systemen bzw. LTD-Systemen hat zwei Aufgaben zu lösen:

- *Syntheseproblem:* Gegeben ist eine gewünschte Abbildungsfunktion. Bestimme die Koef-fizienten a_i und b_i (Gl. (1.11) oder (1.12)) des dazu geeigneten Systems.
- *Analyseproblem:* Gegeben ist ein System, charakterisiert durch seine Koeffizienten a_i und b_i. Bestimme das Verhalten dieses Systems (Frequenzgang, Stossantwort, Reaktion auf ein bestimmtes Eingangssignal usw.).

Beide Aufgaben werden mit Rechnerunterstützung angepackt. Dazu gibt es verschiedene Softwarepakete, die speziell für die Signalverarbeitung geeignet sind. Dank der Rechnerunterstützung und der graphischen Resultatausgabe können umfangreiche Aufgabenstellungen rasch gelöst und die Resultate einfach verifiziert werden. Diese Visualisierung ermöglicht auch einen intuitiven Zugang zur Theorie. Die Mathematik wird benutzt zur Herleitung und zum Verständnis der Theorie, das effektive Rechnen geschieht nur noch auf dem Computer.

Für die Signalverarbeitung ist das Syntheseproblem gelöst, wenn die Koeffizienten bekannt sind. Die Signalverarbeitung beschäftigt sich also nur mit Algorithmen, deren Tauglichkeit z.B. mit MATLAB verifiziert wird. Das technische Problem ist allerdings erst dann gelöst, wenn diese Algorithmen implementiert sind, d.h. auf einer Maschine in Echtzeit abgearbeitet werden. Diese Implementierung wird in diesem Buch nur am Rande behandelt. Zur Implementierung eines Algorithmus muss auf Fächer wie Elektronik, Schaltungstechnik, Digitaltechnik, Programmieren usw. zurückgegriffen werden. Dazu ein Beispiel: Ein Nachrichtentechniker benötigt irgendwo ein Bandpassfilter. Er *spezifiziert* dieses Filter und übergibt die Aufgabe dem Signalverarbeitungs-Spezialisten. Dieser *dimensioniert* die Koeffizienten und übergibt sein Resultat dem Digitaltechniker. Dieser *implementiert* das Filter, indem er eine Printkarte mit einem DSP (digitaler Signalprozessor) entwickelt, das Programm für den DSP schreibt und das Endergebnis austestet. Es ist klar, dass nicht unbedingt drei Personen damit beschäftigt sind, genausogut kann dies auch ein einziger universeller Ingenieur ausführen. Wesentlich ist, dass die Tätigkeiten Spezifizieren, Dimensionieren, Analysieren, Implementieren und Verifizieren grundsätzlich verschiedene Aufgaben darstellen, die in der Praxis kombiniert auftreten. In diesem Buch geht es primär um die Synthese (Dimensionierung) und die Analyse.

2 Analoge Signale

Ein grundlegendes Hilfsmittel für die Beschreibung analoger sowie digitaler Signale ist die Darstellung des Spektrums. Dieses zeigt die *spektrale* oder *frequenzmässige Zusammensetzung* eines Signals. Das Spektrum ist eine Signaldarstellung im *Frequenzbereich* oder *Bildbereich* anstelle des ursprünglichen *Zeitbereiches* oder *Originalbereichs*. Die beiden Darstellungen sind durch eine eineindeutige (d.h. umkehrbare) mathematische Abbildung ineinander überführbar. Diese Umkehrbarkeit bedeutet, dass sich durch diese sogenannte „Transformation in den Frequenzbereich" der Informationsgehalt eines Signals nicht ändert, das Signal wird nur anders dargestellt. Häufig ist ein Signal im Bildbereich bedeutend einfacher zu interpretieren und zu bearbeiten als im Zeitbereich.

Es gibt nun verschiedene solche Transformationen, die Auswahl erfolgt nach dem Typ des zu transformierenden Signals. Vorgängig müssen wir darum die Signale klassieren.

2.1 Klassierung der Signale

2.1.1 Unterscheidung kontinuierlich - diskret

Wie bereits besprochen, beschränken wir uns auf eindimensionale Signale und schreiben diese als Funktionen mit der Zeit als Argument und einem dimensionslosen Wert. Da sowohl die Zeit- als auch die Wertachse nach den Kriterien kontinuierlich bzw. diskret unterteilt werden können, ergeben sich vier Signalarten, Bilder 2.1 und 2.2.

Kontinuierlich bedeutet, dass das Signal zu jedem Zeitpunkt definiert ist und jede Stelle auf der Wertachse annehmen kann. Definitions- bzw. Wertebereich entsprechen somit der Menge der reellen Zahlen. *Quantisiert* oder *diskret* heisst, dass das Signal nur bestimmte (meist äquidistante) Stellen einnehmen kann. Ein *wertdiskretes* Spannungssignals ist z.B. nur in Schritten von 1 mV änderbar. Ein *zeitdiskretes* oder *abgetastetes* Signal existiert nur zu bestimmten Zeitpunkten, z.B. nur auf die vollen Millisekunden.

Für die theoretische Beschreibung ist die Wertquantisierung meist von untergeordneter Bedeutung. Erst bei der Realisierung von Systemen treten durch die Quantisierung Effekte auf, die berücksichtigt werden müssen. Deshalb wird in der Literatur meistens mit abgetasteten Signalen gearbeitet und die Amplitudenquantisierung (wenn überhaupt) separat berücksichtigt. Konsequenterweise müsste man von zeitdiskreter Signalverarbeitung statt digitaler Signalverarbeitung sprechen, vgl. Titel von [Opp95]. Im vorliegenden Buch wird die Quantisierung erst im Abschnitt 6.10 behandelt, vorgängig wird aber dem lockeren Sprachgebrauch entsprechend nicht genau unterschieden zwischen abgetasteten (zeitdiskreten) und digitalen (zeit- *und* wertdiskreten) Signalen. Die Analog-Digital-Wandlung von Signalen umfasst nach Bild 2.1 also *zwei* Quantisierungen.

Digitale Signale werden in einem Rechner dargestellt als Zahlenreihen (Sequenzen). Zeichnerisch werden sie als Treppenkurve oder als Folge von schmalen Pulsen mit variabler Höhe dargestellt. Das quantisierte Signal in Bild 2.2 c) ist ebenfalls eine Treppenkurve. Der Unterschied zum digitalen Signal liegt darin, dass die Wertwechsel zu beliebigen Zeitpunkten auftreten können. Diese beiden Signale haben darum unterschiedliche Eigenschaften.

Zusatzmaterial online

Zusätzliche Informationen sind in der Online-Version dieses Kapitel (https://doi.org/10.1007/978-3-658-32801-6_2) enthalten.

M. Meyer, *Signalverarbeitung*, https://doi.org/10.1007/978-3-658-32801-6_2

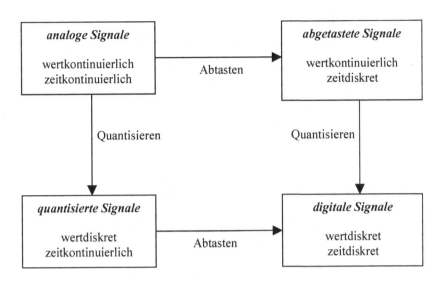

Bild 2.1 Klassierung der Signale nach dem Merkmal kontinuierlich - diskret

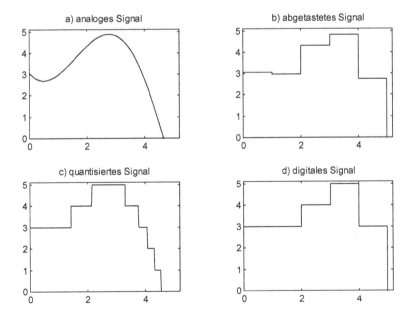

Bild 2.2 Beispiele zu den Signalklassen aus Bild 2.1

Falls die Quantisierung genügend fein ist (genügende Anzahl Abtastwerte und genügend feine Auflösung in der Wertachse), so präsentiert sich ein digitales Signal in der Treppenkurvendarstellung dem Betrachter wie ein analoges Signal. Ursprünglich analoge Signale können darum digital dargestellt und verarbeitet werden (Anwendung: z.B. Compact Disc).

Abgetastete Signale mit beliebigen Amplitudenwerten werden in der CCD-Technik (Charge Coupled Device) und in der SC-Technik (Switched Capacitor) verwendet. Sie werden mathematisch gleich beschrieben wie die digitalen Signale, ausser dass keine Amplitudenquantisierung zu berücksichtigen ist. In der Theorie liegt also der grosse Brocken in der Zeitquantisierung, während die Wertquantisierung nur noch einen kleinen Zusatz darstellt, der in diesem Buch im Abschnitt 6.10 enthalten ist.

2.1.2 Unterscheidung deterministisch - stochastisch

Der Verlauf *deterministischer Signale* ist vorhersagbar. Sie gehorchen also einer Gesetzmässigkeit, z.B. einer mathematischen Formel. Periodische Signale sind deterministisch, denn nach Ablauf einer Periode ist der weitere Signalverlauf bestimmt. Deterministische Signale sind oft einfach zu beschreiben und auch einfach zu erzeugen. Diese Signale (insbesondere periodische) werden darum häufig in der Messtechnik und in der Systemanalyse benutzt.

Stochastische Signale (= Zufallssignale) weisen einen nicht vorhersagbaren Verlauf auf. Dies erschwert ihre Beschreibung, man behilft sich mit der Angabe von statistischen Kenngrössen wie Mittelwert, Effektivwert, Amplitudenverteilung usw. Nur Zufallssignale können Träger von unbekannter Information sein (*konstante und periodische Signale tragen keine Information!*). Diese Tatsache macht diese Signalklasse vor allem in der Nachrichtentechnik wichtig. Störsignale gehören häufig auch zu dieser Signalklasse (Rauschen). Bleiben die statistischen Kennwerte eines Zufallssignales konstant, so spricht man von einem *stationären Zufallssignal*.

2.1.3 Unterscheidung Energiesignale - Leistungssignale

Ein Spannungssignal $u(t)$ genüge folgender Bedingung: $\qquad |u(t)| < \infty$ $\qquad$ (2.1)

Die Annahme der beschränkten Amplitude ist sinnvoll im Hinblick auf die physische Realisierung. Die Leistung, welche dieses Signal in einem Widerstand R umsetzt, beträgt:

$$p(t) = u(t) \cdot i(t) = \frac{u^2(t)}{R}$$

Die normierte Leistung bezieht sich auf $R = 1\ \Omega$ und wird Signalleistung genannt. Normiert man zusätzlich das Spannungssignal auf 1 V, so wird das Signal dimensionslos. Die Zahlenwerte der Momentanwerte bleiben erhalten. Dieses zweifach normierte Signal wird fortan $x(t)$ genannt.

Normierte Signalleistung (Momentanwert): $\qquad \boxed{p(t) = x^2(t)}$ $\qquad$ (2.2)

In dieser Darstellung kann man nicht mehr unterscheiden, ob $x(t)$ ursprünglich ein Spannungs-
oder ein Stromsignal war. Die Zahlenwerte werden identisch, falls $R = 1\ \Omega$ beträgt. Die Dimension ist verloren, eine Dimensionskontrolle ist nicht mehr möglich.

Die *normierte Signalenergie* ergibt sich aus der Integration über die Zeit:

Normierte Signalenergie:
$$W = \int_{-\infty}^{\infty} p(t)dt = \int_{-\infty}^{\infty} x^2(t)dt \tag{2.3}$$

Zwei Fälle müssen unterschieden werden:

a) $W = \infty$, $P < \infty$ unendliche Signalenergie, endliche mittlere Signalleistung: *Leistungssignale*

Wegen (2.1) bedeutet dies, dass $x(t)$ über einen unendlich langen Abschnitt der Zeitachse existieren muss, $x(t)$ ist ein *zeitlich unbegrenztes Signal*. Alle periodischen Signale gehören in
diese Klasse. Auch nichtperiodische Signale können zeitlich unbegrenzt sein, z.B. Rauschen.

Wird ein zeitlich unbegrenztes Signal während einer bestimmten Beobachtungszeit T_B erfasst,
so steigt mit T_B auch die gemessene Energie über alle Schranken. Die Energie pro Zeiteinheit,
also die Leistung, bleibt jedoch auf einem endlichen Wert. Bei vielen Signalen wird diese Leistung sogar mit steigendem T_B auf einen konstanten Wert konvergieren, z.B. bei periodischen
Signalen und stationären stochastischen Signalen. Diese Signale heissen darum *Leistungssignale*. Die mittlere Leistung berechnet sich nach Gleichung (2.4).

Mittlere Signalleistung:
$$P = \lim_{T_B \to \infty} \frac{1}{T_B} \int_{-\frac{T_B}{2}}^{\frac{T_B}{2}} x^2(t)dt \tag{2.4}$$

b) $W < \infty$, $P \to 0$ endliche Signalenergie, verschwindende Signalleistung: *Energiesignale*

Diese Signale sind entweder zeitlich begrenzt (z.B. ein Einzelpuls) oder ihre Amplituden klin-
gen ab (z.B. ein Ausschwingvorgang). „Abklingende Amplitude" kann dahingehend interpretiert werden, dass unter einer gewissen Grenze das Signal gar nicht mehr erfasst werden kann,
man spricht von pseudozeitbegrenzten oder *transienten Signalen*. Etwas vereinfacht kann man
darum sagen, dass alle Energiesignale *zeitlich begrenzt* sind.

Ist die Beobachtungszeit T_B gleich der Existenzdauer des Signals, so steigt bei weiter wachsendem T_B die gemessene Energie nicht mehr an. Die gemittelte Energie pro Zeiteinheit, also die
gemittelte Leistung, fällt jedoch mit weiter wachsendem T_B auf Null ab. Diese Signale heissen
darum *Energiesignale*.

Beispiel: Die Energie des Rechteckpulses in Bild 2.3 beträgt: $W = \int\limits_{-\tau/2}^{\tau/2} A^2 dt = A^2 \cdot \tau$

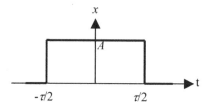

Bild 2.3 Rechteckpuls als Beispiel eines Energiesignales

Beispiel: Die Energie des in Bild 2.4 gezeigten abklingenden e-Pulses $x(t) = \varepsilon(t) \cdot A \cdot e^{-\frac{t}{\tau}}$ beträgt ($\varepsilon(t)$ ist die Sprungfunktion):

$$W = \int\limits_{-\infty}^{\infty} x^2(t) dt = \int\limits_{-\infty}^{\infty} \left(\varepsilon(t) \cdot A \cdot e^{-\frac{t}{\tau}} \right)^2 dt = \int\limits_{0}^{\infty} A^2 \cdot e^{-\frac{2t}{\tau}} dt = \left[A^2 \cdot e^{-\frac{2t}{\tau}} \cdot \frac{-\tau}{2} \right]_0^{\infty} = A^2 \cdot \frac{\tau}{2}$$

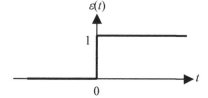
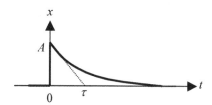

Bild 2.4 Links: Sprungfunktion oder Heaviside-Funktion, rechts: abklingender Exponentialpuls

□

Die Einteilung nach den Kriterien periodisch, transient und stochastisch erfolgt in der Praxis etwas willkürlich aufgrund von Annahmen über den Signalverlauf *ausserhalb* der Beobachtungszeit. Bezeichnet man ein Signal als deterministisch oder stationär, so ist dies Ausdruck der Vermutung (oder Hoffnung!), dass der beobachtete Signalausschnitt das gesamte Signal vollständig beschreibt. Im Gegensatz dazu begnügt man sich bei stochastischen Signalen damit, den beobachteten Signalausschnitt lediglich als Beispiel (Muster) für das Gesamtsignal zu behandeln. Mit genügend vielen solchen Beispielen lassen sich die charakteristischen Grössen des Zufallssignales (nämlich die statistischen Kennwerte wie Mittelwert, Streuung usw.) schätzen.

Genau betrachtet sind periodische Signale mathematische Konstrukte und physisch gar nicht realisierbar. Ein harmonisches Signal (Sinus- oder Cosinusfunktion) müsste ja vom Urknall bis zur Apokalypse existieren. Mathematisch haben aber die harmonischen Signale sehr schöne

Eigenschaften, auf die man nicht verzichten möchte. Im mathematischen Modell benutzt man sie deshalb trotz ihrer fehlenden Realisierbarkeit und geniesst das einfachere Modell. Wir werden noch sehen, dass die Resultate trotzdem sehr gut brauchbar sind. Später werden wir als weiteres Beispiel einer nicht realisierbaren aber trotzdem häufig benutzten Funktion den Diracstoss $\delta(t)$ kennen lernen.

2.2 Die Fourier-Reihe

2.2.1 Einführung

Die Fourier-Reihe wird als bereits bekannt vorausgesetzt. In diesem Kapitel werden deswegen nur die Gleichungen zusammengefasst und im Hinblick auf ihre Verwendung zur Signalbeschreibung interpretiert. Daraus ergeben sich verschiedene Schreibweisen für die Fourier-Reihe, wovon sich die komplexe Notation als die weitaus am besten geeignete Darstellung erweisen wird.

Vorerst sollen aber einige generelle Punkte zur Reihenentwicklung erörtert werden. Dabei wird das Prinzip der Orthogonalität näher beleuchtet. Detailliertere Ausführungen finden sich in [Höl86] und [Ste94].

Eine Reihenentwicklung ist die Darstellung einer (komplizierten) Funktion durch die Summe von (einfachen) Ersatzfunktionen. Der Zweck liegt darin, dass lineare mathematische Umformungen (Addition, Differentiation, Integration usw.) an den Ersatzfunktionen statt an der Originalfunktion ausgeführt werden können nach dem Motto: „Lieber zehn Mal eine einfache Berechnung als ein einziges Mal eine komplizierte!".

Bei der Berechnung von linearen Systemen (und diese werden sehr häufig betrachtet) lässt sich aufgrund des wegen der Linearität gültigen Superpositionsgesetzes auf sehr elegante Art die Reihendarstellung des Ausgangssignales aus der Reihendarstellung des Eingangssignales erhalten. Allerdings ist eine Reihendarstellung nur dann hilfreich, wenn

- die Ersatzfunktionen selber einfach sind (damit wird die mathematische Behandlung einfach) und
- die Parameter der Ersatzfunktionen einfach berechnet werden können (dadurch lässt sich die Reihe einfach aufstellen).

Eine Reihendarstellung ist eine Approximation, die bei unendlich vielen Reihengliedern exakt wird, sofern die Reihe konvergiert. In der Praxis können natürlich nur endlich viele Glieder berücksichtigt werden. Dann soll die Approximation wenigstens im Sinne des minimalen Fehlerquadrates erfolgen.

Falls als Ersatzfunktionen ein System *orthogonaler Funktionen* benutzt wird, so lässt sich diese Bedingung erfüllen. Darüberhinaus werden die Parameter entkoppelt, also unabhängig voneinander berechenbar. Dies bedeutet, dass für eine genauere Approximation einfach weitere Reihenglieder berechnet werden können, ohne die Parameter der bisher benutzten Glieder modifizieren zu müssen.

Unter einem System orthogonaler Funktionen versteht man eine unendliche Folge von Funktionen $f_i(t)$, $i = 1 \ldots \infty$, welche die Orthogonalitätsrelation erfüllen:

$$\int_a^b f_m(t) \cdot f_n(t)\,dt = \begin{cases} 0 & \text{für} \quad m \neq n \\ K \neq 0 & \text{für} \quad m = n \end{cases} \tag{2.5}$$

Im Falle von $K = 1$ heisst das System *orthonormiert*. Kann der Approximationsfehler beliebig klein gemacht werden, so heisst das Orthogonalsystem *vollständig*.

Alle Paare von Sinus- und Cosinus- Funktionen bilden ein vollständiges Orthogonalsystem, falls ihre Frequenzen ein ganzzahliges Vielfaches einer gemeinsamen Grundfrequenz sind. Es gibt noch zahlreiche weitere Funktionengruppen, die ebenfalls ein vollständiges Orthogonal-system bilden, z.B. die $\sin(x)/x$-Funktionen, Walsh-Funktionen, Besselfunktionen usw.

Nicht jede Ersatzfunktion eignet sich gleich gut zur Approximation einer Originalfunktion. Eine Sinusfunktion beispielsweise kann durch eine Potenzreihe dargestellt werden, dazu wer-den aber unendlich viele Glieder benötigt. Hingegen ist eine Entwicklung in eine Fourier-Reihe bereits mit einem einzigen Glied exakt. Eine Rechteckfunktion jedoch braucht unendlich viele Glieder in der Fourier-Reihe, aber nur ein einziges in einer Reihe von Walsh-Funktionen.

Die LTI-Systeme werden durch Differentialgleichungen des Typs (1.8) beschrieben, welche harmonische Funktionen als Eigenfunktionen aufweisen (Eigenfunktionen werden durch das System nicht „verzerrt"). Für solche Systeme ist die Fourier-Reihe geradezu massgeschneidert. Aus demselben Grund wird z.B. in der Geometrie ein Quader zweckmässigerweise mit kartesi-schen Koordinaten beschrieben und nicht etwa mit Kugelkoordinaten.

Die Fourier-Reihe ist zudem angepasst für die Anwendung auf periodische Funktionen, welche häufig in der Technik eingesetzt werden. Und letztlich lassen sich die Fourier-Koeffizienten bequem als Spektrum interpretieren. Aus diesen Gründen hat die Fourier-Reihe (und auch die Fourier-Transformation) in der Technik eine herausragende Bedeutung erlangt.

Eigenschaften der Fourier-Reihe:

- Ein stetiges periodisches Signal $x(t)$ wird durch die Fourier-Reihe beliebig genau approxi-miert, die Reihe kann aber unendlich lange sein. Wieviele Reihenglieder und somit Koef-fizienten notwendig sind, hängt von den Eigenschaften von $x(t)$ ab, nämlich von dessen Bandbreite.
- Wird die Reihe vorzeitig abgebrochen (endliche Reihe), so ergibt sich wegen der Orthogo-nalität wenigstens eine Approximation nach dem minimalen Fehlerquadrat.
- Weist das Signal $x(t)$ Sprungstellen auf, so tritt das sog. Gibb'sche Phänomen auf: neben den Sprungstellen oszilliert die Reihensumme mit einem maximalen Überschwinger von ca. 9%, an den Sprungstellen selber ergibt sich der arithmetische Mittelwert zwischen links- und rechtsseitigem Grenzwert. Mit dem Gibb'schen Phänomen werden wir uns erst wieder im Zusammenhang mit den transversalen Digitalfiltern im Abschnitt 7.2.3 herum-schlagen.
- Die Koeffizienten der Fourier-Reihe sind einfach zu berechnen und sie sind voneinander unabhängig.
- Die Fourier-Koeffizienten beschreiben das Signal $x(t)$ vollständig, formal sieht das Signal aber ganz anders aus. Die neue Form ist sehr anschaulich interpretierbar als Spektrum, d.h. als Inventar der in $x(t)$ enthaltenen Frequenzen.

2.2.2 Sinus- / Cosinus-Darstellung

Eine *periodische* Funktion $x(t)$ mit der Periodendauer T_P kann in eine Fourier-Reihe entwickelt werden, Gleichung (2.6). Für die Berechnung der Koeffizienten muss über eine ganze Periode von $x(t)$ integriert werden. Es ist jedoch egal, wo der Startpunkt der Integration liegt.

$$x(t) = \frac{a_0}{2} + \sum_{k=1}^{\infty} \left(a_k \cdot \cos(k\omega_0 t) + b_k \cdot \sin(k\omega_0 t) \right)$$

$$a_k = \frac{2}{T_P} \int_0^{T_P} x(t) \cdot \cos(k\omega_0 t)\, dt$$

$$b_k = \frac{2}{T_P} \int_0^{T_P} x(t) \cdot \sin(k\omega_0 t)\, dt \qquad (2.6)$$

$$T_P = \frac{1}{f_0} = \frac{2\pi}{\omega_0} = \text{Grundperiode von } x(t)$$

Die geraden Anteile von $x(t)$ bestimmen die Cosinus-Glieder, die ungeraden Anteile die Sinus-Glieder.

Vor dem Summationszeichen der ersten Gleichung in (2.6) steht gerade das arithmetische Mittel von $x(t)$. Dies entspricht dem Gleichanteil von $x(t)$, auch *DC-Wert* genannt (DC = direct current, Gleichstrom).

2.2.3 Betrags- / Phasen-Darstellung

Die Betrags- / Phasen-Darstellung kann aus der Darstellung (2.6) berechnet werden:

$$x(t) = \frac{A_0}{2} + \sum_{k=1}^{\infty} A_k \cdot \cos(k\omega_0 t + \varphi_k)$$

$$A_k = \sqrt{a_k^2 + b_k^2} \qquad (2.7)$$

$$\varphi_k = -\arctan \frac{b_k}{a_k} + n\pi$$

Diese Form ist äquivalent zur Darstellung (2.6), sie ist aber meist anschaulicher interpretierbar. Man spricht von einem *Betragsspektrum* oder *Amplitudenspektrum* (Folge der A_k) und einem *Phasenspektrum* (Folge der φ_k).

Die Phasenwinkel φ_k sind aufgrund der Eigenschaften der arctan-Funktion nicht eindeutig bestimmbar. Aus den Vorzeichen von a_k und b_k kann man jedoch den Quadranten für φ_k angeben.

Nun betrachten wir nur eine einzelne harmonische Schwingung $x(t)$ mit der Amplitude (Spitzenwert) A und der Kreisfrequenz ω. Mit den Additionstheoremen der Goniometrie kann man schreiben:

$$\begin{aligned} x(t) &= A \cdot \cos(\omega t + \varphi) \\ &= A \cdot \cos(\omega t) \cdot \cos(\varphi) - A \cdot \sin(\omega t) \cdot \sin(\varphi) \qquad (2.8) \\ &= a \cdot \cos(\omega t) + b \cdot \sin(\omega t) \end{aligned}$$

Aus dem Koeffizientenvergleich ergeben sich gerade die Umrechnungsformeln für den Übergang auf die Sinus- / Cosinus - Darstellung:

$$\boxed{\begin{aligned} a_k &= A_k \cdot \cos(\varphi_k) \\ b_k &= -A_k \cdot \sin(\varphi_k) \end{aligned}} \tag{2.9}$$

Anmerkung: Alternative Formen von (2.7) verwenden die Sinusfunktion anstelle des Cosinus, entsprechend müssen auch die φ_k modifiziert werden. Der Vorteil dabei ist der, dass bei Gliedern ohne Phasenverschiebung der Funktionswert für $t = 0$ verschwindet. Damit kann eine Systemanregung ohne Sprungstelle einfacher beschrieben werden. Demgegenüber hat die Form (2.7) den Vorzug der grossen Ähnlichkeit zur Projektion eines Zeigers auf die reelle Achse, was an die Zeigerdiagramme der allgemeinen Elektrotechnik erinnert.

□

2.2.4 Komplexe Darstellung

Unter Verwendung der Euler'schen Formel $\quad \cos(\omega t) = \dfrac{1}{2}\left(e^{j\omega t} + e^{-j\omega t}\right) \quad$ wird (2.8) zu:

$$\begin{aligned} x(t) &= \frac{A}{2}\left(e^{j(\omega t + \varphi)} + e^{-j(\omega t + \varphi)}\right) = \frac{A}{2}\left(e^{j\omega t} \cdot e^{j\varphi} + e^{-j\omega t} \cdot e^{-j\varphi}\right) \\ &= \underline{c} \cdot e^{j\omega t} + \underline{c}^* \cdot e^{-j\omega t} \end{aligned} \tag{2.10}$$

mit:

$$\begin{aligned} \underline{c} &= \frac{A}{2} \cdot e^{j\varphi} = \frac{A}{2}(\cos\varphi + j\sin\varphi) = \frac{1}{2}(a - jb) \\ \underline{c}^* &= \frac{A}{2} \cdot e^{-j\varphi} \end{aligned} \tag{2.11}$$

Eine harmonische Schwingung lässt sich demnach gemäss (2.10) in der komplexen Ebene darstellen als Summe zweier *konjugiert komplexer* Zeiger, wobei der eine im Gegenuhrzeigersinn rotiert (Kreisfrequenz ω) und der andere im Uhrzeigersinn kreist (Kreisfrequenz $-\omega$). Die Summe der beiden Zeiger ist stets reell, da die Koeffizienten $\underline{c}$ und $\underline{c}^*$ konjugiert komplex zueinander sind. Gegenüber (2.7) ist die Länge der Zeiger halbiert. Setzt man in (2.11) für a und b die Ausdrücke aus (2.6) ein, so ergibt sich:

$$\underline{c} = \frac{1}{T_P}\int\limits_{-T_P/2}^{T_P/2}\left[(x(t)(\cos(k\omega_0 t) - j\sin(k\omega_0 t))\right]dt = \frac{1}{T_P}\int\limits_{0}^{T_P} x(t)e^{-jk\omega_0 t}\, dt \tag{2.12}$$

Erweitert man diese Umformung von einer einzelnen harmonischen Schwingung nach (2.8) auf eine ganze Reihe nach (2.7), so ergibt sich die Fourier-Reihe in komplexer Darstellung. Dabei werden die Koeffizienten mit (2.12) bestimmt.

$$\boxed{\begin{aligned} x(t) &= \sum_{k=-\infty}^{\infty} \underline{c}_k \cdot e^{jk\omega_0 t} \\ \underline{c}_k &= \frac{1}{T_P}\int\limits_{0}^{T_P} x(t) \cdot e^{-jk\omega_0 t}\, dt \end{aligned}} \tag{2.13}$$

Das Integrationsintervall muss genau eine Periode überstreichen, der Startzeitpunkt ist egal.

Diese Darstellung ist kompakter als die bisherigen, insbesondere entfällt die Spezialbehandlung des Gleichgliedes a_0. Der Hauptvorteil zeigt sich aber erst beim Übergang auf die Fourier-Transformation, indem sich dort eine fast gleichartige Schreibweise ergibt.

Formal (nicht physisch!) treten nun negative Frequenzen auf, was für eine anschauliche Vorstellung Schwierigkeiten bereitet. Man spricht von *zweiseitigen Spektren*. Diese eignen sich vor allem für theoretische Betrachtungen, während die einseitigen Spektren messtechnisch direkt zu erfassen sind (selektive Voltmeter).

Für die Koeffizienten gilt:

$$\underline{c}_k = \frac{1}{T_P}\int\limits_0^{T_P} x(t)e^{-jk\omega_0 t}\,dt = \frac{1}{T_P}\int\limits_0^{T_P} x(t)\cdot\left(\cos(k\omega_0 t) - j\cdot\sin(k\omega_0 t)\right)dt$$

$$\underline{c}_{-k} = \frac{1}{T_P}\int\limits_0^{T_P} x(t)e^{jk\omega_0 t}\,dt = \frac{1}{T_P}\int\limits_0^{T_P} x(t)\cdot\left(\cos(k\omega_0 t) + j\cdot\sin(k\omega_0 t)\right)dt = \underline{c}_k^{*}$$

> *Reelle Zeitsignale haben in der zweiseitigen Darstellung*
> *ein konjugiert komplexes Spektrum, d.h.*
> *der Realteil ist gerade und der Imaginärteil ist ungerade,*
> *der Amplitudengang ist gerade und der Phasengang ist ungerade.*

Die vektorielle Summe von je zwei mit gleicher Frequenz, aber mit inverser Startphase und entgegengesetztem Drehsinn rotierenden Zeigern ergibt eine reelle Grösse. Für alle Frequenzen kann dank den konjugiert komplexen Fourier-Koeffizienten eine solche Paarung vorgenommen werden, ausser für das Gleichglied. Letzteres hat aber bereits einen reellen Wert. Demzufolge muss auch die Summe der gesamten Reihe reellwertig sein, Bild 2.5. Mathematisch kann dies aus (2.13) hergeleitet werden:

$$x(t) = \sum_{k=-\infty}^{\infty}\underline{c}_k e^{jk\omega_0 t} = \underbrace{\underline{c}_0}_{\dfrac{a_0}{2}} + \sum_{k=1}^{\infty}\left[\underbrace{\underline{c}_k e^{jk\omega_0 t}}_{\substack{\text{Zeiger}\\\text{linksdrehend}}} + \underbrace{\underline{c}_k^{*} e^{-jk\omega_0 t}}_{\substack{\text{Zeiger}\\\text{rechtsdrehend}}}\right]$$

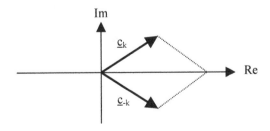

Bild 2.5 Jedes konjugiert komplexe Zeigerpaar summiert sich zu einem reellen Zeiger

Die Umrechnungsformeln zwischen den verschiedenen Darstellungen lauten:

$$a_k = \underline{c}_k + \underline{c}_{-k} = 2 \cdot \text{Re}(\underline{c}_k)$$
$$b_k = j(\underline{c}_k - \underline{c}_{-k}) = -2 \cdot \text{Im}(\underline{c}_k) \qquad (2.14)$$

$$\underline{c}_k = \frac{1}{2}(a_k - jb_k)$$
$$\underline{c}_{-k} = \frac{1}{2}(a_k + jb_k) \qquad (2.15)$$

$$A_k = 2\sqrt{\underline{c}_k \cdot \underline{c}_{-k}} = 2|\underline{c}_k| = 2|\underline{c}_{-k}|$$
$$\varphi_k = \arg(\underline{c}_k) = \arctan\frac{\text{Im}(\underline{c}_k)}{\text{Re}(\underline{c}_k)} \qquad (2.16)$$

$$\underline{c}_k = \frac{A_k}{2}e^{j\varphi_k}$$
$$\underline{c}_{-k} = \frac{A_k}{2}e^{-j\varphi_k} \qquad (2.17)$$

Allen Umrechnungsformeln ist gemeinsam, dass nur Koeffizienten der gleichen Frequenzen (in komplexer Darstellung auch der entsprechenden negativen Frequenz) miteinander verrechnet werden. Dies hat seine Ursache in der Orthogonalität der harmonischen Funktionen.

Betrachtet man nur die Folge der Koeffizienten, so ergibt sich das Fourier-Reihen-Spektrum. Dieses ist in jedem Falle ein Linienspektrum, also ein diskretes Spektrum. Allgemein gilt:

> *Periodische Signale haben ein diskretes Spektrum*
> *mit dem Linienabstand Δf = 1/Periodendauer.*

Beispiel: Das Signal $x(t) = A \cdot \sin \omega t$ mit $\omega = 2\pi \cdot 1000$ Hz soll als Fourier-Spektrum in allen drei Varianten dargestellt werden, Bild 2.6.

Da das Signal $x(t)$ harmonisch ist, kommt nur gerade eine Frequenz vor. Mit den Gleichungen (2.6) liesse sich a_1 und b_1 berechnen. Wir wissen aber schon ohne Rechnung, dass a_1 verschwinden wird, da $x(t)$ eine ungerade Funktion ist. Demnach muss b_1 den Wert A haben. Die Auswertung der Gleichung (2.6) ergibt dasselbe, was vom Leser selber überprüft werden kann. Die anderen Koeffizienten A_1, φ_1 und $\underline{c}_1$, $\underline{c}_{-1}$ lassen sich z.B. mit (2.15) und (2.17) berechnen, was bei diesem Trivialbeispiel jedoch nicht nötig ist.

Bild 2.6 zeigt, dass in jedem Fall *zwei* Graphen notwendig sind, um das Spektrum vollständig darzustellen. Manchmal interessiert man sich nicht für die Phase, in diesem Fall genügt eines der Betragsspektren (zweite Zeile links oder letzte Zeile links).

Was würde passieren, wenn statt der Sinusfunktion die Cosinusfunktion dargestellt würde? Der Graph von b_k bliebe leer, dafür würde eine Linie im Graphen von a_k erscheinen. Derselbe Austausch würde beim komplexen Spektrum in der Real-/Imaginärteil-Darstellung stattfinden. Bei den beiden Betrags-/Phasenspektren würden hingegen nur die Phasen ändern. Offensichtlich sind die Betragsspektren unabhängig von einer zeitlichen Verschiebung des Signals, wir werden dies im Abschnitt 2.3 noch beweisen.

□

Sinus-/Cosinus-Darstellung:

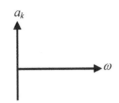

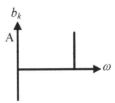

Betrags/Phasen-Darstellung:

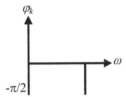

Komplexe Darstellung (Real- und Imaginärteil):

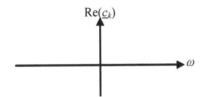

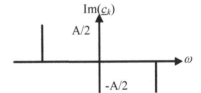

Komplexe Darstellung (Betrag und Phase):

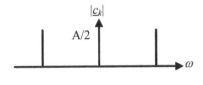

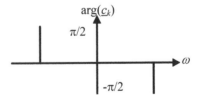

Bild 2.6 Darstellungsarten des Fourier-Reihen-Spektrums (Koeffizienten) der Sinus-Funktion

Beispiel: Eine periodische Funktion mit Pulsen der Breite τ, Höhe A und Periode T_P soll in eine komplexe Fourier-Reihe entwickelt werden, Bild 2.7.

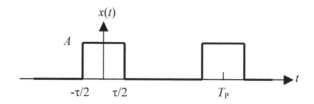

Bild 2.7 Pulsreihe als periodische Funktion

Mit Gleichung (2.13) ergibt sich:

$$\underline{c}_k = \frac{1}{T_P}\int_0^{T_P} x(t)e^{-jk\omega_0 t}\,dt = \frac{1}{T_P}\int_{-T_P/2}^{T_P/2} x(t)e^{-jk\omega_0 t}\,dt = \frac{1}{T_P}\int_{-\tau/2}^{\tau/2} Ae^{-jk\omega_0 t}\,dt$$

$$= \frac{A}{T_P}\cdot\frac{1}{-jk\omega_0}\cdot\left[e^{-jk\omega_0 t}\right]_{-\tau/2}^{\tau/2} = \frac{A}{T_P}\cdot\frac{1}{-jk\omega_0}\cdot\left[e^{-jk\omega_0\tau/2} - e^{jk\omega_0\tau/2}\right]$$

Nun benutzen wir die Formel von Euler:

$$\underline{c}_k = \frac{A}{T_P}\cdot\frac{1}{-jk\omega_0}\cdot\left[\cos(-k\omega_0\tau/2)+j\sin(-k\omega_0\tau/2)-\cos(k\omega_0\tau/2)-j\sin(k\omega_0\tau/2)\right]$$

$$= \frac{A}{T_P}\cdot\frac{1}{-jk\omega_0}\cdot\left[-2j\sin(k\omega_0\tau/2)\right] = \frac{2A}{T_P}\cdot\frac{1}{k\omega_0}\cdot\sin(k\omega_0\tau/2)$$

Jetzt erfolgt noch eine Umformung auf die Form sin(x)/x:

$$\underline{c}_k = \frac{A\cdot\tau}{T_P}\cdot\frac{\sin(k\omega_0\tau/2)}{k\omega_0\tau/2} = \frac{A\cdot\tau}{T_P}\cdot si\left(\frac{k\omega_0\tau}{2}\right) \tag{2.18}$$

si(x) ist die abgekürzte Schreibweise für sin(x)/x.

Interpretation:

- Das Zeitsignal ist periodisch, deshalb ist die Frequenzvariable diskret (Linienspektrum).
- Das Spektrum ist reell, da die Zeitfunktion gerade ist. Damit ist das Spektrum aber auch konjugiert komplex, was für alle reellen Zeitfunktionen gelten muss.
- Die Enveloppe des Spektrums gehorcht einem sin(x)/x - Verlauf. Die Nullstellen der Enveloppe liegen bei folgenden Frequenzen ($k\cdot\omega_0$ wird durch die kontinuierliche Variable ω ersetzt):

$$\omega\tau/2 = n\pi \quad\rightarrow\quad 2\pi f\tau/2 = n\pi \quad\rightarrow\quad f = n\cdot\frac{1}{\tau}\,; \quad |n| > 1$$

  Es ergeben sich also äquidistante Nullstellen im Abstand 1/τ.

  Je schmaler die Pulse, desto breiter ihr Spektrum!

- Für den Spezialfall $\tau = T_P/2$ ergibt sich die unipolare Rechteckfunktion. Berücksichtigt man noch, dass $\omega_0 = 2\pi f_0 = 2\pi/T_P$, so ergibt sich aus (2.18):

$$\underline{c}_k = \frac{A}{2} \cdot si\left(\frac{k\pi}{2}\right) \quad \Rightarrow \quad |\underline{c}_k| = \begin{cases} \dfrac{A}{2} \; ; \; k=0 \\[2ex] \dfrac{A}{\pi} \cdot \dfrac{1}{k} \quad ; \quad k \text{ ungerade} \\[3ex] 0 \; ; \; k \text{ gerade} \neq 0 \end{cases} \tag{2.19}$$

Die Rechteckfunktion hat nur ungeradzahlige Harmonische!

Diese nehmen mit 1/k ab (k = Ordnungszahl).

Die geradzahligen Harmonischen verschwinden, weil sie im Abstand $2/T_P = 1/\tau$ auftreten, sie fallen darum gerade in die Nullstellen der Enveloppe.

Für $k = 0$ ergibt sich der Gleichstromanteil zu $A/2$. Dazu wird folgende Beziehung benutzt:

$$\lim_{x \to 0} \frac{\sin(x)}{x} = 1 \tag{2.20}$$

- Subtrahiert man von $x(t)$ in Bild 2.7 die Konstante $A/2$, so ergibt sich die bipolare, gleichstromfreie Rechteckfunktion. Im Fourier-Spektrum ändert sich dadurch lediglich der Koeffizient mit der Ordnungszahl Null.

□

In der Praxis rechnet man die Gleichung (2.13) natürlich möglichst nicht aus, sondern beruft sich auf Tabellen in mathematischen Formelsammlungen. Dabei muss man sich stets darüber im Klaren sein, ob die Tabellen die Spitzenwerte oder Effektivwerte wiedergeben (Faktor $\sqrt{2}$ Unterschied) und ob das einseitige oder das zweiseitige Spektrum gemeint ist (Faktor 2).

2.2.5 Das Theorem von Parseval für Leistungssignale

Früher haben wir festgehalten, dass die Spektraldarstellung eines Signals gleichwertig ist wie seine Darstellung als Zeitfunktion. Da periodische Signale Leistungssignale sind, haben sie eine endliche mittlere Signalleistung, die demnach sowohl aus der Zeitfunktion als auch aus dem Sortiment der Fourier-Koeffizienten berechenbar sein müsste. Dies ist die Aussage des Theorems von Parseval.

In Anlehnung an (2.4) beträgt die mittlere Leistung:

$$P = \frac{1}{T_P} \int_{-\frac{T_P}{2}}^{\frac{T_P}{2}} x^2(t)dt = \frac{1}{T_P} \int_0^{T_P} x^2(t)dt = \frac{1}{T_P} \int_0^{T_P} \underline{x}(t) \cdot \underline{x}^*(t)dt \tag{2.21}$$

Im zweiten Teil von (2.21) wurde das Zeitsignal als komplexwertig angenommen. Solche Funktionen können durchaus in eine Fourier-Reihe entwickelt werden, allerdings ist das zweiseitige Spektrum dann nicht mehr konjugiert komplex.

Aus (2.13) ist ersichtlich, wie man von der Fourier-Reihe von $\underline{x}(t)$ zu derjenigen von $\underline{x}^*(t)$ gelangt: man setzt die konjugiert komplexen Koeffizienten ein und wechselt das Vorzeichen des Exponenten.

$$\underline{x}^*(t) = \sum_{k=-\infty}^{\infty} \underline{c}_k^* e^{-jk\omega_0 t}$$

Eingesetzt in (2.21):

$$P = \frac{1}{T_P} \int_0^{T_P} x(t) \cdot \sum_{k=-\infty}^{\infty} \underline{c}_k^* e^{-jk\omega_0 t} dt = \sum_{k=-\infty}^{\infty} \underline{c}_k^* \left[\frac{1}{T_P} \int_0^{T_P} x(t) e^{-jk\omega_0 t} dt \right]$$

$$= \sum_{k=-\infty}^{\infty} \underline{c}_k^* [\underline{c}_k] = \sum_{k=-\infty}^{\infty} |\underline{c}_k|^2$$

Damit ergibt sich die *Parsevalsche Gleichung für periodische Signale*:

$$P = \frac{1}{T_P} \int_0^{T_P} |x(t)|^2 dt = \sum_{k=-\infty}^{\infty} |\underline{c}_k|^2 \qquad (2.22)$$

Diese Gleichung sagt aus, dass die Signalleistung im Zeitbereich identisch ist mit der Signalleistung im Frequenzbereich. In der mathematischen Verallgemeinerung ist das Theorem von Parseval nichts anderes als die Vollständigkeitsrelation.

Beispiel: Wir nehmen das Signal aus Bild 2.7, setzen als Beispiel $\tau = T_P/2$ und berechnen die Signalleistung im Zeitbereich mit dem linken Teil von (2.22):

$$P = \frac{1}{T_P} \int_0^{T_P} |x(t)|^2 dt = \frac{1}{T_P} \int_{-T_P/4}^{T_P/4} A^2 dt = \frac{A^2}{2}$$

Im Frequenzbereich muss sich dieselbe Leistung ergeben. Mit dem rechten Teil von (2.22) und (2.19) sowie der Symmetrie der Koeffizienten ergibt sich:

$$P = \sum_{k=-\infty}^{\infty} |\underline{c}_k|^2 = |\underline{c}_0|^2 + 2 \cdot \sum_{k=1}^{\infty} |\underline{c}_k|^2 = \frac{A^2}{4} + \frac{2A^2}{\pi^2} \cdot \left(\frac{1}{1^2} + \frac{1}{3^2} + \frac{1}{5^2} + ... \right) \overset{?}{=} \frac{A^2}{2}$$

$$\frac{1}{2} + \frac{4}{\pi^2} \cdot \left(\frac{1}{1^2} + \frac{1}{3^2} + \frac{1}{5^2} + ... \right) \overset{?}{=} 1 \Rightarrow \left(\frac{1}{1^2} + \frac{1}{3^2} + \frac{1}{5^2} + ... \right) \overset{?}{=} \frac{\pi^2}{8}$$

Die letzte Reihenentwicklung lässt sich tatsächlich in den Mathematikbüchern finden.
□

2.3 Die Fourier-Transformation (FT)

Dieser Abschnitt ist wohl der wichtigste für das Verständnis des gesamten Buches. Je nach Signalart (periodisch - aperiodisch, kontinuierlich - abgetastet) benutzt man eine andere Spektraltransformation, die aber alle auf der Fourier-Transformation beruhen. Die nachstehend abgeleiteten Eigenschaften gelten in ähnlicher Form für alle Transformationen, also auch für die bereits beschriebenen Fourier-Reihen-Koeffizienten sowie für die digitalen Varianten.

2.3.1 Herleitung des Amplitudendichtespektrums

Auf aperiodische Signale kann man die Fourier-Reihentwicklung nicht direkt anwenden. Man kann jedoch als Kunstgriff in (2.13) die Periode T_P gegen ∞ streben lassen. Dieser Grenzübergang ist gestattet, falls $x(t)$ absolut integrierbar ist, d.h. falls gilt:

$$\int_{-\infty}^{\infty} |x(t)| dt < \infty \qquad (2.23)$$

Für viele Energiesignale sowie für die später zur Systembeschreibung benutzten Impulsantworten stabiler Systeme trifft diese Voraussetzung zu. Für periodische Signale ist die Voraussetzung nicht erfüllt, glücklicherweise ist (2.23) hinreichend, aber nicht notwendig, d.h. die Konvergenzbedingung (2.23) ist etwas zu scharf formuliert. Mit einem weiteren Kunstgriff, nämlich unter Einsatz der bereits einmal erwähnten Diracstösse, gelingt es auch, periodische Signale der Fourier-Transformation zu unterziehen.

Ein Fourier-Reihen-Spektrum (d.h. das Sortiment der Koeffizienten) ist ein Linienspektrum. Der Abstand der Linien beträgt $f_0 = 1/T_P$ auf der Frequenzachse (bzw. $\omega_0 = 2\pi f_0$ auf der Kreisfrequenzachse). Mit grösser werdender Periodendauer rücken die Spektrallinien demnach näher zusammen. Im Grenzfall $T_P \rightarrow \infty$ verschmelzen sie zu einem *kontinuierlichen Spektrum*, dem *Fourier-Spektrum*.

Bei der folgenden Herleitung der Fourier-Transformation, bei der es nur um das Aufzeigen der Verwandtschaft zu den Fourier-Reihen-Koeffizienten geht, gehen wir aus von der komplexen Darstellung der Fourier-Reihe nach (2.13):

$$x(t) = \sum_{k=-\infty}^{\infty} \underline{c}_k e^{jk\omega_0 t} \quad \text{mit} \quad \underline{c}_k = \frac{1}{T_P} \int_0^{T_P} x(t) e^{-jk\omega_0 t} dt$$

Nun setzen wir die Koeffizienten nach der rechten Gleichung in die Reihe ein (eckige Klammer). Dabei müssen wir wegen der Eindeutigkeit die Integrationsvariable umbenennen. Zudem verschieben wir das Integrationsintervall um die halbe Periodenlänge:

$$x(t) = \sum_{k=-\infty}^{\infty} \left[\frac{\omega_0}{2\pi} \int_{-\frac{T_P}{2}}^{\frac{T_P}{2}} x(\tau) e^{-jk\omega_0 \tau} d\tau \right] e^{jk\omega_0 t}$$

$$x(t) = \frac{1}{2\pi} \sum_{k=-\infty}^{\infty} \left[\int_{-\frac{T_P}{2}}^{\frac{T_P}{2}} x(\tau) e^{-jk\omega_0 \tau} d\tau \right] e^{jk\omega_0 t} \cdot \omega_0$$

Der Grenzübergang $T_P \rightarrow \infty$ bewirkt die Übergänge $\omega_0 \rightarrow d\omega \rightarrow 0$ und $k\omega_0 \rightarrow \omega$.

$$x(t) = \frac{1}{2\pi} \lim_{d\omega \to 0} \sum_{k=-\infty}^{\infty} \left[\int_{-\infty}^{\infty} x(\tau) e^{-j\omega\tau} d\tau \right] e^{j\omega t} d\omega$$

Die Summation wird zu einem uneigentlichen Integral:

$$x(t) = \frac{1}{2\pi} \int\limits_{-\infty}^{\infty} \left[\int\limits_{-\infty}^{\infty} x(\tau) e^{-j\omega\tau} \, d\tau \right] e^{j\omega t} \, d\omega$$

Der Ausdruck in der eckigen Klammer wird als $X(j\omega)$ bezeichnet und separat geschrieben. Dadurch kann wiederum t statt τ verwendet werden. $X(j\omega)$ heisst *Fourier-Transformierte* von $x(t)$.

$$X(j\omega) = \int\limits_{-\infty}^{\infty} x(t) \cdot e^{-j\omega t} \, dt \qquad\qquad (2.24)$$

$$x(t) = \frac{1}{2\pi} \int\limits_{-\infty}^{\infty} X(j\omega) \cdot e^{j\omega t} \, d\omega \qquad\qquad (2.25)$$

Diese beiden Gleichungen gehören zu den grundlegendsten Beziehungen der Systemtheorie. (2.24) heisst *Fourier-Transformation* (FT) und beschreibt die Abbildung vom Zeitbereich (Funktion $x(t)$) in den Frequenzbereich (Funktion $X(j\omega)$). (2.25) heisst *inverse Fourier-Transformation* (IFT) und beschreibt die Abbildung vom Frequenzbereich in den Zeitbereich.

$X(j\omega)$ entspricht den Fourier-Koeffizienten $\underline{c}_k$ und ist im Allgemeinen komplexwertig. Ein Vergleich von (2.24) mit (2.13) zeigt die enge Verwandtschaft.

Falls $x(t)$ dimensionslos ist, so hat $X(j\omega)$ gemäss (2.24) die Dimension „Amplitude mal Zeit" oder „Amplitude pro Frequenz". Es handelt sich also um eine *Amplitudendichte*. Ist $x(t)$ ein Spannungssignal, so hat $X(j\omega)$ die Dimension Vs oder V/Hz. Dies ist dadurch erklärbar, dass in (2.13) die Fourier-Koeffizienten $\underline{c}_k$ durch den Grenzübergang $T_P \to \infty$ zu Null werden. Man betrachtet deshalb nicht die *verschwindende* „Amplitude auf einer Frequenz" (also $\underline{c}_k$), sondern die *endliche* „Amplitude in einem Frequenzintervall $d\omega$", (also eben diese Amplitudendichte $X(j\omega)$). Analogie aus der Mechanik: wird eine Eisenstange in fortwährend dünnere Scheiben zersägt, so strebt die Masse einer einzelnen Scheibe gegen Null, die Dichte bleibt jedoch konstant.

Anmerkung 1: Häufig wird die Fourier-Transformation gemäss (2.24) selbständig definiert und nicht wie dargestellt aus den Fourier-Reihen-Koeffizienten hergeleitet. Eine interessante Variante beschreitet den umgekehrten Weg: ausgehend von der Fourier-Transformation werden über die Poisson'sche Summenformel die Fourier-Reihen-Koeffizienten hergeleitet [Fli91], obwohl historisch gesehen die Fourier-Reihe zuerst bekannt war.

Anmerkung 2: Die Schreibweise der Fourier-Transformation ist Varianten unterworfen. Oft sieht man die Form:

$$X(f) = \int\limits_{-\infty}^{\infty} x(t) \cdot e^{-j2\pi ft} \, dt \qquad\qquad x(t) = \int\limits_{-\infty}^{\infty} X(f) \cdot e^{j2\pi ft} \, df$$

Diese Form hat den Vorteil der Symmetrie zwischen Hin- und Rücktransformation. Hier wird die aufsummierte Amplitudendichte im Frequenzintervall df betrachtet, in (2.24) die aufsummierte Amplitudendichte im Intervall $d\omega = 2\pi \cdot df$. Der Unterschied liegt lediglich in einer Konstanten 2π, somit ist der Informationsgehalt wie auch die Aussagekraft beider Formen gleichwertig. Vorteilhaft an der Form (2.24) ist hingegen, dass die Argumente der trigonometrischen Funktionen direkt eingesetzt werden können. Wichtig ist einzig, dass eine Hin- und danach eine Rücktransformation wieder auf das ursprüngliche Signal führen. Dies ergab die Motivation zu einer weiteren Schreibweise, die beide Vorteile kombiniert und v.a. in der Physik gebräuchlich ist:

$$X(j\omega) = \frac{1}{\sqrt{2\pi}} \int_{-\infty}^{\infty} x(t) \cdot e^{-j\omega t}\, dt \qquad\qquad x(t) = \frac{1}{\sqrt{2\pi}} \int_{-\infty}^{\infty} X(j\omega) \cdot e^{j\omega t}\, d\omega$$

In diesem Buch wird ausschliesslich die Darstellung nach (2.24) benutzt.

Anmerkung 3: Man könnte genausogut $X(\omega)$ schreiben statt $X(j\omega)$. Die zweite Variante gibt etwas mehr Schreibarbeit, verdeutlicht aber die Verwandtschaft zur Laplace-Transformation (vgl. später). Puristen müssten eigentlich $\underline{X}(j\omega)$ schreiben, denn Spektralfunktionen sind i.A. komplexwertig. Bequemlichkeitshalber wird aber durchwegs auf das Unterstreichen verzichtet.

□

Die Gleichung (2.24) überführt ein Signal vom Zeitbereich in den Frequenzbereich. $x(t)$ und $X(j\omega)$ bilden eine sog. *Korrespondenz*, wofür die symbolische Schreibweise

$$x(t) \quad \circ\!\!-\!\!\circ \quad X(j\omega)$$

benutzt wird. Dieselbe Schreibweise wird auch für die Laplace- und z-Transformation gebraucht. Aufgrund der Argumente ($j\omega$, s oder z) sowie aus dem Zusammenhang ist stets klar, um welche Transformation es sich handelt. Manchmal wird der Punkt auf der Seite des Bildbereiches noch zusätzlich ausgefüllt.

$X(j\omega)$ ist eine komplexwertige Funktion und kann auf mehrere Arten geschrieben werden, indem (wie auch in Bild 2.6) der Realteil und der Imaginärteil oder der Betrag und die Phase verwendet werden:

$$X(j\omega) = \mathrm{Re}\big(X(j\omega)\big) + j \cdot \mathrm{Im}\big(X(j\omega)\big) = \big|X(j\omega)\big| \cdot e^{j\,\arg(X(j\omega))}$$

$$\big|X(j\omega)\big| = \sqrt{\big[\mathrm{Re}\big(X(j\omega)\big)\big]^2 + \big[\mathrm{Im}\big(X(j\omega)\big)\big]^2}$$

$$\arg\big(X(j\omega)\big) = \begin{cases} \arctan\dfrac{\mathrm{Im}\big(X(j\omega)\big)}{\mathrm{Re}\big(X(j\omega)\big)} & \text{für} \quad \mathrm{Re}\big(X(j\omega)\big) > 0 \\[2mm] \arctan\dfrac{\mathrm{Im}\big(X(j\omega)\big)}{\mathrm{Re}\big(X(j\omega)\big)} + \pi & \mathrm{Re}\big(X(j\omega)\big) < 0 \end{cases}$$

Beispiel: Wie lautet das Spektrum des abklingenden Exponentialpulses in Bild 2.8?

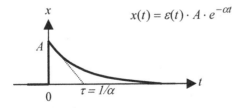

Bild 2.8 Kausaler, abklingender Exponentialpuls (Kopie von Bild 2.4 rechts), τ = Zeitkonstante

$$X(j\omega) = \int_{-\infty}^{\infty} x(t) \cdot e^{-j\omega t} dt = \int_{0}^{\infty} A \cdot e^{-\alpha t} \cdot e^{-j\omega t} dt = A \cdot \int_{0}^{\infty} e^{-(\alpha + j\omega)t} dt$$

$$= \frac{-A}{a + j\omega} \cdot \left[e^{-(\alpha + j\omega)t} \right]_{0}^{\infty} = \frac{-A}{a + j\omega} \cdot [0 - 1] = \frac{A}{a + j\omega}$$

$$X(j\omega) = \underbrace{\frac{A}{a + j\omega}}_{\substack{\text{komplexwertige} \\ \text{Funktion}}} = \underbrace{\frac{\alpha A}{\alpha^2 + \omega^2}}_{\text{Realteil}} - j \cdot \underbrace{\frac{\omega A}{\alpha^2 + \omega^2}}_{\text{Imaginärteil}} = \underbrace{\frac{A}{\sqrt{\alpha^2 + \omega^2}}}_{\text{Betrag}} \cdot \underbrace{e^{-j \arctan\left(\frac{\omega}{\alpha}\right)}}_{\text{Phase}} \quad (2.26)$$

Im Realteil kommt nur ω^2 vor, es handelt sich also um eine gerade Funktion. Der Imaginärteil ist ungerade und $X(j\omega)$ somit konjugiert komplex, wie bei allen reellen Zeitfunktionen.

□

Beispiel: Wie lautet das Fourier-Spektrum des Rechteckpulses nach Bild 2.9?

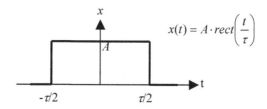

$$x(t) = A \cdot rect\left(\frac{t}{\tau}\right)$$

Bild 2.9 Rechteckpuls (Kopie von Bild 2.3)

Mit Gleichung (2.24) und der Formel von Euler ergibt sich:

$$X(j\omega) = \int_{-\infty}^{\infty} x(t) \cdot e^{-j\omega t} dt = A \cdot \int_{-\tau/2}^{\tau/2} e^{-j\omega t} dt = \frac{A}{-j\omega} \cdot \left[e^{-j\omega t} \right]_{-\tau/2}^{\tau/2}$$

$$= \frac{A}{-j\omega} \cdot \left[e^{-j\omega\tau/2} - e^{j\omega\tau/2} \right] = \frac{A}{-j\omega} \cdot \left[-2j \cdot \sin\frac{\omega\tau}{2} \right] = \frac{2A}{\omega} \cdot \sin\frac{\omega\tau}{2}$$

$$X(j\omega) = A \cdot \tau \cdot \frac{\sin\dfrac{\omega\tau}{2}}{\dfrac{\omega\tau}{2}} = A \cdot \tau \cdot si\left(\frac{\omega\tau}{2}\right) \quad (2.27)$$

Der Vergleich mit (2.18) zeigt eine auffallende Ähnlichkeit mit den Fourier-Koeffizienten der Pulsreihe. Unterschiedlich ist aber die Dimension: handelt es sich um Spannungssignale, d.h. $[A] = $ V, so haben die Fourier-Koeffizienten ebenfalls die Dimension V. Die Fourier-Transformierte hingegen hat die Dimension Vs = V/Hz, es handelt sich ja um eine spektrale *Dichte*. Ein zweiter Unterschied betrifft die Frequenzvariable: bei der Reihe ist sie diskret, bei der Transformation kontinuierlich. Ansonsten gelten die Interpretationen von (2.18) auch für (2.27).

□

Was passiert mit $X(j\omega)$, wenn statt der Originalfunktion $x(t)$ die um τ verschobene Funktion $x(t-\tau)$ transformiert wird? Die verschobene Funktion wird in (2.24) eingesetzt:

$$x(t-\tau) \quad \circ\!\!-\!\!\circ \quad \int_{-\infty}^{\infty} x(t-\tau)e^{-j\omega t}\,dt$$

Nun folgt eine Substitution: $t-\tau \to T$:

$$x(T) \quad \circ\!\!-\!\!\circ \quad \int_{-\infty}^{\infty} x(T)e^{-j\omega(T+\tau)}\,dT = \int_{-\infty}^{\infty} x(T)e^{-j\omega T}e^{-j\omega\tau}\,dT$$

$$= \left[\int_{-\infty}^{\infty} x(T)e^{-j\omega T}\,dT\right]e^{-j\omega\tau} = X(j\omega)\cdot e^{-j\omega\tau}$$

Dies ist die Aussage des *Verschiebungssatzes*:

> *Wird eine Zeitfunktion $x(t)$ um τ verschoben, so wird das ursprüngliche Spektrum $X(j\omega)$ mit $e^{-j\omega\tau}$ multipliziert.*

Dieselbe Beziehung ergibt sich übrigens auch als Anforderung an verzerrungsfreie Übertragungssysteme.

$$x(t) \quad \circ\!\!-\!\!\circ \quad X(j\omega) \qquad \Leftrightarrow \qquad x(t-\tau) \quad \circ\!\!-\!\!\circ \quad X(j\omega)\cdot e^{-j\omega\tau} \qquad (2.28)$$

Der Betrag eines komplexen Produktes ist gleich dem Produkt der Beträge der einzelnen Faktoren. Der Betrag des Faktors $e^{j\omega\tau}$ ist 1, woraus folgt:

> *Eine Zeitverschiebung ändert nur das Phasenspektrum, nicht aber das Amplitudenspektrum!*

Dies ist eine sehr vorteilhafte Eigenschaft der Fourier-Transformation. $\tau > 0$ bedeutet eine Signalverzögerung (Verschiebung nach rechts), $\tau < 0$ eine Vorverschiebung.

Wie ändert sich die Zeitfunktion $x(t)$, wenn ihr Spektrum $X(j\omega)$ um die Frequenz W geschoben wird?

$$x(t) \quad \circ\!\!-\!\!\circ \quad X(j\omega) \qquad \Leftrightarrow \qquad x(t)\cdot e^{jWt} \quad \circ\!\!-\!\!\circ \quad X(j(\omega-W)) \qquad (2.29)$$

Dies ist der *Frequenzverschiebungssatz* oder *Modulationssatz*. Er besagt, dass die (üblicherweise reelle) Zeitfunktion durch die Frequenzverschiebung *komplex* wird. Zum Beweis wird die rechte Seite von (2.29) in (2.24) eingesetzt und so in den Frequenzbereich transformiert. Dabei wird die Substitution $\omega-W \to \nu$ vorgenommen.

$$\int\limits_{-\infty}^{\infty} x(t)e^{jWt}e^{-j\omega t}\,dt = \int\limits_{-\infty}^{\infty} x(t)e^{-j(\omega-W)t}\,dt = \int\limits_{-\infty}^{\infty} x(t)e^{-j(v)t}\,dt = X(jv) = X\big(j(\omega-W)\big)$$

In der Nachrichtentechnik wird dieser Frequenzverschiebungssatz bei der Beschreibung der Modulationsverfahren ausgiebig benutzt.

Eigentlich ist dieser Satz der Grund dafür, dass man vorteilhafterweise mit zweiseitigen Spektren arbeitet und nicht nur mit den anschaulicheren positiven Frequenzen, vgl. Bild 2.6.

2.3.2 Die Faltung

Die Faltung ist eine der Multiplikation verwandte Rechenvorschrift für zwei Funktionen. Sie muss an dieser Stelle eingeführt werden, ihre Nützlichkeit wird sich erst später bei der Systembeschreibung zeigen.

Die Faltung (engl. *convolution*) zweier Signale $x_1(t)$ und $x_2(t)$ ist definiert als:

$$\boxed{\;y(t) = x_1(t) * x_2(t) = \int\limits_{-\infty}^{\infty} x_1(\tau)\cdot x_2(t-\tau)\,d\tau\;}$$ (2.30)

Das Faltungsintegral (auch *Duhamel-Integral* genannt) wird so häufig gebraucht, dass dafür die abgekürzte Schreibweise mit dem Sternsymbol eingeführt wurde.

Rezept für die Durchführung der Faltung:

1. Zeitvariable t durch τ ersetzen
2. $x_2(\tau)$ an der y-Achse spiegeln (falten!), dies ergibt $x_2(-\tau)$
3. $x_2(-\tau)$ um $t = -\infty$ nach *rechts* verschieben (wegen des Minuszeichens geht dies zeichnerisch nach *links*!), dies ergibt $x_2(t-\tau)$
4. $x_1(\tau)$ und $x_2(t-\tau)$ miteinander multiplizieren
5. Dieses Produkt über alle τ integrieren, ergibt $y(-\infty)$, d.h. einen einzigen Funktionswert von $y(t)$
6. t von $-\infty$ bis $+\infty$ variieren, d.h. $x_2(t-\tau)$ zeichnerisch nach rechts wandern lassen und jeweils die Schritte 1 bis 5 ausführen, dies ergibt das Signal $y(t)$, d.h. die restlichen Funktionswerte.

Beispiel: Wie lautet die Faltung der Funktion rect (Bild 2.9) mit sich selber? Wir halten uns an das Rezept und nennen die Integrationsvariable τ, deshalb schreiben wir T für die Breite des Rechtecks. Es lohnt sich, die Faltung anhand einer Skizze auszuführen, Bild 2.10.

Wir zeichnen die Funktion $x_1(\tau)$ (ausgezogene Linie in Bild 2.10) sowie die gespiegelte (das sieht man bei diesem Beispiel nicht) und weit nach links verschobene Funktion $x_2(t-\tau)$ (gestrichelte Linie in Bild 2.10, oberste Zeile).

Gemäss Punkt 4 des Rezeptes müssen wir die beiden Funktionen multiplizieren und die Fläche unter dem Produkt bestimmen. Da sich die beiden zeitbegrenzten Funktionen nicht überlappen gibt es keine gemeinsame Fläche und $y(-\infty)$ ist Null.

Nun verschieben wir die gestrichelte Funktion nach rechts und bestimmen wiederum die Fläche unter dem Produkt. Dies wird erst dann interessant, wenn $t = -T$ ist, Bild 2.10 zweitoberste

Zeile. $y(-T)$ ist noch Null, beginnt ab jetzt aber zu steigen (unterste Zeile). Wir schieben die gestrichelte Funktion weiter nach rechts, der überlappende Flächenanteil trägt zu $y(t)$ bei, allerdings müssen die beiden Funktionen zuvor noch miteinander multipliziert werden, Bild 2.10 zweitletzte Zeile.

$y(t)$ steigt somit (in diesem Beispiel!) linear an und erreicht bei $t = 0$ den maximalen Wert, weil sich hier die beiden Funktionen maximal überlappen.

Die unterste Zeile zeigt das Faltungsresultat. Bei $t = 0$ beträgt der Wert $A^2 \cdot T$. Bei einer weiteren Rechtsverschiebung läuft die gestrichelte Funktion wieder aus $x_1(\tau)$ heraus, es ergeben sich die symmetrischen Verhältnisse wie früher. Bei $t = T$ schliesslich gibt es keine gemeinsame Fläche mehr.

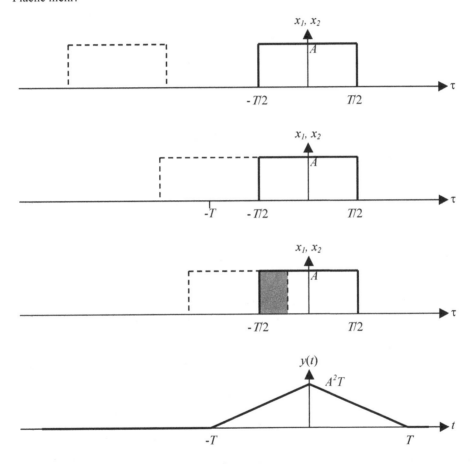

Bild 2.10 Hilfsskizze zur Faltung

Das Beispiel zeigt:

> *Faltet man zwei zeitbegrenzte Signale miteinander, so ist die Zeitdauer des Faltungsproduktes gleich der Summe der Zeitdauern der beiden Eingangssignale.*

Nun betrachten wir den Faltungsvorgang im Frequenzbereich. Dazu setzen wir (2.30) in (2.24) ein:

$$Y(j\omega) = \int\limits_{-\infty}^{\infty} y(t)e^{-j\omega t}dt = \int\limits_{-\infty}^{\infty} \int\limits_{-\infty}^{\infty} x_1(\tau)\cdot x_2(t-\tau)d\tau\cdot e^{-j\omega t}dt$$

Nun tauschen wir die Reihenfolge der Integrationen und wenden den Verschiebungssatz (2.28) an:

$$Y(j\omega) = \int\limits_{-\infty}^{\infty} x_1(\tau)\left[\int\limits_{-\infty}^{\infty} x_2(t-\tau)\cdot e^{-j\omega t}dt\right]d\tau = \int\limits_{-\infty}^{\infty} x_1(\tau)\left[X_2(j\omega)\cdot e^{-j\omega\tau}\right]d\tau$$

$$= X_2(j\omega)\cdot \int\limits_{-\infty}^{\infty} x_1(\tau)\cdot e^{-j\omega\tau}d\tau = X_1(j\omega)\cdot X_2(j\omega)$$

$$\boxed{x_1(t) * x_2(t) = x_2(t) * x_1(t) \quad \circ\!\!-\!\!\circ \quad X_1(j\omega)\cdot X_2(j\omega)} \tag{2.31}$$

> *Eine Faltung im Zeitbereich entspricht einer*
> *Multiplikation im Frequenzbereich (und umgekehrt).*

> *Die Faltung ist kommutativ.*

Die wichtige Korrespondenz (2.31) wird *Faltungstheorem* genannt. Es zeigt einen auf den ersten Blick aufwändigen Weg zur Berechnung der Faltung: Fourier-Transformation der Signale - Produktbildung - Rücktransformation. Bei digitalen Signalen ist dieser „schnelle Faltung" genannte Umweg oft vorteilhaft, da mit der schnellen Fourier-Transformation (FFT, fast fourier transform) die Hin- und Rücktransformation sehr effizient und darum schnell vollzogen werden können, vgl. Abschnitt 5.3.4.

Mit dem Faltungstheorem lassen sich auch neue Korrespondenzen berechnen. Zum Beispiel ergibt die Faltung von zwei gleich langen Rechteckpulsen eine Dreiecksfunktion, abgekürzt geschrieben als tri(x), Bild 2.10. Das Spektrum der Dreiecksfunktion hat demnach einen $si^2(x)$-Verlauf.

Aus der Assoziativität der skalaren Multiplikation folgt das *Assoziativgesetz für die Faltung*:

$$[x_1(t) * x_2(t)] * x_3(t) = x_1(t) * [x_2(t) * x_3(t)]$$

Und aus der Linearität der Integration folgt das *Distributivgesetz für die Faltung*:

$$x_1(t) * [x_2(t) + x_3(t)] = x_1(t) * x_2(t) + x_1(t) * x_3(t)$$

Genauso kann man mit einer Faltung im Frequenzbereich vorgehen. Aufgrund der Symmetrie von (2.24) und (2.25) ergibt sich eine Multiplikation im Zeitbereich.

$$Y(j\omega) = X_1(j\omega) * X_2(j\omega) = \int_{-\infty}^{\infty} X_1(jv) \cdot X_2(j(\omega-v))dv$$

Einsetzen in der Formel für die inverse Fourier-Transformation (2.25) und Anwenden des Modulationssatzes (2.27) ergibt:

$$y(t) = \frac{1}{2\pi} \int_{-\infty}^{\infty} \int_{-\infty}^{\infty} X_1(jv) \cdot X_2(j(\omega-v))dv \, e^{j\omega t} d\omega$$

$$= \int_{-\infty}^{\infty} X_1(jv) \cdot \left[\frac{1}{2\pi} \int_{-\infty}^{\infty} X_2(j(\omega-v)) e^{j\omega t} d\omega \right] dv$$

$$= \int_{-\infty}^{\infty} X_1(jv) \cdot \left[x_2(t) e^{jvt} \right] dv = x_2(t) \cdot \int_{-\infty}^{\infty} X_1(jv) e^{jvt} dv = x_2(t) \cdot 2\pi \cdot x_1(t)$$

Faltungstheorem im Frequenzbereich:

$$\boxed{X_1(j\omega) * X_2(j\omega) \quad \circ\!\!-\!\!\circ \quad 2\pi \cdot x_1(t) \cdot x_2(t)} \quad (2.32)$$

2.3.3 Das Rechnen mit der Delta-Funktion

Ein Hauptproblem bei der Anwendung der Fourier-Transformation besteht darin, dass das Fourier-Integral (2.24) konvergieren muss. Die Bedingung (2.23) ist dazu hinreichend, gestattet aber nur die Transformation von Energiesignalen. Die Laplace-Transformation (Abschnitt 2.4) umgeht diese Schwierigkeit mit einer zusätzlichen Dämpfung bei der Transformationsvorschrift.

Eine andere Umgehungsmöglichkeit besteht darin, die δ-Funktion (*Deltafunktion*) zu verwenden. Zu Ehren des Mathematikers Dirac heisst sie auch *Diracfunktion*. Die Deltafunktion ist eigentlich keine Funktion, sondern eine *Distribution*, d.h. eine verallgemeinerte Funktion. Dies bedeutet, dass ein Funktionswert sich nicht durch Einsetzen eines Arguments ergibt, sondern durch Ausführen einer Rechenvorschrift. Es gibt mehrere Möglichkeiten, die Deltafunktion zu definieren, eine Variante lautet:

$$\boxed{\begin{aligned} &\delta(t) = 0 \quad \textit{für} \quad t \neq 0 \\ &\int_{-\infty}^{\infty} \delta(t)dt = 1 \\ &\text{Für } t = 0 \text{ ist der Funktionswert unbestimmt!} \end{aligned}} \quad (2.33)$$

Die folgende graphische Interpretation der Deltafunktion ist zwar nicht ganz korrekt, dafür aber anschaulich und für unsere Zwecke durchaus brauchbar: eine Diracfunktion ist ein Rechteckpuls (vorerst noch) der Fläche 1 (Bild 2.11, links), wobei ein Grenzübergang $\varepsilon \to 0$ gemacht wird. Als Symbol wird ein Pfeil gezeichnet, dessen Länge der Fläche des Rechtecks proportional ist. Aus dieser geometrischen Deutung ergeben sich die auch gebräuchlichen Ausdrücke *Deltastoss* und *Diracstoss*.

Bild 2.11 Angenäherter Diracstoss (links) und das Symbol der δ-Funktion

Die für die exakte Beschreibung von verallgemeinerten Funktionen notwendige Distributionentheorie ersparen wir uns, da wir nur den Deltastoss benutzen werden und dazu einige wenige Rechenregeln genügen. Eine tiefer gehende Darstellung findet sich z.B. in [Unb96].

Die Definitionsgleichung (2.33) kann dahingehend interpretiert werden, dass die Deltafunktion nur dort „existiert", wo ihr Argument verschwindet. Der Diracpuls an der Stelle t_0 kann also auf zwei Arten dargestellt werden:

$$\boxed{\delta(t - t_0) = \delta(t_0 - t)}$$ (2.34)

Nun betrachten wir das Integral

$$\int_{-\infty}^{\infty} x(t) \cdot \delta(t - t_0)\,dt = \int_{-\infty}^{\infty} x(t) \cdot \delta(t_0 - t)\,dt = ?$$

Der Integrand ist ein Produkt, wobei einer der Faktoren (nämlich der Diracstoss) ausser bei $t = t_0$ stets verschwindet. Der andere Faktor (nämlich $x(t)$) hat darum nur bei $t = t_0$ einen Einfluss auf das Produkt. Das Produkt und damit auch obiges Integral kann deshalb anders geschrieben werden:

$$\int_{-\infty}^{\infty} x(t) \cdot \delta(t - t_0)\,dt = \int_{-\infty}^{\infty} x(t_0) \cdot \delta(t - t_0)\,dt = x(t_0) \cdot \underbrace{\int_{-\infty}^{\infty} \delta(t - t_0)\,dt}_{=1} = x(t_0)$$

$$\boxed{\int_{-\infty}^{\infty} x(t) \cdot \delta(t - t_0)\,dt = \int_{-\infty}^{\infty} x(t) \cdot \delta(t_0 - t)\,dt = x(t_0)}$$ (2.35)

Die wichtige Eigenschaft (2.35) heisst *Ausblendeigenschaft des Diracstosses*.

Beispiel: Wir benutzen die Ausblendeigenschaft und setzen $t_0 = 0$:

$$\int\limits_{-\infty}^{\infty} x(t) \cdot \delta(t)\, dt = x(0)$$

Nun setzen wir $x(t) \equiv 1$ und es ergibt sich die Definitionsgleichung von $\delta(t)$: $\int\limits_{-\infty}^{\infty} \delta(t)\, dt = 1$

$\square$

Da der Integrand in (2.35) nur in einem kurzen Moment bei t_0 existiert, kann man diesen alleine betrachten:

$$x(t) \cdot \delta(t - t_0) = x(t_0) \cdot \delta(t - t_0) \tag{2.36}$$

Beispiel: $(t-1)^2 \cdot \delta(t-1) = 0^2 \cdot \delta(t-1) = 0$

$x(t) = (t-1)^2$ ist eine Parabel mit dem Scheitelpunkt bei $t = 1$, also dort, wo der Diracstoss ist. An dieser Stelle ist $x(t) = 0$, an allen andern Stellen ist $\delta(t) = 0$, darum verschwindet das Produkt für alle t.

$\square$

Beispiel: $e^{-t} \cdot \delta(t) = e^{-0} \cdot \delta(t) = 1 \cdot \delta(t) = \delta(t)$

$\square$

Mit der Ausblendeigenschaft (2.35) kann man das Spektrum des Diracstosses berechnen:

$$\delta(t) \quad \circ\!\!-\!\!\circ \quad \int\limits_{-\infty}^{\infty} \delta(t) \cdot e^{-j\omega t}\, dt = \int\limits_{-\infty}^{\infty} \delta(t) \cdot \underbrace{e^{-j\omega 0}}_{=1}\, dt = \int\limits_{-\infty}^{\infty} \delta(t)\, dt = 1$$

$$\delta(t) \quad \circ\!\!-\!\!\circ \quad 1 \tag{2.37}$$

> *Der Diracstoss enthält alle Frequenzen!*

Diese Eigenschaft des Diracstosses ist ein wichtiger Grund für seine breite Anwendung in der Systemtheorie. Praktisch ist ein unendlich breites Spektrum natürlich nicht möglich (und auch nicht notwendig!), mathematisch hingegen ist es sehr elegant nutzbar.

(2.37) kann man auch aus Bild 2.11 links herleiten. Das Spektrum des Rechteckpulses kennen wir aus Gleichung (2.27), die sich auf Bild 2.9 bezieht. Kombiniert ergibt sich bei der Breite τ und der Höhe $A = 1/\tau$

$$\delta(t) \approx \lim_{\tau \to 0}\left(\tau \cdot rect\left(\frac{t}{\tau} \right) \right) \quad \circ\!\!-\!\!\bullet \quad \lim_{\tau \to 0}\left(si\left(\frac{\omega\tau}{2} \right) \right) = 1$$

Aus (2.33) ergibt sich die *Dimension des Diracstosses: s^{-1}*, denn andernfalls wäre das ausgewertete Integral nicht dimensionslos.

Aus der Distributionentheorie folgt, dass das *Produkt von Diracstössen nicht definiert* ist.

Aus (2.37) und der Fourier-Rücktransformation (2.25) lässt sich eine weitere Beschreibung für die Deltafunktion angeben:

$$\delta(t) = \frac{1}{2\pi} \int_{-\infty}^{\infty} e^{j\omega t}\, d\omega \tag{2.38}$$

Die Faltung einer Funktion mit dem Diracstoss ergibt ein einfaches Resultat:

$$\boxed{\begin{aligned} x(t) * \delta(t) &= x(t) \\ x(t) * \delta(t - t_0) &= x(t - t_0) \end{aligned}} \tag{2.39}$$

> *Der Diracstoss ist das Neutralelement der Faltung!*
>
> *Die Faltung von x(t) mit dem verschobenen Diracstoss bewirkt lediglich eine Zeitverschiebung von x(t).*

Die erste Aussage von (2.39) führt mit $x(t) \equiv 1$ wieder auf die Definitionsgleichung des Diracstosses (2.33):

$$1 \equiv x(t) = x(t) * \delta(t) = \int_{-\infty}^{\infty} x(t - \tau) \cdot \delta(\tau)\, d\tau = \int_{-\infty}^{\infty} 1 \cdot \delta(\tau)\, d\tau = \int_{-\infty}^{\infty} \delta(\tau)\, d\tau = 1$$

Die zweite Aussage lässt sich einfach beweisen mit den Gleichungen (2.28), (2.31) und (2.37):

$$x(t) * \delta(t - t_0) \quad \circ\!\!-\!\!\bullet \quad X(\omega) \cdot 1 \cdot e^{-j\omega t_0} \quad \bullet\!\!-\!\!\circ \quad x(t - t_0)$$

Eine Zeitdehnung von $\delta(t)$ kompensiert sich in der Amplitude, damit das Integral den Wert 1 behält (der Beweis folgt im Abschnitt 2.3.5):

$$\boxed{\delta(at) = \frac{1}{|a|} \cdot \delta(t)} \tag{2.40}$$

Die Gleichungen (2.24) und (2.25) lassen auf eine Symmetrie zwischen Zeit- und Frequenzbereich schliessen. Diese Eigenschaft kann man ausnutzen, um neue Korrespondenzen zu berechnen: Die Transformierte des Deltastosses ist eine Konstante. Wie lautet nun die Transformierte einer Konstanten?

$$x(t) \equiv 1 \quad \circ\!\!-\!\!\circ \quad X(\omega) = \int_{-\infty}^{\infty} e^{-j\omega t}\, dt \tag{2.41}$$

Dieses uneigentliche Integral kann man nicht auf klassische Art auswerten, also wenden wir einen Trick an: Wir vertauschen in (2.38) t und ω :

$$\delta(\omega) = \frac{1}{2\pi} \int_{-\infty}^{\infty} e^{j\omega t}\, dt$$

Bis auf das Vorzeichen im Exponenten stimmt dies mit der Form von (2.41) überein. Wir wechseln dieses Vorzeichen und setzen in (2.34) $t_0 = 0$, d.h. wir nutzen $\delta(t) = \delta(-t)$ aus:

$$\delta(-\omega) = \frac{1}{2\pi} \int_{-\infty}^{\infty} e^{-j\omega t}\, dt = \delta(\omega) \quad \Rightarrow \quad 2\pi \cdot \delta(\omega) = \int_{-\infty}^{\infty} e^{-j\omega t}\, dt \quad \circ\!\!-\!\!\circ \quad 1$$

Nun können wir die gesuchte Korrespondenz angeben:

$$\boxed{1 \quad \circ\!\!-\!\!\circ \quad 2\pi \cdot \delta(\omega)} \tag{2.42}$$

Jetzt können wir auch überprüfen, ob eine Hin- und Rücktransformation wieder auf das ursprüngliche Signal führt. Dazu setzen wir in (2.25) die Gleichung (2.24) ein, wobei wir bei letzterer die Integrationsvariable t durch τ ersetzen, da t bereits besetzt ist:

$$x(t) = \frac{1}{2\pi} \int_{-\infty}^{\infty} [X(j\omega)] \cdot e^{j\omega t}\, d\omega = \frac{1}{2\pi} \int_{-\infty}^{\infty} \left[\int_{-\infty}^{\infty} x(\tau) \cdot e^{-j\omega\tau}\, d\tau \right] \cdot e^{j\omega t}\, d\omega$$

Nun wird die Reihenfolge der Integrationen vertauscht und $x(\tau)$ vor das innere Integral geschrieben, da $x(\tau)$ unabhängig von ω ist. Dies führt auf das Faltungsintegral (2.39):

$$x(t) = \frac{1}{2\pi} \int_{-\infty}^{\infty} \int_{-\infty}^{\infty} x(\tau) \cdot e^{-j\omega\tau} \cdot e^{j\omega t}\, d\omega d\tau = \frac{1}{2\pi} \int_{-\infty}^{\infty} x(\tau) \int_{-\infty}^{\infty} e^{-j\omega\tau} \cdot e^{j\omega t}\, d\omega d\tau$$

$$= \int_{-\infty}^{\infty} x(\tau) \cdot \underbrace{\frac{1}{2\pi} \int_{-\infty}^{\infty} e^{j\omega(t-\tau)}\, d\omega}_{\delta(t-\tau)\,\text{nach}\,(2.38)} d\tau = \int_{-\infty}^{\infty} x(\tau) \cdot \delta(t-\tau)\, d\tau = x(t) * \delta(t) = x(t)$$

2.3.4 Die Fourier-Transformation von periodischen Signalen

Die Bedingung (2.23) gibt ein Kriterium für die Existenz der Fourier-Transformierten. Tatsächlich ist diese Bedingung zu restriktiv, also hinreichend, aber nicht notwendig. Mit Hilfe der Deltafunktion wird es nun möglich, auch periodische Signale (also Leistungssignale) zu transformieren. Dies bedeutet aber auch, dass zwischen den Koeffizienten der Fourier-Reihe und der Fourier-Transformierten eines periodischen Signals ein enger Zusammenhang bestehen muss.

Periodische Signale haben ein Linienspektrum, das durch die Koeffizienten der Fourier-Reihe beschrieben wird. Das diskrete Spektrum ist eine Folge der Periodizität und nicht der Beschreibungsart. Ein Fourier-Spektrum nach (2.24) ist hingegen kontinuierlich. Dank der Ausblendeigenschaft des Diracstosses können aber nun bestimmte Linien herausgefiltert werden. Somit lassen sich die Eigenschaften des periodischen Signals (diskretes Spektrum) mit den Eigenschaften der Beschreibungsart (kontinuierliches Spektrum) kombinieren. Dies ist ein zweiter wichtiger Grund für die breite Anwendung des Diracstosses in der Systemtheorie.

Aus (2.42) und mit Hilfe des Modulationssatzes (2.29) erhält man für $x(t) = 1$:

$$x(t) \cdot e^{j\omega_0 t} \quad \circ\!\!-\!\!\circ \quad X\big(j(\omega - \omega_0)\big)$$

$$e^{j\omega_0 t} \quad \circ\!\!-\!\!\circ \quad 2\pi \cdot \delta(\omega - \omega_0) \tag{2.43}$$

Mit Hilfe der Eulerschen Formeln und durch Ausnutzen der Linearität der Fourier-Transformation (d.h. Anwendung des Superpositionsgesetzes) folgt:

$$\cos(\omega_0 t) = \frac{1}{2}\Big(e^{j\omega_0 t} + e^{-j\omega_0 t}\Big) \quad \circ\!\!-\!\!\circ \quad \pi\big[\delta(\omega + \omega_0) + \delta(\omega - \omega_0)\big]$$

$$\tag{2.44}$$

$$\sin(\omega_0 t) = \frac{1}{2j}\Big(e^{j\omega_0 t} - e^{-j\omega_0 t}\Big) \quad \circ\!\!-\!\!\circ \quad j\pi\big[\delta(\omega + \omega_0) - \delta(\omega - \omega_0)\big]$$

Fourier-Transformierte des Cosinus:

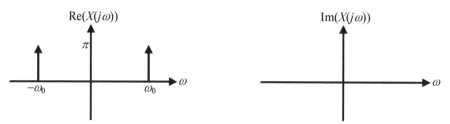

Fourier-Transformierte des Sinus:

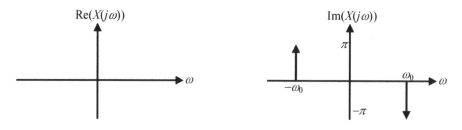

Bild 2.12 Darstellung der komplexen Spektren des Cosinus (oben) und des Sinus (unten)

Da das Fourier-Spektrum im Allgemeinen komplexwertig ist, sind für die graphische Darstellung zwei Zeichnungen notwendig, dies wurde schon mit Bild 2.6 an den Koeffizienten der Fourier-Reihe demonstriert. Bild 2.12 zeigt die Fourier-Spektren der Cosinus- und der Sinus-Funktion. Hier handelt es sich um die Fourier-Transformation, entsprechend besteht das Spektrum aus Diracstössen. In Bild 2.6 sind Koeffizienten der Fourier-Reihe dargestellt, dort handelt es sich darum um Linien.

Die Dimension der Fourier-Koeffizienten ist dieselbe wie diejenige des zugehörigen Zeitsignales, also z.B. Volt. Bei normierten Signalen ist die Dimension 1. Die Fourier-Transformierte hingegen hat die Dimension V/Hz = Vs, bei normierten Signalen 1/Hz = s.

Der Diracstoss im Zeitbereich $\delta(t)$ hat wie bereits erwähnt die Dimension 1/s. Der Diracstoss im Frequenzbereich $\delta(\omega)$ hat entsprechend die Dimension $1/\omega = 1/\text{Hz} = \text{s}$, also genau richtig für die Darstellung im Fourier-Spektrum. Mit den Diracstössen gelingt es also, eine unendliche Amplitudendichte (wie sie bei periodischen Signalen auf diskreten Frequenzen vorkommt) zwanglos im Fourier-Spektrum darzustellen.

Nun können wir die Fourier-Transformation eines beliebigen periodischen Signals $x_P(t)$ angeben. Sei $x(t)$ ein zeitbegrenztes Signal, das von $t = 0$ bis $t = T_P$ existiert. Durch periodische Fortsetzung von $x(t)$ mit T_P entsteht das Signal $x_P(t)$. Die Fourier-Koeffizienten von $x_P(t)$ lauten nach (2.13):

$$\underline{c}_k = \frac{1}{T_P} \int_0^{T_P} x_P(t) e^{-jk\omega_0 t} \, dt = \frac{1}{T_P} \left[\int_0^{T_P} x(t) e^{-jk\omega_0 t} \, dt \right]$$

Die Integration überstreicht eine Periode und kann darum über $x(t)$ oder $x_P(t)$ erfolgen. Betrachtet man nun die Fourier-Transformation des zeitlich beschränkten Signals $x(t)$:

$$X(j\omega) = \int_{-\infty}^{\infty} x(t) e^{-j\omega t} \, dt = \int_0^{T_P} x(t) e^{-j\omega t} \, dt$$

und vergleicht mit der eckigen Klammer weiter oben, so findet man die Beziehung zwischen der Fourier-Transformierten $X(j\omega)$ des zeitlich beschränkten Signals $x(t)$ und den Fourier-Koeffizienten seiner periodischen Fortsetzung $x_P(t)$:

$$\underline{c}_k = \frac{1}{T_P} \cdot X(jk\omega_0) \tag{2.45}$$

Auch hier sieht man wieder, dass die Fourier-Koeffizienten und die Fourier-Transformierte nicht dieselbe Dimension haben.

Gleichung (2.45) eröffnet eine Alternative zur Bestimmung der Fourier-Koeffizienten: man berechnet die Fourier-Transformierte einer einzigen Periode und wendet (2.45) an.

Beispiel: Ein Vergleich der Fourier-Koeffizienten der Pulsreihe (Gleichung (2.18)) mit der Fourier-Transformierten des Rechteckpulses (2.27) zeigt die Gültigkeit von (2.45).

Bild 2.13 walzt dieses Beispiel noch weiter aus. Dort sehen wir das kontinuierliche Spektrum des Einzelpulses und das diskrete Spektrum der Pulsreihe, gezeichnet sind die Beträge. Diese wurden normiert, so dass der Maximalwert stets 1 ergibt, damit die Kurven besser vergleichbar sind.

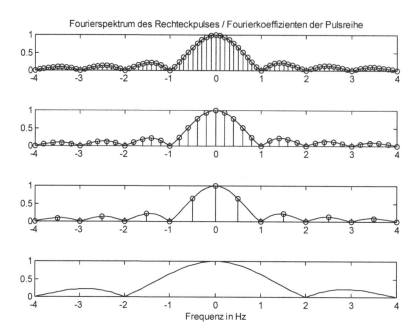

Bild 2.13 Betragsspektren des Rechteckpulses (kontinuierliche Linie) und der Pulsreihe (diskrete Linien)

Wir betrachten zuerst die oberen drei Teilbilder von Bild 2.13. Dort hatten die Pulse stets eine Dauer von 1 Sekunde. Das Fourier-Spektrum hat nach (2.27) einen sin(x)/x - Verlauf, wobei die Nullstellen auftreten bei:

$$\sin\left(\frac{\omega\tau}{2}\right)=0 \ \rightarrow\ \frac{\omega\tau}{2}=k\pi \ \rightarrow\ \omega=\frac{k\cdot 2\pi}{\tau} \ \rightarrow\ f=\frac{k}{\tau}; k=\pm1,\pm2,\pm3,...$$

Im Bild sieht man schön die Nullstellen bei 1 Hz, 2 Hz usw. Bei den negativen Frequenzen verläuft der Betrag des Spektrums achsensymmetrisch.

> *Ein Puls von 1 s Dauer hat im Spektrum die erste Nullstelle bei 1 Hz.*
> *Ein Puls von 1 ms Dauer hat im Spektrum die erste Nullstelle bei 1 kHz.*

Die senkrechten Linien mit dem kleinen Kreis an der Spitze in Bild 2.13 symbolisieren die Fourier-Koeffizienten. Im obersten Bild haben diese einen Abstand von 0.1 Hz. Das Zeitsignal besteht nämlich aus einer Pulsreihe, wobei die Pulse 1 s Dauer und 9 s Abstand haben. Die Periode beträgt demnach 10 s und der Kehrwert davon ist der Linienabstand der Fourier-Koeffizienten.

Im zweitobersten Teilbild wurde der Abstand zwischen den Pulsen auf 4 s verkürzt, die Periode beträgt somit noch 5 Sekunden und der Linienabstand 0.2 Hz. Die Pulsdauer blieb unverändert bei 1 s, deshalb ist die Enveloppe, d.h. die Fourier-Transformierte eines einzelnen Pulses, unverändert.

Im dritten Teilbild beträgt die Pulsdauer 1 s und der Abstand 1 s, demnach ergibt sich eine Periode von 2 Hz und ein Linienabstand von 0.5 Hz. Dies ist genau der Fall der Gleichung (2.19) und man sieht jetzt sehr schön, weshalb neben $\underline{c}_0$ nur noch die ungeraden Koeffizienten auftreten.

Die Linie bei $f = 0$ gibt den DC-Wert (arithmetisches Mittel) an. Diese Linie müsste sich eigentlich bei konstanter Pulsdauer mit dem Pulsabstand ändern (alle andern übrigens auch, in (2.45) kommt ja der Faktor $1/T_P$ vor). Wegen der Normierung auf den DC-Wert bleibt die Grösse im Bild 2.13 jedoch erhalten.

Das unterste Teilbild schliesslich zeigt die Fourier-Transformierte eines Rechteckpulses von 0.5 s Dauer. Gemäss den obigen Merksätzen liegt die erste Nullstelle bei 2 Hz.

Die Darstellung der negativen Frequenzen ist wenig spektakulär, da die Spektren reeller Signale stets konjugiert komplex sind. Man darf durchaus nur die positive Frequenzachse darstellen, muss aber unbedingt klarstellen, ob ein einseitig gezeichnetes komplexes Spektrum oder ein einseitiges Betrags-/Phasenspektrum vorliegt. Ansonsten kann sich ein Fehler um den Faktor 2 einschleichen. Berechnungen (v.a. im Zusammenhang mit dem Modulationssatz) sollte man aber stets im zweiseitigen Spektrum durchführen.

□

Ausgehend von der komplexen Fourier-Reihe nach (2.13) kann man mit (2.43) und Ausnutzung der Linearität schreiben:

$$x_p(t) = \sum_{k=-\infty}^{\infty} \underline{c}_k e^{jk\omega_0 t} \quad \circ\!\!-\!\!\circ \quad X_p(j\omega) = 2\pi \sum_{k=-\infty}^{\infty} \underline{c}_k \delta(\omega - k\omega_0)$$

Wegen der Deltastösse ergibt sich erwartungsgemäss ein Linienspektrum. Mit (2.45) ergibt sich:

$$X_p(j\omega) = 2\pi \cdot \sum_{k=-\infty}^{\infty} \underline{c}_k \cdot \delta(\omega - k\omega_0) = \frac{2\pi}{T} \sum_{k=-\infty}^{\infty} X(jk\omega_0) \cdot \delta(\omega - k\omega_0)$$

Wegen (2.36) kann man genausogut schreiben:

$$X_p(j\omega) = \frac{2\pi}{T} \sum_{k=-\infty}^{\infty} X(j\omega) \cdot \delta(\omega - k\omega_0) = \omega_0 \cdot X(j\omega) \cdot \sum_{k=-\infty}^{\infty} \delta(\omega - k\omega_0)$$

$$\boxed{X_p(j\omega) = 2\pi \cdot \sum_{k=-\infty}^{\infty} \underline{c}_k \cdot \delta(\omega - k\omega_0) = \omega_0 \cdot X(j\omega) \cdot \sum_{k=-\infty}^{\infty} \delta(\omega - k\omega_0)} \tag{2.46}$$

*Wird ein Signal periodisch fortgesetzt,
so wird sein Spektrum abgetastet.*

Diese Tatsache erkennt man schon in Bild 2.13.

Nun betrachten wir eine unendliche Folge von identischen Deltastössen im Zeitbereich, der Abstand zwischen zwei Stössen sei T_P. Dieses Signal entsteht aus dem einzelnen Deltastoss $\delta(t)$ durch periodische Fortsetzung mit T_P und heisst darum $\delta_P(t)$. Das Spektrum kann man aufgrund (2.46) sofort angeben:

$$\delta_P(t) = \sum_{k=-\infty}^{\infty} \delta(t - kT_P) \quad \circ\!\!-\!\!\circ \quad \omega_0 \cdot \sum_{k=-\infty}^{\infty} \delta(\omega - k\omega_0) = \omega_0 \cdot \delta_P(\omega) \; ; \quad \omega_0 = \frac{2\pi}{T} \quad (2.47)$$

Eine Diracstossfolge hat als Spektrum eine Diracstossfolge!

Diese Aussage ist das Bindeglied zwischen der kontinuierlichen und der diskreten Systemtheorie.

Funktionen, die im Zeit- wie im Bildbereich denselben Verlauf haben, nennt man *selbstreziprok*. Auch der Gauss-Impuls hat diese Eigenschaft und spielt genau deswegen bei der Wavelet-Transformation eine Rolle (dies ist eine neue Transformation mit wachsender Bedeutung).

Gleichung (2.46) beschreibt das Spektrum $X_P(j\omega)$ der periodischen Funktion $x_P(t)$ als Produkt von zwei Spektren, nämlich $X(j\omega)$ (Fourier-Transformierte einer einzigen Periode) und $\delta_P(\omega)$ (periodische Diracstossfolge im Frequenzbereich). Nach dem Faltungstheorem (2.31) muss das Zeitsignal $x_P(t)$ entstehen durch Falten von $x(t)$ (eine einzige Periode!) mit der Rücktransformierten von $\delta_P(\omega)$. Letztere ist die Diracstossfolge $\delta_P(t)$ im Zeitbereich.

Periodische Fortsetzung in T_P durch Faltung mit der δ_P-Folge ($x(t)$ ist *eine* Periode von $x_P(t)$):

$$x_p(t) = x(t) * \delta_P(t) = x(t) * \sum_{k=-\infty}^{\infty} \delta(t - kT) \qquad (2.48)$$

Aus (2.39) wissen wir, dass die Faltung mit einem Deltastoss die Originalfunktion auf der Zeitachse verschiebt. Die Superposition von unendlich vielen solchen Faltungen entspricht wegen des Distributivgesetzes der Faltungsoperation einer Faltung mit der Deltastossfolge und führt somit zu der erwarteten periodischen Fortsetzung.

Anwendung des Diracstosses und der Diracstoss-Folge:

Multiplikation mit Diracstoss = *einen Funktionswert aussieben*
Multiplikation mit Diracstossfolge = *Funktion abtasten*
Falten mit Diracstoss = *Funktion verschieben*
Falten mit Diracstossfolge = *Funktion periodisch fortsetzen*

Bemerkung zur Faltung mit dem Diracstoss: $x(t)*\delta(t-t_0)$ verschiebt die Funktion um t_0. Für $t_0 = 0$ wird die Funktion um 0 verschoben, also unverändert belassen. $\delta(t)$ ist das Neutralelement der Faltung!

Falten von $x(t)$ mit der Diracstossfolge heisst periodisches Fortsetzen. Im Frequenzbereich bedeutet dies die Produktbildung der Spektren. Da das Spektrum der Diracstossfolge wiederum eine Diracstossfolge ist, bedeutet diese Produktbilung ein Abtasten. Periodische Signale haben deshalb ein diskretes Spektrum, vgl. Bild 2.13. Mathematisch fomuliert ergibt sich wieder exakt (2.46):

$$x(t) \quad \circ\!\!-\!\!\circ \quad X(j\omega) \quad ; \quad \sum_{k=-\infty}^{\infty}\delta(t-kT) \quad \circ\!\!-\!\!\circ \quad \omega_0 \cdot \sum_{k=-\infty}^{\infty}\delta(\omega-k\omega_0)$$

$$x_p(t) = x(t) * \sum_{k=-\infty}^{\infty}\delta(t-kT) \quad \circ\!\!-\!\!\circ \quad X_p(j\omega) = X(j\omega) \cdot \omega_0 \cdot \sum_{k=-\infty}^{\infty}\delta(\omega-k\omega_0)$$

Periodisches Fortsetzen heisst Abtasten des Spektrums. Wird ein Diracstoss $\delta(t)\circ\!\!-\!\!\circ 1$ periodisch fortgesetzt, so werden aus der Konstanten im Spektrum periodisch Abtastwerte entnommen. Es ergibt sich darum auch im Bildbereich eine Diracstossfolge.

Solche bildliche Interpretationen auf eher intuitiver Basis sind sehr nützlich für *qualitative* Überlegungen. Die dabei unterschlagenen Faktoren (häufig 2π oder T_P) enthalten keine Information, weil sie konstant sind.

2.3.5 Die Eigenschaften der Fourier-Transformation

Oft ist es mühsam, das Fourier-Integral (2.24) auszuwerten. Die meisten Überlegungen lassen sich aber durchführen mit der Kenntnis der Korrespondenzen einiger Elementarfunktionen, kombiniert mit den nachstehenden Eigenschaften der Fourier-Transformation.

Die Betrachtung dieser Eigenschaften führt direkt auf zahlreiche neue Korrespondenzen, darüberhinaus vertieft sich das Verständnis für die Fourier-Transformation und schliesslich können wir die Erkenntnisse bei der Fourier-Transformation für Abtastsignale (FTA, Abschnitt 5.2) und der diskreten Fourier-Transformation (DFT, Abschnitt 5.3) übernehmen.

a) Linearität

Die Fourier-Transformation ist eine lineare Abbildung, d.h. das Superpositionsgesetz darf angewandt werden. Sind $x_1(t)$ und $x_2(t)$ zwei Signale, $X_1(j\omega)$ und $X_2(j\omega)$ deren Spektren sowie k_1 und k_2 zwei Konstanten, so gilt:

$$\boxed{k_1 \cdot x_1(t) + k_2 \cdot x_2(t) \quad \circ\!\!-\!\!\circ \quad k_1 \cdot X_1(j\omega) + k_2 \cdot X_2(j\omega)} \qquad (2.49)$$

Natürlich gilt dies auch für mehr als nur zwei Summanden.

b) Dualität

Da die Abbildungen (2.24) und (2.25) sehr ähnlich sind, besteht eine Dualität bzw. Symmetrie zwischen Hin- und Rücktransformation.

In (2.25) substituieren wir $t \rightarrow \tau$ und $\omega \rightarrow v$:

$$x(\tau) = \frac{1}{2\pi}\int_{-\infty}^{\infty}X(jv)e^{jv\tau}dv$$

Nun ersetzen wir $v \rightarrow t$ und $\tau \rightarrow -\omega$:

$$2\pi \cdot x(-\omega) = \int\limits_{-\infty}^{\infty} X(t)e^{-j\omega t}\, dt$$

Der Ausdruck rechts ist wiederum ein Fourier-Integral.

Folgerung: Stellen zwei Funktionen $x(t)$ und $X(j\omega)$ ein Fourier-Paar dar, so bilden $X(t)$ und $2\pi\, x(-j\omega)$ ebenfalls ein Fourier-Paar (*duale Korrespondenz*).

Anmerkung: Hier wäre es konsistenter, man würde die Spektralfunktionen mit $X(\omega)$ bezeichnen und nicht mit $X(j\omega)$. Der zweite Ausdruck betont aber die Verwandtschaft mit der Laplace-Transformation (Abschnitt 2.4) und wird deshalb meistens bevorzugt.

☐

Im Allgemeinen ist $X(j\omega)$ komplex, d.h. die duale Korrespondenz bezieht sich auf ein komplexes Zeitsignal. Bei geradem $x(t)$ ergibt sich aber ein reelles $X(j\omega)$ und somit sofort eine neue Korrespondenz.

$$\boxed{\quad x(t) \;\circ\!\!-\!\!\circ\; X(j\omega) \qquad \Leftrightarrow \qquad X(t) \;\circ\!\!-\!\!\circ\; 2\pi \cdot x(-j\omega) \quad}$$

(2.50)

Beispiel: $\underbrace{\delta(t) \;\circ\!\!-\!\!\circ\; 1}_{(2.37)} \qquad \Leftrightarrow \qquad \underbrace{1 \;\circ\!\!-\!\!\circ\; 2\pi \cdot \delta(-\omega) = 2\pi \cdot \delta(\omega)}_{\text{Gleichung}\,(2.42)}$

☐

Diese Symmetrie hat noch andere, weitreichende Konsequenzen. Da ein periodisches Signal ein diskretes (abgetastetes) Spektrum hat, hat umgekehrt ein abgetastetes (zeitdiskretes) Zeitsignal ein periodisches Spektrum. Dies ist genau der Fall der digitalen Signale. Die intensive Auseinandersetzung mit der Fourier-Transformation lohnt sich also, weil die Erkenntnisse später wieder benutzt werden.

c) Zeitskalierung (Ähnlichkeitssatz)

$$\boxed{\quad x(t) \;\circ\!\!-\!\!\circ\; X(j\omega) \quad \Leftrightarrow \quad x(at) \;\circ\!\!-\!\!\circ\; \frac{1}{|a|} \cdot X\!\left(j\frac{\omega}{a}\right) \quad}$$

(2.51)

Beispiel: Lässt man ein Tonbandgerät bei der Wiedergabe schneller laufen als bei der Aufnahme (Zeitstauchung), so tönt die Aufnahme höher.

☐

Herleitung von (2.51): In (2.24) ersetzen wir $a\,t \rightarrow \tau$ und $dt \rightarrow d\tau/a$:

$$x(at) \;\circ\!\!-\!\!\circ\; \int\limits_{t=-\infty}^{\infty} x(at) \cdot e^{-j\omega t}\, dt = \int\limits_{\tau=-\infty}^{\infty} x(\tau) \cdot e^{-j\frac{\omega}{a}\tau} \cdot \frac{1}{a}\, d\tau = \frac{1}{a} \cdot X\!\left(j\frac{\omega}{a}\right)$$

Für negative a ergeben sich Vorzeichenwechsel. Die gemeinsame Schreibweise ergibt die Form in (2.51) mit $|a|$.

Beispiel: $\delta(at)$ $\circ\!\!-\!\!\circ$ $\dfrac{1}{|a|} \cdot 1\!\left(\dfrac{\omega}{a}\right) = \dfrac{1}{|a|}$ $\circ\!\!-\!\!\circ$ $\dfrac{1}{|a|} \cdot \delta(t)$

Damit ist der Beweis für (2.40) nachgeliefert.

□

Als Spezialfall von (2.51) für *reellwertige* Zeitsignale (diese haben zwangsläufig ein konjugiert komplexes Spektrum) und $a = -1$ ergibt sich:

$$\boxed{\; x(t) \;\; \circ\!\!-\!\!\circ \;\; X(j\omega) \qquad \Leftrightarrow \qquad x(-t) \;\; \circ\!\!-\!\!\circ \;\; X(-j\omega) = X^*(j\omega) \;}$$ (2.52)

> *Das Spiegeln des Zeitsignales bewirkt, dass das Spektrum*
> *den konjugiert komplexen Wert annimmt.*

d) Frequenzskalierung

In (2.51) setzen wir $a = 1/b$ und lösen nach X auf:

$$\boxed{\; X(j\omega) \;\; \circ\!\!-\!\!\circ \;\; x(t) \qquad \Leftrightarrow \qquad X(bj\omega) \;\; \circ\!\!-\!\!\circ \;\; \dfrac{1}{|b|} \cdot x\!\left(\dfrac{t}{b}\right) \;}$$ (2.53)

e) Zeit-Bandbreite-Produkt

Offensichtlich sind Zeit- und Frequenzskalierung nicht unabhängig voneinander. Normiert man die Zeitvariable auf (ein positives) t_n

$$x\!\left(\frac{t}{t_n}\right) \;\; \circ\!\!-\!\!\circ \;\; t_n \cdot X(j\omega t_n)$$

so wird automatisch die Frequenzvariable auf ω_n normiert:

$$x(t\omega_n) \;\; \circ\!\!-\!\!\circ \;\; \frac{1}{\omega_n} \cdot X\!\left(j\frac{\omega}{\omega_n}\right)$$

Ein Vergleich der letzten beiden Gleichungen zeigt, dass nur eine der beiden Normierungsgrössen frei wählbar ist.

$$t_n = \frac{1}{\omega_n}$$

Bei Signalen definiert man oft eine Existenzdauer τ und eine Bandbreite B (es sind verschiedene Definitionen im Gebrauch). Streckt man nun beispielsweise die Zeitachse, so wird die Frequenzachse entsprechend gestaucht. Das Produkt aus τ und B bleibt von der Streckung unverändert, es ist nur abhängig von der Signal*form* und von der für die Bandbreite B benutzten Definition. Dies ist auch plausibel, denn wenn ein Signal im Zeitbereich gestaucht wird, so werden seine Änderungen abrupter und damit steigt sein Gehalt an hohen Frequenzen.

Anmerkung: Zeitlich beschränkte Signale haben stets ein theoretisch unendlich breites Spektrum. Praktisch fällt dieses ab und ist über einer gewissen Frequenz vernachlässigbar. Dieses

„gewiss" ist aber eine Frage der Definition, z.B. nimmt man die 3 dB-Grenzfrequenz, d.h. die Frequenz mit der halben Leistungsdichte gegenüber dem Maximum. Eine Bandbreitenangabe macht darum nur dann einen Sinn, wenn man auch die benutzte Definition deklariert.

$\square$

Es hat sich eingebürgert, als Bandbreite den belegten Spektralbereich auf der *positiven Frequenz*achse (nicht ω-Achse!) zu bezeichnen. Die Dimension von B ist demnach Hz.

Beispiel: Wir nehmen wieder den Rechteckpuls aus Bild 2.9 und definieren die Bandbreite als diejenige Frequenz, bei der die erste Nullstelle im Spektrum auftritt (Breite der sog. Hauptkeule). Die Bandbreite beträgt demnach B = $1/\tau$, vgl. auch Bild 2.13. Das Zeit-Bandbreiteprodukt des Pulses beträgt demnach 1.

$\square$

Beispiel: In Bild 1.9 haben wir das RC-Glied eingeführt. Für den Frequenzgang $H(j\omega)$ ergab sich:

$$H(j\omega) = \frac{1}{1 + j\omega RC} = \frac{1}{RC} \cdot \frac{1}{\frac{1}{RC} + j\omega}$$

Die Rücktransformierte dieses Spektrums heisst Stossantwort $h(t)$ (diese Begriffe werden im Kapitel 3 genau eingeführt):

$$h(t) = \varepsilon(t) \cdot \frac{1}{RC} \cdot e^{-\frac{t}{RC}} = \begin{cases} \frac{1}{RC} \cdot e^{-\frac{t}{RC}} & ; \quad t \geq 0 \\ \\ 0 & ; \quad t < 0 \end{cases}$$

Die Herleitung dieser Korrespondenz haben wir bereits bei Bild 2.8 erledigt, wir müssen lediglich in (2.26) $\alpha = 1/RC = A$ setzen. (Damit erhält $h(t)$ die sonderbare Dimension 1/s, wir werden aber im Kapitel 3 sehen, dass dies schon seine Richtigkeit hat.)

Die Stossantwort klingt ab, dauert aber theoretisch unendlich lange. Wir legen darum willkürlich fest, dass die Dauer τ der Stossantwort solange sei, bis sie um den Faktor $1/e$ abgeklungen ist:

$$h(\tau) = \frac{1}{e} \cdot h(0) = \frac{1}{e} \cdot \frac{1}{RC} = \frac{1}{RC} \cdot e^{-\frac{\tau}{RC}} \quad \Rightarrow \quad e^{-1} = e^{-\frac{\tau}{RC}} \quad \Rightarrow \quad \tau = RC$$

Aus dieser Beziehung erklärt sich auch der Name Zeitkonstante für das Produkt $R \cdot C$.

Ebenso legen wir fest, dass die Bandbreite dort endet, wo die Leistung gegenüber dem Gleichstromwert (DC-Wert) auf die Hälfte abgeklungen ist. Diese Frequenz heisst Grenzfrequenz f_{Gr} bzw. ω_{Gr} und entspricht der oben erwähnten 3 dB-Bandbreite. Die Leistung ergibt sich aus dem Betragsquadrat des Spektrums:

$$|H(j\omega_{Gr})|^2 = \frac{1}{|1 + j\omega_{Gr}RC|^2} = \frac{1}{2} \cdot |H(j0)|^2 = \frac{1}{2} \quad \Rightarrow \quad 2 = 1 + (\omega_{Gr}RC)^2 \quad \Rightarrow \quad \omega_{Gr} = \frac{1}{RC}$$

Das Zeit-Bandbreiteprodukt beträgt somit: $\quad \tau \cdot \omega_{Gr} = RC \cdot \frac{1}{RC} = 1$

Das Zeit-Bandbreite-Produkt ist also unabhängig von der Zeitkonstanten RC! Hätten wir andere Definitionen für die Dauer und die Bandbreite benutzt, so hätte das Produkt natürlich eine andere, aber immer noch konstante Zahl ergeben.

□

Selbstverständlich ist man bestrebt, geschmacksunabhängige und allgemeingültige Definitionen der Bandbreite und der Zeitdauer zu formulieren. Man kann zeigen, dass der Gauss-Impuls dasjenige Signal mit dem kleinsten Zeit-Bandbreiteprodukt ist [Unb96], [Mil97].

In der Übertragungstheorie findet das Zeit-Bandbreiteprodukt einen wichtigen Niederschlag. Die über einen Kanal mit der Bandbreite B in der Zeit T übertragbare Informationsmenge I in bit beträgt nämlich:

$$I = T \cdot B \cdot \log_2\left(1 + \frac{P_S}{P_N}\right) \tag{2.54}$$

Dabei bedeuten P_S die Signalleistung und P_N die Störleistung (N = noise, Geräusch) und der Quotient P_S/P_N heisst *Signal-Rausch-Abstand*. Eine gegebene Informationsmenge kann demnach entweder in kurzer Zeit über einen breitbandigen Kanal oder in langer Zeit über einen schmalbandigen Kanal übertragen werden. Ausführlicheres findet man in [Mey19].

Periodische Signale haben als Spektrum ein Arsenal von Diracstössen, Gleichung (2.46). Die Bandbreite dieser Signale verschwindet also, nach (2.54) kann man damit also gar keine Information übertragen. Dies haben wir bereits im Abschnitt 1.2 festgehalten.

Aus obigen Erwägungen folgt:

> *Kurz dauernde Signale haben breite Spektren.*
> *Ein schmales Spektrum bedeutet eine lange Signaldauer.*

Die Umkehrung gilt *nicht*, ein lange andauerndes Signal kann ein breites Spektrum haben, z.B. Rauschen. Hingegen kann obiger Merksatz etwas verallgemeinert werden:

> *Schnell ändernde Signale haben ein breites Spektrum.*

Eine Konsequenz ergibt sich bei der Spektralanalyse, also der Messung eines Spektrums: möchte man eine feine Frequenzauflösung, so erfordert dies eine lange Messzeit.

> *Das Zeit-Bandbreite-Produkt ist die*
> *Unschärferelation der Signalverarbeitung!*

f) Zeitverschiebung

Diese Eigenschaft haben wir bereits hergeleitet, nachstehend ist deshalb nur (2.28) wiederholt:

$$x(t) \quad \circ\!\!-\!\!\circ \quad X(j\omega) \quad \Leftrightarrow \quad x(t-\tau) \quad \circ\!\!-\!\!\circ \quad X(j\omega) \cdot e^{-j\omega\tau}$$

g) Frequenzverschiebung (Modulationssatz)

Auch der Modulationssatz ist uns bereits aus (2.29) bekannt. In diesem Abschnitt sollen jedoch alle Eigenschaften der Fourier-Transformation aufgelistet sein.

$$x(t) \quad \circ\!\!-\!\!\circ \quad X(j\omega) \qquad \Leftrightarrow \qquad x(t) \cdot e^{jWt} \quad \circ\!\!-\!\!\circ \quad X\big(j(\omega - W)\big)$$

Beispiel: Wie sieht das Spektrum eines kurzen Tones aus? Dies könnte zum Beispiel ein Morsesignal sein. In der Nachrichtentechnik heissen diese Signale ASK-Signale (Amplitude-Shift-Keying). Sie entstehen, indem ein harmonischer Oszillator ein- und ausgeschaltet wird. Mathematisch lässt sich dies beschreiben als Multiplikation einer harmonischen Schwingung mit einem Rechtecksignal:

$$x(t) = A \cdot \cos(\omega_0 t) \cdot rect\left(\frac{t}{\tau}\right) = \begin{cases} A \cdot \cos(\omega_0 t) & ; \quad |t| \leq \dfrac{\tau}{2} \\ 0 & ; \quad \text{sonst} \end{cases} \tag{2.55}$$

rect(t/τ) bezeichnet den Rechteckpuls der Breite τ und der Höhe 1, wie er auch in Bild 2.9 gezeigt ist. Das Spektrum dieses Pulses hat einen sin(x)/x-Verlauf, Gleichung (2.27). Die Cosinus-Funktion kann man nach Euler durch zwei komplexe Exponentialfunktionen ersetzen:

$$\cos(\omega_0 t) = 0.5 \cdot e^{j\omega_0 t} + 0.5 \cdot e^{-j\omega_0 t}$$

Demnach besagen (2.55) und der Modulationssatz (2.29), dass das Spektrum des Pulses einer zweifachen Frequenzverschiebung nach $+\omega_0$ und $-\omega_0$ unterzogen wird. Dasselbe Resultat erhält man auch, wenn man die Spektren faltet anstatt die Zeitfunktionen multipliziert. Das Spektrum des Cosinus ist in Bild 2.12 gezeigt, es handelt sich um zwei Diracstösse. Falten mit dem Diracstoss bedeutet verschieben. Bild 2.14 zeigt die Zeitverläufe und die Spektren.

Nach dieser qualitativen Überlegung ist die quantitative Rechnung rasch ausgeführt. Wir nehmen Gleichung (2.27) und schieben den sin(x)/x-Puls, indem wir die Frequenzvariable ω durch $\omega+\omega_0$ bzw. $\omega-\omega_0$ ersetzen. Die Diracstösse haben wegen (2.44) das Gewicht π, zusätzlich muss noch der Faktor 2π aus (2.32) berücksichtigt werden. Es ergibt sich nach dem Kürzen:

$$X(j\omega) = \frac{A \cdot \tau}{2} \cdot \left[\frac{\sin\frac{(\omega - \omega_0)\tau}{2}}{\frac{(\omega - \omega_0)\tau}{2}} + \frac{\sin\frac{(\omega + \omega_0)\tau}{2}}{\frac{(\omega + \omega_0)\tau}{2}} \right] = \frac{A \cdot \tau}{2} \cdot \left[si\frac{(\omega - \omega_0)\tau}{2} + si\frac{(\omega + \omega_0)\tau}{2} \right]$$

Dieses Resultat kann man mit einer Grenzwertbetrachtung kontrollieren. Lässt man ω_0 gegen Null streben, so ergibt sich wieder das Spektrum des Rechteckpulses nach (2.27):

$$X(j\omega) = A \cdot \tau \cdot si\left(\frac{\omega\tau}{2}\right)$$

Lässt man τ gegen Unendlich streben, so muss sich das Spektrum des Cosinus ergeben, d.h. die beiden sin(x)/x-Pulse in Bild 2.14 rechts unten schrumpfen zu Diracstössen. Dies ist tatsächlich der Fall, allerdings wird für die Rechnung etwas Distributionentheorie benötigt, weshalb wir hier auf deren Ausführung lieber verzichten.

□

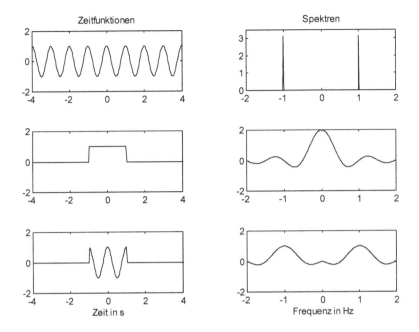

Bild 2.14 Zeitfunktionen und Spektren für den modulierten Rechteckpuls

h) Differentiation im Zeitbereich

$$\frac{d}{dt}x(t) \quad \circ\!\!-\!\!\circ \quad j\omega \cdot X(j\omega)$$

(2.56)

Zum Beweis verwenden wir (2.25):

$$\frac{d}{dt}x(t) = \frac{d}{dt}\frac{1}{2\pi}\int_{-\infty}^{\infty}X(j\omega)\cdot e^{j\omega t}d\omega = \frac{1}{2\pi}\int_{-\infty}^{\infty}X(j\omega)\frac{d}{dt}e^{j\omega t}d\omega$$

$$= \frac{1}{2\pi}\int_{-\infty}^{\infty}X(j\omega)\cdot j\omega\cdot e^{j\omega t}d\omega = \frac{1}{2\pi}\int_{-\infty}^{\infty}\left[j\omega\cdot X(j\omega)\right]e^{j\omega t}d\omega$$

Aus der Ableitung wird ein komplexes Produkt. Aus einer Differentialgleichung wird entsprechend durch die Fourier-Transformation eine komplexe algebraische Gleichung. Dies eröffnet die Möglichkeit, Differentialgleichungen (wie sie bei LTI-Systemen auftreten!) durch einen bequemeren Umweg zu lösen, vgl. Abschnitt 1.2 und Kapitel 3.

Die Differentiation eines Signales betont dessen Änderungen. Früher haben wir festgehalten, dass schnell ändernde Signale ein breites Spektrum haben. Der Faktor $j\omega$ in (2.56) ist genau dafür zuständig, die hohen Frequenzen zu betonen. Eine ähnliche Wirkung hat auch ein Hochpassfilter, d.h. ein System, das hohe Frequenzen passieren lässt und tiefe Frequenzen sperrt. Umgekehrt wirkt die Integration ähnlich wie ein Tiefpassfilter.

i) Integration im Zeitbereich

Dazu müssen wir vorgängig die Spektren der Signumfunktion sgn(t) und der Sprungfunktion $\varepsilon(t)$ herleiten:

$$\text{sgn}(t) = \begin{cases} -1 & t < 0 \\ 0 & \text{für} \quad t = 0 \\ 1 & t > 0 \end{cases} \tag{2.57}$$

$$\varepsilon(t) = \begin{cases} 0 & t < 0 \\ 0.5 & \text{für} \quad t = 0 \\ 2 & t > 0 \end{cases} \tag{2.58}$$

Bei $t = 0$ gibt es eine Sprungstelle, gemäss der Distributionentheorie ist dort die Ableitung gleich einem Diracstoss, dessen Gewicht der Sprunghöhe entspricht (im Fall von sgn(t) also 2). Mit (2.56) und (2.37) können wir die Transformation in den Bildbereich ausführen:

$$\frac{d}{dt}\text{sgn}(t) = 2 \cdot \delta(t) \quad \circ\!\!-\!\!\circ \quad j\omega \cdot F\{\text{sgn}(t)\} = 2 \quad \Rightarrow \quad F\{\text{sgn}(t)\} = \frac{2}{j\omega}$$

Es ergibt sich die Korrespondenz:

$$\text{sgn}(t) \quad \circ\!\!-\!\!\circ \quad \frac{2}{j\omega} \tag{2.59}$$

Die Sprungfunktion $\varepsilon(t)$ kann man durch sgn(t) ausdrücken:

$$\varepsilon(t) = \frac{1}{2} + \frac{1}{2}\text{sgn}(t) \quad \circ\!\!-\!\!\circ \quad \pi \cdot \delta(\omega) + \frac{1}{j\omega} \tag{2.60}$$

Für die Sprungfunktion gilt:

$$\frac{d\varepsilon(t)}{dt} = \delta(t) \tag{2.61}$$

Die Sprunghöhe ist ja nur halb so gross wie bei der Signum-Funktion, der DC-Offset geht durch die Ableitung verloren. Diese Ableitung kann man geometrisch herleiten, indem man $\varepsilon(t)$ annähert durch eine Rampe, Bild 2.15. Während der Steigung der Rampe beträgt die Steilheit $1/b$ (Teilbilder links). Lässt man nun b gegen Null streben, so entsteht oben die Schrittfunktion, unten hingegen das Bild 2.11, das wir schon als Annäherung für $\delta(t)$ kennengelernt haben.

Mit der Deltafunktion kann man nun auch unstetige Funktionen differenzieren, indem man diese durch kontinuierliche Funktionen und die Sprungfunktion superponiert.

Beispiel: Rechteckpuls der Höhe 3 und der Breite 2 von $t = 0$ bis $t = 2$. Diesen Puls kann man folgendermassen superponieren und ableiten:

$$x(t) = 3 \cdot \varepsilon(t) - 3 \cdot \varepsilon(t-2) \quad \Rightarrow \quad \dot{x}(t) = 3 \cdot \delta(t) - 3 \cdot \delta(t-2)$$

□

Die Sprungfunktion gestattet auch den Umgang mit kausalen Funktionen (allgemeiner: mit Funktionen, die irgendwann ein- oder ausgeschaltet werden), ohne dass für t eine Fallunterscheidung notwendig ist.

Beispiel: kausaler Sinus. Diese Funktion hat einen „Knick", benötigt also bei konventioneller Differentiation eine Fallunterscheidung:

$$x(t) = \begin{cases} 0 & ; \quad t < 0 \\ \sin(\omega t) ; & t \geq 0 \end{cases} \quad \Rightarrow \quad \dot{x}(t) = \begin{cases} 0 & ; \quad t < 0 \\ \omega \cdot \cos(\omega t) & ; \quad t \geq 0 \end{cases}$$

Mit Hilfe der Sprungfunktion lautet dasselbe:

$$x(t) = \varepsilon(t) \cdot \sin(\omega t)$$

Die Ableitung geschieht nun mit Hilfe der Produktregel:

$$\dot{x}(t) = \dot{\varepsilon}(t) \cdot \sin(\omega t) + \varepsilon(t) \cdot \omega \cdot \cos(\omega t) = \delta(t) \cdot \sin(\omega t) + \varepsilon(t) \cdot \omega \cdot \cos(\omega t)$$

Einmal mehr hilft die Ausblendeigenschaft:

$$\dot{x}(t) = \delta(t) \cdot \sin(\omega t) + \varepsilon(t) \cdot \omega \cdot \cos(\omega t) = \underbrace{\delta(t) \cdot \sin(0)}_{0} + \varepsilon(t) \cdot \omega \cdot \cos(\omega t)$$

□

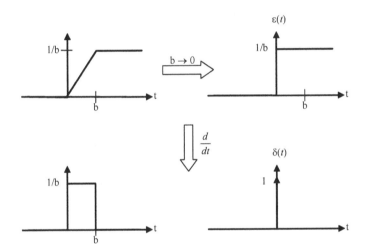

Bild 2.15 Graphische Annäherung an $\varepsilon(t)$ und $\delta(t)$

Nun endlich können wir die Integration betrachten, die auch als Faltung geschrieben werden kann ($\varepsilon(t-\tau)$ ist gespiegelt und schaltet bei $t = \tau$ auf 0):

$$\int_{-\infty}^{t} x(\tau)d\tau = \int_{-\infty}^{\infty} x(\tau)\varepsilon(t-\tau)d\tau = x(t) * \varepsilon(t) \circ\!\!-\!\!\circ X(j\omega)\left[\frac{1}{j\omega} + \pi\delta(\omega)\right] = \frac{X(j\omega)}{j\omega} + \pi \cdot X(j\omega) \cdot \delta(\omega)$$

$X(j\omega) \cdot \delta(\omega)$ kann man als $X(0) \cdot \delta(\omega)$ schreiben (Ausblendeigenschaft) und es ergibt sich:

$$\boxed{\int_{-\infty}^{t} x(\tau)\, d\tau = x(t) * \varepsilon(t) \quad \circ\!\!-\!\!\circ \quad \frac{X(j\omega)}{j\omega} + \pi \cdot X(0) \cdot \delta(\omega)} \qquad (2.62)$$

Weist also $x(t)$ einen DC-Anteil auf, so enthält das Spektrum seines Integrals einen Diracstoss bei $\omega = 0$. Dasselbe folgt auch aus (2.42) und dem Superpositionsgesetz.

Eine Bemerkung für Theorie-Interessierte und für Leser, die sich an den Zauberkünsten der Deltafunktion ergötzen können: Die obige Schreibweise der Integration als Faltung mit der Sprungfunktion lässt sich etwas umformen:

$$\int_{-\infty}^{t} x(\tau)d\tau = \int_{-\infty}^{\infty} x(\tau) \cdot \varepsilon(t-\tau)d\tau = x(t) * \varepsilon(t) = x(t) * \int_{-\infty}^{t} \delta(\tau)d\tau$$

Eine Faltung mit $\delta(t)$ bedeutet Identität. Eine Faltung mit dem Integral von $\delta(t)$ (also $\varepsilon(t)$) bedeutet Integration. In Analogie dazu und mit der Distributionentheorie tatsächlich herleitbar folgt der Schluss, dass eine Faltung mit der Ableitung von $\delta(t)$ die Ableitung darstellt:

$$\int_{-\infty}^{t} x(\tau)d\tau = x(t) * \int_{-\infty}^{t} \delta(\tau)d\tau \qquad\qquad x(t) = x(t) * \delta(t) \qquad\qquad \dot{x}(t) = x(t) * \dot{\delta}(t)$$

□

j) Symmetrie

Das Zeitsignal $x(t)$ darf komplex sein, mathematisch bietet dies keinerlei Probleme. In einigen modernen Anwendungen arbeitet man tatsächlich mit komplexen Zeitsignalen, wobei diese praktisch dargestellt werden in Form von zwei reellen Signalen, nämlich Real- und Imaginärteil oder I- und Q-Signal (Inphase- und Quadratur-Komponenten).

Meistens ist $x(t)$ jedoch reell, wobei wir bereits festgestellt haben, dass sich dann ein konjugiert komplexes Spektrum ergibt. Diese Überlegungen wurden schon bei der Fourier-Reihe durchgeführt, aufgrund der Verwandtschaft gelten sie auch für die Fourier-Transformation sowie für die Transformationen der digitalen Signale. Insgesamt ergibt sich die Tabelle 2.1. Diese Eigenschaften werden so oft benutzt, das sich ein Auswendiglernen lohnt.

Tabelle 2.1 Symmetrien der Fourier-Transformation

Zeitsignal $x(t)$	Spektrum $X(j\omega)$
reell	konjugiert komplex
reell und ungerade	imaginär und ungerade
reell und gerade	reell und gerade
imaginär und gerade	imaginär und gerade
imaginär und ungerade	reell und ungerade
konjugiert komplex	reell

Beispiel: Jede reelle Funktion $x(t)$ lässt sich aufspalten in zwei Summanden, nämlich in einen geraden Anteil $x_g(t)$ und einen ungeraden Anteil $x_u(t)$:

$$x(t) = x_g(t) + x_u(t) \quad \text{mit} \quad \begin{aligned} x_g(t) &= \frac{1}{2} \cdot \left[x(t) + x(-t)\right] \\ x_u(t) &= \frac{1}{2} \cdot \left[x(t) - x(-t)\right] \end{aligned} \qquad (2.63)$$

Der Beweis erfolgt durch blosses Einsetzen.

Wir führen die Fourier-Transformation aus und benutzen dazu noch die Formel von Euler:

$$X(j\omega) = \int\limits_{-\infty}^{\infty} x(t)\cdot e^{-j\omega t} dt = \int\limits_{-\infty}^{\infty}\left[x_g(t) + x_u(t)\right]\cdot\left[\cos(\omega t) - j\sin(\omega t)\right]dt$$

$$= \underbrace{\int\limits_{-\infty}^{\infty} x_g(t)\cos(\omega t)dt}_{\substack{\mathrm{Re}(X(j\omega)) \\ \text{gerade in } \omega}} - j\cdot\underbrace{\int\limits_{-\infty}^{\infty} x_u(t)\sin(\omega t)dt}_{\substack{\mathrm{Im}(X(j\omega)) \\ \text{ungerade in } \omega}} - j\cdot\underbrace{\int\limits_{-\infty}^{\infty} x_g(t)\sin(\omega t)dt}_{0} + \underbrace{\int\limits_{-\infty}^{\infty} x_u(t)\cos(\omega t)dt}_{0}$$

Dies führt auf die bereits von den Fourier-Koeffizienten bekannten Beziehungen:

$$x(t) \quad \circ\!\!-\!\!\circ \quad X(j\omega)$$
$$x(t) = x_g(t) + x_u(t) \quad\Leftrightarrow\quad x_g(t) \quad \circ\!\!-\!\!\circ \quad \mathrm{Re}(X(j\omega))$$
$$x_u(t) \quad \circ\!\!-\!\!\circ \quad \mathrm{Im}(X(j\omega))$$

□

2.3.6 Das Theorem von Parseval für Energiesignale

Im Gegensatz zu Abschnitt 2.2.5 verknüpfen wir jetzt die Signal*energien* im Zeit- und Frequenzbereich. Nach (2.3) beträgt die Energie:

$$W = \int\limits_{-\infty}^{\infty} x^2(t)dt = \int\limits_{-\infty}^{\infty} x(t)\cdot x(t)dt = \int\limits_{-\infty}^{\infty} x(t)\cdot\left[\frac{1}{2\pi}\int\limits_{-\infty}^{\infty} X(j\omega)e^{j\omega t}d\omega\right]dt$$

Wir vertauschen die Reihenfolge der Integrationen und schreiben die zeitunabhängige Spektralfunktion $X(j\omega)$ vor das Integralzeichen. In der eckigen Klammer erscheint wegen (2.52) gerade $X^*(j\omega)$.

$$W = \frac{1}{2\pi}\int\limits_{-\infty}^{\infty} X(j\omega)\cdot\left[\int\limits_{-\infty}^{\infty} x(t)e^{j\omega t}dt\right]d\omega = \frac{1}{2\pi}\int\limits_{-\infty}^{\infty} X(j\omega)\cdot X^*(j\omega)d\omega = \frac{1}{2\pi}\int\limits_{-\infty}^{\infty}|X(j\omega)|^2 d\omega$$

Somit lautet das Parsevaltheorem für Energiesignale:

$$\boxed{W = \int\limits_{-\infty}^{\infty} x^2(t)\,dt = \frac{1}{2\pi}\int\limits_{-\infty}^{\infty}|X(j\omega)|^2 d\omega}\qquad (2.64)$$

Dimensionsüberlegung für ein Spannungssignal:

$$\left[|X(j\omega)|^2\right] = \frac{\mathrm{V}^2}{\mathrm{Hz}^2} = \frac{\mathrm{V}^2\mathrm{s}}{\mathrm{Hz}} = \frac{\mathrm{VAs}}{\mathrm{Hz}}\cdot\frac{\mathrm{V}}{\mathrm{A}} = \frac{\mathrm{Ws}}{\mathrm{Hz}}\cdot 1\,\Omega \qquad \textit{normiertes Energiedichtespektrum!}$$

Die Integration über die Frequenz in (2.64) ergibt die totale Energie am Widerstand von 1 Ω.

Beispiel: Als Korrespondenzpaar betrachten wir wiederum das RC-Glied:

$$H(j\omega) = \frac{1}{1 + j\omega\tau} \quad\circ\!\!-\!\!\circ\quad h(t) = \varepsilon(t)\cdot\frac{1}{\tau}\cdot e^{-\frac{t}{\tau}}\ ;\quad \tau = \mathrm{RC} = \text{Zeitkonstante}$$

Im Frequenzbereich beträgt die Energie (die Stammfunktion findet man in Formelsammlungen):

$$W = \frac{1}{2\pi} \cdot \int_{-\infty}^{\infty} \left| \frac{1}{1+j\omega\tau} \right|^2 d\omega = \frac{1}{2\pi} \cdot \int_{-\infty}^{\infty} \frac{1}{|1+j\omega\tau|^2} d\omega = \frac{1}{2\pi} \cdot \int_{-\infty}^{\infty} \frac{1}{1+\omega^2\tau^2} d\omega$$

$$= \frac{1}{2\pi\tau^2} \cdot \int_{-\infty}^{\infty} \frac{1}{\frac{1}{\tau^2}+\omega^2} d\omega = \frac{1}{2\pi\tau^2} \cdot \left[\tau \cdot arctg(\omega\tau) \right]_{-\infty}^{\infty} = \frac{1}{2\pi\tau^2} \cdot \left[\tau\frac{\pi}{2} + \tau\frac{\pi}{2} \right] = \frac{1}{2\tau}$$

Im Zeitbereich ergibt die Rechnung dasselbe, wir haben dies bei Bild 2.4 bereits ausgeführt.

□

Beispiel: Die Energie des Rechteckpulses haben wir bei Bild 2.3 berechnet:

$$W = A^2 \cdot \tau$$

Das Spektrum dieses Pulses wird durch Gleichung (2.27) beschrieben. Diese Spektralfunktion kann man durchaus in (2.64) einsetzen, allerdings macht die Lösung des Integrals erhebliche Schwierigkeiten und erfordert höhere Mathematik. Im Zeitbereich hingegen ist die Berechnung einfach durchführbar.

□

Zum Schluss noch eine geometrische Interpretation der Fouriertransformation und der Fourierreihenkoeffizienten:

Im dreidimensionalen Raum lässt sich jeder Punkt P darstellen durch seine Koordinaten bzw. durch die Komponenten seines Ortsvektors, d.h. des Vektors vom Ursprung zu P. Die Koordinaten erhält man durch die Projektionen des Ortsvektors auf die x-, y- und z-Achse. Diese Projektionen berechnet man mit Hilfe des Skalarproduktes. Das ist dann sehr praktisch, wenn die Koordinatenachsen senkrecht aufeinanderstehen, d.h. wenn das Skalarprodukt zwischen zwei auf unterschiedlichen Koordinatenachsen liegenden Vektoren verschwindet.

Das Skalarprodukt von zwei Vektoren v und w berechnet sich nach:

$$<v,w> = \sum_{i=1}^{3} v_i \cdot w_i$$

Dies lässt sich mathematisch ausdehnen auf mehrdimensionale Räume und auch auf Funktionen. Das Skalarprodukt der zwei Funktionen $x(t)$ und $y(t)$ im Intervall $[a, b]$ ist definiert als:

$$<x,y> = \int_{a}^{b} x(t) \cdot y(t)\, dt$$

Für $y(t)$ setzen wir nun eine harmonische Funktion ein wie in (2.13) unten (Fourierkoeffizient) bzw. (2.24) (Fouriertransformierte), wobei ω jeweils ein Parameter ist. Dies führt zu folgender Analogie:

> *Der Spektralwert einer Zeitfunktion an der Stelle ω entsteht durch die Projektion der Zeitfunktion auf die harmonische Schwingung der Kreisfrequenz ω.*

Dies ist darum praktisch, weil die „Koordinatenachsen" orthogonal sind, vgl. (2.5).

2.3.7 Tabelle einiger Fourier-Korrespondenzen

Zeitfunktion $x(t)$	Spektralfunktion $X(j\omega)$
$\delta(t)$	1
1	$2\pi \cdot \delta(\omega)$
$\mathrm{sgn}(t)$	$2/j\omega$
$\varepsilon(t)$	$\pi \cdot \delta(\omega) + \dfrac{1}{j\omega}$
$\lvert t \rvert$	$-2/\omega^2$
t^n	$2\pi \cdot j^n \cdot \dfrac{d^n}{d\omega^n}\delta(\omega)$
$e^{-a\lvert t \rvert}$	$\dfrac{2a}{\omega^2 + a^2}$
$\varepsilon(t)\cdot e^{-at}$	$\dfrac{1}{j\omega + a}$
$\varepsilon(t)\cdot e^{-at}\cdot \dfrac{t^{n-1}}{(n-1)!}$	$\dfrac{1}{(j\omega + a)^n}$
$e^{j\omega_0 t}$	$2\pi \cdot \delta(\omega - \omega_0)$
$\cos(\omega_0 t)$	$\pi \cdot [\delta(\omega + \omega_0) + \delta(\omega - \omega_0)]$
$\sin(\omega_0 t)$	$j\pi \cdot [\delta(\omega + \omega_0) - \delta(\omega - \omega_0)]$
$rect\left(\dfrac{t}{T}\right)$ Rechteck, Breite T, Höhe 1	$T \cdot \dfrac{\sin\left(\dfrac{\omega T}{2}\right)}{\dfrac{\omega T}{2}} = T \cdot si\left(\dfrac{\omega T}{2}\right)$
$tri\left(\dfrac{t}{T}\right)$ Dreieckspuls, Breite $2T$, Höhe 1	$T \cdot si^2\left(\dfrac{\omega T}{2}\right)$
$si(\omega_0 t) = \dfrac{\sin(\omega_0 t)}{\omega_0 t}$	$\dfrac{\pi}{\omega_0}\cdot rect\left(\dfrac{\omega}{2\omega_0}\right)$
$\displaystyle\sum_{n=-\infty}^{\infty}\delta(t - nT)$	$\omega_0 \cdot \displaystyle\sum_{n=-\infty}^{\infty}\delta(\omega - n\omega_0) \quad ; \quad \omega_0 = \dfrac{2\pi}{T}$

2.4 Die Laplace-Transformation (LT)

2.4.1 Wieso eine weitere Transformation?

Die Fourier-Transformation (FT) hat die Einschränkung, dass das Integral (2.24) nicht für alle Funktionen konvergiert. Mit Hilfe der Deltafunktion konnte der Anwendungsbereich der Fourier-Transformation wenigstens auf die Leistungssignale ausgeweitet werden. Die Laplace-Transformation (LT) kann man als analytische Fortsetzung der Fourier-Transformation auffassen, indem die Frequenzvariable nicht mehr imaginär ($j\omega$), sondern komplex ($s = \sigma + j\omega$) angesetzt wird. Der Gewinn ist derselbe wie beim Einführen der Deltafunktion: dank dem Dämpfungsfaktor $e^{-\sigma t}$ kann die Konvergenz des Integrals (2.24) erzwungen werden.

Darüberhinaus bietet die Laplace-Transformation weitere Vorteile, indem sie für die Beschreibung kausaler Systeme massgeschneidert ist (Pol-Nullstellen-Schema, vgl. Abschnitt 3.6). Schliesslich ist die Rücktransformation einer Laplace-Transformierten einfacher als diejenige einer Fourier-Transformierten, da bei ersterer die Residuenrechnung angewandt werden kann. In der Praxis umgeht man die Schwierigkeiten bei beiden Rücktransformationen jedoch meistens dadurch, dass man mit Tabellen arbeitet. Bei der Fourier-Transformation erspart man sich die Rücktransformation manchmal überhaupt und bleibt im Bildbereich, da dieser im Gegensatz zur Laplace-Transformation sehr anschaulich als Spektrum interpretierbar ist.

Die Frage, ob nun die Laplace- oder die Fourier-Transformation besser sei, ist demnach falsch gestellt. Viel besser ist die Frage, welche Transformation für welche Anwendung besser ist. Eine einfache Antwort lautet:

> *Die Laplace-Transformation ist besser geeignet für die System-beschreibung, für die spektrale Darstellung eines Signals ist hingegen die Fourier-Transformation vorzuziehen.*

Wir werden sehen, dass für kausale und stabile Signale (d.h. Stossantworten von Systemen) die beiden Beschreibungsarten gleichwertig und einfach ineinander überführbar sind.

2.4.2 Definition der Laplace-Transformation und Beziehung zur FT

In (2.24) ersetzen wir die imaginäre Grösse $j\omega$ durch die komplexe Grösse $s = \sigma + j\omega$. Wir erhalten so die *zweiseitige Laplace-Transformation*:

$$x(t) \quad \circ\!\!-\!\!\circ \quad X(s) = \int_{-\infty}^{\infty} x(t) \cdot e^{-st}\, dt \tag{2.65}$$

Symbole sowie Grossschreibung im Bildbereich sind gleich wie bei der Fourier-Transformation. Aufgrund der Argumente und des Zusammenhangs sind Verwechslungen ausgeschlossen. Manchmal wird auch p statt s verwendet.

Der Zusammenhang zur Fourier-Transformation wird besser sichtbar, wenn man in (2.65) die Frequenzvariable ausschreibt:

$$X(s) = \int_{-\infty}^{\infty} \left[x(t) \cdot e^{-\sigma t} \right] \cdot e^{-j\omega t}\, dt \tag{2.66}$$

> *Die Laplace-Transformierte von x(t) entspricht der*
> *Fourier-Transformierten von $x(t) \cdot e^{-\sigma t}$.*
>
> *Die Fourier-Transformierte eines Signals ist gleich dessen Laplace-*
> *Transformierten, ausgewertet auf der imaginären Achse.*

Der Faktor $e^{-\sigma t}$ wird zur Konvergenzbildung herangezogen. Damit kann man beispielsweise die Sprungfunktion transformieren, ohne Distributionen benutzen zu müssen.

Häufig treten in der Technik *kausale Signale* auf (Stossantworten, Einschwingvorgänge). Diese verschwinden für $t < 0$. Aus Gründen, die später erläutert werden, lohnt es sich, die *einseitige Laplace-Transformation* einzuführen:

$$x(t) \quad \circ\!\!-\!\!\circ \quad X(s) = \int_{0^-}^{\infty} x(t) \cdot e^{-st} dt \tag{2.67}$$

Die untere Integrationsgrenze hat einen infinitesimal kleinen negativen Wert, damit kann man auch Diracstösse bei $t = 0$ transformieren. Die Wahl $t = 0^-$ als untere Grenze ist als Referenz-zeit, nicht als absolute Zeit aufzufassen. Jeder andere endliche Wert könnte auch verwendet werden, $t = 0^-$ ergibt lediglich die „schönsten" Korrespondenzen.

Auch Integrale nach (2.65) und (2.67) konvergieren nicht für alle Signale. Streng genommen muss daher für jede Transformierte der Konvergenzbereich mit angegeben werden. Im Falle der zweiseitigen Laplace-Transformation gibt es unterschiedliche Signale mit gleichen Bild-funktionen, jedoch verschiedenen Konvergenzbereichen. Die einseitige Laplace-Transfor-mation vermeidet dank der Beschränkung auf kausale Signale diese Mehrdeutigkeit.

> *Im Falle von kausalen Signalen sind die einseitige*
> *und die zweiseitige Laplace-Transformation identisch.*

Technisch realisierbare Systeme haben stets kausale Impulsantworten, ebenso sind Ein-schwingvorgänge kausale Signale. Aus diesen Gründen wird praktisch ausschliesslich die einseitige LT verwendet und diese oft schlechthin als Laplace-Transformation bezeichnet.

Stabile Signale sind absolut integrierbar, sie gehorchen der Beziehung (2.23) und die Fourier-Transformation ist ausführbar. Man kann zeigen, dass die Laplace-Transformierte (für ein- und zweiseitige LT) eines stabilen Signals auch für $\sigma = 0$ existiert. Folgerungen:

> *Bei stabilen Signalen kann man durch die Substitution $s \leftrightarrow j\omega$*
> *zwischen FT und zweiseitiger LT wechseln.*

> *Bei stabilen und kausalen Signalen kann man durch die*
> *Substitution $s \leftrightarrow j\omega$ zwischen FT und einseitiger LT wechseln.*

Setzt man in $X(s)$ den Realteil der Frequenzvariablen $\sigma = 0$, so ergibt sich $X(j\omega)$. Nach obigem Merksatz ist dies die Fourier-Transformierte von $x(t)$. Nun ist ersichtlich, weshalb wir $X(j\omega)$ schreiben und nicht einfach $X(\omega)$, vgl. auch Anmerkung 3 zu Gleichung (2.24).

Beispiel: Laplace-Transformierte der Deltafunktion $\delta(t)$:

$$\delta(t) \quad \circ\!\!-\!\!\circ \quad \int_{-\infty}^{\infty} \delta(t) \cdot e^{-st} dt = \int_{-\infty}^{\infty} \delta(t) \cdot e^{0} dt = \int_{-\infty}^{\infty} \delta(t) dt = 1$$

Es ergibt sich dieselbe Korrespondenz wie bei der Fourier-Transformation!

□

Beispiel: Laplace-Transformierte der Sprungfunktion $\varepsilon(t)$, Gleichung (2.58):

$$\varepsilon(t) \quad \circ\!\!-\!\!\circ \quad \int_{-\infty}^{\infty} \varepsilon(t) \cdot e^{-st} dt = \int_{0^-}^{\infty} \varepsilon(t) \cdot e^{-st} dt = \int_{0^-}^{\infty} e^{-st} dt = -\frac{1}{s} \left[e^{-st} \right]_{0}^{\infty} = -\frac{1}{s} \left[0 - 1 \right] = \frac{1}{s}$$

Voraussetzung: $\sigma > 0$.

Da $\varepsilon(t)$ nicht stabil ist (d.h. nicht abklingt), die Laplace-Transformierte bei $\sigma = 0$ darum nicht existiert, kann man nicht einfach durch die Substitution $s \rightarrow j\omega$ die Fourier-Transformierte erhalten. Letztere konnten wir ja nur unter Zuhilfenahme der Deltafunktion bestimmen, vgl. (2.60). Die LT kommt hingegen ohne diesen Trick aus.

□

Beispiel: Laplace-Transformierte der kausalen, abklingenden Exponentialfunktion:

$$\varepsilon(t) \cdot e^{\alpha t} \quad \circ\!\!-\!\!\circ \quad \int_{-\infty}^{\infty} \varepsilon(t) \cdot e^{\alpha t} \cdot e^{-st} dt = \int_{0^-}^{\infty} e^{\alpha t} \cdot e^{-st} dt = \int_{0^-}^{\infty} e^{(\alpha - s)t} dt = \frac{1}{s - \alpha} \qquad (2.68)$$

Voraussetzung: $\text{Re}(\alpha) < \text{Re}(s)$

Da die Zeitfunktion stabil ist, gelangt man mit der Substitution $s \rightarrow j\omega$ auf die bereits von (2.26) her bekannte Fourier-Korrespondenz.

Setzt man $\alpha = 0$, d.h. verhindert man das Abklingen der Exponentialfunktion, so erhält man erwartungsgemäss die oben hergeleitete Laplace-Korrespondenz der Sprungfunktion.

□

Die Laplace-Bildfunktion $X(s)$ des Zeitsignales $x(t)$ lässt sich in der komplexen s-Ebene so interpretieren, dass über jeder Parallelen $\sigma = $ const. zur imaginären Achse das Fourier-Spektrum von $x(t) \cdot e^{-\sigma t}$ aufgetragen ist.

Die beiden folgenden Bilder demonstrieren diesen Sachverhalt. Bild 2.16 zeigt den Betrag einer komplexwertigen Bildfunktion, aufgetragen über der komplexen Ebene (es handelt sich um die Laplace-Transformierte $H(s)$ der Stossantwort $h(t)$ eines zweipoligen Systems, vgl. Kapitel 3). Für Bild 2.17 wurden alle Betragswerte im positiven Bereich der Dämpfungsachse (σ-Achse) auf Null gesetzt. Nun erscheint der Betrag der Fourier-Transformierten $H(j\omega)$ als Kontur über der $j\omega$-Achse ($\sigma = 0$). In Kapitel 3 werden wir sehen, dass dies nichts anderes ist als der Amplitudengang des zweipoligen Systems.

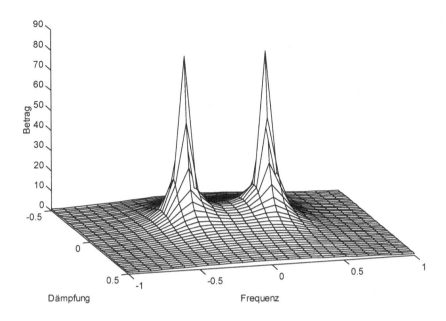

Bild 2.16 Betragsverlauf einer Laplace-Transformierten über der komplexen *s*-Ebene

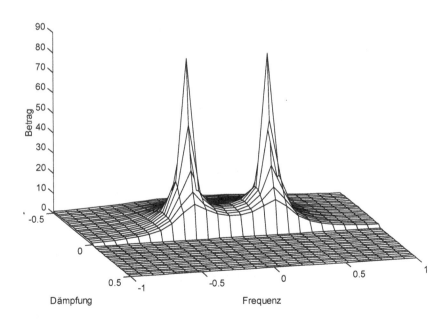

Bild 2.17 Die sichtbare Kontur von |*H*(*s*)| über der Frequenzachse (*jω*-Achse) entspricht |*H*(*jω*)|.

2.4.3 Die Eigenschaften der Laplace-Transformation

Da die Fourier- und die Laplace-Transformation in den technisch wichtigen Fällen durch eine formale Variablensubstitution ineinander übergehen, sind viele Eigenschaften identisch und brauchen nicht mehr bewiesen zu werden. Darüberhinaus hat die Laplace-Transformation aber ihr alleine vorbehaltene Eigenschaften, nämlich die sog. Anfangs- und Endwertsätze.

Dank nachstehender Eigenschaften lassen sich wie bei der Fourier-Transformation zahlreiche Korrespondenzen aufgrund von „Standard-Korrespondenzen" ableiten. Dies ist meistens der bequemere Weg als die Auswertung des Integrals (2.67).

a) Linearität

$$\boxed{k_1 \cdot x_1(t) + k_2 \cdot x_2(t) \quad \circ\!\!-\!\!\circ \quad k_1 \cdot X_1(s) + k_2 \cdot X_2(s)} \qquad (2.69)$$

Die Linearität erlaubt die Anwendung des Superpositionsgesetzes.

Beispiel: Laplace-Transformierte der *kausalen* Cosinus-Funktion:

Wir setzen in (2.68) $\alpha = j\omega_0$ bzw. $\alpha = -j\omega_0$ und erhalten so zwei neue Korrespondenzen komplexer Zeitsignale:

$$e^{j\omega_0 t} \cdot \varepsilon(t) \quad \circ\!\!-\!\!\circ \quad \frac{1}{s - j\omega_0} \qquad\qquad e^{-j\omega_0 t} \cdot \varepsilon(t) \quad \circ\!\!-\!\!\circ \quad \frac{1}{s + j\omega_0}$$

Nun benutzen wir die Formel von Euler

$$\cos(\omega_0 t) = \frac{1}{2} \cdot \left(e^{j\omega_0 t} + e^{-j\omega_0 t} \right) \quad \Rightarrow \quad \varepsilon(t) \cdot \cos(\omega_0 t) = \frac{\varepsilon(t)}{2} \cdot \left(e^{j\omega_0 t} + e^{-j\omega_0 t} \right)$$

und erhalten nach kurzer Rechnung die gesuchte Korrespondenz:

$$\varepsilon(t) \cdot \cos(\omega_0 t) \quad \circ\!\!-\!\!\circ \quad \frac{s}{s^2 + \omega_0^2} \qquad (2.70)$$

Ganz analog folgt für die Sinus-Funktion:

$$\varepsilon(t) \cdot \sin(\omega_0 t) \cdot \quad \circ\!\!-\!\!\circ \quad \frac{\omega_0}{s^2 + \omega_0^2} \qquad (2.71)$$

Diese beiden Korrespondenzen haben keine Ähnlichkeit zu denjenigen der Fourier-Transformation. Hier handelt es sich um kausale Signale, d.h. $x(t) = 0$ für $t < 0$, bei der Fourier-Transformation sind es jedoch periodische Funktionen, die auch für negative t existieren.

□

b) Verschiebung im Zeitbereich

$$\boxed{x(t) \quad \circ\!\!-\!\!\circ \quad X(s) \qquad \Leftrightarrow \qquad x(t - T) \quad \circ\!\!-\!\!\circ \quad X(s) \cdot e^{-sT}} \qquad (2.72)$$

Im Gegensatz zur Fourier-Transformation (2.28) ändert sich bei der Laplace-Transformation durch eine Zeitverschiebung leider auch die Betragsfunktion!

Beispiel: Wir suchen die Korrespondenz zur Funktion

$$x(t) = \varepsilon(t) \cdot \sin(\omega_0 t + \varphi_0) \tag{2.73}$$

Hier ist man versucht, φ_0 in eine Zeitverschiebung umzurechnen und den Verschiebungssatz (2.72) anzuwenden. Leider wird das Resultat falsch! Der Leser möge sich anhand einer Skizze verdeutlichen, dass (2.73) keineswegs die verschobene Version von (2.71) ist, denn $\varepsilon(t)$ schaltet bei $t = 0$ von 0 auf 1 und nicht erst später.

Stattdessen wenden wir auf (2.73) das Additionstheorem an:

$$x(t) = \varepsilon(t) \cdot \sin(\omega_0 t + \varphi_0) = \varepsilon(t) \cdot \left[\sin(\omega_0 t) \cdot \underbrace{\cos(\varphi_0)}_{K_1} + \cos(\omega_0 t) \cdot \underbrace{\sin(\varphi_0)}_{K_2} \right]$$

Nun benutzen wir die Linearät (K_1 und K_2 sind Konstanten):

$$X(s) = \frac{\omega_0 \cdot \cos(\varphi_0)}{s^2 + \omega_0^2} + \frac{s \cdot \sin(\varphi_0)}{s^2 + \omega_0^2} = \frac{\omega_0 \cdot \cos(\varphi_0) + s \cdot \sin(\varphi_0)}{s^2 + \omega_0^2}$$

Eine Skizze oder ein Computer-Plot können also sehr hilfreich sein!

□

Beispiel: Wie lautet die Zeitfunktion zu $\quad X(s) = \dfrac{A + B \cdot e^{-sT}}{s + a} \quad$?

Wir schreiben $X(s)$ als Summe

$$X(s) = \frac{A}{s + a} + \frac{B}{s + a} \cdot e^{-sT}$$

und erkennen zwei Exponentialfunktionen, wobei die eine um T verschoben ist:

$$x(t) = \varepsilon(t) \cdot A \cdot e^{-at} + \varepsilon(t - T) \cdot B \cdot e^{-a(t-T)}$$

Man beachte die Argumente der e- und ε-Funktionen!

□

c) Verschiebung im Frequenzbereich

$$\boxed{x(t) \;\circ\!\!-\!\!\circ\; X(s) \qquad \Leftrightarrow \qquad x(t) \cdot e^{St} \;\circ\!\!-\!\!\circ\; X(s - S)} \tag{2.74}$$

Beispiel: Aus (2.74) ergeben sich weitere Korrespondenzen:

Aus der Sprungfunktion: $\qquad\qquad\qquad\qquad \varepsilon(t) \;\circ\!\!-\!\!\circ\; \dfrac{1}{s}$

folgt die kausale Exponentialfunktion: $\qquad \varepsilon(t) \cdot e^{\alpha t} \;\circ\!\!-\!\!\circ\; \dfrac{1}{s - \alpha} \qquad$ vgl. (2.68)

□

Beispiel: Bildfunktion der kausalen, gedämpften Sinusfunktion, vgl. (2.71):

$$x(t) = \varepsilon(t) \cdot e^{\alpha t} \cdot \sin(\omega_0 t) \quad \circ\!\!-\!\!\circ \quad \frac{\omega_0}{(s-\alpha)^2 + \omega_0{}^2} \quad ; \quad \alpha < 0$$

□

d) Ähnlichkeitssatz

$$x(at) \quad \circ\!\!-\!\!\circ \quad \frac{1}{a} X\left(\frac{s}{a}\right) \quad ; \quad a > 0 \qquad (2.75)$$

Zeit- und Frequenzskalierung sind auch hier nicht unabhängig voneinander und beide in obiger Gleichung enthalten. Für die einseitige Laplace-Transformation muss a positiv sein (Rechtsverschiebung), darum entfällt gegenüber den Gleichungen (2.51) und (2.53) die Betragsbildung.

e) Differentiation im Zeitbereich

$$\frac{dx(t)}{dt} \quad \circ\!\!-\!\!\circ \quad s \cdot X(s) - x(0^-) \qquad (2.76)$$

Bei kausalen Signalen verschwindet der linksseitige Grenzwert der Zeitfunktion. Es bleibt damit nur der erste Summand im Bildbereich. $x(0^-)$ beschreibt bei der Berechnung von Systemreaktionen die Anfangsbedingung. Dies begründet den Vorteil der Laplace-Transformation bei der Berechnung von Einschaltvorgängen.

Beispiele:

$$\frac{d}{dt}\left[\varepsilon(t) \cdot e^{\alpha t}\right] \quad \circ\!\!-\!\!\circ \quad s \cdot \frac{1}{s-\alpha} - 0 = \frac{s}{s-\alpha}$$

$$\dot{\delta}(t) \quad \circ\!\!-\!\!\circ \quad s \cdot 1 - 0 = s$$

□

Für die zweite Ableitung gilt:

$$\frac{d^2 x(t)}{dt^2} \quad \circ\!\!-\!\!\circ \quad s^2 \cdot X(s) - s \cdot x(0^-) - \frac{dx(0^-)}{dt} \qquad (2.77)$$

Höhere Ableitungen erhält man durch fortgesetztes Anwenden des Differentiationssatzes. Wiederum können die Anfangsbedingungen eingesetzt werden.

f) Differentiation im Frequenzbereich

$$\frac{dX(s)}{ds} \quad \circ\!\!-\!\!\circ \quad (-t) \cdot x(t)$$

$$\frac{d^n X(s)}{ds^n} \quad \circ\!\!-\!\!\circ \quad (-t)^n \cdot x(t) \quad ; \quad n = 0, 1, 2, \dots$$

(2.78)

g) Integration im Zeitbereich

$$\int_{0^-}^{t} x(\tau) \, d\tau \quad \circ\!\!-\!\!\circ \quad \frac{1}{s} \cdot X(s)$$

(2.79)

Beispiele:

$$\int \dot{\delta}(t) \, dt \quad \circ\!\!-\!\!\circ \quad \frac{1}{s} \cdot s = 1 \quad \circ\!\!-\!\!\circ \quad \delta(t) \qquad \text{Puls}$$

$$\int \delta(t) \, dt \quad \circ\!\!-\!\!\circ \quad \frac{1}{s} \cdot 1 = \frac{1}{s} \quad \circ\!\!-\!\!\circ \quad \varepsilon(t) \qquad \text{Sprung}$$

$$\int \varepsilon(t) \, dt \quad \circ\!\!-\!\!\circ \quad \frac{1}{s} \cdot \frac{1}{s} = \frac{1}{s^2} \quad \circ\!\!-\!\!\circ \quad r(t) \qquad \text{Rampe}$$

□

h) Erster Anfangswertsatz: Wert von x(t) im Nullpunkt

$$x(0^+) = \lim_{s \to \infty} s \cdot X(s)$$

(2.80)

Beispiel (vgl. Bild 2.8 mit *A* = 1):

Zeitbereich: $\quad x(t) = \varepsilon(t) \cdot e^{\alpha t} \quad \to \quad x(0) = 1$

Bildbereich: $\quad X(s) = \dfrac{1}{s - \alpha} \quad \to \quad \lim_{s \to \infty} s \cdot X(s) = \lim_{s \to \infty} \dfrac{s}{s - \alpha} = 1$

□

i) Zweiter Anfangswertsatz: Steigung im Nullpunkt

$$\frac{dx(0^+)}{dt} = \lim_{s \to \infty} \left(s^2 \cdot X(s) - s \cdot x(0^+) \right)$$

(2.81)

Beispiel: (vgl. Bild 2.8 mit *A* = 1):

Zeitbereich: $x(t) = \varepsilon(t) \cdot e^{\alpha t} \quad \rightarrow \quad \dot{x}(t) = \alpha \cdot e^{\alpha t} \quad \rightarrow \quad \dot{x}(0) = \alpha$

Bildbereich: $\lim\limits_{s \to \infty} \left(\dfrac{s^2}{s - \alpha} - s \cdot 1 \right) = \lim\limits_{s \to \infty} \left(\dfrac{s^2 - s(s - \alpha)}{s - \alpha} \right) = \lim\limits_{s \to \infty} \left(\dfrac{\alpha s}{s - \alpha} \right) = \alpha$

α ist also die Steigung der Tangente an $x(t)$ bei $t = 0$. Wann kreuzt diese Tangente $ta(t)$ die t-Achse?

$$ta(t) = 1 + \alpha \cdot t = 0 \qquad \Rightarrow \qquad t = -\frac{1}{\alpha} = \tau$$

In Bild 2.8 ist diese Tangente eingetragen (hier ist $A = 1$ und $\alpha < 0$, τ also positiv).

□

j) Endwertsatz

$$\boxed{\lim\limits_{t \to \infty} x(t) = \lim\limits_{s \to 0} s \cdot X(s)}$$

(2.82)

Beispiel: (vgl. Bild 2.8 mit $A = 1$):

Zeitbereich: $x(t) = \varepsilon(t) \cdot e^{\alpha t} \; ; \; \alpha < 0 \quad \rightarrow \quad x(\infty) = 0$

Bildbereich: $\lim\limits_{s \to 0} s \cdot \dfrac{1}{s - \alpha} = 0$

Beispiel:

Zeitbereich: $x(t) = \varepsilon(t) \quad \rightarrow \quad x(\infty) = 1$

Bildbereich: $\lim\limits_{s \to 0} s \cdot \dfrac{1}{s} = 1$

Mit obigen Anfangswertsätzen und dem Endwertsatz kann man

- Anfangswert
- Anfangssteigung
- Endwert

von $h(t)$ (Stossantwort oder Impulsantwort) und von $g(t)$ (Schrittantwort oder Sprungantwort) bestimmen. Näheres folgt im Kapitel 3.

k) Faltungstheorem (Beweis analog wie für Gleichung (2.31))

$$\boxed{x_1(t) * x_2(t) \quad \circ\!\!-\!\!\bullet \quad X_1(s) \cdot X_2(s)}$$

(2.83)

Bild 2.18 zeigt zur Veranschaulichung die Oszillogramme (Realteile!) der allgemeinen harmonischen Funktion $\underline{x}(t) = \varepsilon(t) \cdot e^{st}$ für verschiedene Punkte der s-Ebene. Punkte auf der $j\omega$-Achse entsprechen ungedämpften harmonischen Schwingungen, während Punkte in der linken Halbebene gedämpfte Schwingungen und Punkte in der rechten Halbebene anschwellende (instabile) Schwingungen darstellen. Monotone (d.h. nicht oszillierende) Signale liegen auf der reellen Achse (f = 0).

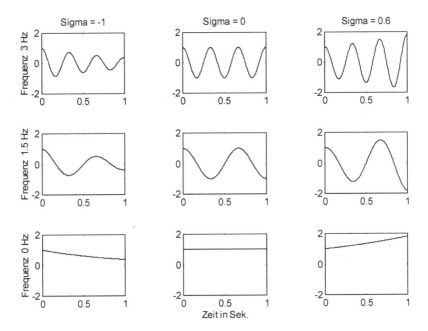

Bild 2.18 Oszillogramme (Realteile) von $\underline{x}(t) = \varepsilon(t) \cdot e^{st}$ für verschiedene Punkte der komplexen s-Ebene. Die unterste Bildreihe liegt auf der reellen Achse (σ-Achse), die mittlere Kolonne auf der imaginären Achse ($j\omega$-Achse). Die Enveloppen der Kurven in den oberen beiden Reihen entsprechen gerade den Kurven in den untersten Bildern.

2.4.4 Die inverse Laplace-Transformation

Die Rücktransformation kann man mit dem Umkehrintegral vornehmen:

$$x(t) = \frac{1}{2\pi j} \int\limits_{\sigma - j\infty}^{\sigma + j\infty} X(s) \cdot e^{st}\, ds \tag{2.84}$$

Der Integrationsweg muss im Konvergenzbereich von $X(s)$ verlaufen. Die Berechnung dieses Integrals ist mühsam und wird umgangen, indem man mit Tabellen arbeitet.

Die meisten technischen Systeme (nämlich die linearen Systeme mit konzentrierten Elementen) lassen sich im Bildbereich beschreiben durch eine gebrochen rationale Funktion, also durch einen Quotienten von zwei Polynomen in s, vgl. (1.11). Solch ein Quotient lässt sich aufspalten in Partialbrüche, die wegen der Linearität der Laplace-Transformation einzeln zurücktransformiert werden dürfen. Dies geschieht mit dem Residuensatz von Cauchy, in der Praxis ebenfalls mit Tabellen [Grü01], [Unb96].

Für die Anwendung genügt es also meistens, die Rücktransformation von Partialbrüchen mit Hilfe von Tabellen vorzunehmen. Bei der Systembeschreibung im Kapitel 3 werden wir näher darauf eingehen.

2.4.5 Tabelle einiger Laplace-Korrespondenzen (einseitige Transformation)

Zeitfunktion $x(t)$	Bildfunktion $X(s)$	Konvergenzbereich
$\delta(t)$	1	alle s
$\varepsilon(t)$	$\dfrac{1}{s}$	Re(s) > 0
$\varepsilon(t) \cdot t$	$\dfrac{1}{s^2}$	Re(s) > 0
$\varepsilon(t) \cdot t^n$	$\dfrac{n!}{s^{n+1}}$	Re(s) > 0
$\varepsilon(t) \cdot e^{-at}$	$\dfrac{1}{s+a}$	Re(s) > −Re(a)
$\varepsilon(t) \cdot a \cdot e^{-at}$	$\dfrac{a}{s+a}$	Re(s) > −Re(a)
$\delta(t) - \varepsilon(t) \cdot a \cdot e^{-at}$	$\dfrac{s}{s+a}$	Re(s) > −Re(a)
$\varepsilon(t) \cdot t \cdot e^{-at}$	$\dfrac{1}{(s+a)^2}$	Re(s) > −Re(a)
$\varepsilon(t) \cdot t^n \cdot e^{-at}$	$\dfrac{n!}{(s+a)^{n+1}}$	Re(s) > −Re(a)
$\varepsilon(t) \cdot \cos(\omega_0 t)$	$\dfrac{s}{s^2 + \omega_0^2}$	Re(s) > 0
$\varepsilon(t) \cdot \sin(\omega_0 t)$	$\dfrac{\omega_0}{s^2 + \omega_0^2}$	Re(s) > 0
$\varepsilon(t) \cdot \dfrac{\sin(\omega t)}{t}$	$\arctan(\omega / s)$	Re(s) > 0
$\varepsilon(t) \cdot e^{-at} \cdot \sin(\omega_0 t)$	$\dfrac{\omega_0}{(s+a)^2 + \omega_0^2}$	Re(s) > 0
$\varepsilon(t) \cdot e^{-at} \cdot (\omega_0 \cdot \cos(\omega_0 t) - a \cdot \sin(\omega_0 t))$	$\dfrac{\omega_0 \cdot s}{(s+a)^2 + \omega_0^2}$	Re(s) > 0

3 Analoge Systeme

3.1 Klassierung der Systeme

Ein System transformiert ein Eingangssignal $x(t)$ in ein Ausgangssignal $y(t)$, Bild 3.1. Mehrdimensionale Systeme haben mehrere Ein- und Ausgangssignale.

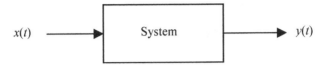

Bild 3.1 Systemdarstellung als Blackbox

Die Transformation oder Abbildung von $x(t)$ nach $y(t)$ wird durch eine Funktion beschrieben:

$$y(t) = f\{x(t)\} \tag{3.1}$$

Die Eigenschaften des Systems widerspiegeln sich in der Systemfunktion f und bestimmen damit das anzuwendende mathematische Instrumentarium, vgl. Abschnitt 1.2: lineare Systeme werden durch lineare Funktionen beschrieben, Systeme mit Energiespeichern durch Differentialgleichungen usw. Der innere Aufbau des Systems ist oft nicht von Interesse, sondern nur das durch die Abbildung f beschriebene von aussen sichtbare Verhalten.

3.1.1 Linearität

Die bei weitem wichtigste Klasse wird durch die *linearen Systeme* gebildet, auf diese konzentriert sich auch dieses Buch. Bei linearen Systemen gilt das *Verstärkungsprinzip* (3.2) sowie das *Superpositionsgesetz* (3.3), welche zusammengefasst die *Linearitätsrelation* (3.4) ergeben:

$$y(t) = f\{x(t)\} \quad \Rightarrow \quad f\{k \cdot x(t)\} = k \cdot f\{x(t)\} \tag{3.2}$$

$$\left. \begin{aligned} y_1(t) &= f\{x_1(t)\} \\ y_2(t) &= f\{x_2(t)\} \end{aligned} \right\} \quad \Rightarrow \quad f\{x_1(t) + x_2(t)\} = f\{x_1(t)\} + f\{x_2(t)\} \tag{3.3}$$

$$\left. \begin{aligned} y_1(t) &= f\{x_1(t)\} \\ y_2(t) &= f\{x_2(t)\} \\ k_1, k_2 &= const. \end{aligned} \right\} \quad \Rightarrow \quad f\{k_1 \cdot x_1(t) + k_2 \cdot x_2(t)\} = k_1 \cdot f\{x_1(t)\} + k_2 \cdot f\{x_2(t)\} \tag{3.4}$$

Zusatzmaterial online
Zusätzliche Informationen sind in der Online-Version dieses Kapitel (https://doi.org/10.1007/978-3-658-32801-6_3) enthalten.

© Springer Fachmedien Wiesbaden GmbH, ein Teil von Springer Nature 2021
M. Meyer, *Signalverarbeitung*, https://doi.org/10.1007/978-3-658-32801-6_3

> *Bei linearen Systemen ist die Abbildung einer Linearkombination*
> *von Eingangssignalen identisch mit der gleichen Linearkombination*
> *der zugehörigen Ausgangssignale.*

Sowohl Integration als auch Differentiation sind lineare Operationen:

Verstärkungsprinzip: $\int k \cdot x(t)\, dt = k \cdot \int x(t)\, dt$

Superpositionsgesetz: $\int x_1(t)\, dt + \int x_2(t)\, dt = \int \left[x_1(t) + x_2(t) \right] dt$

In der Praxis arbeitet man sehr oft mit linearen Systemen. Bei genauer Betrachtung sind jedoch keine Systeme ideal linear. Ein Verstärker kann beispielsweise übersteuert werden, Widerstände ändern durch Eigenerwärmung signalabhängig ihren Wert, Spulenkerne geraten in die Sättigung usw. Wird z.B. ein Verstärker als lineares System beschrieben, so findet man in der mathematischen Formulierung keine Beschränkung der Signalamplitude mehr.

Lineare Systeme sind also im Grunde genommen nur idealisierte Modelle, deren Resultate aber oft für die praktische Umsetzung anwendbar sind. Eine weitere idealisierende Annahme ist die der Zeitinvarianz, Abschnitt 3.1.2. Lineare und zeitinvariante Systeme (korrekter wäre die Bezeichnung Modelle) nennt man LTI-Systeme (LTI = linear time invariant).

Für die Beschreibung der LTI-Systeme steht ein starkes mathematisches Instrumentarium zur Verfügung. Falls man aber tatsächlich Nichtlinearitäten berücksichtigen muss, wird der mathematische Aufwand rasch prohibitiv hoch. Man behilft sich in diesem Falle mit Simulationen auf dem Rechner, da die starken Bildbereichsmethoden mit Hilfe der Laplace- und Fourier-Transformation nicht benutzbar sind. Diese Simulationstechnik ist jedoch nicht Gegenstand dieses Buches.

Oft versucht man, „schwach nichtlineare" Systeme als LTI-Systeme darzustellen, um so auf die starken mathematischen Methoden der linearen Welt zurückgreifen zu können. Man stellt das ursprüngliche nichtlineare System also durch ein lineares Modell dar, das jedoch nur in einem bestimmten Arbeitsbereich brauchbare Resultate liefern kann. Diese Linearisierung im Arbeitspunkt wird z.B. zur Ermittlung der Kleinsignalersatzschaltung eines Transistors angewandt: Der Zusammenhang zwischen Basis-Emitter-Spannung und Kollektorstrom ist exponentiell. Im Arbeitspunkt wird die Tangente an die Exponentialkurve gelegt. Diese Tangente beschreibt in der näheren Umgebung des Arbeitspunktes (daher der Name *Kleinsignal*ersatzschaltbild) die effektive Kennlinie genügend genau, Bild 3.2. Allerdings geht diese Tangente nicht durch den Ursprung wie in Gleichung (1.4) verlangt, sondern gehorcht der Beziehung

$$ y = b_0 + b_1 \cdot x \qquad\qquad\qquad\qquad\qquad\qquad\qquad\qquad (3.5) $$

Betrachtet man aber als Anregung nicht die gesamte Eingangsgrösse, sondern nur die *Abweichung* vom Arbeitspunkt ($x = 12.5$ im Bild 3.2) und als Reaktion nicht das gesamte Ausgangssignal, sondern nur die Abweichung vom Arbeitspunkt ($y = 3.5$ im Bild 3.2), so entspricht dies einer Koordinatentransformation dergestalt, dass der Arbeitspunkt im Ursprung liegt und die Ersatzgerade wie in Bild 1.6 durch den Ursprung geht.

Mathematiker nennen Funktionen mit der Gleichung (3.5) linear. Für lineare Systeme muss jedoch (1.4) gelten. Letztere Eigenschaft sollte eigentlich besser „Proportionalität" anstelle „Linearität" heissen. Allerdings hat sich diese Bezeichnung nicht eingebürgert, stattdessen spricht man manchmal bei Kurven nach (3.5) von „differentieller Linearität". Fortan gilt für uns: lineare Systeme bewirken Abbildungen nach (1.4).

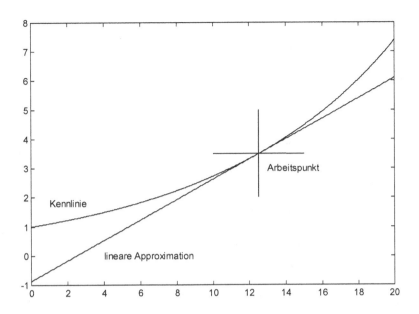

Bild 3.2 Lineare Approximation im Arbeitspunkt für eine nichtlineare Systemkennlinie

Dank der Linearität kann man z.B ein periodisches Eingangssignal in eine Fourier-Reihe zerlegen, für die einzelnen Glieder separat die Ausgangssignale berechnen und diese am Schluss superponieren. Folgerung: Kennt man das Systemverhalten bei Anregung durch harmonische Signale, so kennt man für *alle* Eingangssignale die Systemreaktion. Der Trick dabei ist der, dass das Schicksal eines harmonischen Signals beim Durchlaufen eines LTI-Systems viel einfacher berechnet werden kann als die Verformung eines komplizierten Signals, denn harmonische Signale sind Eigenfunktionen von LTI-Systemen. Mit der Superposition wird also der komplizierte Fall auf den einfachen zurückgeführt. Aus dem Superpositionsgesetz folgt:

> *Regt man ein lineares System mit einem harmonischen Signal der*
> *Frequenz ω_0 an, so kann es nur mit einem harmonischen Signal*
> *derselben Frequenz ω_0 reagieren.*
>
> *Ein lineares System erzeugt keine „neuen" Frequenzen.*

Allerdings kann ein lineares System Frequenzen unterdrücken ($\rightarrow$ Filter).

Ein lineares System wird durch eine lineare mathematische Abbildung beschrieben. Lineare Operationen sind:

- Summation $\qquad\qquad\qquad\qquad\quad$ $y(t) = \pm x_1(t) \pm x_2(t)$
- Proportionalität (Verstärkung) $\quad$ $y(t) = k \cdot x(t)$
- Totzeit (Verzögerung) $\qquad\qquad$ $y(t) = x(t-\tau)$

- Differentiation
- Integration
- Faltung
- Fourier- und Laplace-Transformation

Die Multiplikation von zwei Signalen (Funktionen) $y(t) = x_1(t) \cdot x_2(t)$ ist hingegen eine nicht-lineare Operation!

> *Entsteht ein System durch lineare Verknüpfung linearer Teilsysteme,*
> *so ist auch das Gesamtsystem linear.*

Für Elektroingenieure etwas bodennäher ausgedrückt: Jede Zusammenschaltung von ohm'schen Widerständen (Proportionalität), Induktivitäten (Integration bzw. Differentiation, je nach Definition der Ein- und Ausgangsgrösse), Kapazitäten (Differentiation bzw. Integration) und Verstärkern (Proportionalität) zu einem Netzwerk (Summation) ist linear.

3.1.2 Zeitinvarianz

Zeitinvariante Systeme ändern ihre Eigenschaften im Laufe der Zeit nicht, die Wahl eines Zeitnullpunktes ist somit frei. Zeitvariante Systeme hingegen müssen je nach Zeitpunkt (Betriebszustand) durch andere Gleichungen beschrieben werden. Nur schon aufgrund der Alterung sind alle Systeme zeitvariant, dies wird im Modell jedoch höchst selten berücksichtigt.

Ein zeitvariantes System ist z.B. ein Audio-Verstärker, der ein- und ausgeschaltet wird. Auch die Lautstärkeeinstellung (variable Verstärkung $v(t)$) bedeutet eine Zeitvarianz, es handelt sich dabei um die bereits im letzten Abschnitt erwähnte Multiplikation von zwei Signalen. Für das Ausgangssignal gilt nämlich mit (2.32):

$$y(t) = v(t) \cdot x(t) \quad \circ\!\!-\!\!\circ \quad Y(j\omega) = \frac{1}{2\pi} \cdot V(j\omega) * X(j\omega) \tag{3.6}$$

Demnach lässt auch die Zeitvarianz wie die Nichtlinearität neue Frequenzen entstehen! Ändert sich $v(t)$ nur langsam, so ist $V(j\omega)$ schmalbandig und die Bandbreitenvergrösserung durch die Faltungsoperation bleibt nur klein.

3.1.3 Kausale und deterministische Systeme

> *Ein kausales System reagiert erst dann mit einem Ausgangssignal,*
> *wenn ein Eingangssignal anliegt.*
> *Die Stossantwort eines kausalen Systems verschwindet für $t < 0$.*

Technisch realisierbare Systeme sind stets kausal. Die Kausalität ist eine Eigenschaft von *zeit*abhängigen Signalen. In der Bildverarbeitung hingegen ist ein Signal die Helligkeit in Funktion des Ortes. In diesem Zusammenhang ist die Kausalität bedeutungslos, ebenso auch bei der Verarbeitung von bereits gespeicherten Signalen ($\rightarrow$ *post-processing*, z.B. in der Sprachverarbeitung und der Seismologie).

Ein deterministisches System reagiert bei gleicher Anfangsbedingung und gleicher Anregung stets mit demselben Ausgangssignal. Im Gegensatz dazu stehen die stochastischen Systeme. Im Abschnitt 2.1.2 haben wir festgestellt, dass deterministische Signale keine Information tragen, die stochastischen *Signale* sind also häufig interessanter. Bei *Systemen* hingegen sind die deterministischen Typen häufiger (Gegenbeispiel: elektronischer Würfel, Zufallszahlengenerator). In der Nachrichtentechnik werden zufällige *Signale* durch deterministische *Systeme* verarbeitet. Ein- und Ausgangssignale sind in diesem Fall stochastisch und können also Information tragen. Der Unterschied zwischen Ein- und Ausgangssignal (also der Einfluss des Systems) ist hingegen deterministisch.

3.1.4 Dynamische Systeme

Ein System heisst dynamisch, wenn sein Ausgangssignal auch von vergangenen Werten des Eingangssignales abhängt. Das System muss somit mindestens ein Speicherelement enthalten. In elektrischen Systemen wirken Kapazitäten und Induktivitäten als Speicher, ein RLC-Netzwerk ist darum ein dynamisches System. Die Beschreibung von dynamischen Systemen erfolgt mit Differentialgleichungen, vgl. auch Abschnitt 1.2.

Bei gedächtnislosen (statischen) Systemen hängt das Ausgangssignal nur vom momentanen Wert des Eingangssignales ab. Beispiel: Widerstandsnetzwerk. Die Beschreibung geschieht mit algebraischen Gleichungen.

3.1.5 Stabilität

Es sind verschiedene Definitionen für die Stabilität im Gebrauch. Eine zweckmässige Definition lautet: Beschränkte Eingangssignale ergeben bei stabilen Systemen stets auch beschränkte Ausgangssignale („BIBO-stabil" = „bounded input - bounded output"):

$$|x(t)| \le A < \infty \quad \Rightarrow \quad |y(t)| \le B < \infty \quad ; \quad A, B \ge 0 \tag{3.7}$$

Aus (1.13) ist bereits bekannt (die genaue Herleitung folgt gleich anschliessend), dass

$$y(t) = h(t) * x(t) \quad \Rightarrow \quad |y(t)| = |h(t) * x(t)| \le \int_{-\infty}^{\infty} |h(\tau)| \cdot |x(t - \tau)| d\tau$$

Setzt man nun für $x(t)$ den Extremfall ein, so ergibt sich gerade die Bedingung (2.23):

$$|y(t)| \le A \cdot \int_{-\infty}^{\infty} |h(\tau)| d\tau = B < \infty$$

> *Die Stossantwort h(t) eines stabilen Systems ist absolut integrierbar.*
>
> *Damit existieren auch die Transformierten H(jω) (Frequenzgang)*
> *und H(s) (Übertragungsfunktion).*

Eine wichtige Unterklasse der linearen Systeme sind die *linearen und zeitinvarianten Systeme*. Sie werden *LTI-Systeme* genannt (<u>l</u>inear <u>t</u>ime-<u>i</u>nvariant) und werden im Folgenden ausschliesslich betrachtet.

LTI-Systeme kann man durch eine lineare Differentialgleichung mit konstanten Koeffizienten beschreiben, vgl. (1.8). Allerdings ist das Lösen einer Differentialgleichung mühsam. In den folgenden Abschnitten werden deshalb elegantere Methoden eingeführt: Systembeschreibung mit der Stossantwort bzw. der Übertragungsfunktion anstelle einer Differentialgleichung.

3.2 Die Impulsantwort oder Stossantwort

Wird ein LTI-System mit einem Diracstoss angeregt, so reagiert das System *per Definition* mit der Impulsantwort oder Stossantwort $h(t)$, *falls das System vorher in Ruhe* war (alle internen Speicher leer), Bild 3.3.

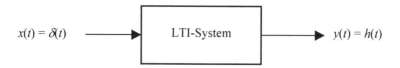

$$x(t) = \delta(t) \longrightarrow \boxed{\text{LTI-System}} \longrightarrow y(t) = h(t)$$

Bild 3.3 Stossantwort $h(t)$ als Reaktion auf die Impulsanregung $\delta(t)$

Die folgende Schreibweise bezeichnet ein Paar von Ein- (links) und Ausgangsgrössen (rechts):

$$\delta(t) \;\; \rightarrow \;\; h(t)$$

Da dies per Definition gilt, muss (und kann!) dies nicht bewiesen werden. Nun wenden wir die Ausblendeigenschaft (2.36) der Deltafunktion an. Dadurch wirkt von der *Funktion* $x(t)$ lediglich der *Wert* $x(0)$. Dieser stellt das Gewicht von $\delta(t)$ dar und bleibt als konstanter Faktor bei der Abbildung durch das lineare System unverändert:

$$x(t) \cdot \delta(t) = x(0) \cdot \delta(t) \;\; \rightarrow \;\; x(0) \cdot h(t)$$

Jetzt benutzen wir die Zeitinvarianz, $x(\tau)$ ist wiederum das Gewicht:

$$x(t) \cdot \delta(t - \tau) = x(\tau) \cdot \delta(t - \tau) \;\; \rightarrow \;\; x(\tau) \cdot h(t - \tau)$$

Schliesslich folgt noch die Superposition von unendlich vielen verschobenen und gewichteten Diracstössen am Eingang bzw. unendlich vielen verschobenen und gewichteten Impulsantworten am Ausgang. Die Superpositionen schreiben wir als Integrale. Diese haben genau die Form des Faltungsintegrals (2.30). Da der Diracstoss das Neutralelement der Faltung ist, ergeben sich besonders einfache Ausdrücke:

$$\int_{-\infty}^{\infty} x(\tau) \cdot \delta(t - \tau) d\tau = x(t) * \delta(t) = x(t) \;\; \rightarrow \;\; \int_{-\infty}^{\infty} x(\tau) \cdot h(t - \tau) d\tau = x(t) * h(t) \qquad (3.8)$$

Damit können wir allgemein das Ausgangssignal eines LTI-Systems angeben:

$$\boxed{y(t) = \int_{-\infty}^{\infty} x(\tau) \cdot h(t - \tau) \, d\tau = x(t) * h(t)} \qquad (3.9)$$

> *Das Ausgangssignal eines LTI-Systems bei beliebiger Anregung*
> *entsteht durch die Faltung des Eingangssignales mit der*
> *Stossantwort dieses Systems.*

Da die meisten Filter als LTI-Systeme realisiert werden, ergibt sich das Wortspiel „Jedes Filter ist ein Falter".

Die Gleichung (3.9) stellt eine grundlegende Beziehung der Systemtheorie dar. Da sie für alle Eingangssignale gilt, folgt:

> *Die Impulsantwort h(t) eines LTI-System enthält sämtliche*
> *Informationen über dessen Übertragungsverhalten.*
>
> *Mit der Impulsantwort h(t) ist ein LTI-System vollständig beschrieben.*

Setzt man für $x(t)$ in (3.9) $\delta(t)$ ein, so ergibt sich mit (2.39) für $y(t)$ erwartungsgemäss die Impulsantwort $h(t)$:

$$y(t) = \int_{-\infty}^{\infty} \delta(\tau) \cdot h(t-\tau)d\tau = \delta(t) * h(t) = h(t) \tag{3.10}$$

Die Dimension des Diracstosses ist s^{-1}. Bei einem System, das die Dimension nicht ändert, haben Ein- und Ausgangssignal dieselbe Dimension, deshalb hat $h(t)$ ebenfalls die Dimension s^{-1}.

Wegen der kommutativen Eigenschaft der Faltung reagiert ein System mit der Impulsantwort $h(t)$ auf eine Anregung $x(t)$ genau gleich wie ein System mit der Impulsantwort $x(t)$ auf eine Anregung $h(t)$. Man kann also *nicht unterscheiden* zwischen der Beschreibung von Signalen und Systemen. Man spricht darum Signalen auch Eigenschaften wie Stabilität oder Kausalität zu, die eigentlich nur für Systeme sinnvoll sind. Wegen dieser Äquivalenz kann man Aussagen wie das konstante Zeit-Bandbreite-Produkt, das Parseval'sche Theorem usw. direkt von Signalen auf Systeme übertragen.

Schon früher haben wir festgestellt, dass die harmonischen Funktionen sog. Eigenfunktionen der LTI-Systeme darstellen. Daraus haben wir gefolgert, dass LTI-Systeme auf eine harmonische Anregung mit einem harmonischen Ausgangssignal derselben Frequenz antworten. Ferner haben wir uns gemerkt, dass das Ausgangssignal eines LTI-Systems nur Frequenzen enthalten kann, die auch im Eingangssignal vorhanden sind. Wenn man also alles über ein LTI-System erfahren möchte, so muss man sein Verhalten bei allen Frequenzen untersuchen. Oben wurde erwähnt, dass $h(t)$ die gesamte Information über das Abbildungsverhalten (nicht aber über den inneren Aufbau!) eines LTI-Systems enthält. Daraus folgt, dass das Anregungssignal $\delta(t)$ sämtliche Frequenzen enthalten muss, was gemäss (2.37) auch tatsächlich der Fall ist.

Im Anhang A1 und A2 (erhältlich unter www.springer.com) ist am Beispiel des RC-Gliedes die Berechnung der Systemreaktion mit Hilfe des Faltungsintegrals bzw. durch Lösen der Differentialgleichung ausgeführt. Diese Berechnungen sollen nicht Vorlage sein für weitere Berechnungen (dazu gibt es ja einfachere Methoden), vielmehr sollen sie tiefere Einblicke in Theorie gewähren.

3.3 Der Frequenzgang und die Übertragungsfunktion

Der überwiegende Anteil der LTI-Systeme, nämlich diejenigen mit konzentrierten Parametern (Elementen), werden beschrieben durch lineare Differentialgleichungen mit konstanten Koeffizienten, Gleichung (1.8). Die komplexen Exponentialfunktionen bilden die *Eigenfunktionen* dieser Differentialgleichungen (vgl. Abschnitt 1.2), d.h. sie werden beim Durchgang durch das System nicht verformt. Dies bedeutet, dass ein LTI-System auf die Anregung mit einer harmonischen Funktion mit einer ebenfalls harmonischen Antwort derselben Frequenz reagiert. Das LTI-System verändert also lediglich die Amplitude und den Phasenwinkel, nicht aber die Frequenz ω.

Das harmonische Signal

$$x(t) = \hat{A} \cdot \cos(\omega t + \varphi)$$

kann man als Realteil eines komplexwertigen Signales auffassen:

$$x(t) = \mathrm{Re}(\underline{x}(t)) = \mathrm{Re}\left(\hat{A} \cdot e^{j(\omega t + \varphi)}\right) = \mathrm{Re}\left(\hat{A} \cdot e^{j\varphi} \cdot e^{j\omega t}\right) = \mathrm{Re}\left(\underline{A}_x \cdot e^{j\omega t}\right) = \hat{A} \cdot \cos(\omega t + \varphi)$$

Wir betrachten nun komplexwertige Signale:

$$\underline{x}(t) = \underline{A}_x \cdot e^{j\omega t} \qquad \qquad (3.11)$$

Diese Beschreibung ist universeller, denn die reellwertigen Signale sind als Spezialfall in (3.11) enthalten. Zudem gilt die Theorie der Fourier- und Laplace-Transformation auch für komplexwertige Signale.

In der komplexen Amplitude $\underline{A}_x$ in (3.11) steckt die Amplitude $\hat{A}$ und die Anfangsphase φ (Nullphase) der harmonischen Anregungssignale $x(t)$ bzw. $\underline{x}(t)$. Es handelt sich also um dieselbe Methode, die auch in der komplexen Wechselstromtheorie benutzt wird.

Das Ausgangssignal eines Systems errechnet sich mit Hilfe des Faltungsintegrals (3.9):

$$\underline{y}(t) = \int_{-\infty}^{\infty} h(\tau) \cdot \underline{x}(t-\tau) d\tau = \int_{-\infty}^{\infty} h(\tau) \cdot \underline{A}_x \cdot e^{j\omega(t-\tau)} d\tau = \int_{-\infty}^{\infty} h(\tau) \cdot \underline{A}_x \cdot e^{j\omega t} \cdot e^{-j\omega\tau} d\tau$$

$$= \underbrace{\underline{A}_x \cdot e^{j\omega t}}_{\underline{x}(t)} \cdot \underbrace{\int_{-\infty}^{\infty} h(\tau) \cdot e^{-j\omega\tau} d\tau}_{H(j\omega)} = \underbrace{\underline{A}_x \cdot H(\omega)}_{\underline{A}_y} \cdot e^{j\omega t}$$

$$\boxed{\underline{x}(t) = \underline{A}_x \cdot e^{j\omega t} \quad \Rightarrow \quad \underline{y}(t) = \underline{A}_y \cdot e^{j\omega t} = \underline{x}(t) \cdot H(j\omega) \quad ; \quad \underline{A}_y = \underline{A}_x \cdot H(j\omega)} \quad (3.12)$$

Achtung: *Diese einfachen Zusammenhänge gelten nur bei harmonischer Anregung und im stationären Zustand!* Das Ausgangssignal $\underline{y}(t)$ hat demnach gegenüber $\underline{x}(t)$ nur eine andere komplexe Amplitude, die Frequenz ist gleich. In der Wechselstromtechnik macht man mit der komplexen Rechnungsmethode (Zeigerdarstellung) von dieser Beziehung ausgiebig Gebrauch.

$H(j\omega)$ ist komplexwertig und zeitunabhängig und heisst *Frequenzgang* des LTI-Systems. Bequemlichkeitshalber schreibt man $H(j\omega)$ statt $\underline{H}(j\omega)$. $H(j\omega)$ ist der Eigenwert zur Eigenfunktion $e^{j\omega t}$ und beschreibt die Änderung der komplexen Amplitude (Verstärkung und Phasendrehung) des harmonischen Eingangssignales der Kreisfrequenz ω beim Durchlaufen des LTI-Systems.

Von den komplexen Signalen $\underline{x}(t)$ und $\underline{y}(t)$ gelangt man auf zwei Arten zu den reellen Signalen $x(t)$ und $y(t)$:

- Realteilbildung: dies ist die Methode der Drehzeiger aus der komplexen Wechselstromtechnik.

- Addition eines konjugiert komplexen Signales: dies geschieht bei der Signaldarstellung durch die komplexe Fourier-Reihe nach (2.13). Auch die Formeln von Euler (2.44) nutzen diese Idee aus. Wegen der Linearität der Laplace- und Fourier-Transformation ist diese Superposition einfach auszuführen.

Tatsächlich kann man die Koeffizienten $\underline{A}_x$ und $\underline{A}_y$ in (3.12) als komplexe Fourier-Koeffizienten auffassen. Da die Signale harmonisch sind, reduziert sich die Fourier-Reihe auf ein einziges Paar von Gliedern.

Somit ist klar, was man mit nichtharmonischen aber periodischen Signalen macht: man zerlegt sie in eine Fourier-Reihe und berechnet die Fourier-Koeffizienten des Ausgangssignales mit Gleichung (3.12), wobei man $H(j\omega)$ für jeden Koeffizienten an der entsprechenden Stelle (Kreisfrequenz ω) auswerten muss. Dies ist nichts anderes als die Anwendung des Superpositionsgesetzes.

Bei nichtperiodischen Signalen berechnet man nicht die Fourier-Koeffizienten, sondern die Fourier-Transformierten, (3.12) wird dann zu

$$Y(j\omega) = X(j\omega) \cdot H(j\omega) \tag{3.13}$$

Dahinter steckt die Tatsache, dass auch die Fourier-Rücktransformation (wie die Fourier-Reihenentwicklung) eine Entwicklung in eine unendliche orthogonale Summe von harmonischen Komponenten darstellt. Diese Orthogonalität lässt sich überprüfen mit (2.5):

$$\int_{-\infty}^{\infty} e^{j\omega_0 t} \cdot e^{-j\omega t} dt \overset{?}{=} 0 \quad \textit{für} \quad \omega \neq \omega_0$$

Das negative Vorzeichen im Exponenten wurde willkürlich eingeführt. Es ändert nichts an der Gleichung, da ω selber ja auch negativ werden kann. Mit der gewählten Schreibweise erkennt man aber eine Fourier-Transformation, die entsprechende Korrespondenz kennen wir aus (2.43), und mit der Ausblendeigenschaft von $\delta(\omega)$ erkennt man sofort das gewünschte Resultat:

$$\int_{-\infty}^{\infty} e^{j\omega_0 t} \cdot e^{-j\omega t} dt = 2\pi \cdot \delta(\omega - \omega_0) = 0 \quad \textit{für} \quad \omega \neq \omega_0$$

Gleichung (3.13) kann man auch anders herleiten: Für beliebige Signale gilt (3.9) und mit dem Faltungstheorem (2.31) kann man diese Beziehung im Frequenzbereich darstellen. Es ergibt sich wiederum:

$$\boxed{y(t) = x(t) * h(t) \quad \circ\!\!-\!\!\circ \quad Y(j\omega) = X(j\omega) \cdot H(j\omega)} \tag{3.14}$$

Nun hat $H(j\omega)$ eine erweiterte Bedeutung gegenüber (3.12), indem beliebige Eingangssignale zugelassen sind. Allerdings schreibt man nicht mehr das Eingangssignal selber, sondern seine Entwicklung in (Superposition aus) harmonische(n) und orthogonale(n) Komponenten, also seine Fourier-Transformierte.

$H(j\omega)$ heisst *Frequenzgang* eines Systems und ist bei reellen Stossantworten konjugiert komplex. Der Betrag von $H(j\omega)$ heisst *Amplitudengang*, das Argument heisst *Phasengang*.

Auf dieselbe Art kann man ausgehend von (2.83) das Ausgangssignal berechnen, indem man mit der Laplace-Transformierten anstelle der Fourier-Transformierten rechnet. Es ergibt sich:

$$Y(s) = X(s) \cdot H(s) \hspace{4cm} (3.15)$$

$H(s)$ heisst *Systemfunktion* oder *Übertragungsfunktion*. Konvergieren alle Funktionen in Gleichung (3.15) auf der $j\omega$-Achse, so kann man mit der Substitution $s \leftrightarrow j\omega$ zwischen (3.14) und (3.15) hin- und herwechseln. $h(t)$ ist bei kausalen Systemen per Definition ebenfalls kausal. Ist auch $x(t)$ kausal, so benutzt man die einseitige Laplace-Transformation, die massgeschneidert ist für die Berechnung von Einschwingvorgängen.

(3.15) hat gegenüber (3.14) den Vorteil, dass man auch mit Funktionen arbeiten kann, die wohl eine Laplace-Transformierte, jedoch keine Fourier-Transformierte besitzen. Zudem werden häufig die Ausdrücke in (3.15) einfacher, indem keine Deltafunktionen auftreten (z.B. beim Einheitsschritt $\varepsilon(t)$ als Systemanregung). (3.14) hat dafür den grossen Vorteil der anschaulicheren Interpretation als Frequenzgang.

> *Frequenzgang H(jω) und Stossantwort h(t) eines LTI-Systems bilden eine Fourier-Korrespondenz.*
>
> *Übertragungsfunktion H(s) und Stossantwort h(t) eines LTI-Systems bilden eine Laplace-Korrespondenz.*

Wir benutzen als Formelzeichen $H(s)$, $H(j\omega)$ und $h(t)$ für Übertragungsfunktion, Frequenzgang und Stossantwort. In der Literatur wird dies nicht einheitlich gehandhabt, man findet auch $G(s)$, $G(j\omega)$ und $g(t)$.

Da die Impulsantwort ein LTI-System vollständig beschreibt und über eine ein-eindeutige Transformation mit der Übertragungsfunktion verknüpft ist, beschreibt auch letztere das LTI-System vollständig. Die Zeitbereichsmethoden (Lösen der DG oder des Faltungsintegrals) und die Frequenzbereichsmethoden (Lösen der komplexen algebraischen Gleichung im Laplace- oder Fourier-Bereich) sind demnach ebenfalls gleichwertig, aber selten gleich praktisch.

Der grosse Trick besteht eigentlich in der Tatsache, dass Exponentialfunktionen Eigenfunktionen von LTI-Systemen (und damit auch von der Faltungsoperation!) sind. Die Konsequenz daraus ist das Faltungstheorem (3.14) bzw. (2.31). Darüberhinaus bilden die Exponentialfunktionen ein vollständiges Orthogonalsystem, sie sind darum bestens zur Reihendarstellung von Signalen geeignet (Fourier-Koeffizienten bzw. Fourier- oder Laplace-Transformation). Die Darstellung von LTI-Systemen durch den Frequenzgang bzw. die Übertragungsfunktion und die Darstellung der Signale durch ihre Bildfunktionen (Spektren) stellt darum eine sehr vorteilhafte Kombination dar.

Beispiel: Der Frequenzgang des RC-Gliedes nach Bild 1.9 lässt sich mit komplexer Rechnung bestimmen, indem das RC-Glied als Spannungsteiler interpretiert wird.

Mit $T = RC$ (Zeitkonstante) gilt:

$$H(j\omega) = \frac{Y(j\omega)}{X(j\omega)} = \frac{\dfrac{1}{j\omega C}}{R + \dfrac{1}{j\omega C}} = \frac{\dfrac{1}{j\omega C}}{\dfrac{j\omega RC + 1}{j\omega C}} = \frac{1}{1 + j\omega T} \tag{3.16}$$

Die Übertragungsfunktion erhält man durch die Substitution $j\omega \to s$:

$$H(s) = \frac{1}{1 + sT} \tag{3.17}$$

Als Variante kann man auch von der Differentialgleichung (1.7) ausgehen, diese nach (2.76) in den Laplace-Bereich transformieren und nach $Y(s)/X(s) = H(s)$ auflösen:

$$y(t) + T \cdot \dot{y}(t) = x(t) \quad \circ\!\!-\!\!\bullet \quad Y(s) + T \cdot s \cdot Y(s) = X(s) \quad \Rightarrow \quad H(s) = \frac{Y(s)}{X(s)} = \frac{1}{1 + sT}$$

Die Stossantwort des RC-Gliedes ergibt sich aus der Fourier-Rücktransformation von (3.16) oder der Laplace-Rücktransformation von (3.17). Für beide Varianten haben wir die Korrespondenzen bereits hergeleitet (Abschnitt 2.3.5 e) bzw. 2.4.2):

$$h(t) = \frac{1}{T} \cdot e^{-\frac{t}{T}} \cdot \varepsilon(t) \tag{3.18}$$

□

Es gelten folgende Aussagen:

	Zeitbereich	Bildbereich
allgemein	$y(t) = x(t) * h(t)$	$Y(j\omega) = X(j\omega) \cdot H(j\omega)$
speziell für $x(t) = \delta(t)$	$y(t) = \delta(t) * h(t) = h(t)$	$Y(j\omega) = 1 \cdot H(j\omega) = H(j\omega)$

Da 1 das Neutralelement der Multiplikation ist und zugleich auch das Spektrum des Diracstosses, muss der Diracstoss das Neutralelement der Faltung sein. Dies ist uns ja bereits bekannt.

Im Anhang A3 (erhältlich unter www.springer.com) ist ein weiteres Beispiel zum RC-Glied ausgeführt: diesmal geht es um die Berechnung mit Hilfe der Fourier-Transformation. Dieses Beispiel zeigt, dass es mit Hilfe der Fourier-Transformation möglich (aber nicht immer einfach) ist, die Reaktion eines LTI-Systems auf *beliebige* Anregungen zu berechnen. Häufig wird behauptet, dass dies ausschliesslich mit der Laplace-Transformation möglich sei, während die Fourier-Transformation nur den eingeschwungenen Zustand bei harmonischer Anregung liefere. Dies ist offensichtlich falsch. Der Grund für diese Behauptungen liegt vermutlich im vielen Training mit der komplexen Wechselstromtechnik unter Ausnutzung von (3.12). Im Beispiel oben sind wir aber von (3.14) ausgegangen. Dasselbe Beispiel lässt sich natürlich auch mit der Laplace-Transformation und (3.15) ausführen, was dem Leser als Eigenarbeit ans Herz gelegt sei.

Bild 2.16 zeigt den Betragsverlauf der Laplace-Transformierten $H(s)$ eines Systems zweiter Ordnung. Bei allen stabilen und kausalen LTI-Systemen kann man durch blosse Substitution $s \to j\omega$ von $H(s)$ (einseitige Laplace-Transformierte) auf den Frequenzgang $H(j\omega)$ (zweiseitige Fourier-Transformierte) wechseln. Dies ist in Bild 2.17 gezeigt: die Kontur von $|H(s)|$ über der Frequenzachse ist gleich $|H(j\omega)|$, also gleich dem Amplitudengang. Bei reellen Systemen ist auch die Stossantwort reell, nach Tabelle 2.1 muss also der Frequenzgang konjugiert komplex sein und der Amplitudengang ist somit gerade in ω. Auch dies ist aus Bild 2.17 ersichtlich.

Die Schrittantwort $h(t)$, der Frequenzgang $H(j\omega)$ und die Übertragungsfunktion $H(s)$ sind vollständige und gleichwertige Beschreibungen eines LTI-Systems. Im Abschnitt 3.11.4 werden wir der Frage nachgehen, wie man diese Grössen an einem realen System messen kann.

Die Stossantwort hat die Schwierigkeit der physischen Realisierbarkeit, da der Diracstoss $\delta(t)$ nur näherungsweise erzeugbar ist. Weiter ergeben sich Interpretationsschwierigkeiten, als Beispiel dient die im Anhang A1 besprochene Stossantwort des RC-Gliedes, die ja physisch nicht springen kann. Auf der anderen Seite ergibt sich mit Hilfe der Stossantwort eine mathematisch prägnante Systembeschreibung und die Fourier-Transformierte $H(j\omega)$ ist sehr anschaulich als Frequenzgang interpretierbar. Die Übertragungsfunktion $H(s)$ hat diese Anschaulichkeit nicht, ist aber mathematisch oft einfacher handhabbar als der Frequenzgang.

3.4 Die Schrittantwort oder Sprungantwort

Die Schrittantwort $g(t)$ ist eine zu $h(t)$ alternative Systembeschreibung, die im Gegensatz zur Stossantwort messtechnisch einfach zu bestimmen ist. Als Systemanregung dient nun nicht mehr der Diracstoss $\delta(t)$, sondern der Einheitsschritt $\varepsilon(t)$ nach (2.58) oder (3.19). Die Systemreaktion heisst *Schrittantwort* oder *Sprungantwort g(t)*. Eine Sprungfunktion (das ist ein verstärkter Einheitsschritt) lässt sich mit wenig Aufwand realisieren und eine Systemübersteuerung kann leicht verhindert werden. Ferner besteht ein einfacher Zusammenhang zwischen der Sprungantwort und der Stossantwort. Der Frequenzgang eines LTI-Systems lässt sich darum einfacher mit einer Sprunganregung anstelle einer Impulsanregung messtechnisch bestimmen. Für die Systemtheorie ist die Stossantwort wichtiger als die Sprungantwort, da Fourier- und Laplace-Transformierte von $\delta(t)$ den Wert 1 haben. Für die Regelungstechnik und die Messtechnik ist hingegen die Sprungantwort oft praktischer und darum interessanter.

$$\varepsilon(t) = \begin{cases} 0 & t < 0 \\ 0.5 & \text{für} \quad t = 0 \\ 2 & t > 0 \end{cases} \tag{3.19}$$

Die Faltung eines Einheitssprunges mit einem Diracstoss ergibt wegen (2.39) den unveränderten Einheitssprung. Das Faltungsintegral lautet ausgeschrieben:

$$\varepsilon(t) = \varepsilon(t) * \delta(t) = \int_{-\infty}^{\infty} \delta(\tau)\varepsilon(t - \tau)d\tau \tag{3.20}$$

Da $\varepsilon(t - \tau)$ für $\tau > t$ den Wert 0 aufweist, kann man auch schreiben:

$$\varepsilon(t) = \int_{-\infty}^{t} \delta(\tau)d\tau$$

Der Einheitssprung ergibt sich aus der laufenden Integration des Diracstosses, was der Umkehrung von (2.61) und auch der „Flächeninterpretation" der Integration entspricht, Bild 2.11:

$$\boxed{\varepsilon(t) = \int_{-\infty}^{t} \delta(\tau)d\tau \qquad \frac{d}{dt}\varepsilon(t) = \delta(t)} \tag{3.21}$$

Ersetzt man in (3.20) $\delta(t)$ durch eine beliebige Funktion $x(t)$, so ergibt sich wie schon in Gleichung (2.62) festgestellt:

$$x(t) * \varepsilon(t) = \int_{-\infty}^{t} x(\tau) d\tau \qquad (3.22)$$

Regt man ein LTI-System mit einem Diracstoss $\delta(t)$ an, so reagiert es per Definition mit der Stossantwort $h(t)$. Regt man das System mit dem laufenden Integral über $\delta(t)$ an (also nach (3.21) mit einem Einheitsschritt), so reagiert es wegen des Superpositionsgesetzes mit dem laufenden Integral über $h(t)$, genannt *Schrittantwort* $g(t)$. Da $h(t)$ kausal ist, darf man die untere Integrationsgrenze anpassen. Mit (2.79) erfolgt die Transformation in den Laplace-Bereich.

$$g(t) = \int_{0}^{t} h(\tau) d\tau \quad \circ\!\!-\!\!\circ \quad G(s) = \frac{1}{s} \cdot H(s) \qquad (3.23)$$

Zur Kontrolle erinnern wir uns an die Laplace-Transformierte von $\varepsilon(t)$:

$$\varepsilon(t) \quad \circ\!\!-\!\!\circ \quad \int_{0}^{\infty} 1 \cdot e^{-st} dt = \frac{1}{s} \qquad (3.24)$$

Setzt man (3.24) in (3.15) anstelle $X(s)$ ein, so ergibt sich für $Y(s)$ gerade $G(s)$ aus (3.23).

Mit dem Endwertsatz der Laplace-Transformation (2.82) kann man sehr einfach den Endwert der Sprungantwort (nach Abklingen des Einschwingvorganges) berechnen. Kombiniert man (3.23) mit (2.82), so erhält man:

$$\lim_{t \to \infty} g(t) = \lim_{s \to 0} H(s) \qquad (3.25)$$

Die Fourier-Transformierte von $\varepsilon(t)$ existiert zwar, allerdings kommt darin ein Diracstoss im Frequenzbereich vor (2.60). Zudem ist $G(j\omega)$ nicht anschaulich interpretierbar. Im Zusammenhang mit der Sprungantwort rechnet man darum praktisch nur im Laplace-Bereich.

Beispiel: Wie lautet die Schrittantwort des RC-Gliedes nach Bild 1.9?

Aus (3.17) kennen wir die Übertragungsfunktion, berechnen mit (3.23) $G(s)$, welches wir in Partialbrüche zerlegen und gliedweise in den Zeitbereich transformieren:

$$H(s) = \frac{1}{1+sT} \quad \Rightarrow \quad G(s) = \frac{1}{s} \cdot \frac{1}{1+sT} = \frac{1}{s} - \frac{1}{\frac{1}{T}+s}$$

$$g(t) = \varepsilon(t) - \varepsilon(t) \cdot e^{-\frac{t}{T}} = \left(1 - e^{-\frac{t}{T}}\right) \cdot \varepsilon(t)$$

Zur Kontrolle wenden wir noch direkt die linke Seite von (3.23) an:

$$g(t) = \int_0^t h(\tau)\,d\tau = \frac{1}{T}\cdot\int_0^t e^{-\frac{\tau}{T}}\,d\tau = \varepsilon(t)\cdot\frac{1}{T}\cdot(-T)\cdot\left[e^{-\frac{\tau}{T}}\right]_0^t = \varepsilon(t)\cdot(-1)\cdot\left[e^{-\frac{t}{T}}-1\right]$$

$$g(t) = \left(1 - e^{-\frac{t}{T}}\right)\cdot\varepsilon(t) \qquad\qquad\qquad\qquad\qquad (3.26)$$

Im Anhang A1 bis A3 (erhältlich unter www.springer.com) ist für das RC-Glied mit verschiedenen Methoden die Reaktion auf einen Puls berechnet: durch Lösen des Faltungsintegrals, Lösen der Differentialgleichung und Anwendung der Fourier-Transformation. Dasselbe Resultat lässt sich auch durch die Überlagerung von zwei Schrittantworten nach Gleichung (3.26) erhalten. Dies ist im Anhang A4 demonstriert.

Beispiel: Wie lange dauert die Anstiegszeit der Sprungantwort des RC-Tiefpasses nach Bild 1.9? Diese Zeitspanne ist definitionsbedürftig, da sich die Sprungantwort nach (3.26) asymptotisch dem Endwert 1 nähert. Wir nehmen deshalb folgende Definition: die Anstiegszeit sei diejenige Zeitdauer, die $g(t)$ benötigt, um von 10% seines Endausschlages auf 90% seines Endausschlages zu steigen. Diese Definition wird übrigens in der Praxis häufig benutzt, deshalb haben die meisten Oszilloskope auf ihrer Skala Linien für 10% und 90%.

Wir wissen aus (3.26), dass $g(\infty) = 1$. Wir definieren folgende Variablen: $T_A = t_2 - t_1$

$$g(t_1) = 1 - e^{-\frac{t_1}{T}} = 0{,}1 \quad\Rightarrow\quad e^{-\frac{t_1}{T}} = 0{,}9 \quad\Rightarrow\quad t_1 = -T\cdot\ln(0{,}9)$$

$$g(t_2) = 1 - e^{-\frac{t_2}{T}} = 0{,}9 \quad\Rightarrow\quad e^{-\frac{t_2}{T}} = 0{,}1 \quad\Rightarrow\quad t_2 = -T\cdot\ln(0{,}1)$$

$$T_A = t_2 - t_1 = -T\cdot\ln(0{,}1) + T\cdot\ln(0{,}9) = T\cdot\ln(9) \approx 2{,}2\cdot T$$

Im Abschnitt 2.3.5 e) haben wir $1/T = 1/RC$ als Grenzkreisfrequenz ω_{Gr} bezeichnet. Setzen wir dies oben ein, so ergibt sich:

$$T_A \approx 2{,}2\cdot T = 2{,}2\cdot\frac{1}{\omega_{Gr}} = 2{,}2\cdot\frac{1}{2\pi\cdot f_{Gr}} = \frac{2{,}2}{2\pi}\cdot\frac{1}{f_{Gr}} \approx \frac{1}{3\cdot f_{Gr}} \quad\Rightarrow\quad T_A\cdot f_{Gr} \approx \frac{1}{3}$$

Dies ist natürlich dieselbe Aussage wie beim Zeit-Bandbreite-Produkt: Schnell ändernde Signale (steile Flanken) bedeuten eine grosse Bandbreite.

□

Möchte man die Sprungantwort messen, so braucht man keineswegs einen Schritt mit unendlich steiler Flanke als Systemanregung. Es genügt, wenn die Steilheit der Anregung deutlich grösser ist als die Steilheit der Sprungantwort des Systems. Analogie: man kann mit obigem Beispiel die Steilheit überschlagsmässig in die Bandbreite umrechnen und weiss damit, bis zu welcher Frequenz das System durchlässig ist. Möchte man den Frequenzgang messen, so muss man auch nicht mit viel höheren Frequenzen das System untersuchen. Genauso benötigt man auch keinen perfekten Diracstoss sondern lediglich einen genügend kurzen Puls, um die Stossantwort zu messen. Natürlich sind diese drei Überlegungen mathematisch gekoppelt und beinhalten letztlich ein- und dieselbe Aussage.

Beim RC-Glied haben wir gesehen, dass die Sprungantwort nicht springt, Gleichung (3.26). Es gibt aber andere Systeme, bei denen der Ausgang sprungfähig ist. Diese Eigenschaft können wir uns allgemein überlegen. Sie kommt übrigens nicht nur bei der reinen Sprungantwort zum

Tragen, sondern bei allen unstetigen Eingangssignalen. Diese kann man nämlich superponieren aus stetigen Signalen und Sprungfunktionen.

Für ein LTI-Systems mit konzentrierten Elementen lautet $H(s)$ allgemein (vgl. (1.11)):

$$H(s) = \frac{b_0 + b_1 \cdot s + b_2 \cdot s^2 + \dots + b_m \cdot s^m}{a_0 + a_1 \cdot s + a_2 \cdot s^2 + \dots + a_n \cdot s^n} \tag{3.27}$$

Den Frequenzgang erhält man bei stabilen Systemen durch die Substitution $s \to j\omega$, vgl. (1.12):

$$H(j\omega) = \frac{b_0 + b_1 \cdot j\omega + b_2 \cdot (j\omega)^2 + \dots + b_m \cdot (j\omega)^m}{a_0 + a_1 \cdot j\omega + a_2 \cdot (j\omega)^2 + \dots + a_n \cdot (j\omega)^n} \tag{3.28}$$

Für hohe Frequenzen werden die hohen Potenzen von $(j\omega)$ dominant:

$$\lim_{\omega \to \infty} H(j\omega) = \frac{b_m \cdot (j\omega)^m}{a_n \cdot (j\omega)^n} = \frac{b_m}{a_n} \cdot (j\omega)^{m-n} = \frac{b_m}{a_n} \cdot \frac{1}{(j\omega)^{n-m}} \tag{3.29}$$

Bei stabilen Systemen darf dieser Grenzwert nicht beliebig wachsen, d.h. $m - n \leq 0$

> *Bei stabilen Systemen darf in H(jω) und auch in H(s) der*
> *Zählergrad den Nennergrad nicht übersteigen.*
> *(Diese Bedingung ist notwendig aber noch nicht hinreichend.)*

Nun gehen wir zurück zu unserer Frage: was passiert mit der Sprungantwort bei $t = 0$? Wir nehmen dazu die Anfangswertsätze (2.80) und (2.81) zu Hilfe und sehen dort, dass genau der Grenzwert (3.29) massgebend ist. Wir schreiben darum für unsere Überlegung $H(s)$ nur noch vereinfacht auf, indem wir nur das Glied mit der höchsten Potenz berücksichtigen. Weiter setzen wir $b_m/a_n = 1$, da wir im Moment nicht wissen wollen um wieviel, sondern nur ob der Systemausgang springt.

$$H(s) = \frac{b_m}{a_n} \cdot s^{m-n} \quad \Rightarrow \quad H(s) = s^{m-n} = \frac{1}{s^{n-m}} \quad ; \quad n \geq m \tag{3.30}$$

Nun berechnen wir aus $G(s)$ mit dem Anfangswertsatz (2.80) $g(0)$:

$$G(s) = \frac{1}{s} \cdot H(s)$$

$$\lim_{t \to 0} g(t) = \lim_{s \to \infty} s \cdot G(s) = \lim_{s \to \infty} s \cdot \frac{1}{s} \cdot H(s) = \lim_{s \to \infty} H(s) = \lim_{s \to \infty} \frac{1}{s^{n-m}} \tag{3.31}$$

Für die erste Ableitung gilt mit (2.76):

$$\dot{g}(t) = h(t) \quad \circ\!\!-\!\!\bullet \quad s \cdot G(s) = H(s)$$

$$\lim_{t \to 0} \dot{g}(t) = \lim_{s \to \infty} s^2 \cdot G(s) = \lim_{s \to \infty} s^2 \cdot \frac{1}{s} \cdot H(s) = \lim_{s \to \infty} s \cdot H(s) = \lim_{s \to \infty} \frac{1}{s^{n-m-1}} \tag{3.32}$$

Nun haben wir mit den Gleichungen (3.31) und (3.32) die Grundlagen beieinander, um das Verhalten von $g(t)$ im Zeitnullpunkt abzuschätzen. Dabei gehen wir davon aus, dass $g(t) = 0$ und auch $\dot{g}(t) = 0$ für $t < 0$ gilt (Kausalität). Tabelle 3.1 zeigt die Bedingungen:

Tabelle 3.1 Einfluss des Zählergrades m und des Nennergrades n der Übertragungsfunktion $H(s)$ auf das Verhalten der Schrittantwort $g(t)$ im Zeitnullpunkt (rechtsseitige Grenzwerte)

Verhalten von $g(t)$ im Zeitnullpunkt:	weich	Knick	Sprung
Wert von $g(t = 0^+)$	$g(0^+) = 0$	$g(0^+) = 0$	$g(0^+) \neq 0$
Steigung von $g(t = 0^+)$	$\dot{g}(0^+) = 0$	$\dot{g}(0^+) \neq 0$	beliebig
$n-m$ Nennergrad – Zählergrad	$n - m > 1$	$n - m = 1$	$n - m = 0$
Trivialbeispiel für $H(s)$	$H(s) = \dfrac{1}{s^2}$	$H(s) = \dfrac{1}{s}$	$H(s) = 1$

Ein Beispiel für ein sprungfähiges System ist ein reines Widerstandsnetzwerk wie der Spannungsteiler in Bild 1.8. Ein Beispiel für ein „knickendes" System ist das RC-Glied nach Bild 1.9, dessen Sprungantwort Gleichung (3.26) beschreibt.

Beispiel: Wir bestimmen die Stoss- und Schrittantwort des Hochpasses 1. Ordnung mit der Übertragungsfunktion

$$H_{HP_1}(s) = \frac{s/\omega_0}{1 + \dfrac{1}{\omega_0} \cdot s} \tag{3.33}$$

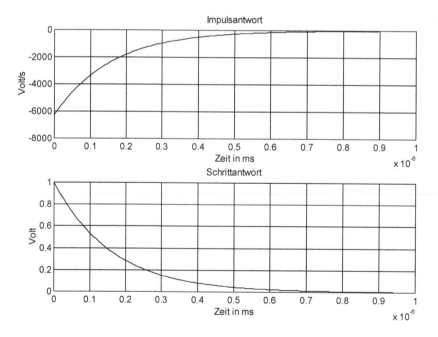

Bild 3.4 Numerisch bestimmte Stoss- und Sprungantwort des Hochpasses 1. Ordnung

Die Realisierung erfolgt z.B. mit einem RC-Spannungsteiler wie in Bild 1.9, jedoch mit vertauschten Positionen der beiden Elemente. Wir wählen $\omega_0 = 2\pi \cdot 1000 \; s^{-1}$, was eine Grenzfrequenz von 1000 Hz ergibt. Wir lösen die Aufgabe mit dem Rechner, Hinweise dazu finden sich im Anhang C (www.springer.com). Bild 3.4 zeigt die Resultate.

Die Schrittantwort springt, dies ist in Übereinstimmung mit Tabelle 3.1. Seltsam mutet aber an, dass die Impulsantwort negativ ist. Dieser Hochpass „schlägt" also entgegen seiner Anregung aus. Noch seltsamer ist die positive Schrittantwort, die ja das Integral der Stossantwort sein sollte. Die gezeichnete Stossantwort hat aber nur „negative" Flächen. Wir beschreiten deshalb auch noch den analytischen Weg und berechnen $g(t)$. Dazu bestimmen wir zuerst $h(t)$ durch Rücktransformation von $H(s)$ aus (3.33). Dieses $H(s)$ gleicht bis auf den Faktor s der Übertragungsfunktion des Tiefpasses 1. Ordnung aus (3.17). Wir ersetzen darum ω_0 durch $1/T$ und differenzieren gemäss (2.76) die Stossantwort des Tiefpasses (3.18):

$$
\begin{aligned}
h_{HP_1}(t) &= \frac{d}{dt} h_{TP1}(t) = \frac{d}{dt} \omega_0 \cdot \left(\varepsilon(t) \cdot e^{-\omega_0 t} \right) = \omega_0 \cdot \left[\delta(t) \cdot e^{-\omega_0 t} + \varepsilon(t) \cdot \left(-\omega_0 \right) \cdot e^{-\omega_0 t} \right] \\
&= \omega_0 \cdot \left[\delta(t) \cdot e^0 - \varepsilon(t) \cdot \omega_0 \cdot e^{-\omega_0 t} \right] = \omega_0 \cdot \delta(t) - h_{TP_1}(t)
\end{aligned}
\tag{3.34}
$$

Bild 3.5 zeigt die beiden Stossantworten.

Nun ist die Sache klar: Integriert man $h_{HP_1}(t)$, um die Schrittantwort des Hochpasses zu erhalten, so erhält man wegen des Diracstosses im Zeitnullpunkt bereits einen positiven Flächenanteil. Viele Programme können mit diesem Diracstoss nicht richtig umgehen, trotzdem ist die Computergraphik in Bild 3.4 oben korrekt, aber eben etwas interpretationsbedürftig. Ein Oszilloskop zeigt übrigens dasselbe Bild wie die Computersimulation. An diesem Beispiel erkennt man, dass der Einsatz von Computern zwar sehr hilfreich und angenehm ist, dass man sich aber trotzdem nicht dispensieren kann von Kenntnissen der Theorie.

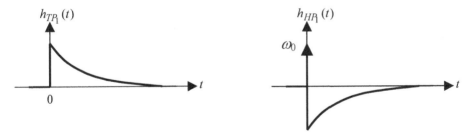

Bild 3.5 Analytisch bestimmte Stossantworten des Tiefpasses 1. Ordnung (links) und des Hochpasses 1. Ordnung (rechts)

3.5 Kausale Systeme

Die Stossantwort $h(t)$ ist bei realisierbaren Systemen eine kausale Funktion. Es lohnt sich deshalb, die Fourier-Transformation von kausalen Signalen, d.h. den Frequenzgang von kausalen Systemen, genauer zu betrachten.

Jedes Signal $x(t)$ (auch ein akausales) lässt sich in einen geraden Anteil $x_g(t)$ und einen ungeraden Anteil $x_u(t)$ aufspalten:

$$x(t) = \underbrace{\frac{x(t)}{2} + \frac{x(-t)}{2}}_{x_g(t)} + \underbrace{\frac{x(t)}{2} - \frac{x(-t)}{2}}_{x_u(t)} \tag{3.35}$$

Im Falle kausaler Signale gilt $x(-t) = 0$ für $t > 0$. Für $t > 0$ vereinfacht sich demnach (3.35) zu:

$$x(t) = 2 \cdot x_g(t) = 2 \cdot x_u(t) \quad \textit{für} \quad t > 0,\ x(t)\ \text{kausal} \tag{3.36}$$

Bild 3.6 zeigt ein Beispiel.

Bei kausalen Signalen besteht also ein Zusammenhang zwischen geradem und ungeradem Anteil. Nach den Symmetrieeigenschaften der Fourier-Transformation (Abschnitt 2.3.5 j, Tabelle 2.1) besteht darum auch ein Zusammenhang zwischen Real- und Imaginärteil des Spektrums. Bei minimalphasigen Systemen ist dieser Zusammenhang eindeutig und heisst *Hilbert-Transformation*. (Die Erklärung des Ausdruckes „minimalphasig" folgt im Abschnitt 3.6). Die Hilbert-Transformation ist v.a. in der Nachrichtentechnik nützlich [Mey19]. Hier begnügen wir uns mit der Erkenntnis:

> *Bei kausalen Systemen sind Real- und Imaginärteil*
> *des Frequenzganges voneinander abhängig.*

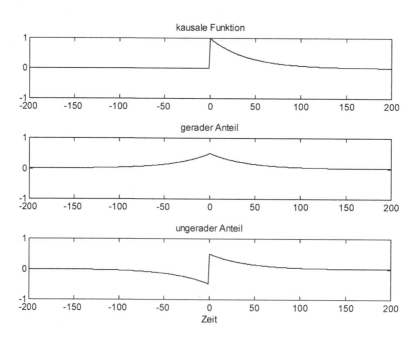

Bild 3.6 Aufteilung eines kausalen Signales in geraden und ungeraden Anteil. Für $t > 0$ gilt (3.36)

3.6 Pole und Nullstellen

3.6.1 Einführung

Netzwerke, die aus *endlich vielen konzentrierten* linearen Bauteilen bestehen (im Gegensatz zu Netzwerken mit verteilten Elementen wie z.B. HF-Leitungen), haben eine *gebrochen rationale* Übertragungsfunktion $H(s)$. Dieses $H(s)$ ist darstellbar als *Polynomquotient* mit *reellen* Koeffizienten a_i bzw. b_i. Im Abschnitt 1.2 haben wir dies bereits an einem einfachen Beispiel gesehen, vgl. Bild 1.9 und Gleichungen (1.8) bis (1.11). Gleichung (3.37) zeigt die allgemeine Form von $H(s)$, wie sie bei einem System höherer Ordnung auftritt. Der Grad n des Nennerpolynoms in (3.37) gibt die Ordnung des Systems an. Bei stabilen Systemen kann man in (3.37) einfach $s = j\omega$ setzten und erhält so den Frequenzgang $H(j\omega)$, vgl. (1.12).

$$H(s) = \frac{Y(s)}{X(s)} = \frac{b_0 + b_1 \cdot s + b_2 \cdot s^2 + ...}{a_0 + a_1 \cdot s + a_2 \cdot s^2 + ...} = \frac{\sum_{i=0}^{m} b_i \cdot s^i}{\sum_{i=0}^{n} a_i \cdot s^i} \qquad (3.37)$$

Die Variable s ist komplex, darum sind auch die Übertragungsfunktion $H(s)$, das Zählerpolynom $Y(s)$ und das Nennerpolynom $X(s)$ komplexwertig. Die Nullstellen des Zählerpolynoms sind auch die Nullstellen von $H(s)$. Die Nullstellen des Nennerpolynoms sind die Pole von $H(s)$. Bei einem Pol nimmt $H(s)$ einen unendlich grossen Wert an (Division durch Null), die Lage der Pole bestimmt darum die Stabilität des Systems. Zudem haben wir bereits mit Hilfe von Gleichung (3.29) hergeleitet, dass der Zählergrad den Nennergrad nicht übersteigen darf.

> *Ein System ist dann stabil, wenn m $\leq$ n (Zählergrad kleiner oder gleich Nennergrad) und alle Pole von H(s) in der offenen linken Halbebene liegen.*

Beispiel: Das RC-Glied nach Bild 1.9 mit der Übertragungsfunktion nach Gleichung (3.17) hat keine Nullstellen und einen einzigen Pol bei $s = -1/T$, es ist somit stabil. Diese Stabilität erkennt man auch daran, dass die Stossantwort abklingt. Im Abschnitt 3.1.5 haben wir die Stabilität damit erklärt, dass bei beschränkter Anregung auch die Reaktion beschränkt sein muss. Die Stossantwort als Reaktion auf eine Anregung mit beschränkter Zeitdauer und beschränkter Energie muss deshalb bei stabilen Systemen abklingen. Ebenso muss die Schrittantwort gegen einen endlichen Wert konvergieren, was für das RC-Glied mit (3.26) ja auch erfüllt ist.

□

Anmerkung: Bevor man den obenstehenden Merksatz anwendet, muss man gemeinsame Nullstellen des Zählers und des Nenners von $H(s)$ kürzen. So ist beispielsweise das System

$$H(s) = \frac{1 - sT}{1 - s^2 T^2} = \frac{1 - sT}{(1 + sT) \cdot (1 - sT)} = \frac{1}{1 + sT}$$

stabil, obwohl es in den beiden linken Schreibarten scheinbar einen Pol bei $s = 1/T$ aufweist.

□

Anmerkung: Pole auf der $j\omega$-Achse liegen nicht mehr in der *offenen* linken Halbebene. Systeme mit *einfachen* solchen Polen werden manchmal als bedingt stabil bezeichnet. Der Integrator z.B. hat nach Gleichung (2.76) die Übertragungsfunktion

$$H(s) = \frac{1}{s}$$

und somit einen einfachen Pol bei $s = 0$. Für die Stossantwort gilt demnach $h(t) = \varepsilon(t)$, d.h. die Stossantwort klingt nicht mehr ab. Sie schwillt aber auch nicht an, dies geschieht erst bei Polen in der rechten s-Halbebene, die deshalb zu den instabilen Systemen gehören, vgl. auch Bild 2.18.

□

Bei stabilen Systemen müssen alle Nullstellen des Nennerpolynoms von (3.37) in der offenen linken Halbebene liegen, d.h. negative Realteile haben. Polynome mit dieser Eigenschaft nennt man *Hurwitz-Polynome*. Notwendige (aber *nur* bei Systemen 1. und 2. Ordnung auch hinreichende) Bedingung für ein Hurwitz-Polynom ist, dass alle Koeffizienten vorkommen und alle dasselbe Vorzeichen haben.

Die Nullstellen von $H(s)$ dürfen auch in der rechten Halbebene liegen.

Die Polynome $Y(s)$ und $X(s)$ in (3.37) kann man durch Nullstellen-Abspaltung in Faktoren zerlegen, wie das bei der ersten Anmerkung oben bereits gemacht wurde:

$$H(s) = \frac{b_m}{a_n} \cdot \frac{(s - s_{N1})(s - s_{N2})...(s - s_{Nm})}{(s - s_{P1})(s - s_{P2})...(s - s_{Pn})} = \frac{b_m}{a_n} \cdot \frac{\prod\limits_{i=1}^{m}(s - s_{Ni})}{\prod\limits_{i=1}^{n}(s - s_{Pi})} \quad ; \quad m \leq n \qquad (3.38)$$

Die s_{Ni} sind die komplexen Koordinaten der Nullstellen, die s_{Pi} sind die komplexen Koordinaten der Pole von $H(s)$. Das *Pol-Nullstellen-Schema* (PN-Schema) von $H(s)$ entsteht dadurch, dass man in der komplexen s-Ebene die Pole von $H(s)$ durch Kreuze und die Nullstellen durch Kreise markiert, Bild 3.7.

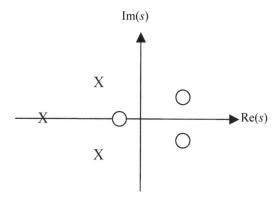

Bild 3.7 PN-Schema eines stabilen Systems 3. Ordnung

Die Pole und Nullstellen können mehrfach an derselben Stelle auftreten. Da $Y(s)$ und $X(s)$ in (3.37) Polynome mit reellen Koeffizienten sind, sind die Nullstellen und die Pole entweder reell oder sie treten als konjugiert komplexe Paare auf.

> *Das PN-Schema ist symmetrisch zur reellen Achse.*

> *Durch das PN-Schema ist $H(s)$ bis auf den*
> *konstanten und reellen Faktor b_m/a_n bestimmt.*

Dieser Faktor kann positiv oder negativ sein. Da er konstant ist, hat er quantitative und nicht qualitative Bedeutung. Das PN-Schema sagt darum sehr viel über das zugehörige System aus. Dies ist einer der Gründe, weshalb man Systeme gerne mit der Übertragungsfunktion $H(s)$ beschreibt statt mit dem Frequenzgang $H(j\omega)$.

3.6.2 Amplitudengang, Phasengang und Gruppenlaufzeit

LTI-Systeme beschreibt man im Zeitbereich durch die Stossantwort $h(t)$ oder die Sprungant-wort $g(t)$ oder im Bildbereich durch die Übertragungsfunktion $H(s)$ oder den Frequenzgang $H(j\omega)$. Der Frequenzgang hat gegenüber der Übertragungsfunktion den Vorteil der einfacheren Interpretierbarkeit. Oft arbeitet man nicht mit dem komplexwertigen $H(j\omega)$, sondern mit den daraus abgeleiteten reellwertigen Funktionen Amplitudengang (Betrag von $H(j\omega)$), Phasen-gang (Argument von $H(j\omega)$) und frequenzabhängige Gruppenlaufzeit $\tau_{Gr}(\omega)$.

Systeme mit reeller Stossantwort (das sind die üblichen, physisch realisierbaren LTI-Systeme) haben zwangsläufig einen konjugiert komplexen Frequenzgang, vgl. Tabelle 2.1:

$$H(j\omega) = \mathrm{Re}(H(j\omega)) + j\,\mathrm{Im}(H(j\omega))$$
$$\mathrm{Re}(H(j\omega)) = \mathrm{Re}(H(-j\omega)) \quad \text{und} \quad \mathrm{Im}(H(j\omega)) = -\mathrm{Im}(H(-j\omega))$$

$$|H(j\omega)| = \sqrt{[\mathrm{Re}(H(j\omega))]^2 + [\mathrm{Im}(H(j\omega))]^2} \qquad \arg(H(j\omega)) = \arctan\frac{\mathrm{Im}(H(j\omega))}{\mathrm{Re}(H(j\omega))}$$

> *Der Amplitudengang ist eine gerade Funktion,*
> *der Phasengang ist eine ungerade Funktion.*

Bei $\omega = 0$ hat die Phase den Wert 0 oder $\pm\pi$. Im zweiten Fall ist das System invertierend.

Beschreibt man ein System mit der Übertragungsfunktion $H(s)$, so kann man aufgrund der Lage der Pole und der Nullstellen von $H(s)$ auf einfache und anschauliche Art Rückschlüsse auf den Frequenzgang $H(j\omega)$ des Systems sowie auf die daraus abgeleiteten Funktionen ziehen. Diese Methode betrachten wir in diesem Abschnitt.

Der komplexwertige Frequenzgang $H(j\omega)$ lässt sich aufteilen in Real- und Imaginärteil (dies entspricht der Darstellung in kartesischen Koordinaten) oder anschaulicher in Amplituden- und Phasengang (was der Darstellung in Polarkoordinaten entspricht). Mit der Substitution $s \to j\omega$ wird aus (3.38):

$$H(j\omega) = |H(j\omega)| \cdot e^{j\arg(H(j\omega))} = K \cdot \frac{(j\omega - s_{N1})(j\omega - s_{N2})...(j\omega - s_{Nm})}{(j\omega - s_{P1})(j\omega - s_{P2})...(j\omega - s_{Pn})} \qquad (3.39)$$

Die einzelnen komplexwertigen Faktoren in (3.39) lassen sich in Polarkoordinaten schreiben:

$$(j\omega - s_{Nm}) = |j\omega - s_{Nm}| \cdot e^{j\varphi_{Nm}}$$

$$H(j\omega) = |K| \cdot \frac{|j\omega - s_{N1}| \cdot |j\omega - s_{N2}| \cdot ... \cdot |j\omega - s_{Nm}|}{|j\omega - s_{P1}| \cdot |j\omega - s_{P2}| \cdot ... \cdot |j\omega - s_{Pn}|} \cdot \frac{e^{j(\varphi_{N1} + \varphi_{N2} + ... + \varphi_{Nm})}}{e^{j(\varphi_{P1} + \varphi_{P2} + ... + \varphi_{Pn})}}$$

$$H(j\omega) = |K| \cdot \underbrace{\frac{|j\omega - s_{N1}| \cdot |j\omega - s_{N2}| \cdot ... \cdot |j\omega - s_{Nm}|}{|j\omega - s_{P1}| \cdot |j\omega - s_{P2}| \cdot ... \cdot |j\omega - s_{Pn}|}}_{Amplitude} \cdot \underbrace{e^{j(\varphi_{N1} + ... + \varphi_{Nm} - \varphi_{P1} - ... - \varphi_{Pn} + k\pi)}}_{Phase}$$

$$(3.40)$$

Eine Änderung der Phase um ein ganzzahliges Vielfaches von 2π ändert $H(j\omega)$ nicht. Zudem kann der Faktor $K = b_m/a_n$ positiv oder negativ sein. Die Phase ist darum nur bis auf ganzzahlige Vielfache von π bestimmt.

Um Gleichung (3.40) graphisch aus dem PN-Schema zu deuten, unterscheiden wir drei Fälle: Pol in der linken Halbebene, Nullstelle in der linken Halbebene und schliesslich Nullstelle in der rechten Halbebene. Pole in der rechten Halbebene brauchen wir nicht zu untersuchen, da das entsprechende System instabil wäre und darum nicht einfach s durch $j\omega$ ersetzt werden dürfte.

- Fall 1: Pol in der linken Halbebene: $s_P = -|a| + jb$ (Bild 3.8)

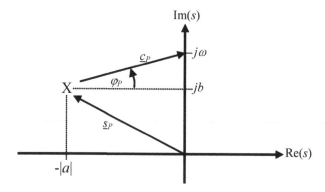

Bild 3.8 Einfluss eines Poles auf den Frequenzgang

Den Frequenzgang erhält man, indem man $H(s)$ auf der $j\omega$-Achse auswertet. Stellvertretend für diese Achse ist in Bild 3.8 ein variabler (vertikal verschiebbarer) Punkt $j\omega$ eingetragen. Der Vektor s_P ist der Ortsvektor des Poles X, d.h. die Komponenten dieses Vektors sind die Koordinaten des Poles. Der Hilfsvektor $\underline{c}_P$ verbindet den Pol mit dem Punkt $j\omega$, die Komponenten dieses Vektors sind somit $|a|$ und $(\omega-b)$. Vektoriell geschrieben:

$$\underline{c}_P = j\omega - \underline{s}_P$$

Der Winkel φ_P in Bild 3.8 bezeichnet das Argument von $\underline{c}_P$ und bewegt sich von $-\pi/2$ bis $+\pi/2$, wenn ω von $-\infty$ bis $+\infty$ wandert. Nach (3.40) ist der Frequenzgang aufgrund dieses Poles an der Stelle $j\omega$:

$$H(j\omega) = \frac{1}{|j\omega - \underline{s}_P|} \cdot e^{-j\varphi_P} = \frac{1}{|\underline{c}_P|} \cdot e^{-j\arg(\underline{c}_P)} = \frac{1}{\sqrt{a^2+(\omega-b)^2}} \cdot e^{-j\arctan\frac{\omega-b}{|a|}}$$

$$|H(j\omega)| = \frac{1}{\sqrt{a^2+(\omega-b)^2}} = \frac{1}{|\underline{c}_P|}$$

$$\arg(H(j\omega)) = -\arctan\frac{\omega-b}{|a|} = -\varphi_P$$

(3.41)

Für das Argument müsste man eigentlich eine Fallunterscheidung vornehmen für $\omega > b$ und $\omega < b$. Dadurch ergeben sich zwei um 2π unterschiedliche Resultate. Da das PN-Schema aber die Phase ohnehin nur mit einer Unbestimmtheit von $k\pi$ wiedergibt, ersparen wir uns diese Mühe.

Die Interpretation der Formeln (3.41) erfolgt später, kombiniert mit den Resultaten der beiden anderen Fälle.

- Fall 2: Nullstelle in der linken Halbebene: $\underline{s}_N = -|a| + jb$

$$|H(j\omega)| = \sqrt{a^2+(\omega-b)^2} = |\underline{c}_N|$$

$$\arg(H(j\omega)) = \arctan\frac{\omega-b}{|a|} = \varphi_N$$

(3.42)

Auch hier müsste man eigentlich eine Fallunterscheidung für die Phase vornehmen.

- Fall 3: Nullstelle in der rechten Halbebene: $\underline{s}_N = |a| + jb$ (Bild 3.9)

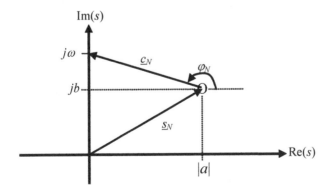

Bild 3.9 Einfluss einer Nullstelle in der rechten Halbebene auf den Frequenzgang

Der Winkel φ_N in Bild 3.9 bezeichnet das Argument von $\underline{c}_N$ und bewegt sich von $+3\pi/2$ bis $+\pi/2$, wenn ω von $-\infty$ bis $+\infty$ wandert.

$$|H(j\omega)| = \sqrt{a^2 + (\omega - b)^2} = |\underline{c}_N|$$

$$\arg(H(j\omega)) = \pi - \arctan\frac{\omega - b}{|a|} = \varphi_N \qquad (3.43)$$

Die Gleichungen (3.41), (3.42) und (3.43) ergeben zusammengefasst:

> *Der Amplitudengang eines LTI-Systems an der Stelle $j\omega$ ist gleich dem Produkt der Längen der Verbindungsstrecken von $j\omega$ zu den Nullstellen, dividiert durch das Produkt der Längen der Verbindungsstrecken von $j\omega$ zu den Polen.*

Amplitudengang:
$$|H(j\omega)| = |K| \cdot \frac{\displaystyle\prod_{i=0}^{m}|\underline{c}_{Ni}|}{\displaystyle\prod_{i=0}^{n}|\underline{c}_{Pi}|} \qquad (3.44)$$

> *Der Einfluss der Pole und Nullstellen ist umso grösser, je näher diese an der $j\omega$-Achse liegen.*

Phasengang:
$$\arg\bigl(H(j\omega)\bigr) = \sum_{i=1}^{m}\varphi_{Ni} - \sum_{i=1}^{n}\varphi_{Pi} + k \cdot \pi \qquad (3.45)$$

Der konstante und reelle Faktor K in (3.44) ist aus dem PN-Schema nicht ableitbar. Die konstante und ganze Zahl k in (3.45) ist aus dem PN-Schema ebenfalls nicht ersichtlich. Aus (3.43) folgt:

> *Eine Nullstelle auf der $j\omega$-Achse bewirkt einen Phasensprung um π.*

Mehrfache (d.h. übereinanderliegende) Pole und Nullstellen behandelt man wie mehrere separate Pole und Nullstellen.

Die *Gruppenlaufzeit* τ_{Gr} wird häufig in der Nachrichtentechnik benutzt. Sie ist definiert als die negative Ableitung des Phasenganges (Phase in rad!):

$$\tau_{Gr}(j\omega) = -\frac{d}{d\omega}\arg\bigl(H(j\omega)\bigr) \qquad (3.46)$$

(3.46) ist physikalisch nur aussagekräftig für schmalbandige Signale. Als Rechenvorschrift hingegen ist (3.46) stets anwendbar. Die Grösse der Gruppenlaufzeit eines Systems ist ein Mass für die Signalverzögerung, die frequenzabhängige Änderung der Gruppenlaufzeit ist ein Mass für die Signalverzerrungen (Phasen- oder Laufzeitverzerrungen) [Mey19].

Für die Berechnung der Gruppenlaufzeit muss man nach (3.46) nur den Phasengang betrachten. Aus (3.45) folgt durch Ableiten:

$$\tau_{Gr}(\omega) = -\frac{d}{d\omega}\sum_{i=1}^{m}\varphi_{Ni} + \frac{d}{d\omega}\sum_{i=1}^{n}\varphi_{Pi} \tag{3.47}$$

φ_{Ni} und φ_{Pi} sind die Steigungen der Hilfsvektoren $\underline{c}_{Ni}$ bzw. $\underline{c}_{Pi}$.

Mühsam, insbesondere für die Bearbeitung mit Hilfe eines Computers, sind die Ableitungen in (3.47). Diese lassen sich zum Glück umgehen. Für die Herleitung nutzen wir aus, dass die Summanden in (3.47) einzeln abgeleitet werden dürfen, denn die Differentiation ist eine lineare Operation. Wir müssen wie oben drei Fälle unterscheiden:

- Fall 1: Pol in der linken Halbebene: $\quad \underline{s}_P = -|a| + jb$
  Nach (3.41) gilt:

$$\varphi_P = \arctan\frac{\omega - b}{|a|} \qquad \Rightarrow \qquad \frac{d\varphi_P}{d\omega} = \frac{1/|a|}{1 + \left(\dfrac{\omega - b}{|a|}\right)^2} = \frac{|a|}{a^2 + (\omega - b)^2}$$

Mit $\underline{c}_P = j\omega - \underline{s}_P = |a| + j(\omega - b)$ und $|\underline{c}_P|^2 = a^2 + (\omega - b)^2$ wird daraus:

$$\frac{d\varphi_P}{d\omega} = \frac{|a|}{|\underline{c}_P|^2} = \frac{|\text{Re}(\underline{s}_P)|}{|\underline{c}_P|^2} = \frac{-\text{Re}(\underline{s}_P)}{|\underline{c}_P|^2} \tag{3.48}$$

Die letzte Gleichung in (3.48) gilt deshalb, weil wir einen Pol in der linken Halbebene voraussetzen, $\text{Re}(\underline{s}_P)$ ist also negativ.

- Fall 2: Nullstelle in der linken Halbebene: $\quad \underline{s}_N = -|a| + jb$
  Es ergibt sich dasselbe wie beim Pol in der linken Halbebene:

$$\frac{d\varphi_N}{d\omega} = \frac{|a|}{|\underline{c}_N|^2} = \frac{|\text{Re}(\underline{s}_N)|}{|\underline{c}_N|^2} = \frac{-\text{Re}(\underline{s}_N)}{|\underline{c}_N|^2} \tag{3.49}$$

- Fall 3: Nullstelle in der rechten Halbebene: $\quad \underline{s}_N = |a| + jb$ $\qquad$ (Bild 3.9)
  Nach (3.43) gilt:

$$\varphi_N = \pi - \arctan\frac{\omega - b}{|a|}$$

$$\frac{d\varphi_N}{d\omega} = -\frac{1/|a|}{1 + \left(\dfrac{\omega - b}{|a|}\right)^2} = -\frac{|a|}{a^2 + (\omega - b)^2} = -\frac{|a|}{|\underline{c}_N|^2} = -\frac{\text{Re}(\underline{s}_N)}{|\underline{c}_N|^2} \tag{3.50}$$

Für alle Nullstellen gilt bezüglich der Gruppenlaufzeit also dasselbe Resultat. Dieses kombinieren wir mit (3.48) und setzen in (3.47) ein:

Frequenzabhängige Gruppenlaufzeit:

$$\tau_{Gr}(\omega) = \sum_{i=1}^{m} \frac{\text{Re}(\underline{s}_{Ni})}{\left|\underline{c}_{Ni}\right|^2} - \sum_{i=1}^{n} \frac{\text{Re}(\underline{s}_{Pi})}{\left|\underline{c}_{Pi}\right|^2} = \sum_{i=1}^{m} \frac{\text{Re}(\underline{s}_{Ni})}{\left|j\omega - \underline{s}_{Ni}\right|^2} - \sum_{i=1}^{n} \frac{\text{Re}(\underline{s}_{Pi})}{\left|j\omega - \underline{s}_{Pi}\right|^2} \qquad (3.51)$$

> *Pole in der linken Halbebene erhöhen die Gruppenlaufzeit.*
> *Nullstellen in der rechten Halbebene erhöhen die Gruppenlaufzeit.*
> *Nullstellen in der linken Halbebene verkleinern die Gruppenlaufzeit.*

Der Phasengang eines Systems kann aus dem PN-Schema nur mit einer Unsicherheit von $k\pi$ herausgelesen werden, Gleichung (3.45). Für die Gruppenlaufzeit ist eine Differentiation notwendig, wobei diese Unsicherheit wegfällt.

Der grosse Vorteil von (3.51) liegt darin, dass $\tau_{Gr}(\omega)$ vollständig bestimmt ist und für die Berechnung *keine* Differentiation notwendig ist. Damit ist diese Gleichung sehr gut dazu geeignet, mit einem Rechner ausgewertet zu werden, vgl. Anhang C4.3 (erhältlich unter www.springer.com). Benötigt werden lediglich die Koordinaten der Pole und Nullstellen, die man direkt aus der Systembeschreibung in der Produktform nach (3.38) herauslesen kann. Liegt die Systembeschreibung als Polynomquotient in der Form von (3.37) vor, so muss man zuerst eine Faktorzerlegung durchführen. Dies lässt sich natürlich mit Hilfe des Computers machen.

Hat man die Produktform nach (3.38), so kann man direkt das PN-Schema zeichnen und erkennt unmittelbar die Stabilität des Systems. Über dem PN-Schema stellt man sich $|H(s)|$ als Zelt vor, wobei bei jedem Pol ein langer Pfosten das Zelttuch hebt und bei jeder Nullstelle das Zelttuch am Boden befestigt ist. Auf diese Art ergibt sich z.B. Bild 2.16, das ein zweipoliges System ohne Nullstellen zeigt. Dies lässt sich aber auch qualitativ vorstellen, ohne dass eine dreidimensionale Zeichnung notwendig ist. Stellt man sich die Kontur über der $j\omega$-Achse vor, so „sieht" man den Frequenzgang, Bild 2.17. Wir üben dies gleich anhand der Filter.

3.6.3 PN-Schemata der Filterarten

Filter sind Systeme, die gewisse Frequenzen des Eingangssignales passieren lassen und andere Frequenzen sperren. Je nach Durchlässigkeit unterscheidet man zwischen Tiefpässen, Hochpässen, Bandpässen und Bandsperren. Etwas spezieller sind die Allpässe, die alle Frequenzen ungewichtet passieren lassen, jedoch die Phase frequenzabhängig beeinflussen. Allpässe dienen v.a. zur Korrektur eines Phasenganges oder als Verzögerungsglieder. Im Kapitel 4 werden solche Filter genauer besprochen.

a) Tiefpass

Ein Tiefpass soll tiefe Frequenzen (auch $\omega = 0$) durchlassen → keine Nullstelle bei $s = 0$. Hohe Frequenzen sollen hingegen gedämpft werden → Nennergrad $n >$ Zählergrad m (d.h. mehr Pole als Nullstellen). Bild 3.10 a) zeigt das einfachste Beispiel, nämlich das PN-Schema des uns bereits sattsam bekannten RC-Gliedes. Es gibt aber auch Tiefpässe mit $m = n$, bei diesen liegen die Nullstellen auf der $j\omega$-Achse bei hohen Frequenzen, vgl. Abschnitt 4.2.

b) Hochpass

Tiefe Frequenzen (insbesondere $\omega = 0$) sollen gesperrt werden $\rightarrow$ Nullstelle bei $s = 0$ (es sind dort auch mehrfache Nullstellen möglich). Hohe Frequenzen sollen durchgelassen werden, nach (3.29) bedeutet dies $m = n$, d.h. gleichviele Pole wie Nullstellen (mehrfache Pole und Nullstellen werden auch mehrfach gezählt), Bild 3.10 b).

c) Bandpass

Ein Bandpass entsteht aus einem Tiefpass durch Frequenzverschiebung, d.h. der Durchlassbereich wird in Richtung höherer Frequenzen verschoben. Entsprechend wandert auch der Pol in Bild 3.10 nach oben. Da Systeme mit reeller Stossantwort einen konjugiert komplexen Frequenzgang aufweisen, muss das PN-Schema symmetrisch zur reellen Achse sein, d.h. zum nach oben verschobenen Pol muss man noch seinen konjugiert komplexen Partner einführen. Die Frequenzverschiebung vom Tiefpass zum Bandpass bedingt darum eine Verdoppelung der Pole. Damit der Bandpass bei $\omega = 0$ sperrt, braucht es bei $s = 0$ mindestens eine Nullstelle. Hohe Frequenzen müssen gesperrt werden, d.h. Zählergrad m < Nennergrad n, Bild 3.10 c).

d) Bandsperre

Bei der Sperrkreisfrequenz ω_0 tritt mindestens eine Nullstelle auf, ebenso bei $s = -j\omega_0$. Da die hohen Frequenzen nicht gesperrt werden dürfen, muss $m = n$ sein, d.h. es braucht gleichviele Pole wie Nullstellen, Bild 3.10 d).

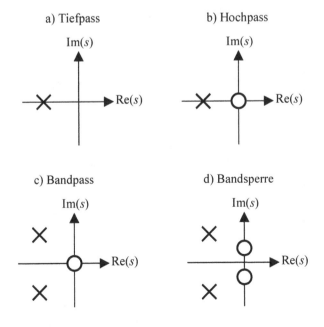

Bild 3.10 PN-Schemata der verschiedenen Filter (tiefstmögliche Systemordnung)

e) Allpass

Der Amplitudengang soll konstant sein, der Phasengang jedoch nicht. In Gleichung (3.44) müssen sich darum die Beträge $|\underline{c}_{Ni}|$ und $|\underline{c}_{Pi}|$ paarweise kürzen. Man darf nun nicht einfach auf jeden Pol eine Nullstelle setzen, denn so würden sich die Pole und Nullstellen kürzen (anstatt nur deren Beträge) und es würde gelten $H(s) = K$, d.h. der Phasengang bliebe unerwünschterweise konstant. Es gibt aber eine Lösungsmöglichkeit: Pole und Nullstellen liegen symmetrisch zur $j\omega$-Achse, Bild 3.11.

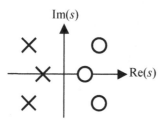

Bild 3.11 PN-Schema eines Allpasses 3. Ordnung

3.6.4 Realisierungsmöglichkeiten

Nicht jedes System ist in der Lage, Pole und Nullstellen beliebig in der s-Ebene zu platzieren. Bild 3.12 zeigt, wo die Pole und Nullstellen bei elektrischen Netzwerken liegen können.

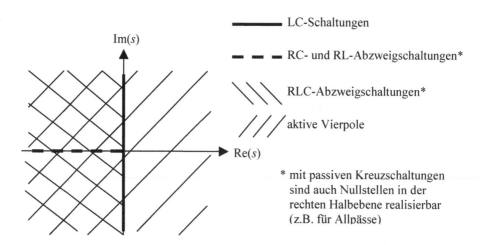

Bild 3.12 Mögliche Aufenthaltsgebiete der Pole und Nullstellen bei elektrischen Netzwerken

Die LC-Schaltungen (ideale Reaktanzschaltungen, die nur aus Induktivitäten L und Kapazitäten C zusammengesetzt sind) haben keinerlei Verluste, entsprechend liegen alle Pole auf der $j\omega$-Achse. RC-Schaltungen und RL-Schaltungen verfügen nicht über duale Speicher und sind deshalb nicht schwingungsfähig. Darum liegen die Pole auf der reellen Achse. Zudem sind diese Schaltungen passiv und verlustbehaftet (Widerstände R), deshalb kommt nur die negative reelle Achse in Frage. Die passiven RLC-Schaltungen sind schwingungsfähig und können somit Polpaare bilden (vgl. Abschnitt 3.8), die in der linken Halbebene liegen müssen. Aktive Schaltungen, z.B. realisiert mit Operationsverstärkern, können die Verluste kompensieren und Pole in der rechten Halbebene bilden. Sie sind somit in der Lage, sich aufzuschaukeln und instabil zu werden, vgl. Bild 2.18. Dies ist natürlich kein erstrebenswerter Betriebsfall. Die Operationsverstärker werden aber nicht benutzt, um instabile Systeme zu realisieren, sondern um die Induktivitäten zu eliminieren und die Verluste zu kompensieren. Die Pole liegen also in der linken Halbebene, u.U. nahe an der imaginären Achse.

Die eigentliche Realisierung entspricht nicht dem Akzent dieses Buches. Im Abschnitt 4.4 folgen aber doch noch einige Hinweise dazu.

3.7 Bodediagramme

Bodediagramme sind ein beliebtes graphisches Hilfsmittel zur Abschätzung von Amplituden- und Phasengängen von LTI-Systemen mit konzentrierten Elementen. Bodediagramme sind damit auf die gleichen Systeme anwendbar wie das PN-Schema. Dieser Abschnitt soll den Zusammenhang der Bodediagramme zur Systemtheorie aufzeigen, es wird also angenommen, dass der Leser sich bereits etwas mit Bodediagrammen auskennt.

Ausgangspunkt unserer Betrachtung ist die Übertragungsfunktion $H(s)$, gegeben in Form eines Polynomquotienten (gebrochen rationale Funktion) nach Gleichung (3.37):

$$H(s) = \frac{Y(s)}{X(s)} = \frac{b_0 + b_1 \cdot s + b_2 \cdot s^2 + ...}{a_0 + a_1 \cdot s + a_2 \cdot s^2 + ...} = \frac{\sum\limits_{i=0}^{m} b_i \cdot s^i}{\sum\limits_{i=0}^{n} a_i \cdot s^i}$$

Nun zerlegt man durch eine Nullstellenabspaltung das Zähler- und das Nennerpolynom in Faktoren und erhält die Form von Gleichung (3.38), die den Ausgangspunkt für das PN-Schema bildet:

$$H(s) = \frac{b_m}{a_n} \cdot \frac{(s - s_{N1})(s - s_{N2})...(s - s_{Nm})}{(s - s_{P1})(s - s_{P2})...(s - s_{Pn})} = \frac{b_m}{a_n} \cdot \frac{\prod\limits_{i=1}^{m}(s - s_{Ni})}{\prod\limits_{i=1}^{n}(s - s_{Pi})}$$

Da die Polynomkoeffizienten b_i rellwertig sind, treten die m Nullstellen s_{N1}, s_{N2} usw. entweder als konjugiert komplexe Paare oder als reellwertige Einzelgänger auf. Dasselbe gilt für die n Pole.

Nun fassen wir die konjugiert komplexen Paare durch eine Multiplikation zusammen, was pro Paar ein Polynom 2. Grades mit *reellen* Koeffizienten ergibt, wobei der Koeffizient des quadratischen Gliedes zwangsläufig den Wert 1 hat.

Wir nehmen einmal an, dass m_2 Paare von Nullstellen und n_2 Paare von Polen auftreten. Die restlichen $m - 2 \cdot m_2$ Nullstellen sind reellwertig, es sei m_0 die Anzahl der Nullstellen im Ursprung und m_1 die Anzahl der Nullstellen auf der reellen Achse. Die analoge Bedeutung haben die Zahlen n_0, n_1 und n_2 für die Pole. Nun präsentiert sich $H(s)$ folgendermassen:

$$H(s) = \frac{b_m}{a_n} \cdot \frac{s^{m_0}}{s^{n_0}} \cdot \frac{\displaystyle\prod_{i=1}^{m_1}(s - s_{Ni}) \; \prod_{i=1}^{m_2}\left(s^2 + s\frac{|s_{Ni}|}{Q_{Ni}} + |s_{Ni}|^2 \right)}{\displaystyle\prod_{i=1}^{n_1}(s - s_{Pi}) \; \prod_{i=1}^{n_2}\left(s^2 + s\frac{|s_{Pi}|}{Q_{Pi}} + |s_{Pi}|^2 \right)} \tag{3.52}$$

Die Parameter Q_{Ni} heissen Nullstellengüten, die Parameter Q_{Pi} heissen Polgüten (vgl. auch Abschnitt 3.8). Aus den linearen und quadratischen Termen klammern wir die Konstanten s_{Ni} bzw. s_{Pi} aus (insgesamt also $m_1+m_2+n_1+n_2$ Zahlen) und fassen alle diese Faktoren und auch b_m/a_n in einer einzigen Konstanten H_0 zusammen. Die Koeffizienten der konstanten Glieder der Teilpolynome werden dadurch gleich 1, diese Darstellung heisst *Normalform*:

$$H(s) = H_0 \cdot s^{m_0 - n_0} \cdot \frac{\displaystyle\prod_{i=1}^{m_1}\left(1 - \frac{s}{s_{Ni}}\right) \; \prod_{i=1}^{m_2}\left(1 + \frac{s}{Q_{Ni}\cdot|s_{Ni}|} + \frac{s^2}{|s_{Ni}|^2}\right)}{\displaystyle\prod_{i=1}^{n_1}\left(1 - \frac{s}{s_{Pi}}\right) \; \prod_{i=1}^{n_2}\left(1 + \frac{s}{Q_{Pi}\cdot|s_{Pi}|} + \frac{s^2}{|s_{Pi}|^2}\right)} \tag{3.53}$$

Somit haben wir das System der Ordnung n aufgeteilt in Teilsysteme maximal 2. Ordnung, zusätzlich liegen alle Polynome in der Normalform vor. Sämtliche Koeffizienten in (3.53) sind reell, dies wegen der konjugiert komplexen Pol- bzw. Nullstellenpaarung. Einzig die Variable s in (3.53) ist komplexwertig und damit natürlich auch $H(s)$.

Die Form nach (3.53) ist der Ausgangspunkt für die Bodediagramme. Insgesamt kommen nur gerade sechs verschiedene Arten von Teilsystemen vor:

- Konstante H_0
- Integrator bzw. Differentiator der Ordnung m_0-n_0 (Pole und Nullstellen im Ursprung)
- Tiefpässe erster Ordnung (reelle Pole)
- Hochpässe erster Ordnung (reelle Nullstellen)
- Tiefpässe zweiter Ordnung (konjugiert komplexe Polpaare)
- Hochpässe zweiter Ordnung (konjugiert komplexe Nullstellenpaare)

Die Übertragungsfunktion des Gesamtsystems entsteht durch Multiplikation der Übertragungsfunktionen der Teilsysteme (Voraussetzung: rückwirkungsfreie Serieschaltung der Teilsysteme). Rechnet man in der Betrags-/Phasendarstellung (Polarkoordinaten), so muss man die Amplitudengänge multiplizieren und die Phasengänge addieren. Nun stellt man die Amplitudengänge in Dezibel (dB) dar, d.h. in einem relativen und logarithmischen Mass. Jetzt kann man auch die (logarithmierten) Amplitudengänge lediglich addieren, um den Amplitudengang des Gesamtsystems zu erhalten.

Zusätzlich logarithmiert man bei den Bodediagrammen auch noch die Frequenzachse. Dies hat zwei Gründe: erstens ergeben sich in den Bodediagrammen der sechs Grundglieder lineare Asymptoten (Bild 3.13) und zweitens bleibt die relative Genauigkeit über alle Frequenzen gleich.

Ein Bodediagramm ist also eine graphische Darstellung des Frequenzganges eines Systems, wobei man mit sechs Grundbausteinen das gesamte System zusammensetzt. Dabei wird der Amplitudengang doppelt logarithmisch (Amplitude in dB über einer logarithmischen Frequenzachse) und der Phasengang einfach logarithmisch (lineare Phase über einer logarithmischen Frequenzachse) aufgetragen sind. Die Stärken der Bodediagramme sind:

- Systeme hoher Ordnung werden reduziert auf die Kombination von 6 anschaulichen Grundtypen höchstens 2. Ordnung, Bild 3.13.
- Der Frequenzgang des Gesamtsystems (Bodediagramm) entsteht durch Addition der Teil-Bodediagramme. Dank der linearen Asymptoten ist diese Addition sehr einfach.
- Wegen der logarithmischen Frequenzachse ergibt sich über das ganze Diagramm eine konstante relative Genauigkeit.
- Wird die Frequenzachse normiert (Strecken oder Stauchen der Frequenzachse, Abschnitt 3.10), so bleiben die Kurven bis auf eine horizontale Verschiebung unverändert.

In der Regelungstechnik werden v.a. für Stabilitätsuntersuchungen noch weitere Diagramme verwendet, z.B. Nyquist-Diagramme, Nichols-Diagramme und Wurzelortskurven.

Die Aufteilung eines Systems in ein Produkt von Teilsystemen maximal 2. Ordnung nach Gleichung (3.53) werden wir wieder antreffen bei der Realisierung von aktiven Analogfiltern und rekursiven Digitalfiltern.

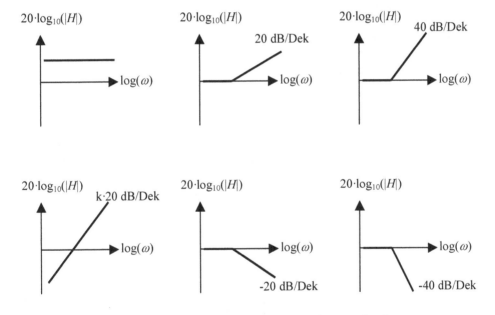

Bild 3.13 Die 6 Grundbausteine der Bodedieagramme (asymptotische Darstellung):

| konstantes Glied | reelle Nullstelle | konj. kompl. Nullstellen-Paar |
| Integrator / Differentiator | reeller Pol | konjugiert komplexes Polpaar |

Die linearen Asymptoten lassen sich ganz einfach erklären, wir machen dies nur am Tiefpass erster Ordnung (einfacher reeller Pol bei $s_P = -1/T$). Die Übertragungsfunktion lautet in Normalform:

$$H(s) = \frac{1}{s - s_P} = \frac{1}{s + \dfrac{1}{T}} = \frac{T}{1 + sT} \tag{3.54}$$

Wir wechseln durch die Substitution $s \to j\omega$ auf den Frequenzgang. Den konstanten Faktor T lassen wir der Einfachheit halber weg (durch die blosse Vorgabe des Poles in (3.54) ist diese Konstante ja nicht festgelegt). So erhalten wir wieder Gleichung (3.16):

$$H(j\omega) = \frac{1}{1 + j\omega T}$$

Für kleine ω müssen wir vom Nennerpolynom nur das konstante Glied berücksichtigen, dieses ist stets 1, weil die Polynome für die Bodediagramme immer in Normalform hingeschrieben werden müssen. Dies ergibt in Bild 3.13 unten Mitte den anfänglich horizontalen Verlauf. Weil der Amplitudengang logarithmiert ist, verläuft diese horizontale Asymptote bei 0 dB.

Für grosse ω müssen wir vom Nennerpolynom nur den Summanden mit dem grössten Exponenten berücksichtigen, für den einpoligen Tiefpass also

$$\lim_{\omega \to \infty} |H(j\omega)| = \frac{1}{\omega T}$$

Erhöht man ω um den Faktor 10 (1 Dekade), so verkleinert sich $|H(j\omega)|$ um denselben Faktor 10 (d.h. 20 dB), dies führt zur im Bild 3.13 unten Mitte angegeben Steigung von −20 dB pro Dekade. Weil die Frequenzachse logarithmisch ist, dehnt sich eine Dekade stets über gleich viele Zentimeter aus. Ebenso überstreichen 20 dB stets dieselbe Distanz auf der vertikalen Achse. Beides zusammen führt zu diesen bequemen Asymptoten.

Im Schnittpunkt der beiden Asymptoten ist die Abweichung vom exakten Wert am grössten. Bei unserem einpoligen Tiefpass ist dies bei $\omega = 1/T$:

$$|H(j\omega)| = \left| H\left(\frac{j}{T}\right) \right| = \left| \frac{1}{1+j} \right| = \frac{1}{\sqrt{2}} \hat{=} -3\,\text{dB}$$

3.8 Systemverhalten im Zeitbereich

Die Lage der Pole und Nullstellen beeinflusst die Übertragungsfunktion und damit auch die Impulsantwort eines Systems. Diesen Einfluss untersuchen wir anhand eines einzelnen Polpaares P_1 und P_2 mit den Koordinaten $(-\sigma_P, \pm j\omega_P)$, Bild 3.14.

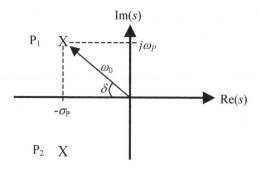

Bild 3.14 Kennzeichnung eines Poles

Wir benutzen folgende Definitionen:

Polfrequenz = Kennfrequenz:
$$\boxed{\begin{aligned} \omega_0 &= \sqrt{\sigma_P{}^2 + \omega_P{}^2} \\ &= \text{Abstand des Poles vom Ursprung} \end{aligned}}$$
(3.55)

Polgüte:
$$\boxed{Q_P = \frac{\omega_0}{2\sigma_P} = \frac{1}{2\cdot\cos\delta}}$$
(3.56)

Je näher ein Pol an der $j\omega$-Achse liegt, desto grösser ist seine Güte und desto grösser sein Einfluss auf den Frequenzgang.

Dämpfungsfaktor:
$$\boxed{\xi = \frac{\sigma_P}{\omega_0} = \frac{1}{2\cdot Q_P} = \cos\delta}$$
(3.57)

Die Pole treten entweder alleine und reell oder als konjugiert komplexes Paar auf. Für jedes Paar kann man deshalb schreiben:

$$p_{1,2} = -\sigma_P \pm j\omega_P$$

$$(s-p_1)\cdot(s-p_2) = (s+\sigma_P-j\omega_P)\cdot(s+\sigma_P+j\omega_P) = s^2 + 2\cdot s\cdot\sigma_P + \underbrace{\sigma_P{}^2+\omega_P{}^2}_{\omega_0{}^2}$$

$$= s^2 + 2\cdot s\cdot\sigma_P + \omega_0{}^2 = s^2 + s\frac{2\sigma_P}{\omega_0}\cdot\omega_0 + \omega_0{}^2 = s^2 + \frac{\omega_0}{Q_P}\cdot s + \omega_0{}^2$$

$$= s^2 + 2\xi\omega_0\cdot s + \omega_0{}^2$$

Ein System mit einem Polpaar hat demnach die Übertragungsfunktion:

$$\boxed{H(s) = \frac{const.}{(s-p_1)\cdot(s-p_2)} = \frac{K}{1+\dfrac{2\xi}{\omega_0}\cdot s + \dfrac{1}{\omega_0{}^2}\cdot s^2} = \frac{K}{1+\dfrac{1}{\omega_0 Q_P}\cdot s + \dfrac{1}{\omega_0{}^2}\cdot s^2}}$$
(3.58)

Die beiden letzten Nennerpolynome sind wieder in *Normalform*, d.h. der Koeffizient des konstanten Gliedes ist 1, vgl. auch Gleichung (3.53). Durch ω_0 und Q_P bzw. ξ wird ein Polpaar eindeutig festgelegt:

$$\boxed{p_{1,2} = -\sigma_P \pm j\omega_P = -\xi\omega_0 \pm j\omega_0\sqrt{1-\xi^2} = -\frac{\omega_0}{2Q_P} \pm j\omega_0\sqrt{1-\frac{1}{4Q_P{}^2}}}$$
(3.59)

Dieselben Beziehungen gelten auch für Pole auf der $j\omega$-Achse ($Q_P = \infty$) und für einzelne reelle Pole ($Q_P = 0.5$). Für die Nullstellen werden analog Nullstellenfrequenzen und Nullstellengüten definiert. Für Nullstellen in der rechten Halbebene ist $Q_N < 0$.

Der Einfluss eines Pol*paares* auf die Stossantwort wird bestimmt, indem der Nenner von $H(s)$ von der Polynomform in die Produktform umgewandelt wird. Damit sind die Koordinaten der

Pole und somit auch die Polfrequenzen und Dämpfungen bekannt. Für die Rücktransformation in den Zeitbereich zerlegt man $H(s)$ zuerst in Partialbrüche (die Pole bleiben!), wodurch sich Summanden in der Gestalt von (3.58) ergeben. Diese Summanden werden einzeln in den Zeitbereich transformiert. Es ergibt sich:

$$h(t) = \varepsilon(t) \cdot \underbrace{\frac{\omega_0}{\sqrt{1-\xi^2}}}_{\substack{\text{Anfangs-} \\ \text{amplitude}}} \cdot \underbrace{e^{-\sigma_P t}}_{\substack{\text{abklingende} \\ \text{Enveloppe} \\ \text{(Dämpfung)}}} \cdot \underbrace{\sin(\omega_P \cdot t)}_{\text{Schwingung}} = \varepsilon(t) \cdot \frac{\omega_0^2}{\omega_p} \cdot e^{-\xi \omega_0 t} \cdot \sin\left(\omega_0 \cdot t \sqrt{1-\xi^2}\right)$$

$$(3.60)$$

Zum Beweis von (3.60) benutzen wir die zweitunterste Zeile der Tabelle der Laplace-Korrespondenzen im Abschnitt 2.4.5:

$$\varepsilon(t) \cdot \sin(\omega_P t) \quad \circ\!\!-\!\!\circ \quad \frac{\omega_P}{s^2 + \omega_P^2}$$

Nun wenden wir den Verschiebungssatz (2.74) und die Definitionen (3.57) und (3.55) an:

$$\varepsilon(t) \cdot e^{-\sigma_P t} \cdot \sin(\omega_P t) \quad \circ\!\!-\!\!\circ \quad \frac{\omega_P}{(s+\sigma_P)^2 + \omega_P^2} = \frac{\omega_P}{s^2 + 2 \cdot \sigma_P \cdot s + \underbrace{\sigma_P^2 + \omega_P^2}_{\omega_0^2}}$$

$$= \frac{\omega_P}{s^2 + 2\xi\omega_0 s + \omega_0^2} = \frac{\dfrac{\omega_P}{\omega_0^2}}{1 + \dfrac{2\xi}{\omega_0} \cdot s + \dfrac{1}{\omega_0^2} \cdot s^2}$$

$$= \frac{\dfrac{\sqrt{1-\xi^2}}{\omega_0}}{1 + \dfrac{2\xi}{\omega_0} \cdot s + \dfrac{1}{\omega_0^2} \cdot s^2}$$

Nun ändern wir den Zähler des letzten Doppelbruches zu 1 und erhalten tatsächlich die gesuchte Korrespondenz:

$$\varepsilon(t) \cdot \frac{\omega_0}{\sqrt{1-\xi^2}} \cdot e^{-\sigma_P t} \cdot \sin(\omega_P t) \quad \circ\!\!-\!\!\circ \quad \frac{1}{1 + \dfrac{2\xi}{\omega_0} \cdot s + \dfrac{1}{\omega_0^2} \cdot s^2} \qquad (3.61)$$

Man erkennt in (3.60), dass das am nächsten bei der imaginären Achse liegende Polpaar wegen der kleinsten Dämpfung eine dominante Rolle spielt. Die Anschauung mit dem Zelttuch und den langen Stangen bei den Polen ergibt dasselbe (vgl. Schluss des Abschnittes 3.6.2).

Ein Polpaar auf der imaginären Achse bewirkt eine konstante Schwingung (vgl. Bild 2.18):

$$s_{P_{1,2}} = \pm j\omega_P \quad ; \quad \sigma_P = 0 \quad ; \quad \omega_0 = \omega_P \quad ; \quad Q_P = \infty \quad ; \quad \xi = 0$$

$$h(t) = const. \cdot \varepsilon(t) \cdot \sin(\omega_P \cdot t)$$

$$(3.62)$$

Der Beweis folgt durch simples Einsetzen der Grössen der oberen Zeile von (3.62) in (3.60).

Für einen Einzelpol, der zwangsläufig auf der negativen reellen Achse liegt, gilt:

$$s_P = -\sigma_P \;\; ; \;\; \omega_P = 0 \;\; ; \;\; \omega_0 = \sigma_P \;\; ; \;\; Q_P = 1/2 \;\; ; \;\; (\xi = 1)$$
$$h(t) = const. \cdot \varepsilon(t) \cdot e^{-\sigma_P t}$$

(3.63)

Eigentlich ist ξ bei einem Einzelpol nicht definiert, rechnerisch ergibt sich aber 1.

Der Beweis erfolgt mit der Korrespondenz der kausalen Exponentialfunktion:

$$\varepsilon(t) \cdot e^{\alpha t} \quad \circ\!\!-\!\!\circ \quad \frac{1}{s-\alpha} = \frac{1/\alpha}{\dfrac{s}{\alpha}-1}$$

Nun setzen wir $\alpha = s_P = -\sigma_P$ und erhalten aus dem Vergleich mit dem Einzelpol in (3.63) die gesuchte Beziehung.

Beispiel: Wir betrachten das RLC-Glied nach Bild 3.15

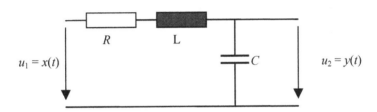

Bild 3.15 RLC-Glied (Tiefpass 2. Ordnung)

$$H(s) = \frac{Y(s)}{X(s)} = \frac{\dfrac{1}{sC}}{R+sL+\dfrac{1}{sC}} = \frac{1}{1+RC \cdot s + LC \cdot s^2}$$

(3.64)

Ein Vergleich mit Gleichung (3.58) ergibt:

Polfrequenz: $\qquad \omega_0 = \dfrac{1}{\sqrt{LC}}$

Dämpfung: $\qquad \dfrac{2\xi}{\omega_0} = RC \;\; \Rightarrow \;\; \xi = \dfrac{\omega_0 RC}{2} = \dfrac{R}{2\omega_0 L} = \dfrac{R}{2} \cdot \sqrt{\dfrac{C}{L}}$

Güte: $\qquad Q_P = \dfrac{1}{2\xi} = \dfrac{1}{R} \cdot \sqrt{\dfrac{L}{C}}$

Macht man R klein (wenig Verluste), so wird auch ξ klein und ω_0 strebt gegen ω_P.

□

3.9 Spezielle Systeme

3.9.1 Mindestphasensysteme

> *Ein Mindestphasensystem hat keine Nullstellen in der rechten Halbebene.*

Eine andere übliche Bezeichnung für solche Systeme ist *Minimalphasensysteme*. Die Phase nimmt bei ihnen *langsamer* ab als bei Nichtmindestphasensystemen, was aus der Herleitung der Gleichung (3.51) folgt.

Bild 3.16 zeigt links das PN-Schema eines Minimalphasensystem. Für das Nichtminimalphasensystem rechts wurden die Nullstellen an der $j\omega$-Achse gespiegelt.

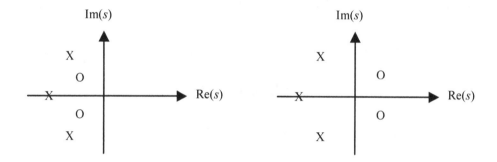

Bild 3.16 PN-Schemata eines Minimalphasensystems (links) und eines daraus konstruierten Nichtminimalphasensystem (rechts).

Die Amplitudengänge der beiden Systeme in Bild 3.16 sind identisch, da durch die Spiegelung der Nullstellen die Längen der gestrichelten Verbindungsstrecken $|c_{Ni}|$ in Bild 3.8 bzw. Bild 3.9 nicht verändert werden.

Für die Phasen der beiden Systeme gilt nach (3.45):

$$\arg\big(H(j\omega)\big) = \varphi_{N1} + \varphi_{N2} - \varphi_{P1} - \varphi_{P2} - \varphi_{P3} + k\pi \tag{3.65}$$

Da das PN-Schema die Phase nur bis auf eine Konstante $k\pi$ angeben kann, betrachtet man besser die Phasen*drehung* entlang der Frequenzachse. In Bild 3.16 setzt man den Punkt $j\omega$ nach $-j\infty$, die Winkel φ_P betragen dann alle $-\pi/2$. Verschiebt man $j\omega$ nach $+j\infty$, so betragen die Winkel φ_P alle $+\pi/2$. Da nach (3.65) die Beiträge der Pole negativ zu werten sind, kann man festhalten: Bewegt man sich auf der Frequenzachse von $-\infty$ nach $+\infty$, so dreht die Phase pro Pol um $-\pi$.

Für die Nullstellen in der linken Halbebene gilt dasselbe: die φ_N drehen von $-\pi/2$ nach $+\pi/2$, vergrössern sich also wie die φ_P um π. Diese Beiträge sind nach (3.65) aber positiv zu werten. Bei den Nullstellen in der rechten Halbebene drehen die Winkel jedoch in der andern Richtung, *verkleinern* sich also um π. Zusammengefasst ergibt sich der Merksatz:

> *Bewegt man sich auf der Frequenzachse von −∞ nach +∞,*
> *so dreht jede Nullstelle in der rechten Halbebene und jeder Pol*
> *in der linken Halbebene die Phase um −π, jede Nullstelle in der*
> *linken Halbebene (inklusive imaginärer Achse) um +π.*

Angewandt auf Bild 3.16 heisst dies, dass das minimalphasige System die Phase insgesamt um −π dreht. Da der Phasengang eine ungerade Funktion ist, erfolgt diese Drehung von +π/2 nach −π/2 = −1.57 rad. Beim nichtminimalphasigen System ergibt sich hingegen eine Phasendrehung um −5π von +5π/2 nach −5π/2 = −7.85 rad.

Bild 3.17 zeigt zum Vergleich zwei mit Computerhilfe berechnete Frequenzgänge. Die drei Pole sind bei beiden Systemen identisch und liegen bei −3 und −2/3±j, die beiden Nullstellen liegen bei −0.5±j bzw. +0.5±j.

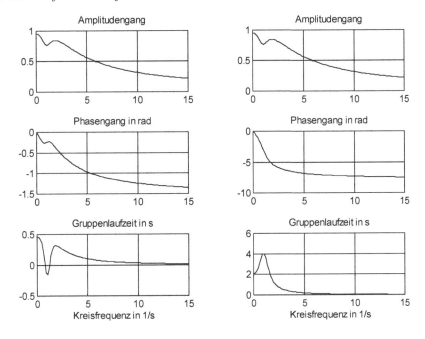

Bild 3.17 Vergleich eines Mindest- (links) mit einem Nichtmindestphasensystem (rechts). Nur der positive Teil der Frequenzachse ist gezeichnet.

Die Signalverzögerung ergibt sich aus der Gruppenlaufzeit, also aus der Ableitung des Phasenganges. Bei Nichtmindestphasensystemen sinkt die Phase stärker als bei Mindestphasensystemen, letztere verursachen demnach weniger Signalverzögerung. Möchte man diese Aussage praktisch anwenden, dann muss man aber den Phasengang genau betrachten, da dieser ja im Allgemeinen nicht linear verläuft und die Gruppenlaufzeit demnach frequenzabhängig ist, Bild 3.17 unten. Auffällig ist dort die stückweise negative Gruppenlaufzeit. Dies ist physikalisch durchaus möglich und ist nicht etwa eine Verletzung der Kausalitätsbedingung.

Die Pole und Nullstellen beeinflussen beide sowohl den Amplitudengang als auch den Phasengang bzw. den Realteil und den Imaginärteil des Frequenzganges $H(j\omega)$. Nur bei Mindestphasensystemen ist dieser Zusammenhang auch eineindeutig und gegeben durch die sog. Hilbert-Transformation. Darauf wurde schon im Abschnitt 3.5 hingewiesen.

Spiegelt man in Bild 3.16 den Punkt $j\omega$ auf $-j\omega$, so tauschen die Verbindungsstrecken zu P$_1$ und P$_2$ (Vektoren $\underline{c}_{Pi}$ bzw. $\underline{c}_{Ni}$ in Bild 3.8 bzw. 3.15) ihre Plätze. Dasselbe gilt für ein Nullstellenpaar. Bei reellen Polen oder Nullstellen bleibt die Länge der Verbindungsstrecken durch die Spiegelung gleich. Der Amplitudengang (bestimmt nur durch diese Streckenlängen) ist also eine gerade Funktion. Entsprechend ist die Überlegung für den ungeraden Phasengang: alle Winkel werden durch die Spiegelung invertiert und somit auch die Phase. Zusammengesetzt heisst dies, dass bei reellen Systemen ($h(t)$ reellwertig) der Frequenzgang konjugiert komplex ist. Auch diese beiden Aussagen sind uns von früher längstens bekannt.

3.9.2 Allpässe

Bei Allpässen treten die Pole und Nullstellen in Paaren auf und liegen symmetrisch zur $j\omega$-Achse. Da die Pole nicht in der rechten Halbebene liegen dürfen, müssen alle Nullstellen eines Allpasses in der rechten Halbebene liegen. Die reelle Achse ist nach wie vor Symmetrieachse. Bild 3.18 zeigt ein Beispiel.

Für die symmetrisch liegenden Paare von Polen und Nullstellen gilt:

$$|c_{Pi}| = |c_{Ni}| \quad \Rightarrow \quad |H(j\omega)| = const.$$

Daraus erklärt sich auch der Name: Allpässe lassen alle Frequenzen passieren. Sie beeinflussen aber die Phase und werden z.B. als Entzerrer benutzt (Korrektur von Phasengängen) und auch als Signalverzögerer eingesetzt (frequenzabhängige Gruppenlaufzeit).

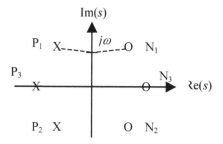

Bild 3.18 Allpass 3. Ordnung

Der Allpass n. Ordnung hat n Pole in der linken Halbebene und somit n Nullstellen in der rechten Halbebene. Die Phase dreht somit entlang der Frequenzachse um $2n\pi$. Von der Frequenz 0 bis zur Frequenz ∞ dreht sie wegen der Symmetrie um die Hälfte:

Allpass n. Ordnung:
$$\boxed{\begin{aligned} |H(j\omega)| &= const. \\ \arg(H(j\infty)) - \arg(H(j0)) &= -n \cdot \pi \end{aligned}}$$
(3.66)

Der Allpass 1. Ordnung hat im PN-Schema nur P_3 und N_3 aus Bild 3.18, die z.B. an den Stellen $\pm s_0$ liegen sollen. Nach (3.51) beträgt die Gruppenlaufzeit:

$$\tau_{Gr}(\omega) = \frac{s_0}{\left|j\omega - s_0\right|^2} + \frac{s_0}{\left|j\omega + s_0\right|^2} = \frac{s_0}{s_0^2 + \omega^2} + \frac{s_0}{s_0^2 + \omega^2} = \frac{2 \cdot s_0}{s_0^2 + \omega^2}$$

$$\tau_{Gr}(0) = \frac{2}{s_0} \qquad \tau_{Gr}(s_0) = \frac{1}{s_0} = 0.5 \cdot \tau_{Gr}(0) \qquad \tau_{Gr}(\infty) = 0$$

Ein System mit Nullstellen in der rechten Halbebene ist ein Nichtmindestphasensystem. Es heisst auch *allpasshaltig*, da man es (rechnerisch, wegen der Bauteiltoleranzen aber nicht praktisch!) in ein minimalphasiges Teilsystem und einen Allpass aufteilen kann, Bild 3.19. Kaskadiert man die Teilsysteme, so kompensieren sich die neu eingeführten Pole und Nullstellen gegenseitig.

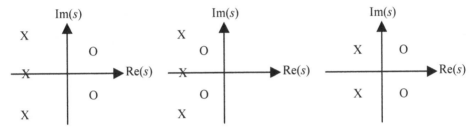

Bild 3.19 Aufteilung eines Nichtmindestphasensystems (links) in ein Mindestphasensystem (Mitte) und einen Allpass (rechts)

3.9.3 Zweipole

Ein Zweipol oder Eintor ist eine RLC-Schaltung, die man nur an einem einzigen Klemmenpaar betrachtet. Als Ersatzschaltung ergibt sich eine Impedanz oder eine Admittanz, Bild 3.20.

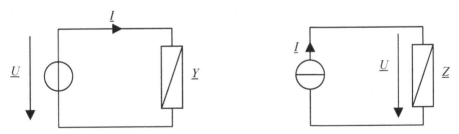

Bild 3.20 Admittanz (links) und Impedanz (rechts)

Die Spannungsquelle in Bild 3.20 links prägt dem Zweipol eine Spannung auf, als Reaktion fliesst ein Strom. Die Übertragungsfunktion hat darum die Gestalt einer Admittanz. Die Stromquelle rechts im Bild erzwingt einen Strom, der Zweipol reagiert mit einer Spannung. Die Übertragungsfunktion hat die Gestalt einer Impedanz.

$$\underline{Y}(s) = \frac{\underline{I}(s)}{\underline{U}(s)} \qquad\qquad\qquad \underline{Z}(s) = \frac{\underline{U}(s)}{\underline{I}(s)} = \frac{1}{\underline{Y}(s)}$$

Passive Admittanzen sind stabil, deshalb liegen alle Pole von $\underline{Y}(s)$ in der linken Halbebene. Mit derselben Begründung liegen alle Pole von $\underline{Z}(s)$ in der linken Halbebene. Da $\underline{Y}(s)$ der Kehrwert von $\underline{Z}(s)$ ist, sind die Pole von $\underline{Y}(s)$ gleich den Nullstellen von $\underline{Z}(s)$ und umgekehrt.

> *Zweipole haben nur Pole und Nullstellen in der linken Halbebene.*
> *Zweipole sind Mindestphasensysteme.*

3.9.4 Polynomfilter

Polynomfilter haben keine Nullstellen, in der englischsprachigen Literatur heissen sie deshalb „all-pole-filter". Ihre Übertragungsfunktion hat die Gestalt

$$H(s) = \frac{b_0}{a_0 + a_1 s + a_2 s^2 + \ldots + a_n s^n} \tag{3.67}$$

Ersetzt man s durch $j\omega$, so ergibt sich der Frequenzgang. Für $\omega \to \infty$ wird das Glied $a_n \cdot (j\omega)^n$ dominant. Näherungsweise kann man für den Amplitudengang darum schreiben:

$$|H(j\infty)| \approx \left|\frac{b_0}{a_n}\right| \cdot \frac{1}{\omega^n} \tag{3.68}$$

Rechnet man diesen Wert in Dezibel (dB) um, so ergibt sich:

$$20 \cdot \log_{10}|H(j\infty)| \approx 20 \cdot \log_{10}\left|\frac{b_0}{a_n}\right| - n \cdot 20 \cdot \log_{10}(\omega)$$

Die Asymptote für $\omega \to \infty$ sinkt also mit n mal 20 dB pro Dekade (n mal 6 dB pro Oktave) ab. (1 Dekade = Faktor 10, 1 Oktave = Faktor 2 auf der Frequenzachse). Dieses Verhalten sieht man auch in Bild 3.13 beim reellen Einzelpol und beim konjugiert komplexen Polpaar.

Realisierbar sind Polynomfilter beispielsweise durch LC-Kettenschaltungen. Polynomfilter sind Mindestphasensysteme, da keine Nullstellen auftreten. Die Tiefpass-Approximationen nach Butterworth, Tschebyscheff-I und Bessel (vgl. Abschnitt 4.2) führen auf Polynomfilter.

3.10 Normierung

Physikalische Grössen stellt man üblicherweise als Produkt „Zahlenwert mal Einheit" dar. Vorteile dieser Darstellung sind die absoluten Zahlenwerte und die Möglichkeit der Dimensionskontrolle aller Gleichungen als einfachen Plausibilitätstest. Normierung (nicht zu verwechseln mit Normung!) bedeutet, dass alle Grössen durch eine *dimensionsbehaftete Bezugsgrösse* dividiert werden. Daraus ergeben sich zwei Konsequenzen:

- Man rechnet nur noch mit dimensionslosen Zahlen. Spannungen, Ströme, Temperaturen usw. haben in normierter Darstellung dieselbe Form.
- Die Wertebereiche der Signale (Funktionen) werden i. A. kleiner. Dies ermöglicht die Verwendung von Tabellenwerken. Beispiel: Systeme gleicher Struktur können für tiefe oder hohe Frequenzen eingesetzt werden. Entsprechend variieren die Werte der Bauteile über viele Dekaden. Durch Normierung auf die Grenzfrequenz (z.B. bei einem Tiefpassfil-

ter) oder auf die Abtastfrequenz (häufiger Fall in der digitalen Signalverarbeitung) ergeben sich identische *normierte* Bauteilwerte.
Der Verlust der Dimension verunmöglicht allerdings eine Dimensionskontrolle.

Die Normierung werden wir im Zusammenhang mit den Filtern ausgiebig anwenden. Eingeführt wird sie schon hier, weil sie ein universelles Hilfsmittel darstellt und nicht nur auf Filter anwendbar ist. Nachfolgend werden folgende Indizes verwendet:

w = wirkliche Grösse (mit Dimension)

n = normierte Grösse (ohne Dimension)

b = Bezugsgrösse (mit Dimension)

Normierung auf eine Bezugsfrequenz:

$$\omega_n = \frac{\omega_w}{\omega_b} = \frac{2\pi \cdot f_w}{2\pi \cdot f_b} = \frac{f_w}{f_b} = f_n \tag{3.69}$$

> *In frequenznormierter Darstellung muss man Frequenzen und Kreisfrequenzen nicht mehr unterscheiden.*

Normierung auf einen Bezugswiderstand:

$$\underline{Z}_n = \frac{\underline{Z}_w}{R_b} \tag{3.70}$$

Die Tabelle 3.2 zeigt die Normierung von Impedanzen. Daraus lernen wir:

> *Frequenzabhängige Impedanzen sind zweifach normiert!*

Normierung auf Bezugsspannung / -Strom:

$$U_n = \frac{U_w}{U_b}$$
$$\qquad mit \qquad \frac{U_b}{I_b} = R_b \tag{3.71}$$
$$I_n = \frac{I_w}{I_b}$$

Auswirkung der Normierung auf Übertragungsfunktionen: Es ist ein Unterschied, ob H_w dimensionslos ist oder nicht:

H_w dimensionslos: $\qquad\qquad\qquad\qquad$ H_w mit Dimension:

$$H_w = \frac{U_{2w}}{U_{1w}} = \frac{U_{2n} \cdot U_b}{U_{1n} \cdot U_b} = \frac{U_{2n}}{U_{1n}} = H_n = H \qquad H_w = \frac{U_{2w}}{I_{1w}} = \frac{U_{2n} \cdot U_b}{I_{1n} \cdot I_b} = H_n \cdot R_b$$

Normierung auf eine Zeit: Das dimensionslose Produkt $\omega \cdot t$ soll konstant bleiben:

$$\omega_w \cdot t_w = \omega_n \cdot t_n \quad \Rightarrow \quad t_n = \frac{\omega_w}{\omega_n} \cdot t_w = \omega_b \cdot t_w = \frac{t_w}{t_b} \tag{3.72}$$

Damit sind Frequenz- und Zeitnormierung verknüpft:

$$t_b = \frac{1}{\omega_b} \tag{3.73}$$

Dies ist in Übereinklang mit dem Zeit-Bandbreite-Produkt der Fourier-Transformation, Abschnitt 2.3.5 e).

Tabelle 3.2 Normierung und Entnormierung von Impedanzen

Bauelement	Impedanz	normierte Impedanz	Entnormierung
R_w	R_w	$R_n = \dfrac{R_w}{R_b}$	$R_w = R_n \cdot R_b$
L_w	$j\omega_w \cdot L_w$	$\dfrac{j\omega_w \cdot L_w}{R_b} = j\omega_n \cdot \underbrace{\dfrac{\omega_b \cdot L_w}{R_b}}_{L_n}$ $= j\omega_n \cdot L_n$	$L_w = L_n \cdot \dfrac{R_b}{\omega_b}$
C_w	$\dfrac{1}{j\omega_w \cdot C_w}$	$\dfrac{1}{j\omega_w \cdot C_w R_b} = \dfrac{1}{j\omega_n} \cdot \underbrace{\dfrac{1}{\omega_b \cdot C_w R_b}}_{1/C_n}$ $= \dfrac{1}{j\omega_n} \cdot \dfrac{1}{C_n}$	$C_w = C_n \cdot \dfrac{1}{\omega_b \cdot R_b}$

Beispiel: Die normierte Gruppenlaufzeit eines Tiefpasses mit der Grenzfrequenz f_G = 10 kHz beträgt 3. Wie gross ist t_{Gr} wirklich?

Bei Tiefpässen ist die Bezugsfrequenz üblicherweise gleich der Grenzfrequenz. Somit gilt:

$$\tau_{Gr_w} = \tau_{Gr_n} \cdot t_b = \tau_{Gr_n} \cdot \frac{1}{\omega_b} = \tau_{Gr_n} \cdot \frac{1}{2\pi \cdot f_b} = \frac{3}{2\pi \cdot 10 \cdot 10^3 \, Hz} = 48 \mu s$$

□

3.11 Übersicht über die Systembeschreibungen

3.11.1 Einführung

In diesem Abschnitt soll eine Übersicht über die verschiedenen Systembeschreibungen gegeben werden. Dabei knüpfen wir an den Abschnitt 1.2 an.

Ein System bildet ein Eingangssignal $x(t)$ in ein Ausgangssignal $y(t)$ ab, Bild 3.21.

Mathematisch beschreiben wir das System, indem wir die Abbildung als Funktion darstellen:

$$y(t) = f\big(x(t)\big)$$

Diese Gleichung sollte nicht zu kompliziert sein und beschreibt darum zweckmässigerweise nur die für die jeweilige Fragestellung relevanten Eigenschaften des Systems. Es handelt sich also um ein *mathematisches Modell* (vgl. Abschnitt 1.1).

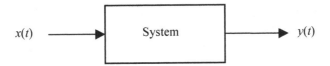

Bild 3.21 System als Abbildung $x(t) \rightarrow y(t)$

Die Eigenschaften des Systems beeinflussen die Art der Funktion f:

- Generell handelt es sich um eine Differentialgleichung, bei einem System mit mehreren Ein- und Ausgangsgrössen um ein System von mehreren gekoppelten Differentialgleichungen.

- Die Anzahl *unabhängiger* Energiespeicher im System bestimmt die Ordnung der Differentialgleichung und des Systems. Die Energiespeicher haben zur Folge, dass die Ausgangsgrösse y nicht nur vom *Wert* des Eingangssignals x abhängt, sondern auch von der zeitlichen *Änderung* dieses Wertes. Die Differentialgleichung lässt sich umformen in eine Integralgleichung, was man dahingehend interpretieren kann, dass y nicht nur vom *momentan* am System anliegenden Wert von x abhängt, sondern auch von seiner *Vorgeschichte* ($\rightarrow$ *dynamische* Systeme).

- Gedächtnislose Systeme (d.h. Systeme ohne Energiespeicher) haben eine Differentialgleichung nullter Ordnung, also eine algebraische Gleichung.

- Systeme mit konzentrierten Elementen (also „klar" abgrenzbaren Komponenten wie Widerstände, Kapazitäten usw.) haben eine gewöhnliche Differentialgleichung. Systeme mit verteilten (engl. „distributed") Elementen (z.B. Hochfrequenz-Leitungen) haben eine partielle Differentialgleichung, d.h. es kommen Ableitungen nach mehreren Variablen vor. Dies deshalb, weil die Grössen im System nicht nur zeit- sondern auch ortsabhängig sind ($\rightarrow$ Wellen anstelle von Schwingungen).

- Lineare Systeme haben eine lineare Differentialgleichung.

- Lineare, zeitinvariante und gedächtnislose Systeme haben entsprechend eine lineare algebraische Gleichung mit konstanten Koeffizienten: $y(t) = k \cdot x(t)$.

  Beispiel: Widerstandsnetzwerk.

- Systeme, die sich selber überlassen sind, werden durch eine homogene Differentialgleichung beschrieben. Systeme, die von aussen mit einer unabhängigen Quelle (in der Sprache der Mathematiker heisst dies „Störfunktion") angeregt werden, haben eine inhomogene Differentialgleichung.

- Bei stabilen Systemen klingt der homogene Lösungsanteil ab. Folgerung: Die homogene Lösung beschreibt den Einschwingvorgang (transientes Verhalten, Eigenschwingungen), die partikuläre Lösung beschreibt den stationären Zustand. Letztere hat qualitativ denselben Verlauf wie die Anregung. Ist z.B. x periodisch, so hat y dieselbe Periode.

Ganz am Schluss des Abschnittes 2.1 haben wir festgestellt, dass periodische Signale streng genommen gar nicht existieren können, da sie vor unendlich langer Zeit hätten eingeschaltet werden müssen. Vereinfachend extrapoliert man ein Signal über den Beobachtungszeitraum hinaus und beschreibt es mathematisch als periodisch. Nun ist klar, weshalb diese Vereinfachung statthaft ist: da bei einem stabilen System die Einschwingvorgänge abklingen, kann man danach nicht mehr feststellen, vor wie langer Zeit das Eingangssignal an das System gelegt wurde. Deshalb darf man auch annehmen, dies sei vor unendlich langer Zeit geschehen. Man gewinnt damit prägnantere mathematische Formulierungen.

- Bei zeitvarianten Systemen hängt f selber von der Zeit ab: $y(t) = f(x(t),t)$. Möglicherweise ändern bei der Differentialgleichung nur die Werte der Koeffizienten und nicht etwa die Art und die Ordnung der Differentialgleichung. Zeitinvariante Systeme hingegen haben konstante Koeffizienten.

Je nach Art der Differentialgleichung steht ein mehr oder weniger schlagkräftiges mathematisches Instrumentarium zur Verfügung. „Nette" Systeme sind linear, stabil und zeitinvariant. „Garstige" Systeme hingegen sind nichtlinear und/oder zeitvariant. Nachstehend betrachten wir die auf diese beiden Klassen angewandten Beschreibungsmethoden.

3.11.2 Stabile LTI-Systeme mit endlich vielen konzentrierten Elementen

Für LTI-Systeme (linear time-invariant) gilt das Superpositionsgesetz, d.h. eine komplizierte Eingangsfunktion kann man in eine Summe zerlegen (Reihenentwicklung) und die Summanden einzeln und unabhängig voneinander transformieren. Für die Abbildungsvorschrift ergibt sich eine lineare inhomogene Differentialgleichung mit konstanten Koeffizienten (1.8). Wird diese Differentialgleichung Laplace-transformiert, so ergibt sich (1.9), woraus sich bei endlicher vielen konzentrierten Elementen im System die Übertragungsfunktion $H(s)$ als Polynomquotient bestimmen lässt (1.11).

Für diese Funktionsklassen bestehen starke mathematische Methoden. Man versucht deshalb, möglichst mit solchen LTI-Systemen zu arbeiten, sie treten in der Technik sehr häufig auf.

Die Lösung von (1.8) ist die Superposition von partikulärer und homogener Lösung dergestalt, dass die Anfangs- oder Randbedingungen erfüllt werden. Die homogene Lösung lässt sich finden durch einen exponentiellen oder trigonometrischen Ansatz (Eigenfunktionen). Schwierigkeiten bietet die partikuläre Lösung, da man diese oft nur mit Intuition findet. Bei LTI-Systemen kann man stattdessen auch ein Faltungsintegral lösen, damit entfällt die Suche nach der partikulären Lösung.

Ein anderes Vorgehen umgeht das Problem, indem die Differentialgleichung vom Originalbereich in einen Bildbereich transformiert wird und dort als komplexe *algebraische* Gleichung erscheint, deren Lösung einfach zu finden ist. Letztere wird anschliessend wieder zurücktransformiert. (Ein analoges Vorgehen ist das Rechnen mit Logarithmen: um die Multiplikation zu vermeiden wird ein Umweg über Logarithmieren - Addieren - Exponentieren eingeschlagen.). Es gibt unendlich viele Transformationen, die eine Differentialgleichung in eine algebraische Gleichung umwandeln. Durchgesetzt haben sich in den Ingenieurwissenschaften die Fourier-Transformation (FT) und die Laplace-Transformation (LT). Falls eine Funktion ein Signal beschreibt, so wendet man meistens die FT an (bei digitalen Signalen die Fourier-Transformation für Abtastsignale (FTA) und die diskrete Fourier-Transformation (DFT)). Beschreibt die Funktion hingegen ein System, so benutzt man häufiger die LT (bei digitalen Systemen die z-Transformation (ZT)). Bild 3.22 zeigt die Verfahren.

Die FT hat den Vorteil der einfachen Interpretierbarkeit im Frequenzbereich. Man erspart sich deshalb oft die Rücktransformation und arbeitet mit den Spektraldarstellungen weiter.

Die LT ist die analytische Fortsetzung der FT und hat zwei Vorteile: erstens können Funktionen transformiert werden, für die das Fourier-Integral nicht existiert, und zweitens eröffnen sich funktionentheoretische Konzepte, die besonders bei der Beschreibung von Systemfunktionen nützlich sind (PN-Schema). Funktionen, die realisierbare Systeme beschreiben, sind kausal. Man verwendet darum die einseitige LT. Zwischen dieser und der FT existiert eine einfache Umrechnung, nämlich die Substitution $s \leftrightarrow j\omega$. Die Rücktransformation kann problematisch sein, man arbeitet darum oft mit Tabellen. LTI-Systeme haben als Eigenfunktionen Exponentialfunktionen, die FT und die LT sind darum massgeschneidert für die Beschreibung dieser Systeme.

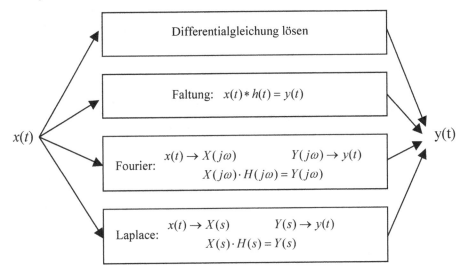

Bild 3.22 Verfahren für die Berechnung der Reaktion $y(t)$ auf die Anregung $x(t)$ bei einem LTI-System

LTI-Systeme mit endlich vielen konzentrierten Elementen haben als Übertragungsfunktion $H(s)$ eine rationale Funktion in s, also einen Quotienten von zwei Polynomen in s mit konstanten Koeffizienten, siehe Gleichungen (1.11) und (1.12). Diese Polynomquotienten können in Partialbrüche zerlegt werden, die Rücktransformation von $H(s)$ erfolgt durch Rücktransformation der einzelnen Summanden (Superposition). Pro Polpaar ergibt sich eine abklingende (bei bedingt stabilen Systemen zumindest nicht anschwellende) e-Funktion, siehe Gleichungen (3.60) bis (3.63). Für den Frequenzgang $H(j\omega)$ gilt dasselbe sinngemäss.

In diesem Buch konzentrieren wir uns auf diese LTI-Systeme mit endlich vielen konzentrierten Elementen. Dasselbe Modell werden wir auch bei den digitalen Systemen benutzen und haben dazu bereits wertvolle Vorarbeit geleistet.

3.11.3 Nichtlineare und/oder zeitvariante Systeme

Für die Behandlung der *nichtlinearen* Systeme fehlen starke Methoden. Es existieren grundsätzlich zwei Auswege:

- *Näherungsverfahren:* Man versucht, die unter 3.11.2 beschriebenen Verfahren auch hier anzuwenden. Dazu muss ein nichtlineares System im Arbeitspunkt linearisiert werden, d.h. die gekrümmte Systemkurve wird durch die Tangente im Arbeitspunkt ersetzt (Entwicklung in eine Taylorreihe mit nur konstantem und linearem Glied). Betrachtet man nur die *Abweichung* vom Arbeitspunkt (Koordinatentransformation), so erscheint das System linear, Bild 3.2. Bei kleinen Aussteuerungen und nur schwachen Nichtlinearitäten ist diese Näherung genügend genau. Sie wird z.B. bei der Beschreibung von Transistoren angewandt (→ Kleinsignal-Ersatzschaltung).

- *Numerische Methoden:* Man bleibt bei der nichtlinearen Differentialgleichung und löst diese durch numerische Integration. Dieses sehr rechenintensive Vorgehen ist heutzutage durchaus praktikabel, da einerseits die Rechenleistung vorhanden ist und anderseits auch geeignete Programme zur Verfügung stehen, z.B. SIMULINK (ein Zusatz zu MATLAB), ACSL = Advanded Continous Simulation Language u.a. Anwendung findet dieses Verfahren bei stark nichtlinearen Systemen, wo die Linearisierung zu ungenaue Resultate zur Folge hätte.

Zeitvariante Systeme treten zum Beispiel in der Leistungselektronik auf. Die dort eingesetzten Halbleiter sind in erster Näherung entweder voll leitend oder ganz sperrend. Als Ersatzschaltungen dienen deshalb ideale Schalter, welche die Systemstruktur ändern. In beiden Schaltzuständen sind die Systeme näherungsweise linear, pro Systemstruktur ergibt sich eine lineare Differentialgleichung. Das Problem liegt aber in den *Wechseln* der Schaltzustände. Diese Wechsel treten in der Regel auf, bevor die durch den vorherigen Wechsel verursachten Einschwingvorgänge abgeklungen sind. „Stationär" heisst in diesem Falle nicht mehr, dass die Einschwingvorgänge abgeklungen sind, sondern dass die statistischen Eigenschaften der Signale (z.B. Mittelwerte) konstant bleiben. Man arbeitet deshalb im Zeitbereich mit den oben beschriebenen numerischen Methoden.

Die hier besprochenen Modelle dienen zur Lösung einer technischen Aufgabe und nicht etwa zum Verständnis oder gar zur Beherrschung der Natur. Dazu sind unsere Modelle bei weitem zu einfach und deshalb unbrauchbar. Sehr interessant und als Lektüre empfehlenswert ist in diesem Zusammenhang [Stä00].

3.11.4 Bestimmen der Systemgleichung

Hier geht es darum, ein real vorliegendes System messtechnisch zu untersuchen und aus den Resultaten eine der Funktionen $h(t)$, $g(t)$, $H(j\omega)$ oder $H(s)$ zu bestimmen. Die anderen Funktionen lassen sich dann berechnen.

$H(s)$ ist physikalisch schlecht interpretierbar und wird darum nicht direkt gemessen.

Da ein lineares System keine neuen Frequenzen erzeugt, muss man es nur bei den interessierenden Frequenzen anregen.

Messung der Stossantwort h(t):

Die Anregungsfunktion $\delta(t)$ erfüllt nach (2.37) auf ideale Weise die Anforderung, alle Frequenzen zu enthalten. Allerdings ist der Diracstoss physisch nicht realisierbar, auf den ersten Blick ist $h(t)$ also gar nicht direkt messbar. Wir brauchen aber gar keinen idealen Diracstoss, sondern lediglich einen im Vergleich zur Zeitkonstanten des Systems kurzen Puls. Eine grosse Zeitkonstante bedeutet nach dem Zeit-Bandbreite-Produkt ein schmalbandiges System. Das Spektrum des kurzen Pulses gehorcht einem $\sin(x)/x$-Verlauf, vgl. (2.27) und Bild 2.13 unten. Dieses Spektrum verläuft bei tiefen Frequenzen flach und ist dort sehr wohl zur Systemanregung geeignet.

Damit ist das Problem allerdings noch nicht gelöst, denn ein kurzer Puls mit beschränkter Amplitude enthält nur wenig Energie, das System wird nur schwach angeregt und die gemessene Stossantwort ist verrauscht und ungenau. Die Pulsamplitude kann man nicht einfach erhöhen, da das zu untersuchende System linear sein muss und auf keinen Fall übersteuert werden darf. Die Messergebnisse lassen sich verbessern, indem man $h(t)$ aus einer Mittelung über zahlreiche Einzelmessungen bestimmt. Damit dauert aber das gesamte Messprozedere länger.

Ob der Anregungspuls genügend kurz ist, kann man experimentell überprüfen: ändert man die Pulsbreite, so darf sich das Ausgangssignal nur in der Amplitude ändern (aufgrund der veränderten Anregungsenergie), nicht aber in der Form. Andernfalls würde ja das Ausgangssignal nicht nur vom System, sondern auch vom Eingangssignal abhängen und könnte darum gar nicht die Stossantwort sein.

Zur Überprüfung einer allfälligen Übersteuerung (d.h. Nichtlinearität) variiert man die Amplitude des Eingangssignales und beobachtet wiederum die Systemreaktion. Im linearen Fall ändert sich die Ausgangsamplitude um den gleichen Faktor, die Form jedoch bleibt unverändert.

Messung der Sprungantwort g(t)

Die Messung von $g(t)$ ist einfacher als diejenige von $h(t)$. Als Höhe des Schrittes wählt man nicht etwa 1, sondern macht sie so gross wie möglich, ohne dass eine Übersteuerung des Systems auftritt. Danach kompensiert man im Resultat die geänderte Amplitude. Auf diese Art erhält man genauere, d.h. weniger verrauschte Resultate. Auch hier kann man mehrere Einzelmessungen mitteln.

Der Anstieg des Anregungsschrittes muss nicht unendlich steil sein, sondern wiederum nur so steil „wie notwendig", d.h. der Bandbreite bzw. der Zeitkonstante des Systems angepasst. Ab einer bestimmten Steilheit verändert eine Vergrösserung derselben das Messresultat nicht mehr. Anstelle eines Schrittes kann man zur Anregung auch einen genügend langen Puls benutzen, d.h. die Pulsdauer muss die Einschwingzeit des Systems übersteigen.

Messung des Frequenzganges H(jω):

Zur direkten Messung von $H(j\omega)$ bestimmt man das Amplitudenverhältnis und die Phasendifferenz harmonischer Ein- und Ausgangssignale bei sämtlichen Frequenzen. Dies ist somit eine direkte Anwendung der Gleichung (3.12). In der Praxis beschränkt man sich auf den interessierenden Frequenzbereich und innerhalb dessen auf bestimmte Frequenzen. Für die dazwischenliegenden Frequenzen interpoliert man $H(j\omega)$. Dieses Verfahren ist etwas langwierig, lässt sich aber mit speziellen Geräten automatisieren (Durchlaufanalysatoren, orthogonale Korrelatoren).

Statt mit harmonischen Signalen kann man mit beliebigen anderen Signalen arbeiten, vorausgesetzt, diese enthalten sämtliche interessierenden Frequenzen. Dabei benutzt man die nach $H(j\omega)$ aufgelöste Gleichung (3.14), berechnet also den Quotienten von zwei gemessenen Spektren. Benutzt man zur Systemanregung einen angenäherten Diracstoss, so reduziert sich die Division der Spektren auf die korrekte Skalierung.

Zunehmend wichtig werden Rauschsignale als Systemanregung, wobei der Frequenzgang aus einem Mittelungsprozess bestimmt wird (→ Korrelationsanalyse). Weisses Rauschen hat wie der Diracstoss ein konstantes Spektrum, vermeidet jedoch die extrem hohe Amplitude. Rauschsignale sind also nicht nur im Zusammenhang mit der Informationsübertragung interessant, sondern auch für die Messtechnik. Dieses Verfahren ist im Kapitel 9 beschrieben, erhältlich als Anhang B unter www.springer.com.

Die notwendigen Fourier-Transformationen für die Umrechnung von $h(t)$ in $H(j\omega)$ und umgekehrt kann man numerisch sehr elegant durchführen mit Hilfe der diskreten Fourier-

Transformation (DFT) bzw. der sog. schnellen Fourier-Transformation (FFT). Dazu müssen die Messignale aber vorgängig digitalisiert werden. Im Kapitel 5 werden wir diese Methoden betrachten.

Mit den bisher beschriebenen Messverfahren erhält man die Systemfunktionen z.B. in graphischer Form. Nun gehen wir der Frage nach, wie wir zu einem mathematischen Systemmodell kommen. Gesucht sind also z.B. die Koeffizienten des Polynomquotienten (3.37) oder die Koordinaten der Pole und Nullstellen. Die Lösung dieser Frage heisst *Modellierung*.

Beschreibt man ein System in Form einer Messkurve (z.B. mit der graphischen Darstellung des Frequenzganges), so spricht man von *nichtparametrischen Modellen*. Oft möchte man aber das System statt mit einer Messkurve durch eine Gleichung beschreiben (*parametrisches Modell*), um tiefere Einblicke in die Systemeigenschaften zu erhalten. Die Gleichung als mathematisches Modell impliziert eine Systemstruktur. Prinzipiell ist es egal, ob die mathematische Struktur mit der physischen Struktur übereinstimmt, wichtig ist lediglich, dass Original und Modell die gleiche Abbildung ausführen. Stimmen die Strukturen aber im Wesentlichen überein, so ergeben sich Modelle mit weniger sowie physikalisch interpretierbaren Parametern.

$H(j\omega)$ enthält die gesamte Systeminformation und ist eine kontinuierliche Funktion mit unendlich vielen Funktionswerten. Man benötigt darum unendlich viele Zahlen, um $H(j\omega)$ und damit das System zu charakterisieren.

Der Polynomquotient (3.37) hat hingegen nur eine endliche Anzahl frei wählbarer Zahlen, nämlich die Koeffizienten a_i und b_i. Daraus kann man aber eindeutig den Frequenzgang $H(j\omega)$ mit seinen unendlich vielen Funktionswerten berechnen.

Somit entsteht die scheinbar widersprüchliche Situation, dass ein- und dasselbe System einerseits durch eine unendliche Anzahl Zahlen (den Frequenzgang) und anderseits durch eine endliche Anzahl Zahlen (die Koeffizienten) eindeutig und vollständig beschreibbar ist. Der Grund liegt darin, dass mit der Schreibweise (3.37) ein System mit *endlich* vielen *konzentrierten* Elementen vorausgesetzt wird.

Diese Einschränkung auf eine endliche Anzahl konzentrierter Elemente kann man als *Parametrisierung* auffassen. Leider haben diese Parameter (d.h. die Koeffizienten von $H(j\omega)$) keine direkte physikalische oder messtechnische Bedeutung. Bei einem RLC-Netzwerk sind beispielsweise die Koeffizienten nur über eine komplizierte Abbildung mit den Werten der Netzwerkelemente verknüpft.

Man hat darum nach Wegen gesucht, $H(j\omega)$ bzw. $H(s)$ bzw. $h(t)$ auf andere Arten zu parametrisieren bzw. zu modellieren. Idealerweise geschieht dies so, dass

- die Anzahl der Parameter möglichst gering wird
- die Parameter eine sinnvolle physikalische Bedeutung haben.

Jede Parametrisierung erfolgt im Zusammenhang mit einer Modellvorstellung des Systems, also aufgrund von Annahmen über den inneren Systemaufbau. Im Gegensatz dazu betrachtet die nichtparametrische Beschreibung (wie die Übertragungsfunktion und der Frequenzgang) das System nur als Blackbox. Parametrisierung bedeutet demnach Verwenden von „a priori-Information", es ist der Schritt vom Sehen zum Erkennen [Bac92]. Mit der Modellierung legt man aufgrund einer angenommenen Systemstruktur die Anzahl der Parameter fest. Wichtig sind die folgenden Varianten der Modellierung:

- *Nichtparametrisches Modell:* Systembeschreibung durch $h(t)$, $g(t)$, $H(j\omega)$, $H(s)$ oder $G(s)$.

- *Rationales Systemmodell:* das ist die mit (1.11) oder (1.12) gewählte Variante. Sie ist auch für digitale Systeme sehr gut anwendbar.

- *Zustandsraummodell:* vgl. Anhang A5 (erhältlich unter www.springer.com).

- *Eigenschwingungsmodell:* $h(t)$ wird zerlegt in eine Summe von Eigenschwingungen. Übrigens:
  Eigenschwingung = freie Schwingung = Lösung der homogenen Differentialgleichung
  Eigenfunktion   = Anregung, die unverzerrt am Systemausgang erscheint

- *Modalmodell:* aufgrund der Differentialgleichung berechnet man sog. Wellenmodi und superponiert diese. Massgebend sind die Pole von $H(s)$. Für den Fall von einem Polpaar haben wir im Abschnitt 3.8 diese Methode angewandt.

Bei der Modellierung nichtlinearer Systeme sollte der Grad der Nichtlinearität genügend gross gewählt werden. Dieser Grad kann am realen System messtechnisch einfach bestimmt werden: Nichtlineare Systeme erzeugen neue Frequenzen. Ist die Anregung harmonisch mit der Frequenz f_0, so treten am Ausgang die Frequenzen $k \cdot f_0$, $k = 0, 1, 2, 3, \dots$ auf. Man regt demnach das nichtlineare System mit einer reinen Sinusschwingung an und sucht im Spektrum des Ausgangssignals nach der höchsten relevanten Frequenz. Daraus bestimmt man den Faktor k, der gerade den Grad der Nichtlinearität angibt. Beachten muss man dabei, dass Frequenz und Aussteuerung bei dieser Messung repräsentiv sein sollten für den üblichen Betriebsfall des Systems. (Nur bei linearen Systemen hat die Amplitude der Anregung keinen Einfluss auf die Form des Ausgangssignales!)

Nach der Modellierung werden mit der *Identifikation* den einzelnen Parametern Zahlenwerte zugewiesen.

Bei der Parametrisierung einer Kennlinie gibt man eine Gleichung vor, z.B. mit einer Potenzreihe wie in (1.3) mit vorerst noch unbekannten Koeffizienten, welche die Parameter des Modells bilden. Die Kennlinie wird gemessen und die Parameter identifiziert. Letzteres geschieht z.B. mit der Methode der kleinsten Quadrate.

Bild 3.23 zeigt das Prinzip der Parameteridentifikation. Das Original und das Modell werden mit demselben Eingangssignal angeregt. Der Optimierer bestimmt die Parameter so, dass die Differenz der Ausgangssignale $y(t)$ und $y'(t)$ möglichst klein wird.

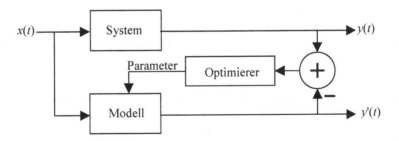

Bild 3.23 Parameteridentifikation

Stimmt die Modellstruktur in etwa mit der Wirklichkeit überein, so kann man im Modell systeminterne Grössen bestimmen, die direkt nicht zugänglich wären. In der Regelungstechnik wird davon Gebrauch gemacht (Zustands-Beobachter).

Ist das Anregungssignal bekannt, so braucht das Modell gar kein Eingangssignal mehr, bzw. das Eingangssignal kann intern im Modell erzeugt werden. y' hängt dann nur noch von den Parametern ab. Dies eröffnet die Möglichkeit, das Signal y durch die Näherung y' und letztere kompakt durch einen Satz von Parametern zu beschreiben. Damit lässt sich eine Datenkompression erreichen. In der Sprachverarbeitung sowie beim digitalen Mobiltelefonsystem (GSM) wird dies mit dem sog. LPC-Verfahren ausgenutzt (linear predictive coding) [Mey19].

3.11.5 Computergestützte Systemanalyse

Bei der Systemanalyse ist das Modell des Systems gegeben, gesucht ist nun das Verhalten des modellierten Systems. Beispielsweise liegt die Übertragungsfunktion $H(s)$ vor in Form eines Polynomquotienten wie in Gleichung (3.37), inklusive der numerischen Werte für die Koeffizienten. Mit Hilfe geeigneter Computerprogramme berechnet und zeichnet man dann je nach Bedarf Amplitudengang, Phasengang, Gruppenlaufzeit, PN-Schema, Stossantwort, Schrittantwort, Reaktion auf ein beliebiges Eingangssignal usw.

Für dieses Buch wurde dazu MATLAB benutzt, es sind aber auch andere Produkte erhältlich. MATLAB enthält leider und erstaunlicherweise keine Routine für die Berechnung der Gruppenlaufzeit von analogen Systemen. Jedoch kann man die Gleichung (3.51) einfach in MATLAB programmieren und so die Funktionalität dieses Programmpaketes erhöhen. Im Anhang C (erhältlich unter www.springer.com) sind einige MATLAB-Programme und eine Wegleitung für den Einstieg in MATLAB zur Verfügung gestellt.

Spätestens jetzt wäre ein guter Zeitpunkt, sich mit einem solchen Programm vertraut zu machen und es mit Hilfe dieses Buches auszutesten. Dies kann der Leser z.B. durch Nachvollziehen des untenstehenden Beispiels machen. Man benötigt dazu etwas Erfahrung im Umgang mit Personal Computern, Grundkenntnisse im Programmieren, ein geeignetes Programm sowie Zeit. Am schmerzlichsten dürfte die Investition der Zeit sein. Letztlich gewinnt man aber sehr viel Zeit durch den Einsatz des Computers in der Signalverarbeitung, denn die Theorie lässt sich mit Hilfe des Computers dank der Experimentier- und Visualisierungsmöglichkeit besser verstehen. Zudem werden die erarbeiteten Konzepte nur mit Computerunterstützung überhaupt anwendbar, für die Implementation braucht man also ohnehin Software-Unterstützung. Deshalb kann man genausogut bereits in der Lernphase den Computer zu Hilfe ziehen. In den Kapiteln über digitale Signale, Systeme und Filter werden wir noch so häufig Computerbeispiele antreffen, dass man etwas schroff aber berechtigterweise sagen kann, man soll ein Buch über Signalverarbeitung entweder mit Rechnerunterstützung durcharbeiten oder gleich ungelesen weglegen. Also lohnt sich jetzt ggf. ein Unterbruch der Lektüre dieses Buches, um sich in ein Programmpaket für Signalverarbeitung einzuarbeiten.

Beispiel: Wir analysieren ein System, das durch 4 Pole und 3 Nullstellen gegeben ist. Die Pole liegen bei $2\cdot\pi\cdot(-100\pm800j)$ bzw. $2\cdot\pi\cdot(-100\pm1200j)$, das Nullstellenpaar ist bei $2\cdot\pi\cdot(1000\pm4000j)$ und die einzelne Nullstelle liegt im Ursprung. Dazu kommt noch ein Verstärkungsfaktor so, dass die maximale Verstärkung des Systems etwa 1 beträgt. Bild 3.24 zeigt die Plots der Computeranalyse.

Der Amplitudengang zeigt zwei Buckel bei den Frequenzen 800 Hz und 1200 Hz. Dies entspricht den Imaginärteilen der Pole, vgl. Bild 3.14. Die Nullstelle im Ursprung macht sich durch die Nullstelle im Amplitudengang bei der Frequenz 0 Hz bemerkbar. Insgesamt zeigt sich ein Bandpassverhalten, was mit Abschnitt 3.6.3 c) übereinstimmt. Das Nullstellenpaar scheint keinen Einfluss auf den Amplitudengang zu haben, es ist zu weit von der imaginären Achse entfernt. In der Bodediagramm-Darstellung hingegen ist ein Knick bei 4000 Hz feststellbar, dies dank dem grösseren Wertebereich der dB-Skala.

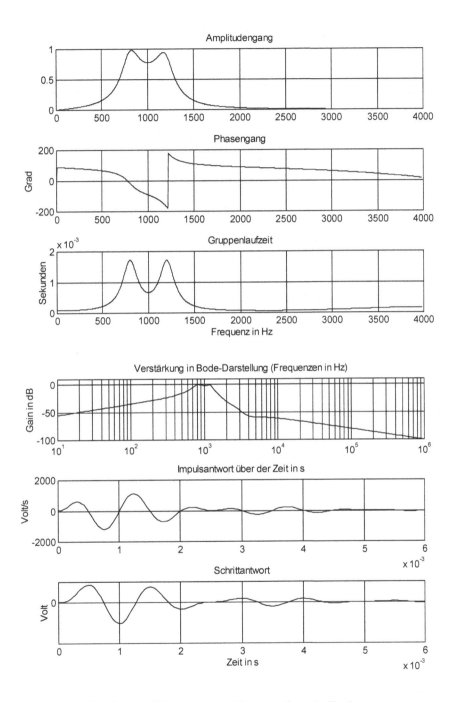

Bild 3.24 Analyse eines Systems (Erläuterungen und Interpretationen im Text)

Bei ca. 1200 Hz zeigt der Phasengang einen Sprung um 360° von −180° auf +180°. Dies ist ein sog. „wrap around", d.h. ein Artefakt der Plot-Routine, welche die Phasenverschiebung nur im Bereich ±180° ausgibt. Man muss sich also den Sprung wegdenken und die Phase bei hohen Frequenzen nach −360° gehend vorstellen. Insgesamt dreht die Phase im positiven Frequenzbereich um −450°, d.h. um 2.5·π rad. Über die gesamte Frequenzachse von −∞ bis +∞ sind dies wegen des punktsymmetrischen Phasenganges 5·π rad. Bei 4 Polen in der linken Halbebene, zwei Nullstellen in der rechten Halbebene und einer Nullstelle auf der $j\omega$-Achse erwarten wir dies auch.

Der Phasengang macht uns etwas stutzig, weil er bei 90° beginnt. Bei der Frequenz 0 Hz muss die Phase entweder 0° oder (bei invertierenden Systemen) 180° oder −180° betragen. Betrachtet man den Phasengang genauer (MATLAB bietet hierzu eine Zoom-Funktion), so sieht man mit Befriedigung, dass bei 0 Hz die Phase 0° beträgt. bei tiefen negativen Frequenzen beträgt die Phase −90°, bei tiefen positiven Frequenzen die abgebildeten +90°. Dieser Phasensprung um 180° kommt durch die Nullstelle im Ursprung zustande und existiert tatsächlich.

Die Gruppenlaufzeit wurde mit der Gleichung (3.51) berechnet. Somit entstehen keine Schwierigkeiten durch die Ableitung des springenden Phasenganges. Der tatsächliche Sprung bei 0 Hz ist für die Gruppenlaufzeit insofern harmlos, als dort der Amplitudengang verschwindet und die Gruppenlaufzeit deshalb gar nicht interessant ist. Beim vorgetäuschten Phasensprung bei 1200 Hz wird die Berechnung der Gruppenlaufzeit durch die Anwendung von (3.51) vorteilhafterweise nicht unnötig irritiert.

Die Impulsantwort klingt ab, das System ist demnach stabil, es hat ja nur Pole in der linken Halbebene. Die Schrittantwort klingt ebenfalls auf Null ab, da der Bandpass die DC-Komponente des anregenden Schrittes nicht an den Ausgang übertragen kann.

Die Pole und Nullstellen des soeben untersuchten Systems wurden spielerisch bestimmt. Möchte man konkrete Anforderungen an den Frequenzgang erfüllen, so ist die Platzierung der Pole und Nullstellen (bzw. die Bestimmung der Koeffizienten in Gleichung (3.37)) keine triviale Aufgabe. Im Kapitel 4 werden wir uns mit dieser Synthese beschäftigen.

Im Anhang C4.1 (erhältlich unter www.springer.com) befindet sich das Listing eines MATLAB-Programmes, das zur Analyse analoger Systeme hilfreich ist.

4 Analoge Filter

4.1 Einführung

Man kann sich fragen, ob in einem modernen Buch über Signalverarbeitung ein Abriss über analoge Filter überhaupt noch etwas zu suchen hat. Die Antwort ist klar ja, und zwar aus folgenden Gründen:

- Im Kapitel 5 werden wir sehen, dass jedes digitale System am Eingang und am Ausgang je ein analoges Filter aufweist, Bild 5.1. Das erste ist das Anti-Aliasing-Filter, es garantiert die Einhaltung des Abtasttheorems. Das zweite ist das Glättungsfilter, welches das periodische Spektrum der abgetasteten Signale beschränkt.
- Viele digitale Rekursivfilter (Abschnitt 7.1) werden durch eine Transformation aus einem analogen Vorbild erzeugt. Die Theorie der analogen Filter ist somit Voraussetzung für die Theorie dieser Digitalfilter.

Natürlich versucht man heute, möglichst viele Filterungen digital auszuführen. Dieses Kapitel 4 ist darum möglichst kurz gehalten. Insbesondere die Realisierung analoger Filter ist nur soweit beschrieben, wie es für die digitale Signalverarbeitung nützlich ist.

Filter sind (meistens lineare) frequenzabhängige Systeme, die bestimmte Frequenzbereiche des Eingangssignales passieren lassen, andere Frequenzbereiche hingegen sperren. Man spricht vom Durchlassbereich (DB) und vom Sperrbereich (SB), dazwischen liegt der Übergangsbereich.

Der Einsatzbereich der Filter erstreckt sich von sehr tiefen Frequenzen (Energietechnik) bis zu sehr hohen Frequenzen (Mikrowellentechnik). Ebenso variiert die Leistung der von Filtern verarbeiteten Signale über mehrere Grössenordnungen. Entsprechend gibt es eine Vielzahl von Realisierungsvarianten und angewandten Technologien.

Filter werden eingesetzt, um gewünschte Signalanteile von unerwünschten Signalanteilen zu trennen, Bild 4.1. In der Frequenzmultiplextechnik beispielsweise werden mit Filtern die einzelnen Kanäle separiert. Oft sind einem Signal z.B. hochfrequente Störungen überlagert, die mit einem Filter entfernt werden.

Bild 4.1 Zum Begriff des Filters

In Bild 4.1 sei $x_1(t)$ das erwünschte und $x_2(t)$ das unerwünschte Signal. Im Ausgangssignal soll idealerweise $y_2(t)$ verschwinden, während $y_1(t) = K \cdot x_1(t-\tau)$ das verzerrungsfrei übertragene Nutzsignal ist. Diese Aufgabe ist mit einem LTI-System als Filter dann einfach zu lösen, wenn

Zusatzmaterial online
Zusätzliche Informationen sind in der Online-Version dieses Kapitel (https://doi.org/10.1007/978-3-658-32801-6_4) enthalten.

sich die Spektren $X_1(j\omega)$ und $X_2(j\omega)$ nicht überlappen oder noch besser einen genügenden Abstand haben. Schwieriger sind die Verhältnisse, wenn diese Bedingung nicht erfüllt ist. Dann kann es nur noch darum gehen, im Ausgangssignal $y_2(t)$ gegenüber $y_1(t)$ möglichst klein zu machen. Dies führt auf die Konzepte der optimalen Suchfilter (*matched filter*, *Wienersches Optimalfilter, Kalman-Filter*).

Eine andere Aufgabe als die der *Selektion* kann ebenfalls durch Filter wahrgenommen werden und heisst *Entzerrung*. Dabei geht es darum, den nichtidealen Frequenzgang eines Übertragungskanales mit einem Filter, das den reziproken Frequenzgang aufweist (soweit dies aus Gründen der Stabilität und Kausalität überhaupt möglich ist), zu kompensieren. Die ganze Kette aus Kanal und Entzerrer soll idealerweise eine konstante Gruppenlaufzeit und einen konstanten Amplitudengang aufweisen. Häufig setzt man auch Allpässe für diese Aufgabe ein.

Nichtlineare Filter treten u.a. auf in Form des *Tracking-Filters* („Nachlauf-Filter", einem Bandpass auf der Basis des Phasenregelkreises (PLL)). Auch die nichtlinearen Filter sind nicht Gegenstand dieses einführenden Buches.

Aus der Sicht der Systemtheorie ist ein lineares Filter ein normales LTI-System, wie wir sie in Kapitel 3 behandelt haben. Auch die Filter lassen sich deshalb beschreiben mit den Gleichungen (3.37), (3.38) oder (3.53). Statt von Systemordnung n spricht man auch vom *Filtergrad n*. Das Hilfsmittel des PN-Schemas ist natürlich ebenfalls anwendbar. Den Betrag und das Vorzeichen des konstanten Faktors b_m/a_n in (3.38) kann man aus dem PN-Schema nicht herauslesen, diese beiden frequenzunabhängigen Grössen interessieren aber im Zusammenhang mit der Filterung gar nicht.

Das Problem der Filtertechnik kann man demnach in zwei Schritte aufteilen:

- Bestimme die Pole und Nullstellen von $H(s)$
- Realisiere dieses $H(s)$ in einer geeigneten Technologie

Filter unterteilt man aufgrund von verschiedenen Kriterien in Klassen:

a) Unterteilung aufgrund des Frequenzverhaltens, Bild 4.2:

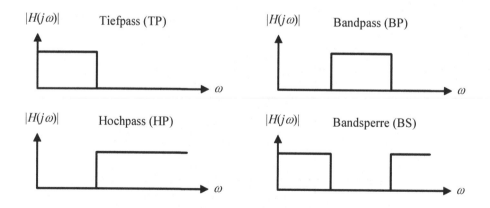

Bild 4.2 Idealisierte Amplitudengänge (einseitige Darstellung) der vier grundlegenden Filtertypen

Um nicht für jede Art eine eigene Theorie aufbauen zu müssen, beschreitet man einen anderen Weg: man kultiviert die Dimensionierung von *normierten* Tiefpässen (Grenzfrequenz 1) und gelangt anschliessend mit einer Entnormierung zum TP beliebiger Grenzfrequenz und mit einer *Frequenztransformation* zum HP, BP und zur BS. Allpässe (AP) nehmen eine Sonderstellung ein, indem für diese ein eigenes Dimensionierungsverfahren existiert. Allpässe haben keinen Sperrbereich, sie wirken aufgrund ihres Phasenganges als Phasenschieber und Verzögerer.

b) Unterteilung aufgrund der Approximation:

Der grundlegende Baustein ist also das ideale Tiefpassfilter mit einem rechteckförmigen Amplitudengang wie in Bild 4.2 oben links. In der zweiseitigen Spektraldarstellung erstreckt sich der "Frequenzpuls" von $-\omega_0$ bis $+\omega_0$. Mit der Dualitätseigenschaft der Fourier-Transformation aus Abschnitt 2.3.5 b) erhält man sofort die zum Frequenzpuls gehörende Stossantwort: eine $\sin(\omega_0 t)/(\omega_0 t)$ - Funktion. Diese Stossantwort ist aber akausal, d.h. *der ideale Tiefpass ist nicht realisierbar*. Stattdessen muss man sich mit einer Approximation (Näherung) begnügen, die nach verschiedenen Kriterien erfolgen kann (eine detaillierte Besprechung folgt im Abschnitt 4.2), nämlich nach

- *Butterworth:* Der Amplitudengang im Durchlassbereich (DB) soll möglichst flach sein.
- *Tschebyscheff-I:* Im DB wird eine definierte Welligkeit (Ripple) in Kauf genommen, dafür ist der Übergang vom DB in den Sperrbereich (SB) steiler als bei der Butterworth-Approximation.
- *Tschebyscheff-II:* Hier wird eine definierte Welligkeit im SB zugelassen.
- *Cauer* (auch *elliptische Filter* genannt*):* Sowohl DB als auch SB weisen eine separat definierbare Welligkeit auf. Man erhält dafür den steilsten Übergangsbereich.
- *Bessel* (auch *Thomson-Filter* genannt): Der Phasengang im DB soll möglichst linear verlaufen, d.h. die Gruppenlaufzeit soll konstant sein.
- *Filter kritischer Dämpfung:* Die Stossantwort und die Sprungantwort oszillieren nicht, d.h. sie enthalten keine Überschwinger.

Weniger bekannt und darum höchst selten verwendet sind die Approximationen nach „Legendre" (Kombination Butterworth-Tschebyscheff-II) und „Transitional Butterworth-Thomson" (Kombination Butterworth-Bessel).

Die Bilder 4.3 bis 4.6 zeigen einen Vergleich der verschiedenen Approximationsarten.

Aus Bild 4.6 lassen sich einige Erkenntnisse ziehen. Einzig die Filter nach Tschebyscheff-II und Cauer weisen Nullstellen auf. Die andern vier Approximationsarten führen demnach auf Polynomfilter (Abschnitt 3.9.4). Die Nullstellen beim Tschebyscheff-II- und Cauer-Filter liegen auf der $j\omega$-Achse. Sie sind darum als Nullstellen im Amplitudengang in Bild 4.3 ebenfalls zu sehen. Zu beachten ist der Masstab: Bild 4.6 ist zweiseitig und in ω skaliert und erstreckt sich beim Tschebyscheff-II-Filter demnach bis etwa ± 4 Hz. Die Frequenzachse in Bild 4.3 ist einseitig und reicht nur von 0 bis 2.5 Hz, deshalb ist dort das zweite Nullstellenpaar des Tschebyscheff-II-Filters nicht sichtbar.

c) Unterteilung aufgrund des Grades:

Je höher der Grad, desto steiler der Übergangsbereich, desto grösser aber auch der Realisierungsaufwand. Statt Grad sagt man auch *Polzahl.* Der wenig steile Übergangsbereich beim Besselfilter kann also durch eine höhere Ordnung kompensiert (und mit Aufwand bezahlt) werden.

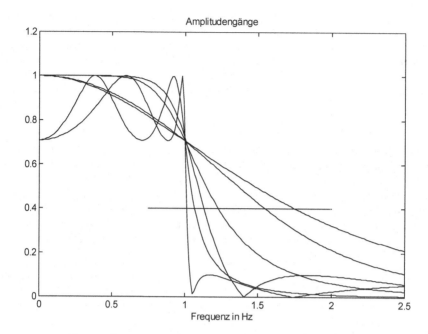

Bild 4.3 Vergleich der Amplitudengänge der verschiedenen Filterapproximationen. Alle Filter haben die 3dB-Grenzfrequenz bei 1 Hz und die Ordnung 4. Die horizontale Linie auf der Höhe 0.4 wird von links nach rechts geschnitten von den Kurven Cauer, Tschebyscheff-I, Tschebyscheff-II, Butterworth, Bessel, kritisch gedämpftes Filter.

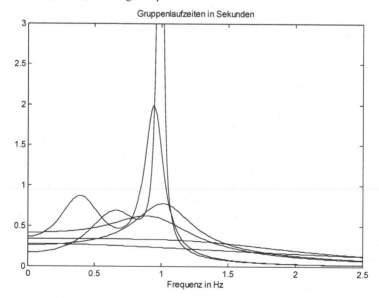

Bild 4.4 Gruppenlaufzeiten derselben Filter wie in Bild 4.3. Bei $f = 1$ treten von oben nach unten folgende Kurven auf: Cauer (überschwingt aus der Grafik!), Tschebyscheff-I, Tschebyscheff-II, Butterworth, Bessel, kritisch gedämpftes Filter.

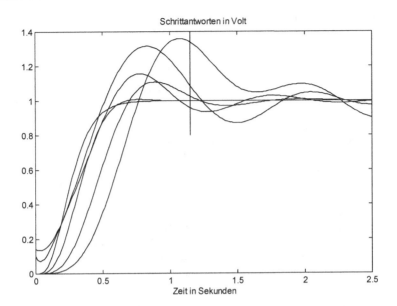

Bild 4.5 Schrittantworten derselben Filter wie in Bild 4.3. Die Linie bei $t = 1.1$ schneiden von oben nach unten: Tschebyscheff-I, Cauer, Butterworth, Bessel und kritisch gedämpftes Filter (übereinanderliegend), Tschebyscheff-II.

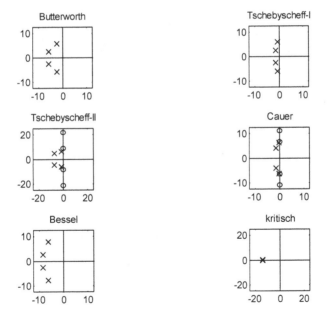

Bild 4.6 PN-Schemata der Filter aus Bild 4.3. Beim Tschebyscheff-II- und beim kritisch gedämpften Filter ist ein grösserer Ausschnitt der s-Ebene gezeichnet als bei den andern Filtern.

d) Unterteilung aufgrund der Realisierung (Technologie):

Bild 4.7 zeigt eine Übersicht über die Filter-Technologien.

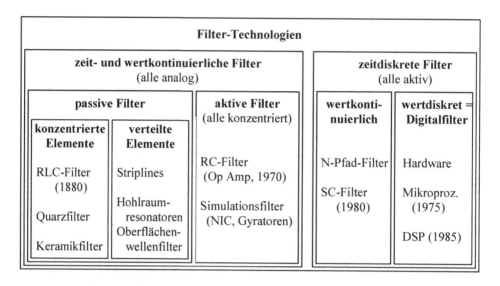

Bild 4.7 Übersicht über die Filter-Technologien

Die Auswahl aus der in Bild 4.7 gezeigten Vielfalt ist nicht ganz einfach. Neben technischen Kriterien muss man auch wirtschaftliche Aspekte berücksichtigen. Mögliche Auswahlkriterien sind:

- *Frequenzbereich:* Bei hohen Frequenzen (über 500 MHz) kommen fast nur noch Filter mit verteilten Elementen zum Einsatz. Darunter werden die passiven Filter mit konzentrierten Elementen verwendet. Bis zu einigen 100 kHz sind analoge aktive Filter einsetzbar, die diskreten Filter stossen langsam auch in dieses Gebiet vor. Bei tiefen Frequenzen sind die Digitalfilter deutlich auf dem Vormarsch. (Die angegebenen Frequenzwerte sind lediglich Richtwerte, sie verschieben sich mit dem technologischen Fortschritt alle nach oben.)
- *Leistungsbereich:* Filter in der Energietechnik werden passiv realisiert.
- *Genauigkeit, Drift, Alterung, Abgleich bei der Herstellung:* Die digitalen Filter weisen hier gegenüber den analogen Realisierungen sehr grosse Vorteile auf.
- *Grösse:* Vor allem bei tiefen Frequenzen werden die Spulen gross und teuer. Mit aktiven Filtern kommt man ohne Induktivitäten aus. Die SC-Filter vermeiden sogar die Widerstände und arbeiten nur mit Schaltern und Kondensatoren (SC = switched capacitor). Auch die eigentlichen Digitalfilter, also die zeit- *und* wertediskreten Systeme, sind sehr gut integrierbar und darum platzsparend aufzubauen.
- *Leistungsbedarf:* Digitalfilter brauchen vor allem bei hohen Taktfrequenzen deutlich mehr Leistung als analoge Aktivfilter. Je nach Anwendung kann dieses Kriterium ausschlaggebend sein.
- *Stückzahl / Entwicklungsaufwand:* Umfangreiche Entwicklungen lohnen sich nicht bei kleinen Stückzahlen. Der Entwicklungsaufwand hängt stark vom bereits vorhandenen Know-how ab.

- *Kosten:* Digitalfilter werden zunehmend günstiger, allerdings fallen die Kosten für AD-Wandlung und DA-Wandlung ins Gewicht. Häufig werden aber die Signale ohnehin digitalisiert, dann spielt der Aufwand für ein zusätzliches Digitalfilter keine grosse Rolle mehr.

Die am längsten bekannte Filtertechnologie ist natürlich die der passiven RLC-Filter. Die Netzwerktheorie lehrt, ob und wenn ja wie eine gegebene Übertragungsfunktion als RLC-Filter realisiert werden kann. Dabei entstehen Kettenschaltungen aus Teilvierpolen, meistens in Abzweigstrukturen mit π-, T- oder Kreuzgliedern. Filter höherer Ordnung wurden mit der *Wellenparametertheorie* (image-parameter theory) (Campbell, Wagner, Zobel, 1920) dimensioniert. Einschränkend ist dabei die Voraussetzung, dass die Teilvierpole mit ihrer Wellenimpedanz abgeschlossen sein müssen (reflexionsfreie Kaskade). Die *Betriebsparametertheorie* (insertionloss theory) (Cauer, Darlington, 1930) berücksichtigt reelle Abschlusswiderstände (Fehlanpassungen), erfordert aber einen grösseren Rechenaufwand. Dies ist heutzutage kein Gegenargument mehr, deshalb wird die Wellenparametertheorie kaum mehr benutzt.

Bei tiefen Frequenzen werden die Induktivitäten gross und teuer, durch aktive Filter kann man die Spulen vermeiden. Ein naheliegender Weg ist, ein passives Filter zu dimensionieren und die Induktivitäten durch aktive Zweipole (Gyratoren und Kondensatoren sowie NIC = negative impedance converter) zu ersetzen. Dies führt auf die *Simulationsfilter (Leapfrog- und Wellendigitalfilter)*, deren Struktur mit dem passiven Vorbild übereinstimmt. Vorteilhaft daran ist die kleine Empfindlichkeit gegenüber Bauteiltoleranzen.

Eine andere Realisierungsart von aktiven Filtern geht von Gleichung (3.53) aus und teilt das Gesamtsystem auf in Teilfilter 2. Ordnung (Zusammenfassen eines konjugiert komplexen Polpaares) und evtl. Teilfilter 1. Ordnung (reelle Pole). Dank den Verstärkern können diese Teilfilter *rückwirkungsfrei* zusammengeschaltet werden. Damit wird die Filtersynthese äusserst einfach, da nur noch Filter höchstens zweiter Ordnung zu kaskadieren sind. Entsprechende Schaltungen sowie normierte Filterkoeffizienten sind tabelliert (Abschnitt 4.4), der ganze Entwicklungsvorgang läuft „nach Kochbuch" ab. Nachteilig ist die grössere Empfindlichkeit gegenüber Toleranzen. Trotzdem bildet diese Gruppe die wichtigste Realisierungsart für aktive Filter. Zudem dient sie als Vorlage für die Dimensionierung von digitalen Rekursivfiltern (IIR-Filtern).

In diesem Kapitel wird als einzige Realisierungsart die Synthese von aktiven Filter in der eben beschriebenen Kaskadenstruktur behandelt. Diese analogen Filter werden auch bei digitalen Systemen als Anti-Aliasing-Filter und als Glättungsfilter benötigt, Bild 5.1. In [Mil92] sind auch die passiven Filter und die aktiven Simulationsfilter ausführlich beschrieben.

Bei der Filterentwicklung geht man also folgendermassen vor:

1. Filterspezifikation festlegen. Dies erfolgt anwendungsbezogen und ist der schwierigste Teil des ganzen Prozesses. Das Resultat dieses Schrittes ist ein Toleranzschema oder Stempel-Matrizen-Schema (Bild 4.8) sowie die Approximationsart.
2. Das Toleranzschema wird in den TP-Bereich (TP = Tiefpass) transformiert, der Filtergrad bestimmt und $H_{TP}(s)$ für den Referenztiefpass bestimmt (→Abschnitt 4.2).
3. $H_{TP}(s)$ wird zurücktransformiert in $H(s)$ für die gewünschte Filterart (z.B. Bandpass) im gewünschten Frequenzbereich (→Abschnitt 4.3)
4. $H(s)$ wird realisiert (→Abschnitt 4.4).

Die Werte vom V_D, V_S, ω_g und ω_s in Bild 4.8 sind anwendungsbezogen frei wählbar. V_D muss keineswegs dem 3 dB-Punkt des Filters entsprechen. Jeder Amplitudengang, der die schraffierten Gebiete meidet, erfüllt die Anforderung. Manchmal wird der Dämpfungsverlauf spezifiziert, also der Kehrwert des Amplitudenganges. Da ein konstanter Verstärkungsfaktor keinen

Einfluss auf die Filtereigenschaften hat, normiert man vorteilhafterweise den Amplitudengang. Damit sind nur noch drei Grössen vorzugeben. Zusätzlich kann man auch noch die Frequenzachse normieren.

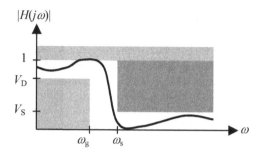

Bild 4.8 Beispiel für ein Stempel-Matrizen-Schema eines Tiefpasses (einseitiger, auf 1 normierter Amplitudengang).

V_D = minimale Durchlassverstärkung ω_g = Grenz(kreis)frequenz
V_S = maximale Verstärkung im Sperrbereich ω_s = Sperr(kreis)frequenz

Die Schritte 1 bis 3 in obiger Aufzählung erfolgen losgelöst von der eigentlichen Realisierung. Umfangreiche Tabellenwerke enthalten in normierter Darstellung alle notwendigen Koeffizientenwerte bereit. Mit Softwarepaketen kann man $H(s)$ auch ohne Tabellen sehr rasch direkt bestimmen. Dank Simulation lassen sich bequem mehrere Varianten durchspielen und die passende ausgewählen. Wichtig bei der Filtersynthese ist also heute nicht mehr ein „handwerkliches" Können, sondern ein Verständnis der Zusammenhänge und die Benutzung von Softwarepaketen. Für die Abschnitte 4.2 und 4.3 genügt deshalb eine oberflächliche Betrachtung. Besonders Eilige können direkt zum Abschnitt 4.4 springen.

4.2 Approximation des idealen Tiefpasses

4.2.1 Einführung

Üblicherweise ist der Amplitudengang $|H(j\omega)|$ vorgegeben und der Frequenzgang $H(j\omega)$ bzw. die Übertragungsfunktion $H(s)$ gesucht. Dafür sind mehrere Lösungen möglich. Bedingung ist aber, dass $H(s)$ ein Polynomquotient ist ($\rightarrow$ Realisierung als LTI-System mit konzentrierten Elementen) und alle Pole in der linken Halbebene liegen ($\rightarrow$ Stabilität). Die Betragsfunktion $|H(j\omega)|$ ist eine gerade und positive Funktion, wegen

$$|H(j\omega)| = \sqrt{[\text{Re}\{H(j\omega)\}]^2 + [\text{Im}\{H(j\omega)\}]^2} \qquad (4.1)$$

Um die Wurzel in (4.1) zu vermeiden, arbeiten wir mit $|H(j\omega)|^2$.

Wir betrachten nun den idealen Tiefpass, wobei wir die Frequenzachse auf ω_0 normieren. Die Grenzfrequenz des normierten Tiefpasses beträgt demnach 1.

$$|H(j\omega)|^2 = \begin{cases} 1 \\ 0 \end{cases} \quad \text{für} \quad \begin{array}{l} |\omega| < 1 \\ |\omega| > 1 \end{array} \qquad (4.2)$$

Nun machen wir für $|H(j\omega)|^2$ einen Ansatz:

$$|H(j\omega)|^2 = \frac{1}{1+F(\omega^2)} \tag{4.3}$$

Die Funktion F heisst *charakteristische Funktion*. Je nach Wahl von F ergibt sich ein Butterworth-TP, Cauer-TP usw. Mit diesem Ansatz hat F nur gerade Potenzen, somit ergibt sich für $|H(j\omega)|^2$ zwangsläufig eine gerade Funktion. Diese kann ohne Schwierigkeiten positivwertig gemacht werden. Zudem braucht F für ein stabiles $H(s)$ keine speziellen Bedingungen zu erfüllen.

Für F können nun verschiedene Funktionen angesetzt werden. Für eine einfache Realisierung sind Polynome gut geeignet, da (4.3) dann die Form von (3.67) erhält. Aus diesem Ansatz ergeben sich die *Polynomfilter* (d.h. Systeme ohne Nullstellen, vgl. Abschnitt 3.9.4). Je nach Art des Polynoms ergibt sich ein Butterworth-, Tschebyscheff-I-, Bessel- oder ein kritisch gedämpfter Tiefpass.

Nimmt man für F eine gebrochen rationale Funktion anstelle des Polynoms, so hat (4.3) die Form von (3.37) und es ergeben sich Tschebyscheff-II- oder Cauer-Tiefpässe.

4.2.2 Butterworth-Approximation

Als charakteristische Funktion F in (4.3) setzen wir:

$$F(\omega^2) = (\omega^n)^2 = \omega^{2n} \tag{4.4}$$

Dieser Ansatz erklärt auch den Namen Potenz-Tiefpass, der manchmal anstelle von Butterworth-Tiefpass benutzt wird.

Bild 4.9 zeigt oben den Verlauf von ω^n für verschiedene n. Je höher n, desto „eckiger" werden die Kurvenverläufe. Quadriert und in (4.3) oder (4.5) eingesetzt ergibt sich tatsächlich eine Approximation des idealen Tiefpasses, Bild 4.9 unten.

Amplitudengang des normierten Butterworth-Tiefpasses:

$$\boxed{|H(j\omega)| = \frac{1}{\sqrt{1+\omega^{2n}}}} \tag{4.5}$$

Der Amplitudengang nimmt mit wachsendem ω monoton ab. Durch Entwickeln von (4.5) in eine Binomialreihe kann man zudem zeigen, dass für $\omega \to 0$ alle Ableitungen von (4.5) verschwinden. Der Amplitudengang hat also keine Welligkeit, so wie es bei der Butterworth-Approximation gewünscht ist.

Bei $\omega = 0$ ist $|H(j\omega)| = 1$, dies entspricht dem maximal möglichen Wert. Zusammen mit der monoton abfallenden Kurve ergibt sich ein Tiefpass-Verhalten.

Bei $\omega = 1$ (normierte Grenzfrequenz) ist $|H(j\omega)| = 1/\sqrt{2}$, dies entspricht –3 dB und ist (beim Butterworth-TP!) *unabhängig* vom Filtergrad n.

Für $\omega \gg 1$ wird $|H(j\omega)| = \dfrac{1}{\omega^n}$, d.h. die Asymptote an den Amplitudengang fällt mit $n \cdot 20$ dB pro Dekade (wie bei allen Polynomfiltern, vgl. (3.68)).

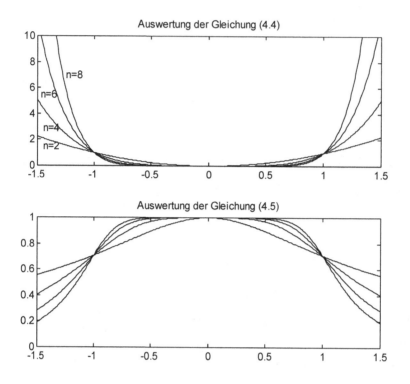

Bild 4.9 Charakteristische Funktion (oben) und Amplitudengänge des Butterworth-TP

Mit (4.5) ist aber erst der Betrag des Frequenzganges $|H(j\omega)|$ gefunden, aber noch nicht die Übertragungsfunktion $H(s)$. Da H konjugiert komplex ist, kann man $|H(s)|^2 = H(s) \cdot H(-s)$ schreiben und mit $s = j\omega$ wird $s^2 = -\omega^2$. Alles eingesetzt in (4.3) ergibt:

$$H(s) \cdot H(-s) = \frac{1}{1+(-s^2)^n} = \frac{1}{N(s) \cdot N(-s)} \tag{4.6}$$

Für die Nennerpolynome gilt:

$$N(s) \cdot N(-s) = 1 + (-s^2)^n \tag{4.7}$$

Für ein zweipoliges Filter ($n = 2$) wird daraus:

$$N(s) \cdot N(-s) = 1 + s^4 = s^4 + 2s^2 + 1 - 2s^2 = \left(s^2 + 1\right)^2 - \left(\sqrt{2}s\right)^2$$
$$= \underbrace{\left(s^2 + \sqrt{2}s + 1\right)}_{N(s)} \cdot \underbrace{\left(s^2 - \sqrt{2}s + 1\right)}_{N(-s)} \tag{4.8}$$

$N(s)$ ist tatsächlich ein Hurwitz-Polynom, $H(s) = 1/N(s)$ stellt somit eine stabile Übertragungsfunktion dar. Der normierte Butterworth-Tiefpass 2. Ordnung hat damit die Übertragungsfunktion:

$$H(s) = \frac{K}{s^2 + \sqrt{2}s + 1} \quad \text{Pole bei} \quad p_{1/2} = -\frac{1}{\sqrt{2}} \pm j\frac{1}{\sqrt{2}} \qquad (4.9)$$

Für die höheren Filtergrade wird $H(s)$ analog berechnet, es ergibt sich stets ein Hurwitzpolynom für $N(s)$.

Für $|H(s)|^2$ kann man die Koordinaten der Pole p_k mit (4.6) allgemein berechnen:

$$1 + \left(-p_i^2\right)^n = 0 \;\Rightarrow\; \left(-p_i^2\right)^n = -1 \;\Rightarrow\; (-1)^n \cdot p_i^{2n} = e^{j(2i-1)\pi} \quad;\quad i = 1,2,...,2n$$

$$\Rightarrow\; p_i^{2n} = e^{j(2i-1)\pi} \cdot (-1)^n = e^{j(2i-1)\pi} \cdot e^{jn\pi} = e^{j(2i+n-1)\pi}$$

$$p_i = \sigma_{p_i} + j\omega_{p_i} = e^{\,j\frac{2i+n-1}{2n}\pi} \quad;\quad i = 1,2,...,2n \qquad (4.10)$$

Es sind also für die Funktion $|H(s)|^2$ insgesamt $2n$ Pole vorhanden und alle haben die Polfrequenz 1 (dies gilt nur bei der Butterworth-Approximation!). Die Pole liegen also auf dem Einheitskreis, der Winkelabstand beträgt π/n, Bild 4.10. Die n Pole in der linken Halbebene werden nun $H(s)$ „zugeschlagen" (vgl. Bild 4.6 oben links), die n Pole der rechten Halbebene gehören zu $H(-s)$.

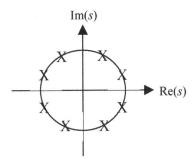

Bild 4.10 Pole für $|H(s)|^2$ und $n = 4$

Aus (4.10) lässt sich ableiten, dass durch diesen Potenzansatz bei geradem n keine reellen Pole vorkommen, bei ungeradem n ein reeller Pol bei -1 liegt und dass nie Pole auf der imaginären Achse liegen. Für die Realisierung ist also $H(s)$ bestens geeignet.

Filter höherer Ordnung (n-polige Tiefpässe) realisiert man mit einer Kaskade von $n/2$ zweipoligen Tiefpässen und (bei ungeradem n) einem einpoligen Tiefpass. In Anlehnung an (3.53) und (3.58) lässt sich schreiben:

$$H(s) = \frac{K}{\left[1 + \dfrac{1}{\omega_{01}}s\right] \cdot \left[1 + \dfrac{2\xi_2}{\omega_{02}}s + \dfrac{1}{\omega_{02}^2}s^2\right] \cdot \left[1 + \dfrac{2\xi_3}{\omega_{03}}s + \dfrac{1}{\omega_{03}^2}s^2\right] \cdot \left[\;...\;\right.} \qquad (4.11)$$

(4.11) gilt für alle Polynom-Tiefpässe, also mit andern Koeffizienten auch für die Tscheby-
scheff-I-, Bessel- sowie die kritisch gedämpften Tiefpässe. Das Glied erster Ordnung kommt
nur bei ungeradem n vor. Alle Koeffizienten sind reell. Beim normierten Butterworth-Tiefpass
sind alle $\omega_{0i} = 1$. Nur beim Butterworth-Tiefpass gilt: Die 3 dB-Frequenz (Dämpfung um 3 dB
gegenüber der Dämpfung bei $\omega = 0$) des Gesamtfilters entspricht der Polfrequenz ω_0.

Die Grenzfrequenz des Filters ist dort, wo sie definiert wurde (z.B. mit Hilfe des Stempel-
Matrizen-Schemas nach Bild 4.8). Es hat sich eingebürgert, dass ohne eine spezielle Angabe
stillschweigend die 3 dB-Frequenz als Grenzfrequenz betrachtet wird.

Aus (4.11) folgt, dass das RC-Glied nach Bild 1.9 mit dem PN-Schema nach Bild 3.10 a) für
$\omega_0 = 1/T$ ein Butterworth-Tiefpass 1. Ordnung ist.

In der Praxis realisiert man die Filter ohne grosse Rechnerei, da die Koeffizienten von Gleichung (4.11) tabelliert sind oder sich mit einem Signalverarbeitungsprogramm per Computer
generieren lassen. Im Anhang A6 (erhältlich unter www.springer.com) sind solche Tabellen zu
finden, ebenso finden sich dort auch Schaltungsvorschläge für die Teilfilter.

4.2.3 Tschebyscheff-I-Approximation

Als charakteristische Funktion in (4.3) setzen wir:

$$F(\omega^2) = \varepsilon^2 \cdot c_n^2(\omega) \tag{4.12}$$

Dabei ist ε eine Konstante (*Ripple-Faktor*) und $c_n(\omega)$ ist das Tschebyscheff-Polynom 1. Art n-
ter Ordnung. Für diese Polynome gilt:

$$c_n(\omega) = \begin{cases} \cos(n \cdot \arccos(\omega)) & |\omega| \leq 1 \\ \cosh(n \cdot \operatorname{arcosh}(\omega)) & |\omega| \geq 1 \end{cases} \tag{4.13}$$

Daraus ergibt sich:

$$\begin{aligned} c_0(\omega) &= 1 \\ c_1(\omega) &= \omega \end{aligned} \tag{4.14}$$

Man kann zeigen, dass für die höheren Ordnungen eine Rekursionsformel existiert:

$$c_n(\omega) = 2\omega \cdot c_{n-1}(\omega) - c_{n-2}(\omega) \tag{4.15}$$

Mit (4.14) und (4.15) ergibt sich:

$$\begin{aligned} c_2(\omega) &= 2\omega^2 - 1 \\ c_3(\omega) &= 4\omega^3 - 3\omega \end{aligned} \tag{4.16}$$

usw.

Es ergeben sich also Polynome, die man auch in Tabellen nachschlagen kann. Als charakteristische Funktionen werden nach (4.12) die Quadrate von $c_n(\omega)$ eingesetzt, deren Verläufe für
$n = 1$ bis 4 in Bild 4.11 oben gezeigt sind.

Amplitudengang des normierten Tschebyscheff-I - Tiefpasses:

$$\left| H(j\omega) \right| = \frac{1}{\sqrt{1 + \varepsilon^2 \cdot c_n^2(\omega)}} \tag{4.17}$$

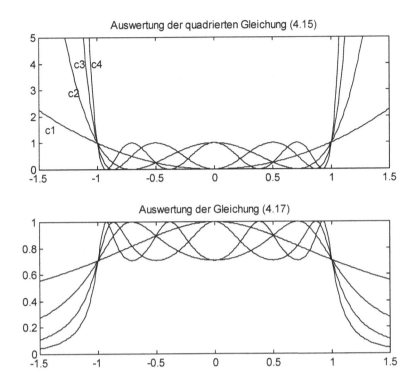

Bild 4.11 Charakteristische Funktion (oben) und Amplitudengänge des Tschebyscheff-I-Tiefpasses

Nach Bild 4.11 oben schwankt $c_n(\omega)$ im Durchlassbereich zwischen 0 und 1. Demnach schwankt $|H(j\omega)|$ zwischen 1 (Maximum) und $1/\sqrt{1+\varepsilon^2}$ (Minimum), Bild 4.11 unten. Für $\omega \gg 1$ (Sperrbereich) kann die 1 unter der Wurzel vernachlässigt werden. Ebenso kann dort das Tschebyscheff-Polynom durch die höchste Potenz angenähert werden. Mit (4.15) gilt:

$$c_n(\omega) \approx 2^{n-1} \cdot \omega^n \quad \Rightarrow \quad |H(j\omega)| \approx \frac{1}{\varepsilon \cdot |c_n(\omega)|} \approx \frac{1}{\varepsilon \cdot 2^{n-1} \cdot \omega^n} \tag{4.18}$$

Rechnet man um in dB, so ergibt sich

$$|H(j\omega)| = -20 \cdot \log(\varepsilon) - 6 \cdot (n-1) - 20 \cdot n \cdot \log(\omega) \quad [dB] \tag{4.19}$$

Diese Steilheit ist grösser als diejenige des Butterworth-TP gleicher Ordnung, da letzterer nicht über die beiden ersten Summanden in (4.19) verfügt. Für sehr grosse ω wird der letzte Summand in obiger Gleichung dominant, die Steigung der Asymptoten beträgt somit $n \cdot 20$ dB pro Dekade (wie bei allen Polynomfiltern, vgl. (3.68)).

Mit wachsendem ε wird das Verhalten im Übergangsbereich und Sperrbereich verbessert, dies wird allerdings im Durchlassbereich mit grösserer Welligkeit und wilderem Verlauf der Gruppenlaufzeit erkauft.

Die Tschebyscheff-I-Tiefpässe unterscheidet man nach Grad n und Exzentrizität ε. Aus praktischen Gründen tabelliert man aber nicht die Koeffizienten für ein bestimmtes ε, sondern für eine bestimmte Welligkeit im Durchlassbereich in dB (R_P = *Passband-Ripple*).

$|H(j\omega)|$ schwankt um $1/\sqrt{1+\varepsilon^2}$. Daraus ergibt sich als Umrechnung zwischen ε und R_P in dB:

$$R_P = 10 \cdot \log(1 + \varepsilon^2)$$
$$\varepsilon = \sqrt{10^{0.1 R_P} - 1}$$

(4.20)

Z.B. entspricht ein R_P von 2 dB einem ε von 0.7648.

Die Koordinaten der Pole nimmt man in der Praxis aus Tabellenwerken oder berechnet sie mit Computerprogrammen. Hier können sich allerdings je nach Quelle unterschiedliche Resultate ergeben:

- Einige Tabellen bzw. Programme legen die Pole so fest, dass das *Maximum* des Amplitudenganges im Durchlassbereich 1 beträgt, d.h. der Amplitudengang schwankt um den Rippel nach unten. Die Grenzfrequenz ist dann diejenige Frequenz, bei welcher der Amplitudengang den Wert $-R_P$ kreuzt (bei tieferen Frequenzen wird dieser Wert lediglich berührt).
- Andere Tabellen bzw. Programme legen die Pole so fest, dass das *Minimum* des Amplitudenganges 1 beträgt, d.h. der Amplitudengang schwankt im Durchlassbereich um den Rippel nach oben. Die Grenzfrequenz des normierten Tiefpasses beträgt dann 1, dort kreuzt der Amplitudengang den Wert 1 bzw. 0 dB.

Die Pole der Tschebyscheff-I-Filter liegen auf einer Ellipse und nicht auf einem Halbkreis wie bei den Butterworth-Filtern. Marschiert man der $j\omega$-Achse entlang, so gibt das „Höhenprofil" den Amplitudengang an, vgl. Bild 2.17. Der in Bild 4.3 gezeigte Amplitudengang gehört zu einem vierpoligen Filter, im positiven Frequenzbereich „sieht" man demnach zwei Pole. Dies bewirkt die beiden Buckel im Amplitudengang in Bild 4.3.

4.2.4 Bessel-Approximation

Diese Approximationsart zielt auf einen möglichst linearen Phasengang, d.h. auf eine konstante Gruppenlaufzeit ab. Dafür werden die Ansprüche an die Steilheit des Amplitudenganges im Übergangsbereich gelockert. Das Verfahren ist gleich wie bei den beiden vorherigen Approximationen, darum soll der Weg nur noch skizziert werden.

Die Übertragungsfunktion soll die Form $H(s) = K \cdot e^{-sT}$ annehmen (Verschiebungssatz bzw. verzerrungsfreie Übertragung). Ohne Beschränkung der Allgemeinheit setzen wir $K = 1$ und $T = 1$. Die Aufgabe lautet demnach, den Nenner der transzendenten Funktion $H(s) = 1/e^s$ durch ein Hurwitz-Polynom anzunähern, damit wir ein stabiles System in der uns bekannten Darstellung als Polynomquotient erhalten. Naheliegenderweise probiert man dies mit einer Taylor-Reihe mit $(n+1)$ Gliedern:

$$e^s \approx 1 + \frac{s}{1!} + \frac{s^2}{2!} + ... + \frac{s^n}{n!}$$

Leider ergeben sich nicht stets Hurwitz-Polynome (z.B. bei $n = 5$). Eine bessere Variante zerlegt e^s in gerade und ungerade Anteile

$$e^s = \cosh(s) + \sinh(s)$$

(4.21)

Die cosh- und sinh-Funktionen werden in Taylor-Reihen entwickelt und danach eine Ketten-bruchzerlegung durchgeführt. Dieses Vorgehen führt auf die Bessel-Polynome, die stets das Hurwitz-Kriterium erfüllen. Natürlich sind auch die Besselfunktionen tabelliert.

Auch Besselfilter sind Polynomfilter, haben also keine Nullstellen. Die Pole liegen auf einem Halbkreis, dessen Mittelpunkt in der rechten Halbebene liegt (beim Butterworth-Tiefpass ist der Mittelpunkt des Halbkreises im Ursprung). Realisiert werden die Bessel-Tiefpässe dem-nach mit den gleichen Schaltungen wie die Butterworth-, Tschebyscheff-I- und die kritisch gedämpften Tiefpässe. Ebenso gilt auch die Gleichung (4.11) für die Bessel-Tiefpässe.

4.2.5 Tschebyscheff-II- und Cauer-Approximation

Die Tschebyscheff-II-Approximation entsteht aus der Tschebyscheff-I-Approximation durch eine Transformation. Dabei werden Nullstellen erzeugt (Bild 4.6 Mitte), es handelt sich also nicht mehr um Polynomfilter. Die Welligkeit tritt nun im Sperrbereich auf. Die Anwendung bestimmt, welche der beiden Tschebyscheff-Approximationen vorteilhafter ist.

Die Cauer-Filter weisen im Durchlass- und Sperrbereich separat spezifizierbare Welligkeiten auf und haben dafür den steilsten Übergangsbereich. Sie entstehen, indem in (4.3) als charakteristi-sche Funktion F nicht ein Polynom, sondern eine rationale Funktion (also ein Polynomquoti-ent) eingesetzt wird. Dadurch entstehen Nullstellen, auch die Cauerfilter sind demnach keine Polynomfilter. Cauer-Filter heissen auch elliptische Filter, weil für ihre Darstellung die Jakobi-elliptischen Funktionen verwendet werden.

Für beide Filtertypen kann man die im Anhang A6 (erhältlich unter www.springer.com) ange-gebene Tiefpass-Schaltung *nicht* verwenden, da mit dieser keine Nullstellen realisierbar sind. Hingegen ist die Schaltung für die Band*sperre* auch für *zweipolige Tiefpässe* nach Cauer oder Tschebyscheff-II benutzbar (die Begründung folgt im Abschnitt 4.3.4).

4.2.6 Filter mit kritischer Dämpfung

Tiefpass-Filter mit kritischer Dämpfung haben ihre Pole ausschliesslich auf der negativen reel-len Achse. Nach Gleichung (3.63) kann darum die Stossantwort nicht oszillieren (und damit kann nach (3.23) auch die Sprungantwort weder oszillieren noch überschwingen), was den einzigen Vorteil dieser Filter darstellt. Als Nachteil muss man die geringe Flankensteilheit in Kauf nehmen. Kritische gedämpfte Filter höherer Ordnung entstehen durch eine Kaskade aus lauter identischen Teilfiltern 1. Ordnung bzw. Biquads (= Teilsysteme 2. Ordnung) mit reellem Doppelpol. Dabei werden die einpoligen Grundglieder so dimensioniert, dass der 3 dB-Punkt des Gesamtfilters auf eine gewünschte Frequenz zu liegen kommt. Nullstellen sind keine vor-handen, Filter mit kritischer Dämpfung sind darum ebenfalls Polynom-TP.

Grundglied 1. Ordnung:

$$H(s) = \frac{1}{1 + s/\omega_0} \qquad \omega_0 \text{ reell und positiv} \qquad (4.22)$$

Grundglied 2. Ordnung: $$H(s) = \frac{1}{1 + s/\omega_0} \cdot \frac{1}{1 + s/\omega_0} = \frac{1}{1 + 2s/\omega_0 + s^2/\omega_0^2} \qquad (4.23)$$

Gesamtfilter n. Ordnung:

$$H(s) = \left(\frac{1}{1 + \dfrac{s}{\omega_0}} \right)^n \qquad (4.24)$$

Amplitudengang in dB:

$$|H(j\omega)| = -10 \cdot n \cdot \log_{10}\left(1 + \frac{\omega^2}{\omega_0^2}\right) \qquad (4.25)$$

Für $\omega = 1$ soll der 3 dB-Punkt erreicht werden (normierte Frequenzachse!), woraus sich für ω_0 ergibt:

$$|H(\omega = 1)| = -10 \cdot n \cdot \log_{10}\left(1 + 1/\omega_0^2\right) = -3$$

Normierte Grenzfrequenz der Grundglieder:

$$\omega_0 = \frac{1}{\sqrt{\sqrt[n]{2} - 1}} \qquad (4.26)$$

4.3 Frequenztransformation

4.3.1 Tiefpässe

Mit der im Abschnitt 4.2 besprochenen Methode berechnet man *frequenznormierte* Referenztiefpässe mit wählbarer Ordnung und Approximationsart. Übernimmt man direkt die Tabellenwerte aus dem Anhang A6 (erhältlich unter www.springer.com), so ist wegen der Normierung auf ω_0 die Grenzkreisfrequenz bei allen Filtern 1. Ist eine andere Grenzkreisfrequenz gewünscht, so müssen die Polfrequenzen in den Tabellen entnormiert, d.h. mit ω_0 multipliziert werden.

Beispiel: Wir berechnen einen zweipoligen Tschebyscheff-I-Tiefpass mit 2 dB Rippel und der Grenzfrequenz 1000 Hz. Laut Tabelle im Anhang A6 gilt:

$$\frac{\omega_{01}}{\omega_0} = 0.9072 \quad \Rightarrow \quad \omega_{01} = 0.9072 \cdot \omega_0 = 0.9072 \cdot 2\pi \cdot 1000 = 5700$$

$$\xi_1 = 0.4430$$

Damit sind beide Pole komplett bestimmt, vgl. Abschnitt 3.8.

□

4.3.2 Hochpässe

Hochpässe entstehen aus Tiefpässen durch eine Frequenztransformation. Bild 4.12 zeigt die Bodediagramme des Tiefpasses 1. Ordnung und des Hochpasses 1. Ordnung. Daraus ist ersichtlich, dass wir eine Abbildung der Frequenzen nach Tabelle 4.1 benötigen.

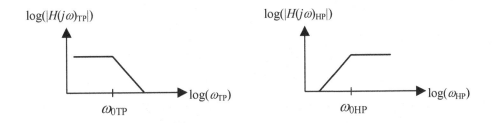

Bild 4.12 Bodediagramme des Tiefpasses (TP) und des Hochpasses (HP) 1. Ordnung

Tabelle 4.1 Korrespondierende Frequenzen bei der TP-HP-Transformation

Tiefpass	Hochpass
$j\,0$	$j\,\infty$
$j\,\omega_0$	$j\,\omega_0$
$j\,\infty$	$j\,0$

Die Übertragungsfunktion des Hochpasses leiten wir aus Bild 3.10 b) ab. Es braucht demnach eine Nullstelle bei $s = 0$. Wir setzen $H_{TP} = H_{HP}$, wobei die Indizes die Frequenzvariablen unterscheiden. Dadurch lässt sich die gesuchte Transformation finden:

$$H_{HP}(j\omega_{HP}) = \frac{j\dfrac{\omega_{HP}}{\omega_0}}{1 + j\dfrac{\omega_{HP}}{\omega_0}} = H_{TP}(j\omega_{TP}) = \frac{1}{1 + j\dfrac{\omega_{TP}}{\omega_0}}$$

$$j\frac{\omega_{HP}}{\omega_0} \cdot \left(1 + j\frac{\omega_{TP}}{\omega_0}\right) = 1 + j\frac{\omega_{HP}}{\omega_0} \quad \Rightarrow \quad -\frac{\omega_{HP} \cdot \omega_{TP}}{\omega_0^2} = 1$$

Tiefpass-Hochpass-Transformation:
$$\boxed{\begin{array}{cc} \omega_{TP} \to -\dfrac{\omega_0^2}{\omega_{HP}}; & j\omega_{TP} \to \dfrac{\omega_0^2}{j\omega_{HP}} \\[3mm] & s_{TP} \to \dfrac{\omega_0^2}{s_{HP}} \end{array}}$$
(4.27)

Mit dieser Formel lassen sich die in der Tabelle 4.1 geforderten Korrespondenzen erreichen.

Einpoliger Hochpass:

$$H_{HP}(s) = \frac{\dfrac{s}{\omega_0}}{1 + \dfrac{s}{\omega_0}}$$ (4.28)

(4.28) entsteht, indem man in der Übertragungsfunktion des einpoligen Tiefpasses nach (4.11) die Substitution $s \to \omega_0^2/s$ vornimmt. Das analoge Vorgehen wendet man für den zweipoligen Hochpass an:

Zweipoliger Hochpass:

$$H_{HP}(s) = \frac{\dfrac{1}{\omega_0^2} \cdot s^2}{1 + \dfrac{2\xi}{\omega_0} \cdot s + \dfrac{1}{\omega_0^2} \cdot s^2}$$ (4.29)

> *Durch die TP-HP-Transformation bleibt die Anzahl der Pole unverändert, aber es entsteht pro Pol eine Nullstelle im Ursprung.*

Nun hat $H(s)$ den gleichen Zähler- und Nennergrad, wie im Abschnitt 3.6.3 b) gefordert. (Die Umkehrung gilt übrigens *nicht*: ist $m = n$, so muss nicht unbedingt ein Hochpass vorliegen, denn Tschebyscheff-II- und Cauer-Tiefpässe gerader Ordnung haben dieselbe Eigenschaft. Natürlich liegen dort die Nullstellen nicht im Ursprung, vgl. Bild 4.6.)

Zur Dimensionierung mit Tabellen verwendet man die Tabellen für die Tiefpässe, ersetzt aber die ω_{0i}-Korrektur durch den Kehrwert.

Beispiel: Tschebyscheff-I-Hochpass 2. Ordnung mit 2 dB Rippel:

Tabellenwert für Tiefpass: $\omega_{01}/\omega_0 = 0.9072 \to$ für Hochpass $1/0.9072$ einsetzen und entnormieren.

□

Im Anhang A6 (erhältlich unter www.springer.com) finden sich Schaltungen für ein- und zweipolige Hochpässe. Da ja Nullstellen im Ursprung vorkommen, kann man nicht die Schaltungen der Tiefpässe übernehmen. Man erkennt dies sofort an der Tatsache, dass bei den Hochpass-Schaltungen niemals eine Verbindung zwischen Ein- und Ausgang auftritt, die nicht durch Kapazitäten für Gleichstrom gesperrt ist.

4.3.3 Bandpässe

Auch die Bandpässe entstehen aus Tiefpässen durch eine Frequenztransformation. Bild 4.13 zeigt die stilisierten Amplitudengänge, Tabelle 4.2 listet die Korrespondenzen auf.

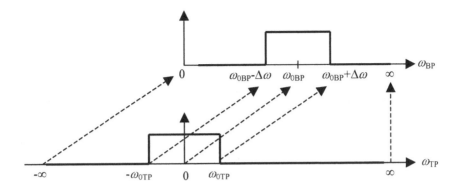

Bild 4.13 Tiefpass-Bandpass - Transformation

Tabelle 4.2 Korrespondierende Frequenzen bei der Tiefpass-Bandpass-Transformation

Tiefpass	Bandpass
$-j\infty$	$j\,0$
$-j\,\omega_{0TP}$	$j\,(\omega_{0BP}-\Delta\omega)$
$j\,0$	$j\,\omega_{0BP}$
$j\,\omega_{0TP}$	$j\,(\omega_{0BP}+\Delta\omega)$
$j\,\infty$	$j\,\infty$

ω_{0BP} = Mittenfrequenz des Bandpasses

$\Delta\omega$ = halbe Bandbreite des Bandpasses

ω_{0TP} = Grenzfrequenz des Tiefpasses

Die beiden Grössen ω_{0BP} und $\Delta\omega$ sind durch die Anwendung vorgegeben, während ω_{0TP} frei wählbar ist. Die Abbildung kann keine Translation sein, da der Bereich $-\infty \ldots +\infty$ des Tiefpasses auf den Bereich $0 \ldots +\infty$ des Bandpasses komprimiert wird. Die Abbildung soll trotzdem eindeutig und möglichst einfach sein. Wir setzen willkürlich $\omega_{0TP} = 2 \cdot \Delta\omega$ und erhalten damit die

$$
\textit{TP-BP-Transformation:} \qquad
\begin{array}{l}
\omega_{TP} \rightarrow \omega_{BP} - \dfrac{\omega_{0BP}^{2}}{\omega_{BP}} \\[3mm]
\omega_{0TP} \rightarrow 2 \cdot \Delta\omega \\[3mm]
s_{TP} \rightarrow s_{BP} + \dfrac{\omega_{0BP}^{2}}{s_{BP}}
\end{array}
\qquad\qquad (4.30)
$$

(4.30) erfüllt jede Zeile der TransformationsTabelle 4.2. Beispielsweise gilt für Zeile 1:

$$
\omega_{BP} = 0 \quad \Rightarrow \quad \omega_{TP} = 0 - \frac{\omega_{0BP}^{2}}{0} = -\infty
$$

Und für Zeile 4:

$$\omega_{BP} = \omega_{0BP} + \Delta\omega \quad \Rightarrow \quad \omega_{TP} = \omega_{0BP} + \Delta\omega - \frac{\omega_{0BP}^2}{\omega_{0BP} + \Delta\omega} = \frac{2 \cdot \omega_{0BP} \cdot \Delta\omega + (\Delta\omega)^2}{\omega_{0BP} + \Delta\omega}$$

Unter der Voraussetzung $\quad \dfrac{\Delta\omega}{\omega_{0BP}} << 1 \quad$ wird daraus: $\quad \dfrac{2 \cdot \omega_{0BP} \cdot \Delta\omega}{\omega_{0BP}} = 2 \cdot \Delta\omega = \omega_{0TP}$

> *Die TP-BP-Transformation gilt nur für schmalbandige BP,*
> *d.h. $\Delta\omega << \omega_{0BP}$ und für $\omega_{0TP} = 2 \cdot \Delta\omega$, d.h. der Referenz-TP*
> *hat als Grenzfrequenz die Breite „über Alles" des BP.*

Bei breitbandigen Bandpässen funktioniert zwar die Transformation, durch die nichtlineare Abbildung der Frequenzachse werden aber die Filterflanken stark asymmetrisch und die Grenzfrequenzen verlassen den gewünschten Ort. Breitbandige Bandpässe realisiert man darum besser als Kaskade von getrennt dimensionierten Hoch- und Tiefpässen. Mit Rechnerunterstützung kann man leicht ausprobieren, welche Methode geeigneter ist.

Transformation des einpoligen Tiefpasses:

Wir ersetzen in $\quad H_{TP}(s) = \dfrac{1}{1 + \dfrac{1}{\omega_{0TP}} \cdot s} \quad$ s durch den untersten Ausdruck von (4.30):

$$H_{BP}(s) = \frac{1}{1 + \dfrac{\omega_{0BP}^2}{\dfrac{s}{\omega_{0TP}}}} = \frac{\omega_{0TP}}{\omega_{0TP} + s + \dfrac{\omega_{0BP}^2}{s}} = \frac{\dfrac{\omega_{0TP}}{\omega_{0BP}^2} \cdot s}{1 + \dfrac{\omega_{0TP}}{\omega_{0BP}^2} \cdot s + \dfrac{1}{\omega_{0BP}^2} \cdot s^2}$$

Ein Koeffizientenvergleich mit der Normalform (3.58) ergibt:

$$\frac{\omega_{0TP}}{\omega_{0BP}^2} = \frac{2\xi_{BP}}{\omega_{0BP}} \quad \rightarrow \quad \omega_{0TP} = 2 \cdot \xi_{BP} \cdot \omega_{0BP} \tag{4.31}$$

In ξ_{BP} wird die Bandbreite versteckt. Erwartungsgemäss ergibt sich aus dem einpoligen Tiefpass ein zweipoliger Bandpass mit einer Nullstelle im Ursprung, vgl. Bild 3.10 c).

> *Durch die TP-BP-Transformation verdoppelt sich die Anzahl der Pole.*

$$H_{BP}(s) = \frac{\dfrac{2\xi_{BP}}{\omega_{0BP}} \cdot s}{1 + \dfrac{2\xi_{BP}}{\omega_{0BP}} \cdot s + \dfrac{1}{\omega_{0BP}^2} \cdot s^2}$$

$$\xi_{BP} = \frac{\omega_{0TP}}{2 \cdot \omega_{0BP}} \quad ; \quad \omega_{0BP} = \text{Mittenfrequenz des BP} \tag{4.32}$$

Analog wird ein zweipoliger Tiefpass transformiert, was eine Übertragungsfunktion 4. Ordnung ergibt. Diese wird zerlegt in zwei Übertragungsfunktionen je 2. Ordnung. Stets ergeben sich Paare von konjugiert komplexen Polen. Wir belasten uns nicht mit der etwas mühsamen Berechnung sondern erfreuen uns gleich am Resultat, Gleichung (4.33).

Achtung: Die nach (4.33) berechneten und mit der Schaltung aus dem Anhamg A6 (erhältlich unter www.springer.com) realisierten Biquads haben bei ihrer jeweiligen Mittenfrequenz (ω_{01} bzw. ω_{02}) die Verstärkung 1 anstatt $1/\xi_{TP}$. Das Gesamtfilter hat demnach im Durchlassbereich eine Abschwächung. Mit der Verstärkung K bzw. mit der Skalierung (Abschnitt 4.4.1) kann man dies kompensieren.

$$H_{BP}(s) = \frac{\dfrac{2\xi_1}{\omega_{01}} \cdot s}{1 + \dfrac{2\xi_1}{\omega_{01}} \cdot s + \dfrac{1}{{\omega_{01}}^2} \cdot s^2} \cdot \frac{\dfrac{2\xi_2}{\omega_{02}} \cdot s}{1 + \dfrac{2\xi_2}{\omega_{02}} \cdot s + \dfrac{1}{{\omega_{02}}^2} \cdot s^2}$$

$$\xi_1 \approx \xi_2 \approx \frac{\xi_{TP} \cdot \omega_{0TP}}{2 \cdot \omega_0}$$

$$\omega_{01} \approx \omega_0 + \frac{\sqrt{1 - {\xi_{TP}}^2} \cdot \omega_{0TP}}{2}$$

$$\omega_{02} \approx \omega_0 - \frac{\sqrt{1 - {\xi_{TP}}^2} \cdot \omega_{0TP}}{2}$$

$$\omega_0 = \text{Mittenfrequenz des BP}$$

(4.33)

Kochbuchrezept für das Vorgehen zur Realisierung von Bandpässen:

- Mittenfrequenz ω_0 und Bandbreite „über Alles" $2 \cdot \Delta\omega$ des Bandpasses festlegen.
- Ordnungszahl n des Referenz-Tiefpasses festlegen mit der Faustformel:

$$n > \frac{\text{Steilheit im Bereich } (f_0 + \Delta f) \ \dots \ (f_0 + 10 \cdot \Delta f) \text{ in } [\text{dB/Dek.}]}{20}$$

  Aufrunden auf die nächste ganze Zahl. Der Bandpass hat somit die Ordnung $2n$.

- Referenz-Tiefpass wählen mit der Eckfrequenz $\omega_{0TP} = 2 \cdot \Delta\omega$.
- Die Koeffizienten aus den Tabellen für Butterworth usw. ablesen. Dies ergibt die ω_{0TP} und die ξ_{TP}.
- Aus einem reellen Pol des Tiefpasses (nur bei ungerader Ordnung) entsteht ein konjugiert komplexes Polpaar des Bandpasses nach Gl. (4.32). Aus jedem konjugiert komplexen Polpaar des Tiefpasses entstehen zwei konjugiert komplexe Polpaare des Bandpasses nach (4.33).
- Es entstehen lauter zweipolige Teilfilter (Biquads) für den Bandpass, der entsprechende Schaltungsvorschlag findet sich im Anhang A6 (erhältlich unter www.springer.com). Bandpässe reagieren oft heikel auf Bauteiltoleranzen, u.U. ist darum ein Abgleich der Komponenten vorzusehen.

Auch mit einem Filterberechnungsprogramm lässt sich $H_{BP}(s)$ bestimmen. Durch Nullstellen-abspaltung des Zähler- und Nennerpolynoms werden die Biquads berechnet. Diese müssen noch auf die Normalform gebracht werden, damit die Schaltung im Anhang A6 (erhältlich unter www.springer.com) dimensioniert werden kann.

Zu beachten ist, dass nur schmalbandige Bandpässe durch diese Transformation realisiert wer-den können, die relative Bandbreite $2 \cdot \Delta\omega/\omega_0$ des Bandpasses darf also nicht zu gross sein. Gegebenenfalls muss man den Bandpass aus einem Tiefpass und einem Hochpass zusammen-setzen. Steilere Flanken können *nur* mit einem höheren Grad n erreicht werden. Die Güte bzw. der Dämpfungsfaktor ξ beeinflusst zwar ebenfalls die Flankensteilheit, aber *auch* die Bandbrei-te des Bandpasses.

Die beschriebene TP-BP-Transformation führt auf Bandpässe mit gerader Ordnung. Die Hälfte der Pole ist für die steigende, die andere Hälfte für die fallende Filterflanke zuständig. Diese Bandpässe sind darum zwangsläufig symmetrisch zur Mittenfrequenz ω_0. Diese Symmetrie gilt jedoch für die Darstellung im Bodediagramm, also bei logarithmischer Frequenzachse. Bei linearer Frequenzachse hingegen ist die steigende (untere) Flanke steiler.

Sind die eben erwähnten Restriktionen untragbar, so weicht man aus auf die Kombination Tiefpass-Hochpass, was die beiden Filterflanken individuell dimensionierbar macht. Perfekt symmetrische Flanken bei linearer Frequenzachse lassen sich mit digitalen Bandpässen errei-chen, Kapitel 7.

> *Für alle Frequenztransformationen gilt, dass die Frequenzachse nichtli-near abgebildet wird. Es ist darum unmöglich, von einem Bessel-TP aus-gehend einen HP, BP oder eine BS mit linearem Phasengang zu erhalten!*

Linearphasige Filter realisiert man ohnehin viel besser in Form eines FIR-Filters (Transversal-filter), Abschnitt 7.2.

4.3.4 Bandsperren

Eine Bandsperre und ein Bandpass mit gleichen Kennfrequenzen ergänzen sich in einer Paral-lelschaltung zu einem System mit konstantem Frequenzgang:

$$\begin{aligned} H_{BS}(s) + H_{BP}(s) &= 1 \\ H_{BS}(s) &= 1 - H_{BP}(s) \end{aligned} \tag{4.34}$$

Setzt man in dieser Beziehung für $H_{BP}(s)$ das zweipolige Grundglied aus (4.32) ein, so ergibt sich das ebenfalls zweipolige Grundglied für die Bandsperre:

$$H_{BS}(s) = \frac{1 + \dfrac{1}{\omega_{0i}{}^2} \cdot s^2}{1 + \dfrac{2\xi_i}{\omega_{0i}} \cdot s + \dfrac{1}{\omega_{0i}{}^2} \cdot s^2} \tag{4.35}$$

Die Werte von (4.35) erhält man direkt mit den Gleichungen (4.32) bzw. (4.33). Die Lage der Pole ist somit gleich wie beim Bandpass. Die Nullstellen sind allerdings nicht mehr im Ur-sprung, sondern je eine Nullstelle ist bei $j\omega_0$ bzw. $-j\omega_0$.

Im Anhang A6 (erhältlich unter www.springer.com) ist eine Schaltung für eine zweipolige Bandsperre angegeben. Diese ist darum sehr interessant, weil sie ein konjugiert komplexes Polpaar in der linken Halbebene und ein imaginäres Nullstellen-Paar ausserhalb des Ursprunges realisieren kann. Dieselbe Anforderung ergibt sich auch bei einem Cauer-*Tiefpass* und einem Tschebyscheff-II-*Tiefpass*, vgl. Bilder 3.10 d) und 4.5 Mitte. Man kann also mit derselben Schaltung auch diese beiden Tiefpässe realisieren. Die Schaltung heisst darum auch *elliptisches Grundglied*.

Sehr schmalbandige Bandsperren heissen auch Kerbfilter oder *Notch-Filter*.

4.3.5 Allpässe

Allpässe höherer Ordnung entstehen, indem man ausgehend von *Bessel*-Tiefpässen die zu den Polen symmetrischen Nullstellen zufügt:

$$1.\ \text{Ordnung:}\quad H(s) = \frac{1 - \dfrac{s}{\omega_0}}{1 + \dfrac{s}{\omega_0}} \qquad 2.\ \text{Ordnung:}\quad H(s) = \frac{1 - \dfrac{2\xi}{\omega_0}\cdot s + \dfrac{1}{\omega_0^2}\cdot s^2}{1 + \dfrac{2\xi}{\omega_0}\cdot s + \dfrac{1}{\omega_0^2}\cdot s^2} \tag{4.36}$$

4.4 Die praktische Realisierung von aktiven Analogfiltern

In der Praxis geschieht die Filtersynthese nach Kochbuch und mit viel Rechnerunterstützung in folgenden Schritten:

1. Filterart (Bandpass usw.), Approximationsart (Butterworth usw.) und Kennwerte (Ordnung, Mittenfrequenz usw.) festlegen.
2. Umformen auf Kaskadenstruktur und Aufteilen in Biquads
3. Filterkoeffizienten bestimmen
4. Biquads skalieren
5. Filter aufbauen und testen

Die Schritte 2 bis 4 lassen sich vollständig durch Softwarepakete erledigen.

4.4.1 Darstellung in der Kaskadenstruktur und Skalierung

Alle hier betrachteten Filter sind LTI-Systeme, deren Übertragungsfunktion als Polynomquotient nach (3.37) geschrieben werden kann:

$$H(s) = \frac{Y(s)}{X(s)} = \frac{b_0 + b_1\cdot s + b_2\cdot s^2 + ...}{a_0 + a_1\cdot s + a_2\cdot s^2 + ...} = \frac{\sum_{i=0}^{m} b_i\cdot s^i}{\sum_{i=0}^{n} a_i\cdot s^i}$$

Nun spalten wir die Pole und Nullstellen ab und erhalten (3.38):

$$H(s) = \frac{b_m}{a_n} \cdot \frac{(s-s_{N1})(s-s_{N2})...(s-s_{Nm})}{(s-s_{P1})(s-s_{P2})...(s-s_{Pn})} = \frac{b_m}{a_n} \cdot \frac{\prod\limits_{i=1}^{m}(s-s_{Ni})}{\prod\limits_{i=1}^{n}(s-s_{Pi})} \quad ; \quad m \le n$$

Jetzt fassen wir die konjugiert komplexen Polpaare bzw. Nullstellenpaare zu je einem System 2. Ordnung mit reellen Koeffizienten zusammen und wandeln um auf die Normalform, Gleichung (3.53):

$$H(s) = H_0 \cdot s^{m_0 - n_0} \cdot \frac{\prod\limits_{i=1}^{m_1}\left(1 - \frac{s}{s_{Ni}}\right) \prod\limits_{i=1}^{m_2}\left(1 + \frac{s}{Q_{Ni} \cdot |s_{Ni}|} + \frac{s^2}{|s_{Ni}|^2}\right)}{\prod\limits_{i=1}^{n_1}\left(1 - \frac{s}{s_{Pi}}\right) \prod\limits_{i=1}^{n_2}\left(1 + \frac{s}{Q_{Pi} \cdot |s_{Pi}|} + \frac{s^2}{|s_{Pi}|^2}\right)}$$

Wir schreiben obige Gleichung weiter um, indem wir die Konstante H_0 verteilen auf mehrere Konstanten K_0, K_1, K_2 usw. und erhalten (4.37). Den Sinn dieser Massnahme besprechen wir etwas weiter unten.

$$H(s) = K_0 \cdot s^{N_0} \cdot \frac{K_1 \cdot \left[1 + \frac{1}{\omega_{0N1}} \cdot s\right]}{1 + \frac{1}{\omega_{0P1}} \cdot s} \cdot \frac{K_2 \cdot \left[1 + \frac{2\xi_{N2}}{\omega_{0N2}} \cdot s + \frac{1}{\omega_{0N2}^2} \cdot s^2\right]}{1 + \frac{2\xi_{P2}}{\omega_{0P2}} \cdot s + \frac{1}{\omega_{0P2}^2} \cdot s^2} \cdot \frac{K_3 \cdot \left[...\right.}{...} \quad (4.37)$$

N_0 bezeichnet die Anzahl der Nullstellen bei $s = 0$.

Die Gleichung (4.37) beschreibt die Realisierung von $H(s)$ als Kaskade von Teilsystemen zweiter Ordnung (sog. *Biquads*) mit:

- Paaren von konjugiert komplexen Polen und konjugiert komplexen Nullstellen,
- reellen Einzelpolen bzw. reellen Nullstellen,
- Nullstellen im Ursprung (für Hochpässe und Bandpässe).

Die ganze Kunst der Filterdimensionierung besteht darin, die Pole und Nullstellen geeignet zu platzieren. Die verschiedenen Filter (Tiefpass, Bandpass usw., aber auch die Approximationen wie Butterworth, Bessel usw.) unterscheiden sich also lediglich durch die Koeffizienten K_i, ξ_i und ω_{0i} in (4.37). Diese Koeffizienten bestimmt heutzutage der Computer, früher bemühte man dazu umfangreiche Tabellenwerke. Dieses einfache Vorgehen ist der Grund dafür, weshalb bei aktiven Filtern die Kaskadenstruktur angewandt wird, obwohl diese empfindlich gegenüber Bauteiltoleranzen ist. Bei den digitalen Rekursivfiltern wird dasselbe Verfahren übernommen.

Die Biquads müssen entkoppelt sein, d.h. rückwirkungsfrei aneinandergereiht werden. Mit aktiven Stufen ist dies einfach möglich dank der tiefen Ausgangsimpedanz der Operationsverstärker. Zur Entkopplung können auch Verstärkerstufen zwischen die Biquads geschaltet werden. Bei passiven Filtern ist die Entkopplung nicht gewährleistet, dort werden darum andere Strukturen benutzt [Mil92].

In welcher Reihenfolge sollen nun die Biquads in (4.37) angeordnet werden? Theoretisch sind alle Varianten gleichwertig, im praktischen Verhalten jedoch nicht.

Ein Biquad darf nicht übersteuert werden, z.B. darf die Spannung am Ausgang eines Operationsverstärkers je nach Höhe der Speisespannung 10 ... 12 V nicht überschreiten. Spezielles Augenmerk verlangen nun die Biquads mit einer Überhöhung des Amplitudenganges. Die Eingangsspannung muss um diese Überhöhung verkleinert werden, damit keine Übersteuerung auftritt. Diese *Skalierung* reduziert leider den Dynamikbereich des Biquads. Die Grösse der Überhöhung kann man verkleinern, indem man die am nächsten zu den Polen gelegenen Nullstellen mit demselben Biquad realisiert (teilweise Kompensation). Die Polynom-Tiefpässe oder Allpolfilter haben leider keine Nullstellen, aber im Allgemeinen Fall führt diese Regel zu brauchbaren Resultaten. Der Biquad mit den am weitesten rechts liegenden Polen (das ist derjenige mit der grössten Überhöhung bzw. der kleinsten Dämpfung) soll am Ende der Kaskade platziert werden, damit er ein bereits vorgefiltertes und darum kleineres Eingangssignal erhält. Mit derselben Begründung wird bei Filtern ungerader Ordnung das einpolige Teilfilter an den Anfang platziert, da dieses mit seinem reellen Einzelpol nie eine Überhöhung aufweist.

Nachdem die Reihenfolge der Biquads geklärt ist, bleibt nur noch die Festlegung der Verstärkungsfaktoren K_i der einzelnen Teilfilter offen. Dieser Vorgang heisst *Skalierung*. Das Ziel dabei ist es, jeden Biquad möglichst gut auszusteuern (Rauschabstandsmaximierung), ohne aber einen Biquad zu übersteuern (Vermeiden von Nichtlinearitäten). Angenommen wird z.B. eine Signalamplitude der Verstärker-Ausgänge von 10 V und das folgende Kochrezept angewandt:

- Die Verstärkung des einpoligen Gliedes mit der Teilübertragungsfunktion $H_1(s)$ wird zur Anpassung benutzt. Hat das zu filternde Eingangssignal ebenfalls eine Amplitude von 10 V, so wird $K_1 = 1$ gesetzt.
- Vom ersten Biquad mit der Teilübertragungsfunktion $H_2(s)$ wird Max_2 = Maximum des Amplitudenganges $|H_2(s)|$ berechnet (natürlich mit dem Computer) und $K_2 = 1/Max_2$ gesetzt.
- Nun sucht man vom ersten und zweiten Biquad *zusammen* Max_3 = Maximum des Amplitudenganges $|H_2(s)| \cdot |H_3(s)|$ und setzt $K_3 = 1/Max_3$.
- Dasselbe Vorgehen wendet man auf die ersten drei Biquads zusammen an.
- usw.

Die Skalierungsfaktoren haben mit den Filterkoeffizienten nichts zu tun, sie sind ja aus dem PN-Schema gar nicht ablesbar. Auch die Skalierung wird wie die Reihenfolge der Biquads bei den rekursiven Digitalfiltern genau gleich vorgenommen.

Ein konkretes Beispiel verdeutlicht den Mechanismus am besten! Wir betrachten einen vierpoligen Butterworth-Bandpass mit 3 kHz Mittenfrequenz und 1 kHz Öffnung, aufgebaut aus zwei Biquads. Bild 4.14 zeigt links die Amplitudengänge der Biquads und rechts den Amplitudengang des Gesamtfilters. Oben ist das unskalierte und unten das skalierte Filter. Von den vier Polen liegen zwei bei negativen Frequenzen und zwei bei positiven Frequenzen. Im Teilbild oben links sind darum 2 Buckel sichtbar (vgl. auch die Bilder 2.16 und 2.17 für ein zweipoliges Filter).

Wir betrachten zuerst das Teilbild oben links. Die beiden Biquads haben dieselbe Überhöhung, ihre Reihenfolge ist also egal. Angenommen, der tieffrequente Biquad sei der erste. Bei einer Eingangsfrequenz von etwa 2.5 kHz würde dieser Biquad um den Faktor 1.4 übersteuert. Der zweite Biquad schwächt bei dieser Frequenz um den Faktor 2 ab, das Gesamtfilter hat bei 2.5 kHz also eine Verstärkung von 0.7 (3 dB-Punkt). Wenn man nicht ausschliessen kann, dass das Eingangssignal bei 2.5 kHz nur Amplituden unter 7 V hat, wird das Filter wegen der Übersteuerung nichtlinear.

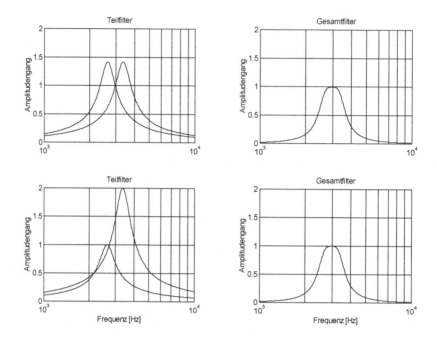

Bild 4.14 Vierpoliger Butterworth-Bandpass, oben unskaliert, unten skaliert

Das untere Teilbild zeigt die geschicktere Variante. Der erste Biquad wird um seine Überhöhung abgeschwächt, damit ist eine Übersteuerung unmöglich. Zur Kompensation wird der zweite Biquad um denselben Faktor angehoben, sodass dass Gesamtfilter sich nicht ändert. Dort wo der zweite Biquad um einen Faktor 2 überhöht kann nichts passieren, da diese Frequenzen durch den ersten Biquad bereits abgeschwächt wurden.

Verschiebt man die Pole im Teilbild oben links parallel zur $j\omega$-Achse auseinander, so liegen sie nicht mehr auf einem Halbkreis. Bei der Mittenfrequenz 3 kHz ergibt sich ein kleiner Einbruch in der Verstärkung. Dies ist nichts anderes als ein Tschebyscheff-I-Bandpassfilter.

4.4.2 Die Filter-Koeffizienten

Die Koeffizienten der Biquads müssen wir nur für Tiefpässe bestimmen. Für Hochpässe, Bandpässe und Bandsperren werden die Koeffizienten durch Entnormierung und Frequenztransformationen abgeleitet. Wir beschränken uns auf Polynom-Tiefpässe, also Butterworth-, Tschebyscheff-I-, Bessel- und kritisch gedämpfte Filter. Damit entfallen alle Nullstellen in (4.37), was die einfachere Schreibweise (4.38) gestattet.

$$H(s) = \frac{K_1}{\left[1 + \dfrac{1}{\omega_{01}}s\right]} \cdot \frac{K_2}{\left[1 + \dfrac{2\xi_2}{\omega_{02}}s + \dfrac{1}{\omega_{02}{}^2}s^2\right]} \cdot \frac{K_3}{\left[1 + \dfrac{2\xi_3}{\omega_{03}}s + \dfrac{1}{\omega_{03}{}^2}s^2\right]} \cdot \frac{K_4}{\left[\ldots\right]} \ldots \qquad (4.38)$$

Es gibt verschiedene Darstellungsarten für die Koeffizienten, nämlich:

- ξ_i und ω_{0i} (Dämpfungsfaktoren und Polfrequenzen, wie in Gleichung (4.38))

  (Anmerkung: $\xi=1$ bedeutet einen Doppelpol, also ein Paar von identischen reellen Polen. Bei einpoligen Grundgliedern ist ξ gar nicht definiert.)

- σ_{Pi} und ω_{Pi} (Koordinaten der Pole, vgl. Bild 3.14)

- $2\,\xi_i/\omega_{0i}$ und $1/\omega_{0i}^2$ (Koeffizienten der Teilfilter-Nennerpolynome von (4.38))

- a_i und b_i (Koeffizienten der ausmultiplizierten Polynome nach (3.37))

Die Umrechnungen zwischen den verschiedenen Darstellungen sind eineindeutig, d.h. sie sind gleichwertig.

Die bisher betrachteten Aspekte der Realisierung von analogen Aktivfiltern gelten in der gleichen Form auch für die digitalen Rekursivfilter.

Was zu einem fertigen Analogfilter noch fehlt, ist die eigentliche Schaltung mit den dimensionierten Komponenten. Da dieser Schritt nicht im Fokus dieses Buches liegt, sind die entsprechenden Abschnitte ausgelagert in den Anhang A6 (erhältlich unter www.springer.com). Dort finden sich nebst den Grundschaltungen und ihrer Dimensionierung auch kurze Filtertabellen und durchgerechnete Beispiele.

5 Digitale Signale

5.1 Einführung

Ursprünglich wurden analoge Signale mit analogen Systemen verarbeitet. Das 1948 von C.E. Shannon publizierte Abtasttheorem zeigte den Weg zur Verarbeitung von analogen Signalen mit Hilfe von digitalen Systemen. Allerdings dauerte es noch Jahrzehnte, bis dieser Weg auch tatsächlich beschritten werden konnte. Digitale Systeme haben einen komplexen Aufbau, d.h. eine praxistaugliche Realisierung (Zuverlässigkeit, Grösse, Energieverbrauch, Geschwindigkeit, Kosten usw.) kommt nur auf Halbleiterbasis in Frage. Der Transistor wurde aber gerade erst ein Jahr vor Shannons Veröffentlichung erfunden (John Bardeen, William Shockley, Walter Brattain). Allerdings konnte parallel zu den Arbeiten an der Halbleitertechnologie auch die Theorie der diskreten Signale und Systeme erarbeitet werden, so dass sofort mit der Verfügbarkeit der ersten integrierten Schaltungen (ca. 1965) ein atemberaubender Siegeszug der Digitaltechnik einsetzte. Seither stimulieren sich Anwendungen und Weiterentwicklung der Mikroelektronik gegenseitig.

Ab ca. 1975 war zunehmend Literatur zum Thema diskrete Signalverarbeitung erhältlich und an den Hochschulen wurden Spezialvorlesungen dazu abgehalten. Heute ist die digitale Signalverarbeitung keine Domäne der Spezialisten mehr, sondern gehört zum Basiswissen der Informationstechnologie.

Die digitale Signalverarbeitung beschäftigt sich mit zeit- *und* amplitudendiskreten Signalen (Bilder 2.1 und 2.2). Üblicherweise behandelt man aber die Amplitudenquantisierung separat ($\rightarrow$ Abschnitt 6.10). Die Theorie der zeitdiskreten aber amplitudenkontinuierlichen Signale wird direkt umgesetzt in der SC-Technik (Switched Capacitors) und der CCD-Technik (Charge Coupled Devices).

Die Hauptvorteile der digitalen gegenüber der analogen Signalverarbeitung sind:

- Störimmunität, hohe Dynamik
- Stabilität
- Reproduzierbarkeit
- Flexibilität

Als Nachteile sind zu erwähnen:

- Geschwindigkeit
- Quantisierungseffekte
- Preis bei einfachen Anwendungen

Diese Vor- und Nachteile werden wir gleich zu Beginn von Kapitel 6 nochmals aufgreifen und näher erörtern. Dort sind die Argumente besser verständlich als hier.

Wenn analoge Signale digital verarbeitet werden sollen, so müssen sie zuerst in einem AD-Wandler (ADC) zeit- und amplitudenquantisiert werden. Nach der Verarbeitung im Prozessor erfolgt im DA-Wandler (DAC) wieder eine Rückwandlung in ein analoges Signal, Bild 5.1. Mit Prozessor ist hier nicht eine einzelne integrierte Schaltung (IC) gemeint, sondern der gesamte Verarbeitungsteil. Oft wird dieser auch als digitales Filter bezeichnet. Am Anfang und

Zusatzmaterial online
Zusätzliche Informationen sind in der Online-Version dieses Kapitel (https://doi.org/10.1007/978-3-658-32801-6_5) enthalten.

am Ende der Kette sind zwei *analoge* Tiefpassfilter, das Anti-Aliasing-Filter (AAF) und das Glättungsfilter anzubringen, deren Funktion und Notwendigkeit später erläutert wird.

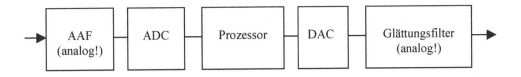

Bild 5.1 Struktur eines digitalen Systems zur Verarbeitung analoger Signale
　　　　　AAF = Anti-Aliasing-Filter
　　　　　ADC = Analog-Digital-Converter
　　　　　DAC = Digital-Analog-Converter

Bei Signalen kleiner Bandbreite ist der Prozessor oft bei weitem nicht ausgelastet. Häufig gibt man darum mehrere Eingangssignale auf dieselbe Verarbeitungseinheit (quasi-paralleler Betrieb). Die dazu notwendigen Multiplexer (Umschalter) für die Eingangssignale können analog (vor dem ADC in Bild 5.1 liegend) oder digital ausgeführt sein. Entsprechendes gilt für die Demultiplexer für die Ausgangssignale. Dieser Multiplexbetrieb ist lediglich eine Frage der Prozessorausnutzung, die auf die Signale angewandten Algorithmen (Rechenabläufe) sind natürlich unabhängig von einer allfälligen Multiplexierung.

Das ursprünglich analoge Signal $x(t)$ wird abgetastet im Zeitabstand oder *Abtastintervall T*, es entsteht das zeitdiskrete Signal $x(nT)$. Dieses Signal wird dargestellt als Folge von (vorläufig noch) reellen Zahlen, d.h. mit *unendlicher* Wortbreite oder Stellenzahl. $x(nT)$ ist also zeitdiskret und amplitudenkontinuierlich. Zur Vereinfachung der Schreibweise wird das meistens konstante Abtastintervall T nicht geschrieben. Die Zahlenfolge repräsentiert das ursprünglich analoge Signal. Genau gleich werden aber auch anders erzeugte Zahlenfolgen dargestellt, die nichts mit einem analogen Signal zu tun haben, beispielsweise rechnerisch erzeugte Folgen aus Simulatoren, Zufallsgeneratoren usw. Man spricht darum allgemeiner nicht mehr von einem Signal, sondern von einer *Sequenz x[n]*. Der Prozessor erhält also eine Eingangssequenz $x[n]$ und erzeugt daraus eine Ausgangssequenz $y[n]$, Bild 5.2.

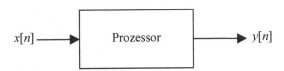

Bild 5.2 Digitaler Prozessor mit Ein- und Ausgangssequenz

In einem Rechner wird eine Sequenz in einem Array oder Vektor abgelegt, n entspricht dann gerade der Zellennummer. Die Abtastwerte können nun aber wegen der beschränkten Wortbreite nur noch eine endliche Genauigkeit aufweisen. Diese Amplitudenquantisierung verfälscht die Signale etwas. Die ganze Theorie dieses Kapitels bezieht sich auf zeit*diskrete* und amplituden*kontinuierliche* Signale. Die Amplitudenquantisierung werden wir erst im Abschnitt 6.10 betrachten.

Aus praktischen Gründen teilt man den Prozessor manchmal auf in einen *Pre-Prozessor* und den eigentlichen Prozessor, Bild 5.3. Dies bringt Vorteile, indem man z.B. bei räumlich distanzierter Signalerfassung und -verarbeitung im Pre-Prozessor eine Datenreduktion durchführt. Z.B. wird im Pre-Prozessor ein Effektivwert berechnet und nur dieser (und nicht die ganze Eingangssequenz) an den Prozessor weitergeleitet. Aus theoretischer Sicht sind die Strukturen der Bilder 5.2 und 5.3 identisch.

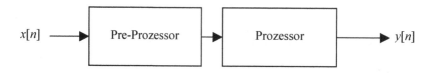

Bild 5.3 Aufteilung der Verarbeitungseinheit in zwei Blöcke

Echtzeitsysteme sind in der Lage, sämtliche anfallenden Daten mit derselben Rate zu verarbeiten. Eine Verzögerungszeit ist dabei aber unvermeidlich. Echtzeit bedeutet also nicht, dass die Verarbeitung schnell ist, sondern nur, dass der Pendenzenberg eines Prozessors nicht anwächst. Die Verzögerungszeit kann aber für kritische Anwendungen bestimmend sein. In der Regelungstechnik beispielsweise verkleinert die Verzögerungszeit die Phasenmarge (Gleichung (2.28)) und bewirkt somit eine Verringerung der Stabilitätsreserve.

Je nach Datenmenge und Anforderung an die Geschwindigkeit realisiert man den Prozessor auf verschiedene Arten, nämlich

- mit Rechnern (universell, aber langsam)
- mit digitalen Signalprozessoren (DSP) (relativ schnell)
- in reiner Hardware (schnell, aber teuer und unflexibel)

Natürlich versucht man, die Hardware-Lösung möglichst zu vermeiden. Neben dem geringeren Preis bieten die Software-Lösungen grössere Flexibilität, einfachere Fehlerbehebung und somit insgesamt kürzere Entwicklungszeit. Die Realisierung von digitalen Systemen werden wir im Abschnitt 6.11 kurz betrachten.

Zum Abschluss dieser Einführung noch dies: analoge und digitale Signalverarbeitung konkurrieren sich gegenseitig nicht, sondern sie ergänzen sich! Auch wenn der Trend klar in Richtung Digitalisierung geht, werden stets analoge Blöcke benötigt, zumindest für die beiden Filter in Bild 5.1. Für Anwendungen in der Hochfrequenztechnik ist die Digitaltechnik noch zu langsam, dies wird noch für einige Zeit die Domäne der analogen Signalverarbeitung bleiben.

5.2 Die Fourier-Transformation für Abtastsignale (FTA)

5.2.1 Einführung

Ein analoges Signal hat sowohl einen kontinuierlichen Wertebereich (Amplitudenachse) als auch einen kontinuierlichen Definitionsbereich (Zeitachse). Durch die Abtastung entsteht daraus ein zeitdiskretes, aber immer noch amplitudenkontinuierliches Signal. Anschliessend wird das Signal gerundet oder quantisiert (damit wird auch die Amplitudenachse diskret) und der erhaltene Wert in einem (meistens binären) Code dargestellt. Auf diese Weise erhält man ein digitales Signal bzw. eine Sequenz.

Praktisch geschieht die Abtastung durch eine Sample&Hold-Schaltung (S&H), die Quantisierung durch einen AD-Wandler (ADC). Oft sind beide Bausteine in einer einzigen integrierten Schaltung vereint. Vor der S&H-Schaltung wird mit einem analogen Tiefpass, dem Anti-Aliasing-Filter (AAF), die Bandbreite des analogen Signals begrenzt (die Begründung folgt im Abschnitt 5.2.4). Die Blöcke AAF, S&H, ADC, DAC und Glättungsfilter bestimmen ausschliesslich die „analogen" Eigenschaften des digitalen Systems wie Drift, Alterung, Genauigkeit usw.

Durch das Quantisieren der Amplitudenachse wird ein Fehler eingeführt, der sich normalerweise als Rauschen bemerkbar macht. Dieses *Quantisierungsrauschen* bedeutet einen irreversiblen Informationsverlust. Mit einer grösseren Wortbreite des ADC kann das Quantisierungsrauschen verkleinert werden, allerdings ergibt sich dann eine erhöhte Datenmenge und damit ein erhöhter Aufwand für die Verarbeitung, Übertragung und Speicherung. Die Anwendung bestimmt die Wortbreite des ADC. In der Praxis beträgt die Wortbreite 8 Bit (2^8 = 256 mögliche Amplitudenwerte) für Sprachsignale, 8 bis 12 Bit für Videosignale, 16 Bit ($2^{16} \approx$ 65'000 Werte) für Musiksignale und bis zu 24 Bit bei speziellen Anwendungen der Messtechnik, z.B. in der Seismologie.

Die Amplitudenquantisierung wird vorläufig nicht berücksichtigt, darauf werden im Abschnitt 6.10 gesondert eingehen.

Mathematisch beschreibt man die Abtastung als Multiplikation mit einer Diracstossfolge. Praktisch ergibt sich aber durch den S&H eine Treppenkurve (Bild 2.2 b). Letztere wird benötigt, um dem ADC genügend Zeit für die Quantisierung zu verschaffen. Dieses Treppensignal ist nur scheinbar zeitkontinuierlich, da jeweils nur die Signalwerte unmittelbar nach Beginn einer Stufe „überraschend" sind. Danach ist der Signalwert vorhersagbar unveränderlich, trägt also keinerlei Information. In der mathematischen Beschreibung der Abtastung erscheint der S&H darum überhaupt nicht.

5.2.2 Die ideale Abtastung von Signalen

Das analoge Signal $x(t)$ wird multipliziert mit einer Diracstossfolge. Es entsteht das abgetastete, d.h. zeit*diskrete* und wert*kontinuierliche* Signal $x_A(t)$:

$$x_A(t) = x(t) \cdot \sum_{n=-\infty}^{\infty} \delta(t-nT) = \sum_{n=-\infty}^{\infty} x(t) \cdot \delta(t-nT) \qquad (5.1)$$

Nun benutzen wir die Ausblendeigenschaft des Diracstosses nach Gleichung (2.36):

$$\boxed{x_A(t) = \sum_{n=-\infty}^{\infty} x(nT) \cdot \delta(t-nT) \stackrel{\wedge}{=} x(nT) = x[n]} \qquad (5.2)$$

T heisst *Abtastintervall*, $1/T = f_A$ ist die *Abtastfrequenz*. $x[n]$ *ist eine Folge von gewichteten Diracstössen*. Die Gewichte $x(nT)$ bzw. $x[n]$ heissen auch *Abtastwerte* und entsprechen gerade den Signalwerten von $x(t)$ an den Stellen $t = nT$. Dank der Deltafunktion kann in (5.2) das abgetastete Signal sowohl als zeitkontinuierliche Funktion $x_A(t)$ als auch als zeitdiskrete Sequenz $x[n]$ beschrieben werden. $x_A(t)$ existiert in der Wirklichkeit natürlich nicht, sondern kann physikalisch nur angenähert werden.

Eigentlich müsste man in (5.2) $\{x[n]\}$ schreiben, um die gesamte Folge vom einzelnen Abtastwert mit der Nummer n unterscheiden zu können. Üblicherweise schreibt man einfach $x[n]$ und überlässt es dem Leser, aus dem Zusammenhang die Bedeutung zu erkennen.

Die Abtastung ist linear, aber zeitvariant. Wird z.B. ein Rechteckpuls von 9.5 Sekunden Dauer abgetastet mit $T = 1$ Sekunde, so kommt es auf die Abtastzeitpunkte an, ob 9 oder 10 Abtastwerte von Null verschieden sind.

5.2.3 Das Spektrum von abgetasteten Signalen

Das Spektrum des abgetasteten Signals berechnen wir, indem wir $x_A(t)$ aus (5.2) der altbekannten Fourier-Transformation nach (2.24) unterziehen:

$$X_A(j\omega) = \int_{-\infty}^{\infty} \sum_{n=-\infty}^{\infty} x(nT) \cdot \delta(t-nT) \cdot e^{-j\omega t} dt \tag{5.3}$$

Nun tauschen wir die Reihenfolge von Summation und Integration. $x(nT)$ hängt nur implizite von t ab und kann darum vor das Integralzeichen geschrieben werden, wirkt also für die Fourier-Transformation wie eine Konstante.

$$X_A(j\omega) = \sum_{n=-\infty}^{\infty} \int_{-\infty}^{\infty} x(nT) \cdot \delta(t-nT) \cdot e^{-j\omega t} dt = \sum_{n=-\infty}^{\infty} x(nT) \cdot \int_{-\infty}^{\infty} \delta(t-nT) \cdot e^{-j\omega t} dt \tag{5.4}$$

Für die Lösung des verbleibenden Integrals benutzen wir die Ausblendeigenschaft des Diracstosses sowie seine Definitionsgleichung (2.33):

$$X_A(j\omega) = \sum_{n=-\infty}^{\infty} x(nT) \cdot \int_{-\infty}^{\infty} \delta(t-nT) \cdot e^{-jn\omega T} dt = \sum_{n=-\infty}^{\infty} x(nT) \cdot e^{-jn\omega T} \cdot \underbrace{\int_{-\infty}^{\infty} \delta(t-nT) dt}_{=1}$$

$$X_A(j\omega) = \sum_{n=-\infty}^{\infty} x(nT) \cdot e^{-jn\omega T} = \sum_{n=-\infty}^{\infty} x[n] \cdot e^{-jn\omega T} \tag{5.5}$$

Dasselbe kann man übrigens auch mit einer anderen Anschauung herleiten: wir nehmen den letzten Ausdruck von (5.4):

$$X_A(j\omega) = \sum_{n=-\infty}^{\infty} x(nT) \cdot \int_{-\infty}^{\infty} \delta(t-nT) \cdot e^{-j\omega t} dt$$

Das Integral ist die Fourier-Tranformation des verschobenen Diracstosses. Mit dem Verschiebungssatz (2.28) gilt:

$$\delta(t) \;\circ\!\!-\!\!\circ\; 1 \quad \Rightarrow \quad \delta(t-nT) \;\circ\!\!-\!\!\circ\; e^{-j\omega nT}$$

Setzen wir dies oben ein, erhalten wir wiederum:

$$X_A(j\omega) = \sum_{n=-\infty}^{\infty} x(nT) \cdot e^{-jn\omega T} = \sum_{n=-\infty}^{\infty} x[n] \cdot e^{-jn\omega T}$$

Wir ergötzen uns an einer dritten Variante der Herleitung der wichtigen Gleichung (5.5). Der Zweck dabei ist es, Routine im Umgang mit der Fourier-Transformation zu erhalten, worum wir bei den späteren Herleitungen froh sein werden.

Wir kennen bereits die beiden folgenden Korrspondenzen:

$$\delta(t) \quad \circ\!-\!\circ \quad 1$$

$$\delta(t - nT) \quad \circ\!-\!\circ \quad e^{-jn\omega T}$$

Wegen der Linearität der Fourier-Transformation gilt das Superpositionsgesetz:

$$\sum_{n=-\infty}^{\infty} \delta(t - nT) \quad \circ\!-\!\circ \quad \sum_{n=-\infty}^{\infty} e^{-jn\omega T} \tag{5.6}$$

Die Abtastwerte $x[n]$ wirken wie konstante Koeffizienten, deshalb gelten auch die folgenden Korrespondenzen:

$$x[n] \cdot \delta(t - nT) \quad \circ\!-\!\circ \quad x[n] \cdot e^{-jn\omega T}$$

$$x_A(t) = \sum_{n=-\infty}^{\infty} x[n] \cdot \delta(t - nT) \quad \circ\!-\!\circ \quad \sum_{n=-\infty}^{\infty} x[n] \cdot e^{-jn\omega T} = X_A(j\omega) \tag{5.7}$$

(5.6) ist die Fourier-Transformation der Diracstossfolge. Deren Spektrum haben wir bereits mit (2.47) berechnet. Durch Gleichsetzen der rechten Seiten von (2.47) und (5.6) erhält man einen neuen Ausdruck für die Diracstossfolge im Frequenzbereich (nämlich die Fourier-Reihe im Frequenzbereich!), mit Euler lässt sich noch die Exponentialsumme umformen:

$$\omega_A \cdot \sum_{n=-\infty}^{\infty} \delta(\omega - n\omega_A) = \sum_{n=-\infty}^{\infty} e^{-jn\omega T} = 1 + 2 \cdot \sum_{n=1}^{\infty} \cos(n\omega T) \quad mit \quad \omega_A = \frac{2\pi}{T} \tag{5.8}$$

Die Gleichungen (5.5) und (5.7) beschreiben das Spektrum des Abtastsignales, dieses ist *periodisch und kontinuierlich*, ω kann jeden Wert annehmen. Die Periode beträgt $\omega_A = 2\pi \cdot f_A = 2\pi/T$:

$$X_A\left(j\omega + jk\frac{2\pi}{T}\right) = \sum_{n=-\infty}^{\infty} x[n] \cdot e^{-jn\left(\omega + k\frac{2\pi}{T}\right)T} = \sum_{n=-\infty}^{\infty} x[n] \cdot e^{-jn\omega T} \cdot \underbrace{e^{-jnk2\pi}}_{1} = X_A(j\omega)$$

$$X_A\left(j\omega + jk\frac{2\pi}{T}\right) = X_A(j\omega) \tag{5.9}$$

Dies ist keineswegs erstaunlich. Wir wissen ja, dass periodische Signale ein diskretes Spektrum haben ($\rightarrow$ Fourier-Reihe). Diese Signale lassen sich demnach durch eine Zahlenfolge im Frequenzbereich (die Fourier-Koeffizienten) vollständig beschreiben. Wegen der Dualität (Abschn. 2.3.5 b), Gleichung (2.50)) folgt unmittelbar, dass ein diskretes Signal ein periodisches Spektrum hat. Letzteres lässt sich darum im Zeitbereich durch eine Zahlenfolge (die Abtastwerte) vollständig darstellen.

> *Diskrete Signale haben ein periodisches Spektrum.*
> *Periodische Signale haben ein diskretes Spektrum.*

Für die Herleitung der Gleichung (5.5) haben wir die ganz normale Fourier-Transformation nach (2.24) angewandt, es handelt sich nicht um eine neue Transformation! Die Periodizität des Spektrums ergibt sich nämlich aufgrund einer *Signal*eigenschaft (abgetastetes Signal), und nicht etwa aufgrund einer *Transformations*eigenschaft. Trotzdem sieht die Transformationsgleichung (5.5) ganz anders aus als (2.24), sie zeigt nämlich eine Summation anstelle eines Integrals. Auch dies ist eine Folge des speziellen Zeitsignales $x_A(t)$, indem dieses nach (5.2) aus einer Folge von gewichteten Diracstössen besteht, welche ihrerseits die Ausblendeigenschaft (2.35) besitzen.

Es gibt gute Gründe (vgl. Abschnitt 5.7), die Abbildung nach (5.5) als eigenständige Transformation zu betrachten, nämlich als *Fourier-Transformation für Abtastsignale (FTA)*.

Da die Frequenzvariable $j\omega$ stets in der Form $e^{j\omega T}$ vorkommt, schreibt man $X(e^{j\omega T})$ anstatt $X_A(j\omega)$. Weiter kürzt man ωT durch Ω ab, bzw. man normiert ω auf f_A:

$$X(e^{j\omega T}) = X(e^{j\Omega}) = \sum_{n=-\infty}^{\infty} x(nT) \cdot e^{-jn\omega T} = \sum_{n=-\infty}^{\infty} x[n] \cdot e^{-jn\Omega} \quad ; \quad \Omega = \omega \cdot T = \frac{\omega}{f_A} \quad (5.10)$$

Mit dieser Schreibweise verdeutlicht man auch die Periodizität des FTA-Spektrums. Es kommt aber noch ein weiteres Argument dazu: Das Fourier-Spektrum eines kontinuierlichen Signals $x(t)$ bezeichnen wir mit $X(j\omega)$. Man könnte eigentlich genausogut $X(\omega)$ schreiben. Der Grund für die Schreibweise $X(j\omega)$ liegt darin, dass man so die Verwandtschaft zur Laplace-Transformation deutlicher sieht.

Kontinuierliche Signale haben wir mit der Fourier- und der Laplace-Transformation beschrieben. An ihre Stelle treten bei zeitdiskreten Signalen die FTA und die z-Transformation (vgl. Abschnitt 5.6). Zwischen den beiden letztgenannten Transformationen besteht ebenfalls eine enge Verwandtschaft, die mit der Schreibweise $X(e^{j\Omega})$ viel besser zum Ausdruck kommt.

In Gleichung (5.10) sind verschiedene Schreibweisen für die FTA zu finden. Einmal steht $x(nT)$, womit die Folge der gewichteten Diracstössen gemeint ist. Daneben finden wir auch $x[n]$, welches eine Sequenz darstellt. Eine Sequenz ist eine Folge von Zahlen, in unserem Fall stellen diese Zahlen die Abtastwerte und zugleich die Gewichte der erwähnten Diracstösse dar. Beide Varianten sind gleichwertig, wir benutzen fortan meistens die zweite.

Fourier-Transformation für Abtastsignale (FTA):

$$X(e^{j\Omega}) = \sum_{n=-\infty}^{\infty} x[n] \cdot e^{-jn\Omega} \quad ; \quad \Omega = \omega \cdot T = \frac{\omega}{f_A} \qquad (5.11)$$

Inverse FTA:

$$x[n] = \frac{T}{2\pi} \int_{-\pi/T}^{\pi/T} X(e^{j\Omega}) \cdot e^{jn\Omega} d\omega \qquad (5.12)$$

Die inverse FTA ist nichts anderes als die Fourier-Reihenentwicklung einer (periodischen!) *Spektral*funktion. Die Fourier-Koeffizienten liegen dann im *Zeit*bereich und entsprechen gerade den Abtastwerten.

Um es nochmals klarzustellen: *die FTA ist keine neue Transformation*, wir haben ja lediglich die bekannte Fourier-Transformation auf ein Abtastsignal angewandt. Demzufolge hat die FTA auch die gleichen Eigenschaften wie die Fourier-Transformation (Abschnitt 2.3.5).

Vorsicht ist geboten bei der leider uneinheitlichen Bezeichnung: manchmal wird die FTA als zeitdiskrete Fourier-Transformation bezeichnet und mit FTD abgekürzt. Dies birgt die Gefahr der Verwechslung mit der diskreten Fourier-Transformation, welche mit DFT abgekürzt wird. Die DFT ist aber nicht gleich der FTA, sondern sie entspricht der Abtastung der FTA, vgl. Abschnitt 5.3. Zur besseren Unterscheidung verwenden wir die Abkürzung FTA, obwohl sie nicht verbreitet ist. In der amerikanischen Literatur findet man auch die Bezeichnung DTFT (discrete time fourier transform).

Das Spektrum $X(e^{j\Omega})$ lässt sich noch auf eine weitere Art berechnen: Ausgehend von (5.1) und dem Faltungstheorem im Frequenzbereich (2.32) sowie der Korrespondenz der Diracstossreihe (2.47) wird:

$$x_A(t) = x(t) \cdot \sum_{n=-\infty}^{\infty} \delta(t - nT)$$

$$X(e^{j\Omega}) = \frac{1}{2\pi} \cdot X(j\omega) * \omega_A \cdot \sum_{n=-\infty}^{\infty} \delta(\omega - n\omega_A) = \frac{1}{T} \cdot X(j\omega) * \sum_{n=-\infty}^{\infty} \delta(\omega - n\omega_A)$$

In Worten: Abtasten heisst Multiplizieren mit einer δ-Folge, die Spektren werden also gefaltet. Falten mit einer δ-Folge heisst aber periodisch Fortsetzen:

$$X\left(e^{j\Omega}\right) = \frac{1}{T} \cdot \sum_{n=-\infty}^{\infty} X(j\omega - jn\omega_A) = \frac{1}{T} \cdot \sum_{n=-\infty}^{\infty} X\left(j\omega - j\frac{n2\pi}{T}\right) \qquad (5.13)$$

Damit ist ein direkter Zusammenhang zwischen dem Spektrum $X(j\omega)$ des analogen Signals $x(t)$ und dem Spektrum $X(e^{j\Omega})$ des abgetasteten Signals $x_A(t)$ hergestellt:

> *Wird ein Signal abgetastet, so wird sein Spektrum*
> *periodisch fortgesetzt mit der Abtastfrequenz f_A bzw. ω_A*
> *und gewichtet mit dem Abtastintervall $T = 1/f_A$.*

Diesen Faktor T kann man sich folgendermassen vorstellen: Das Abtast-Halteglied (Sample & Hold) nähert das analoge Signal an durch ein Treppensignal, Bild 2.2 b). Die Fourier-Transformation (FT) des analogen Signals ist eine Integration über das Signal und erfasst somit die Fläche unter dem Signal. Die Fläche des Treppensignals besteht aus der Summe der Flächen der Stufen. Jede Stufe hat die Fläche „Höhe $x[n]$ mal Breite T“. Die FTA summiert aber nur die gewichteten Diracstösse, erfasst also nur die Höhen $x[n]$ der Stufen und unterscheidet sich darum um den Faktor T von der Fourier-Transformation. Vergleicht man die Gleichungen der FT nach (2.24) und der IFT (2.25) mit der FTA (5.11) und der IFTA (5.12), so erkennt man, dass bei der IFTA dieser Faktor T wieder eingefügt ist.

Es gibt Autoren, die fügen vorsorglich diesen Faktor T schon in die Summation in (5.2) ein mit der Begründung, dass damit das abgetastete Signal dieselbe Dimension hat wie das analoge Signal (die Dimension von $\delta(t)$ ist ja s^{-1}). In diesem Fall entfällt der Faktor T bei der IFTA. Dem ist entgegenzuhalten, dass das abgetastete Signal als Folge von gewichteten Diracstössen durchaus eine andere Dimension hat als das analoge Vorbild. Ein akademischer Streit lohnt sich aber nicht, denn Diracstösse sind physikalisch nicht realisierbar, man kann die Dimension darum gar nicht messtechnisch nachvollziehen. Ein *konstanter* Faktor trägt ohnehin gar keine Information, die Aussagekraft der Signale ist also in beiden Fällen identisch. Welche Variante man auch bevorzugt, dieser Faktor T tritt irgendwo störend auf, wir werden ihn noch einige Male antreffen. Man muss also lediglich wissen, welche Variante praktiziert wird, leben kann man mit beiden.

Weil es so schön war, noch eine weitere (und letzte) Art der Herleitung der FTA. Wenn wir schon wissen, dass die Abtastung das Spektrum periodisch fortsetzt, so können wir dies auch mit dem Modulationssatz (2.29) und dem Superpositionsgesetz zeigen:

$$x(t) \cdot e^{j\omega_A t} \quad \circ\!\!-\!\!\circ \quad X(j\omega - j\omega_A)$$

$$\sum_{n=-\infty}^{\infty} x(t) \cdot e^{jn\omega_A t} = x(t) \cdot \sum_{n=-\infty}^{\infty} e^{jn\omega_A t} \quad \circ\!\!-\!\!\circ \quad \sum_{n=-\infty}^{\infty} X(j\omega - jn\omega_A)$$

Nun tauschen wir in (5.8) $\omega_A \leftrightarrow T$ und $\omega \leftrightarrow t$, wir schreiben damit die Diracstossfolge im Zeitbereich als Fourier-Reihe:

$$T \cdot \sum_{n=-\infty}^{\infty} \delta(t - nT) = \sum_{n=-\infty}^{\infty} e^{-jn\omega_A t} = \sum_{n=-\infty}^{\infty} e^{+jn\omega_A t}$$

Wir setzen dies oben ein, worauf wir wieder (5.13) erhalten:

$$x(t) \sum_{n=-\infty}^{\infty} e^{jn\omega_A t} = x(t) \cdot T \sum_{n=-\infty}^{\infty} \delta(t - nT) = T \cdot x_A(t) \circ\!\!-\!\!\circ \sum_{n=-\infty}^{\infty} X(j\omega - jn\omega_A) = T \cdot X_A(j\omega)$$

5.2.4 Das Abtasttheorem

Im Abschnitt 5.2.2 haben wir gesehen, wie durch Abtastung ein analoges Signal in ein zeitdiskretes Signal umgewandelt wird. Diese Abbildung ist eindeutig. Nun betrachten wir den umgekehrten Weg: wie wird aus dem zeitdiskreten Signal wieder das ursprüngliche analoge Signal rekonstruiert? Es wird sich zeigen, dass die Abtastung nur unter bestimmten Bedingungen eine eineindeutige (d.h. umkehrbare) Abbildung darstellt. Dieser Abschnitt 5.2.4 befasst sich mit diesen Bedingungen, während im Abschnitt 5.2.5 der tatsächlichen Rückwandlungsvorgang beschrieben ist.

Das Spektrum des abgetasteten Signals ist nach Gleichung (5.13) die periodische Fortsetzung des Spektrums des kontinuierlichen Signals. Die Periode (Abstand der Teilspektren auf der ω-Achse) beträgt $2\pi/T$. Je kleiner das Abtastintervall T ist, also je grösser die Abtastfrequenz ist, desto weiter liegen die Teilspektren auseinander. Aus dem periodischen Spektrum kann das ursprüngliche kontinuierliche Signal dann wieder rekonstruiert werden, wenn die Grundperiode des Spektrums des abgetasteten Signals keine Überlappungen mit den folgenden Perioden aufweist, Bild 5.4 Mitte. Die Grundperiode ist bis auf den informationslosen Faktor $1/T$ gerade das Spektrum des kontinuierlichen Signals.

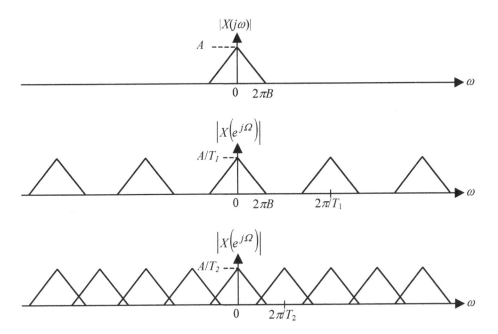

Bild 5.4   Oben: Spektrum eines kontinuierlichen (analogen) Signales
Mitte: Spektrum des mit $f_{A1} = 1/T_1$ abgetasteten Signales → keine Überlappung
unten: Spektrum des mit $f_{A2} = 1/T_2 < 2B$ abgetasteten Signales → Aliasing

Aus Bild 5.4 wird sofort die Bedingung ersichtlich, damit keine Überlappung (engl. „aliasing") der Teilspektren auftritt:

> *Ein kontinuierliches Tiefpass-Signal muss mit einer Frequenz*
> *abgetastet werden, die mehr als doppelt so gross ist wie die*
> *höchste im Signal vorkommende Frequenz.*

Ein Tiefpass-Signal (auch Basisbandsignal genannt) hat ein Spektrum mit tiefen Frequenzen und irgend einer oberen Grenze, wie in Bild 5.4 oben gezeichnet. Bei Tiefpass-Signalen entspricht die höchste Frequenz der Bandbreite.

Der Merksatz bedeutet, dass *vor der Abtastung* ein Signal mit einem Tiefpassfilter, dem *Anti-Aliasing-Filter* (AAF), in seiner Bandbreite beschränkt werden muss, Bild 5.1. Das AAF braucht aber nicht unbedingt explizite vor der S&H-Schaltung aufzutreten. Wenn das analoge Signal aufgrund der Quelleneigenschaften bereits bandbegrenzt ist, so kann man auf das Filter verzichten. In jedem Fall muss man aber unbedingt die entsprechende Überlegung anstellen.

Der obige Merksatz kann und soll etwas edler formuliert werden:

> *Ein kontinuierliches Signal der Bandbreite B kann aus seiner*
> *abgetasteten Version (Abtastfrequenz f_A) nur dann fehlerfrei*
> *rekonstruiert werden, wenn $f_A > 2B$ ist.*

Dies ist das *Abtasttheorem* von C.E. Shannon, das auch als *Nyquist-Theorem* bezeichnet wird.

Das Ungleichheitszeichen *muss* sein. Bei genau doppelter Abtastfrequenz können sich Fehler ergeben. Man stelle sich z.B. ein Sinussignal von 1 kHz vor, das mit 2 kHz abgetastet wird. Bei unglücklicher Phasenlage fallen alle Abtaststellen auf die Nulldurchgänge des Sinus und alle Abtastwerte wären Null, unabhängig von der Amplitude des Sinus. Diese Abtastung wäre keineswegs eindeutig. Auch Sinussignale der Frequenz 2 kHz, 4 kHz usw. würden dieselben Abtastwerte liefern.

Nun gehen wir noch auf den kleinen aber feinen Unterschied zwischen den beiden obenstehenden Merksätzen ein. Ein Bandpass-Signal ist bandbegrenzt und hat eine u.U. hohe untere Grenzfrequenz. Ein Tiefpass-Signal hingegen ist ebenfalls bandbegrenzt, hat aber eine tiefe untere Grenzfrequenz. Beim Tiefpass-Signal ist die maximal auftretende Frequenz gleich der Bandbreite, beim Bandpass-Signal hingegen nicht.

Häufig wird das Abtasttheorem mit folgendem Wortlaut rezitiert: „Die Abtastfrequenz muss höher sein als das Doppelte der höchsten Signalfrequenz". Dies ist demnach nur korrekt für Tiefpass-Signale. Erstreckt sich ein Bandpass-Signal z.B. von 80 kHz bis 100 kHz, so würde dieser Satz eine Abtastfrequenz von über 200 kHz verlangen. Tatsächlich genügt aber eine Abtastfrequenz von etwas über 40 kHz.

Früher digitalisierte man fast ausschliesslich Tiefpass-Signale, heute aber zunehmend auch Bandpass-Signale. Deshalb ist es wichtig, sich das Abtasttheorem in seiner korrekten Form zu merken. In [Mey19] wird die Abtastung von Bandpass-Signalen genauer betrachtet.

Ein bandbegrenztes Signal ist durch die Folge seiner Abtastwerte *vollständig* bestimmt, falls das Abtasttheorem eingehalten wurde. Man braucht also nicht den kompletten Verlauf des analogen Signals zu kennen. Dank der Bandbegrenzung kann das analoge Signal sich nämlich nicht beliebig schnell ändern, zwischen zwei Abtastwerten gibt es darum nur eine einzige Möglichkeit des Signalverlaufes. Das analoge Signal und seine korrekt abgetastete zeitdiskrete Version sind vom Informationsgehalt her absolut gleichwertig. Dies gilt allerdings nur für zeitdiskrete und amplituden*kontinuierliche* Signale. Das durch den Rundungsvorgang im ADC eingeführte Quantisierungsrauschen stellt einen irreversiblen Informationsverlust dar. Diese Rundung ist aber eine Quantisierung der Werte-Achse, während die Abtastung eine Quantisierung der Zeitachse darstellt. Diese beiden Quantisierungen haben nichts miteinander zu tun, bei der AD-Wandlung werden aber beide miteinander eingesetzt.

Wird ein Signal schneller als notwendig abgetastet, so spricht man von *Überabtastung (engl. oversampling)*, im andern Fall von *Unterabtastung*. Überabtastung ist nicht tragisch, ausser dass pro Sekunde mehr Abtastwerte anfallen als notwendig, der Aufwand für deren Verarbeitung, Übertragung und Speicherung ist somit grösser als nötig.

In der Praxis ist die Bandbreite des Signals aus der Anwendung gegeben, daraus wird die untere Grenze der Abtastfrequenz abgeleitet. Mit einem Tiefpassfilter (AAF) wird vor der Abtastung das Signal bandbegrenzt. Dieses Filter hat keinen unendlich steilen Übergangsbereich, deshalb ist eine leichte Überabtastung notwendig. In der Praxis wählt man oft $f_A \approx 2.2 \dots 2.4 \cdot B$.

Sprachsignale z.B. erstrecken sich von etwa 300 Hz bis 3.4 kHz (diese Frequenzen genügen für eine einwandfreie Verständlichkeit). Beim Telefonnetz werden die Sprachsignale deshalb mit einer Abtastfrequenz von 8 kHz digitalisiert.

Musiksignale reichen von 20 Hz bis 20 kHz (nur das junge und gesunde menschliche Ohr kann bis 20 kHz hören). Bei der Compact-Disc beträgt die Abtastfrequenz 44.1 kHz.

Je höher die Abtastfrequenz gewählt wird, desto einfacher kann das AAF seine Aufgabe erfüllen. Anderseits wird die zu verarbeitende Datenmenge umso geringer, je kleiner die Abtastfrequenz gewählt wird. Die Wahl von f_A ist demnach stets ein Kompromiss.

Die Realisierung der (stets analogen) AAF ist in Kapitel 4 beschrieben.

Falls das Abtasttheorem nicht eingehalten wird, entstehen „Rückfaltungen" oder Alias-Frequenzen. Die Teilspektren in Bild 5.4 unten überlappen sich. Wie das Bild zeigt, entstehen die Fehler zuerst bei den hohen Frequenzen des rekonstruierten Signals. Aus Bild 5.5 ist genauer ersichtlich, welche Frequenzen korrekt und welche falsch abgebildet werden.

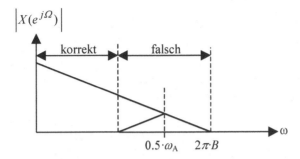

Bild 5.5 Aliasing bei zu tiefer Abtastfrequenz. Anmerkung: die Bandbreite B wird normalerweise auf der Frequenzachse in Hz angegeben und nicht auf der ω-Achse in s^{-1}. Deshalb ist im Bild die Bandbreite mit $2\pi \cdot B$ eingezeichnet.

Aliasing-Effekte entstehen auch bei diskreten optischen Systemen, z.B. bei Stroboskop-Beleuchtungen. Ein weiteres Beispiel sind die Wildwestfilme, wo sich die Speichen der Postkutschen oft scheinbar rückwarts drehen.

5.2.5 Die Rekonstruktion von abgetasteten Signalen (DA-Wandlung)

Die naheliegendste Möglichkeit zur Rekonstruktion zeigt Bild 5.4: man filtert das abgetastete Signal mit einem *analogen* Tiefpass mit der Grenzfrequenz $f_A/2$ und gewichtet es mit dem Faktor T. Übrig bleibt nach dem Filter die Grundperiode des Spektrums, die ja gerade dem Spektrum des ursprünglichen analogen Signals entspricht. Dieses analoge Filter heisst *Glättungsfilter* oder *Rekonstruktionsfilter*, es ist baugleich zum Anti-Aliasing-Filter, Bild 5.1.

Allerdings geht Bild 5.4 davon aus, dass die Abtastwerte durch gewichtete Diracstösse dargestellt werden. In der Praxis kann man die Diracstösse aber nur durch Rechteckpulse nach Bild 2.11 links annähern. Die Auswirkung davon betrachten wir am besten im Spektrum. Dazu benutzen wir die Gleichungen (5.11) für die FTA sowie deren Herleitung (5.6) und (5.7). Als Näherung für $\delta(t)$ verwenden wir $r_\tau(t)$, einen Rechteckpuls der Breite τ und der Höhe $1/\tau$. Die Fläche (das Gewicht) bleibt damit unverändert und ist gleich 1. Das Spektrum von $r_\tau(t)$ beträgt nach (2.27):

$$r_\tau(t) \quad \circ\!\!-\!\!\circ \quad R_\tau(j\omega) = \frac{\sin(\omega\tau/2)}{\omega\tau/2}$$

Ein um nT verschobener und mit $x[n]$ gewichteter Rechteckpuls hat das Spektrum:

$$x[n] \cdot r_\tau(t - nT) \quad \circ\!\!-\!\!\circ \quad x[n] \cdot \frac{\sin(\omega\tau/2)}{\omega\tau/2} \cdot e^{-jn\omega T}$$

Die Superposition einer ganzen Pulsfolge ergibt:

$$\sum_{n=-\infty}^{\infty}x[n]\cdot r_\tau(t-nT) \quad \circ\!\!-\!\!\circ \quad \sum_{n=-\infty}^{\infty}x[n]\cdot\frac{\sin(\omega\tau/2)}{\omega\tau/2}\cdot e^{-jn\omega T}=\sum_{n=-\infty}^{\infty}x[n]\cdot R_\tau(j\omega)\cdot e^{-jn\omega T}$$

$$\sum_{n=-\infty}^{\infty}x[n]\cdot r_\tau(t-nT) \quad \circ\!\!-\!\!\circ \quad R_\tau(j\omega)\cdot\sum_{n=-\infty}^{\infty}x[n]\cdot e^{-jn\omega T}=R_\tau(j\omega)\cdot X\!\left(e^{j\Omega}\right) \qquad (5.14)$$

Wird ein kontinuierliches Signal $x(t)$ mit dem Spektrum $X(j\omega)$ durch Abtastwerte in Form von gewichteten Diracstössen dargestellt, so ergibt sich das FTA-Spektrum $X(e^{j\Omega})$, das die periodische Fortsetzung von $X(j\omega)$ ist. Wird das Signal $x(t)$ hingegen durch Abtastwerte in Form von gewichteten Rechteckpulsen $r_\tau(t)$ dargestellt, so ergibt sich das mit $R_\tau(j\omega)$ gewichtete FTA-Spektrum. Das bedeutet, dass die höheren Perioden des Spektrums zusehends gedämpft werden, Bild 5.6.

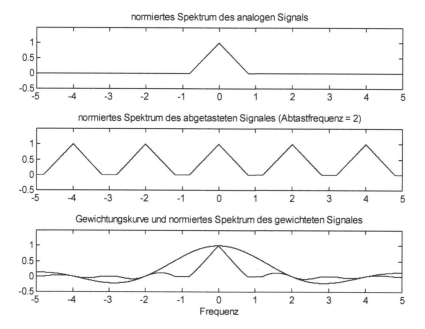

Bild 5.6 Gewichtung des Spektrums bei der DA-Wandlung durch die Darstellung der Abtastwerte mit Rechteckpulsen der Breite T statt mit Diracstössen.

Der häufigste Fall bei der DA-Wandlung ist natürlich der, dass $\tau = T$ gesetzt wird, aus $R_\tau(j\omega)$ wird dann $R_T(j\omega)$. Bild 5.6 zeigt genau diesen Fall. Im Zeitbereich ergibt sich nach dem DA-Wandler die bekannte Treppenkurve nach Bild 2.2 d). Dieses Signal ist immer noch zeitdiskret und amplitudenquantisiert. Der DA-Wandler ist also eigentlich kein Wandler, sondern lediglich ein Decoder, der eine wertdiskrete Grösse statt im Binärcode mit k Stellen im 2^k-Code mit 1 Stelle darstellt (k = Wortbreite des DAC).

Das Spektrum des Treppenkurvensignals in Bild 5.6 unten ist „periodisch", die höheren Perioden sind aber schon relativ stark gedämpft. Die erste Nullstelle der Dämpfungsfunktion $R_T(j\omega)$ ist bei $\omega = 2\pi/T$ bzw. $f_A = 1/T$ (im Bild 5.6 bei der Frequenz 2). Durch die starke Dämpfung der höheren Spektralperioden sieht das Treppenkurvensignal schon „ziemlich analog" aus und das Glättungsfilter in Bild 5.1 muss lediglich noch die Kanten runden.

Das Rekonstruktionsfilter stellt also aus gewichteten Diracstössen das ursprüngliche analoge Signal wieder her. Dasselbe macht das Glättungsfilter, welches jedoch von einem Treppenstufensignal ausgeht und deshalb eine einfachere Aufgabe hat als das Rekonstruktionsfilter.

Ein Beispiel aus dem Alltag mag den Effekt verdeutlichen: bei digitalisierten Bildern wird die Bildfläche in Punkte unterteilt und deren Helligkeit quantisiert. Wird mit einem Quadrat der Seitenlänge T abgetastet, so ergibt sich ein „Mosaikbild", d.h. die gesamte Bildfläche ist ausgenutzt, lediglich die Helligkeitsänderungen können nur an bestimmten Stellen auftreten. Dies entspricht einem zweidimensionalen Treppensignal. Aus der Nähe betrachtet ist oft der Bildinhalt nur sehr schwer zu erkennen. Mit einem Tiefpassfilter entfernt man die höheren Perioden des (zweidimensionalen) Spektrums, vermindert also damit die Änderungsgeschwindigkeit der Helligkeit. Damit werden die Kanten gerundet und der Bildinhalt viel einfacher erkennbar. Optische Tiefpassfilterung bedeutet, dass Feinheiten im Bild (die scharfen Kanten!) verloren gehen. Dies kann man ohne Hilfsmittel durchführen, indem man das Bild aus der Ferne betrachtet oder indem man die Augen zusammenkneift.

Die Gewichtung des Spektrums mit $R_T(j\omega)$ beeinflusst auch das Basisbandspektrum (d.h. den Bereich $-f_A/2 \dots +f_A/2$), was unerwünscht ist. Der maximale Fehler tritt bei $f_A/2$ auf, dort hat das Spektrum nur noch 63% des Sollwertes (-3.9 dB Verstärkungsfehler). Herleitung: nach Bild 5.6 unten fällt die Funktion $R_T(j\omega)$ zu Beginn monoton und hat die erste Nullstellen bei

$$\frac{\omega T}{2} = \pi \quad \Rightarrow \quad \omega = \frac{2\pi}{T} = 2\pi \cdot f_A$$

Bei der halben Abtastfrequenz hat somit der Amplitudengang nicht den Wert 1, sondern:

$$\left| R_T\left(j\frac{\pi}{T} \right) \right| = \frac{\sin(\pi/2)}{\pi/2} = \frac{1}{\pi/2} = \frac{2}{\pi} = 0.636$$

Auch bei der Abtastung (AD-Wandlung) arbeitet man in der Praxis mit Rechteckpulsen statt mit Diracstössen (Sample-Zeit bzw. „Öffnungszeit" des S&H). Somit wird das Spektrum ebenfalls mit $\sin(x)/x$ gewichtet. Allerdings ist die Sample-Zeit im Vergleich zum Abtastintervall meist sehr klein (d.h. die Rechtecke haben die Breite $\tau \ll T$, so dass dieser Effekt vernachlässbar ist. Die Hold-Zeit hat *keinen* Einfluss, da der ADC nur quantisierte Amplitudenwerte an den Prozessor weitergibt und nicht Rechteckflächen.

Eine Kaskade von idealem AAF, ADC mit unendlicher Wortbreite ($\rightarrow$ Quantisierungsrauschen vernachlässigbar), DAC und idealem Glättungsfilter ergibt also nicht mehr das ursprüngliche Signal, auch wenn überhaupt kein Prozessor das Signal manipuliert! Der DAC führt leider die $\sin(x)/x$-Verzerrung ein.

Dieser Effekt ist allerdings deterministisch, er lässt sich also kompensieren. Diese Kompensation geschieht entweder präventiv und digital vor dem DAC oder analog nach dem DAC, z.B. mit der Schaltung nach Bild 5.7.

Häufig verzichtet man aber auf diese sog. *sin(x)/x-Entzerrung*. Die Abtastfrequenz bestimmt man aufgrund der Bandbreite des Eingangssignals. Ist das digitale System ein Tiefpassfilter, so ist die Bandbreite des Ausgangssignales kleiner. Somit belegt das Spektrum des Ausgangssignales nur den Anfangsteil des Basisbandes, wo die $\sin(x)/x$-Verzerrung vernachlässigbar ist.

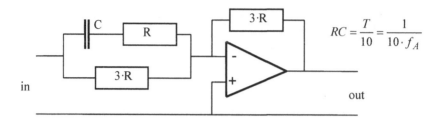

Bild 5.7 Analoger sin(*x*)/*x*-Entzerrer als Ergänzung zum Glättungs-Tiefpass

Diese Überlegung führt zu einer andern Abhilfemassnahme: Mit Oversampling z.B. um den Faktor 4 wird das Basisband vervierfacht. Der interessante Teil des Signalspektrums belegt nun nur noch das erste Viertel des Basisbandes und die sin(*x*)/*x*-Verzerrung fällt nicht auf. Damit wird aber leider die Prozessorleistung und der Speicherbedarf ebenfalls vervierfacht. Deshalb lässt man das digitale System besser mit der tiefen Abtastfrequenz arbeiten und erhöht die Abtastfrequenz erst unmittelbar vor dem DA-Wandler mit einem digitalen Interpolator (Anhang B). Diese Methode wird häufig bei den CD-Abspielgeräten angewandt, dort aber irrtümlicherweise als Oversampling bezeichnet. Diese Interpolation eliminiert einerseits die sin(*x*)/*x*-Verzerrung, auf der anderen Seite reduziert sie auch die Anforderung an das analoge Glättungsfilter. Macht man die Abtastfrequenz genügend gross, so kann ein einfaches (und einfach integrierbares!) RC-Glied die Funktion des Glättungs-Tiefpasses übernehmen.

Auch auf der Seite des ADC gibt es eine äquivalente Massnahme: mit Oversampling (hier ist der Ausdruck korrekt!) reduziert man die Anforderung an das analoge Anti-Aliasing-Filter und erhöht dafür den Aufwand auf der digitalen Seite. Dies ist meistens nicht nur preisgünstiger sondern auch technisch besser. Näheres dazu findet sich im Anhang B (erhältlich unter www.springer.com).

5.3 Die diskrete Fourier-Transformation (DFT)

5.3.1 Die Herleitung der DFT

Die FTA nach (5.11) hat dieselbe Beziehung zu den zeitdiskreten Signalen, wie sie die Fourier-Transformation zu den analogen Signalen hat. Leider ist die FTA aber nicht so praxistauglich, da über unendlich viele Abtastwerte summiert wird. Die diskrete Fourier-Transformation (DFT) stellt eine praxistaugliche *Näherung* an die FTA dar. Es wird sich zeigen, dass die DFT der Abtastung der FTA entspricht.

Für die Herleitung der DFT gehen wir von (5.5) aus statt von (5.11), wir benutzen damit lediglich eine andere Schreibweise der FTA. Der Grund ist einfach der, dass wir uns so bereits der Schreibweise der DFT annähern. Aus demselben Grund lassen wir den Faktor *j* im Argument der Spektralfunktionen weg, diesen haben wir ja auch „künstlich" eingeführt, nur um die Verwandtschaft zur Laplace-Transformation zu betonen.

Beschränkt man sich bei der Auswertung von (5.5) auf endlich viele, nämlich N Abtastwerte, so wird das ursprüngliche Signal nur während einer bestimmten Zeitdauer betrachtet. Dieses „Zeitfenster" heisst *window*, N heisst *Blocklänge*. Das Zeitfenster hat eine Länge von NT Sekunden (T = Abtastintervall). Das Spektrum ändert sich natürlich durch diese Beschränkung, wir schreiben darum $\tilde{X}(\omega)$ statt $X_A(j\omega)$.

$$\widetilde{X}(\omega) = \sum_{n=0}^{N-1} x[n] \cdot e^{-jn\omega T} \tag{5.15}$$

Nun schreiben wir $2\pi f$ anstelle von ω :

$$\widetilde{X}(2\pi f) = \sum_{n=0}^{N-1} x[n] \cdot e^{-jn2\pi fT} \tag{5.16}$$

Aus N komplexen (meistens aber reellen) Abtastwerten können höchstens N komplexe Amplituden (Spektralwerte) berechnet werden. Mehr ist aufgrund des Informationsgehaltes der N Abtastwerte gar nicht möglich. Die Frequenzachse wird darum diskret (endlich!).

Das Spektrum eines abgetasteten Signals ist periodisch, nach (5.13) beträgt die Periodendauer auf der *Frequenz*achse $f_A = 1/T$. Es wäre naheliegend, die N möglichen Frequenzen gleichmässig im Basisband $-0.5 \cdot f_A \ldots +0.5 \cdot f_A$ zu verteilen. Wegen des periodischen Frequenzganges kann man die N Werte aber genauso gut über das gleich breite Frequenzintervall $0 \ldots f_A$ verteilen. Bei der DFT wählt man die zweite Variante. Der Abstand zwischen zwei möglichen Frequenzen beträgt damit auf der Frequenzachse $f_A/N = 1/NT$, auf der ω-Achse $2\pi/NT$. Die Frequenzvariable in Gleichung (5.16) kann somit diskret geschrieben werden:

$$2\pi \cdot f \;\; \to \;\; \frac{2\pi \cdot m}{NT} \;\; ; \;\; m = 0, 1, 2, \ldots, N\text{-}1 \tag{5.17}$$

Nun setzen wir (5.17) in (5.16) ein:

$$\widetilde{X}\left(\frac{2\pi \cdot m}{NT}\right) = \sum_{n=0}^{N-1} x[n] \cdot e^{-jn2\pi \frac{m}{NT}T} \tag{5.18}$$

Der Faktor T lässt sich kürzen. Zudem vereinfacht man die Schreibweise, indem als Argument auf der linken Seite nur noch m (die einzige Variable) gesetzt wird. Die Spektralfunktion umfasst jetzt nur noch diskrete Werte in gleichen Abständen, sie ist somit wie die Folge der Abtastwerte eine Sequenz. Deshalb schreibt man $X[m]$ anstelle von $\widetilde{X}(m)$, eine Verwechslung mit der Fourier-Transformierten oder FTA ist somit ausgeschlossen. Damit ist die DFT hergeleitet:

Diskrete Fourier-Transformation (DFT):
$$X[m] = \sum_{n=0}^{N-1} x[n] \cdot e^{-j2\pi \frac{mn}{N}} \tag{5.19}$$

Inverse DFT (IDFT):
$$x[n] = \frac{1}{N} \sum_{m=0}^{N-1} X[m] \cdot e^{j2\pi \frac{mn}{N}} \tag{5.20}$$

$x[n]$	Folge der Abtastwerte (üblicherweise reell, darf aber komplexwertig sein)
$X[m]$	Folge der komplexen Amplituden (Spektralwerte)
N	Anzahl der Abtastwerte im Zeitfenster = Blocklänge
$n = 0, 1, \ldots, N{-}1$	Nummer der Abtastwerte
$m = 0, 1, \ldots, N{-}1$	Nummer der Spektrallinien, Ordnungszahl

Aufgrund der Herleitung der DFT („Herauspicken" von äquidistanten Spektralwerten aus der FTA) ergibt sich der folgende Merksatz:

> *Das DFT-Spektrum ist die abgetastete Version des*
> *FTA-Spektrums. Es ist diskret und periodisch.*

Das Abtastintervall T erscheint nicht mehr in der DFT-Gleichung. Die Frequenzachse ist nur noch in Ordnungszahlen skaliert. Der physikalische Bezug lässt sich herstellen mit:

$$f = \frac{m}{NT} \qquad \omega = \frac{2\pi \cdot m}{NT} \tag{5.21}$$

Die DFT ist praxistauglich und kann einfach programmiert werden. Die Abtastwerte werden in einen Array (Vektor) abgelegt, n ist die Zellennummer. Die komplexen Amplituden werden in einen gleich langen Array versorgt, dort ist m die Zellennummer. Häufig werden bei Programmiersprachen die Array-Zellen ab 1 nummeriert. Die DFT-Gleichung weist aber eine Nummerierung ab 0 auf. Man muss sich darum genau überlegen, welche Frequenz in welchem Speicherplatz abgelegt ist.

5.3.2 Die Verwandtschaft mit den komplexen Fourier-Koeffizienten

Das DFT-Spektrum ist ein Linienspektrum mit äquidistanten Linien (Linienabstand = $1/NT$). Dies impliziert, dass die Zeitsequenz periodisch ist (Periode = NT = Länge des Zeitfensters). Der obenstehende Merksatz impliziert dasselbe, da eine Abtastung im einen Bereich eine periodische Fortsetzung im anderen Bereich bedeutet.

Nichtperiodische Zeitsignale haben ein kontinuierliches Spektrum, sie können aber durchaus dem DFT-Algorithmus unterworfen und so „in ein Linienspektrum gezwängt" (d.h. „zwangsperiodisiert") werden. Es ist klar, dass sich in diesem Falle Fehler ergeben. Trotzdem wird auch in solchen Fällen die DFT angewandt, da die numerischen Vorteile die Nachteile überwiegen. Es gibt Methoden, um die Fehler zu verkleinern, der Abschnitt 5.4 beschäftigt sich damit.

Nun untersuchen wir den Zusammenhang zum Linienspektrum der Fourier-Reihe. Dazu gehen wir von einem periodischen Signal $x(t)$ aus, welches man in eine komplexe Fourier-Reihe nach (2.13) entwickeln kann. Um Verwechslungen mit dem Abtastintervall T zu vermeiden, bezeichnen wir die Periodendauer jetzt mit T_P. Ferner schreiben wir für die Ordnungszahl m wie bei der DFT statt k wie in (2.13). Die Folge der Fourier-Koeffizienten lautet dann:

$$\underline{c}_m = \frac{1}{T_p} \cdot \int_0^{T_p} x(t) \cdot e^{-j2\pi \frac{1}{T_p} mt} \, dt \tag{5.22}$$

Im diskreten Fall wird das Integral ersetzt durch eine Riemannsche Summe gemäss den nachstehenden Korrespondenzen:

$$x(t) \rightarrow x(nT) = x[n]$$

$$dt \rightarrow T$$

$$t \rightarrow nT, n = 0, 1, \ldots, N-1$$

$$T_P \rightarrow NT$$

$$\int \rightarrow \Sigma$$

Aus (5.22) wird eine Reihensumme, wobei man T zweimal kürzen kann:

$$\underline{c}_m = \frac{1}{NT} \cdot \sum_{n=0}^{N-1} x[n] \cdot e^{-j2\pi \frac{1}{NT} mnT} \cdot T = \frac{1}{N} \cdot \sum_{n=0}^{N-1} x[n] \cdot e^{-j2\pi \frac{mn}{N}}$$

Ein Vergleich mit (5.19) ergibt als wichtiges Resultat den Zusammenhang zwischen den komplexen Fourier-Koeffizienten und der DFT:

$$\boxed{\underline{c}_m = \frac{1}{N} \cdot X[m]} \tag{5.23}$$

Voraussetzung: das Abtasttheorem ist eingehalten!

Den gleichen Zusammenhang haben wir mit (2.45) schon im kontinuierlichen Fall angetroffen. Da der konstante Faktor $1/N$ keinerlei Information enthält, ergibt sich der Merksatz:

> *Die Folge der komplexen Fourier-Koeffizienten und das DFT-Spektrum sind vom Informationsgehalt her absolut gleichwertig!*

Der Faktor $1/N$ bewirkt, dass die Fourier-Koeffizienten unabhängig von der Länge des Zeitfensters sind. Die DFT-Koeffizienten hingegen wachsen mit dem Zeitfenster an. Für die Praxis ist dies etwas gewöhnungsbedürftig, häufig wird darum das Resultat von DFT-Analysatoren vor der Darstellung durch N dividiert. Damit wird die physikalische Interpretation vereinfacht. Einige wenige Lehrbücher (z.B. [Opw92]) definieren deswegen die DFT in leicht abgeänderter Form: der Faktor $1/N$ erscheint bereits in der Hintransformation (5.19), aber dafür nicht mehr in der Rücktransformation (5.20). Damit wird die Äquivalenz zu den Fourier-Koeffizienten betont. Mit der allgemein üblichen Schreibweise (und auch in diesem Buch verwendeten Notation) wird hingegen die Verwandtschaft zur Fourier-Transformation betont.

Das Fourier-Reihenspektrum (d.h. die Folge der Fourier-Koeffizienten) ist ein Linienspektrum, periodisch ist es aber im Allgemeinen nicht ($\rightarrow$ *unendliche* Reihe). Das DFT-Spektrum ist auch ein Linienspektrum, es ist aber zusätzlich auch periodisch, die Angabe der ersten Periode genügt somit ($\rightarrow$ *endliche* Reihe, Länge N). Die Periode auf der Frequenzachse beträgt $1/T = f_A$ (Abtastfrequenz). Bezogen auf die Ordnungszahl bedeutet dies eine Periode in N. Das bedeutet, dass die Amplituden von $-N/2 \ldots 0$ sich wiederholen von $N/2 \ldots N$. Das DFT-Spektrum besteht aber nur aus den Linien einer einzigen Periode, nummeriert von $0 \ldots N$. Die negativen Frequenzen kommen nicht (bzw. um N verschoben) vor, Bild 5.8. Diese Verschiebung ist nur dann fehlerfrei möglich, wenn das Abtasttheorem eingehalten wurde, d.h. die Fourier-Koeffizienten über der halben Abtastfrequenz müssen verschwinden:

$$\underline{c}_m = 0 \quad \text{für} \quad m \cdot f_0 \geq \frac{f_A}{2} \quad (f_0 = \text{Grundfrequenz})$$

In welchem Bereich kann man nun die Ordnungszahl m variieren, ohne dass Frequenzen oberhalb der halben Abtastfrequenz auftreten? Mit $f_0 = 1/NT$ und $f_A = 1/T$ ergibt sich:

$$\frac{m}{NT} < \frac{1}{2T} \quad \Rightarrow \quad m < \frac{N}{2}$$

Wenn also das Abtasttheorem eingehalten wurde, so bleibt die obere Hälfte des DFT-Spektralvektors leer, bzw. sie kann ohne Fehler zu verursachen mit der periodischen Fortsetzung der tieferen Spektrallinien aufgefüllt werden, Bild 5.8.

Aus einer reellen Zeitfolge mit N Abtastwerten können nicht N unabhängige komplexe Amplituden (das sind $2N$ reelle Zahlen!) berechnet werden. Es muss darum im Spektrum eine Abhängigkeit der einzelnen Amplitudenwerte bestehen: es ist konjugiert komplex. Dies entspricht der schon bei der normalen Fourier-Transformation gefundenen Eigenschaft. Da die DFT der Abtastung der FTA entspricht und letztere direkt aus der Fourier-Transformation abgeleitet wurde, gelten zahlreiche Eigenschaften der Fourier-Transformation auch für die FTA und die DFT.

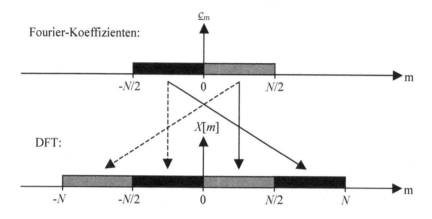

Bild 5.8 Entstehung der DFT durch periodische Fortsetzung einer bandbegrenzten Fourier-Reihe. Bei der DFT wird der Bereich $m = 0 \ldots N$ dargestellt. Zwischen $N/2$ und N sind die „negativen" Frequenzen (schwarz ausgefüllt) dargestellt. Durch periodische Fortsetzung nach links treten sie auch in der gewohnten Lage auf.

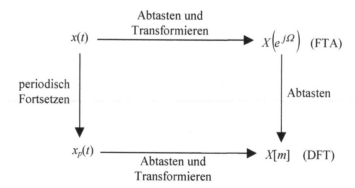

Bild 5.9 Vom bandbegrenzten, kontinuierlichen Zeitsignal zum DFT-Spektrum

Es gibt theoretisch zwei Wege, um von einem beliebigen analogen aber bandbegrenzten Zeitsignal $x(t)$ zum DFT-Spektrum $X[m]$ zu gelangen, Bild 5.9. In der Praxis wird das Zeitsignal abgetastet, N Abtastwerte ausgewählt (Zeitfensterung) und die DFT-Formel angewandt. Dies entspricht dem Weg über die FTA, ohne dass die Zwischenschritte aber sichtbar sind. Bild 5.9 zeigt etwas sehr Schönes: die horizontalen Pfeile bezeichnen dieselbe Operation und zeigen vom kontinuierlichen Zeitbereich in den Frequenzbereich. Die vertikalen Pfeile hingegen bezeichnen auf den ersten Blick unterschiedliche Operationen. Der eine Pfeil ist jedoch im Zeitbereich, der andere im Frequenzbereich, und Abtasten in einem Bereich bedeutet periodisch Fortsetzen im anderen Bereich. Somit bezeichnen auch die vertikalen Pfeile dieselbe Operation und darum führen beide Wege zum selben Ziel. Im Abschnitt 5.7 werden wir diese Betrachtung weiterführen.

5.3.3 Die Eigenschaften der DFT

a) Die DFT ist periodisch in N: X[m+N] = X[m]

$$X[m+N] = \sum_{n=0}^{N-1} x[n] \cdot e^{-j2\pi\frac{(m+N)n}{N}} = \sum_{n=0}^{N-1} x[n] \cdot e^{-j2\pi\frac{mn}{N}} \cdot \underbrace{e^{-j2\pi n\frac{N}{N}}}_{1} = X[m] \qquad (5.24)$$

Die DFT ist die Abtastung der FTA, letztere ist ebenfalls periodisch.

b) Die DFT reeller Zeitsequenzen ist konjugiert komplex: X[N–m] = X[m]*

$$X[N-m] = \sum_{n=0}^{N-1} x[n] \cdot e^{-j2\pi\frac{(N-m)n}{N}} = \sum_{n=0}^{N-1} x[n] \cdot e^{j2\pi\frac{mn}{N}} \cdot \underbrace{e^{-j2\pi n\frac{N}{N}}}_{1} = X[m]^{*} \qquad (5.25)$$

c) Die Symmetrieregeln der FR und der FT gelten unverändert   (vgl. Abschnitt 2.3.5 j)
Die DFT und die FTA beruhen letzlich auf der „normalen" Fourier-Transformation. Somit gelten auch deren Regeln: $x[n]$ gerade $\leftrightarrow$ $X[m]$ reell; $x[n]$ ungerade $\leftrightarrow$ $X[m]$ imaginär; usw.

d) Verschiebungssatz

$$x[n-k] \quad \circ\!\!-\!\!\circ \quad X[m] \cdot e^{-j2\pi\frac{k}{N}} \qquad (5.26)$$

e) Weitere Merksätze

> *Die DFT entspricht der kontinuierlichen Fourier-Transformation eines bandbegrenzten, periodischen und abgetasteten Signals.*

Die Bandbegrenzung ist eine Folge des Abtasttheorems. Bei der Fourier-Reihe ergibt sich ein Linienspektrum aufgrund des periodischen Zeitsignals. Bei der DFT ergibt sich das Linienspektrum aufgrund der Summation über nur endlich viele Abtastwerte in (5.10). Dies ist ein grundsätzlicher Unterschied! Das Linienspektrum der DFT impliziert ein periodisches Zeitsignal.

> *Die DFT berechnet nicht das Spektrum des Signals im Zeitfenster, sondern das Spektrum von dessen periodischer Fortsetzung.*

Die DFT transformiert eine beliebige Sequenz in ihr Spektrum. Falls die Sequenz aber nicht periodisch ist, ergeben sich Fehler, da durch die periodische Fortsetzung Sprungstellen entstehen, die im ursprünglichen Zeitsignal nicht vorhanden waren. Sowohl Bandbegrenzung als auch Zeitbegrenzung (Beschränkung auf N Abtastwerte) erfolgen mit dem Ziel, die zu verarbeitende Informationsmenge auf einen endlichen Wert zu beschränken. Die erwähnten Fehler dürfen also *nicht* dem DFT-Algorithmus angelastet werden, sondern bilden eine prinzipielle Einschränkung.

f) DFT und endliche Fourier-Reihe

Setzt man (5.23) in (5.20) ein, so ergibt sich die *diskrete* Fourier-Reihe von *x[n]*:

$$x[n] = \sum_{m=-N/2}^{N/2} c_m \cdot e^{j2\pi\frac{mn}{N}} \tag{5.27}$$

x[n] kann interpoliert werden, man erhält dadurch wieder eine kontinuierliche, aber bandbegrenzte Funktion *x(t)* (*n* wird ersetzt durch *t/T*):

$$x(t) = \sum_{m=-N/2}^{N/2} c_m \cdot e^{j2\pi\frac{mt}{NT}} = \frac{1}{N}\sum_{m=-N/2}^{N/2} X[m] \cdot e^{j2\pi\frac{mt}{NT}} \tag{5.28}$$

Dies ist die Signal-Rekonstruktion aus dem DFT-Spektrum durch eine *endliche* Fourier-Reihe.

g) Inverse DFT

Die IDFT nach (5.20) kann man anders darstellen:

$$x[n] = \frac{1}{N}\sum_{m=0}^{N-1} X[m] \cdot e^{j2\pi\frac{mn}{N}} = \frac{j}{N}\sum_{m=0}^{N-1} -j \cdot X[m] \cdot e^{j2\pi\frac{mn}{N}}$$

$$= \frac{j}{N}\left[\sum_{m=0}^{N-1} j \cdot X[m]^* \cdot e^{-j2\pi\frac{mn}{N}}\right]^*$$

Die IDFT lässt sich damit auf die DFT zurückführen:

$$IDFT\{X[m]\} = \frac{j}{N} \cdot \left[DFT\{j \cdot X[m]^*\}\right]^* \tag{5.29}$$

Nun berücksichtigen wir noch den Zusammenhang

$$X = X_r + j \cdot X_i \quad \Rightarrow \quad X^* = X_r - j \cdot X_i \quad \Rightarrow \quad j \cdot X^* = j \cdot X_r + X_i$$

und erhalten ein auch für digitale Signalprozessoren (DSP) geeignetes Rezept für die IDFT:

- In $X[m]$ Real- und Imaginärteil tauschen
- DFT durchführen (natürlich mit dem FFT-Algorithmus von Abschnitt 5.3.4)
- Im Ergebnis Real- und Imaginärteil tauschen
- Normieren auf $1/N$ (oft ist N eine Zweierpotenz, d.h. diese Normierung ist lediglich eine Verschiebung um $\log_2(N)$ Bit)

h) Die DFT als Näherung an die FT

Gleichung (5.13) zeigt den Zusammenhang zwischen der FTA und der Fourier-Transformation. Die höheren Perioden der FTA enthalten keine neue Information. Betrachten wir nur die 1. Periode, so können wir schreiben:

$$X\left(e^{j\Omega}\right) = \frac{1}{T} \cdot X(j\omega)$$

Wird $X(e^{j\Omega})$ abgetastet, so ergibt sich die DFT und damit:

$$\boxed{X[m] \approx \frac{1}{T} \cdot X\left(j\frac{2\pi m}{NT}\right)} \tag{5.30}$$

Die Näherung stimmt umso besser, je kleiner T ist.

i) Das Theorem von Parseval

$$\boxed{\sum_{n=0}^{N-1}\left|x[n]\right|^2 = \frac{1}{N} \cdot \sum_{m=0}^{N-1}\left|X[m]\right|^2} \tag{5.31}$$

Der Beweis folgt aufgrund (2.22):

$$P = \frac{1}{T_P} \int_0^{T_P} |x(t)|^2 \, dt = \sum_{k=-\infty}^{\infty} |c_k|^2$$

Für abgetastete Signale ersetzen wir das Integral durch die Riemannsche Summe (T_P = Periodendauer, T = Abtastintervall):

$$P = \frac{1}{NT} \cdot \sum_{n=-\infty}^{\infty} |x(nT)|^2 \cdot T = \frac{1}{N} \cdot \sum_{n=-\infty}^{\infty} |x[n]|^2 \overset{?}{=} \sum_{k=-\infty}^{\infty} |c_k|^2$$

Nun berücksichtigen wir, dass das Signal bandbegrenzt sein muss, damit die DFT überhaupt sinnvoll anwendbar ist, d.h. n und k variieren nur noch von 0 bis $N-1$. Weiter benutzen wir Gleichung (5.23):

$$P = \frac{1}{N} \cdot \sum_{n=0}^{N-1} |x[n]|^2 \overset{?}{=} \sum_{k=0}^{N-1} |\underline{c}_k|^2 = \frac{1}{N^2} \cdot \sum_{m=0}^{N-1} |X[m]|^2 \quad \Rightarrow \quad \sum_{n=0}^{N-1} |x[n]|^2 = \frac{1}{N} \cdot \sum_{m=0}^{N-1} |X[m]|^2$$

Beispiel: Wir berechnen die DFT der Sequenz $x[n] = [10,\ 10,\ 10,\ 10,\ 0,\ 0,\ 0,\ 0]$

$X[0]$ stellt den linearen Mittelwert (DC-Wert) dar, allerdings modifiziert nach (5.23):

$$c_0 = \frac{40}{8} = 5 \quad \Rightarrow \quad X[0] = N \cdot c_0 = 8 \cdot 5 = 40$$

Dasselbe erhält man auch mit (5.19) für $m = 0$ und $N = 8$:

$$X[0] = \sum_{n=0}^{7} x[n] \cdot e^{-j2\pi\frac{0 \cdot n}{8}} = \sum_{n=0}^{7} x[n] = 10 + 10 + 10 + 10 + 0 + 0 + 0 + 0 = 40$$

Für $m = 1$ ergibt sich:

$$X[1] = \sum_{n=0}^{7} x[n] \cdot e^{-j2\pi\frac{1 \cdot n}{8}} = 10 \cdot \sum_{n=0}^{3} e^{-j\frac{\pi}{4} \cdot n} = 10 \cdot \left(1 + e^{-j\frac{\pi}{4}} + e^{-j\frac{\pi}{2}} + e^{-j\frac{3\pi}{4}} \right)$$

$$= 10 \cdot \left(1 + (1/\sqrt{2} - j/\sqrt{2}) - j - (1/\sqrt{2} + j/\sqrt{2}) \right) = 10 \cdot \left(1 - j(1 + \sqrt{2}) \right) = 10 - j \cdot 24.14$$

Damit folgt sogleich:

$$X[7] = x[1]^* = 10 + j \cdot 24.14$$

Für $m = 2$ ergibt sich:

$$X[2] = \sum_{n=0}^{7} x[n] \cdot e^{-j2\pi\frac{2 \cdot n}{8}} = 10 \cdot \sum_{n=0}^{3} e^{-j\frac{\pi}{2} \cdot n} = 10 \cdot \left(1 + e^{-j\frac{\pi}{2}} + e^{-j\pi} + e^{-j\frac{3\pi}{2}} \right)$$

$$= 10 \cdot \left(1 - j - 1 + j \right) = 0$$

Dies war zu erwarten, es handelt sich ja um eine Rechteckfolge im Zeitbereich. Es gilt auch $X[4] = 0$ und $X[6] = X[2]^* = 0$. Ferner ist $X[3] = 10 - j \cdot 4.14$ und $X[5] = X[3]^* = 10 + j \cdot 4.14$. Diese Zahlen wurden zwar richtig berechnet, trotzdem ist das Resultat mehr als zweifelhaft. Vgl. dazu das Beispiel auf S. 178ff.

□

Beispiel: Wir rekonstruieren eine Abtastfolge durch eine Fourier-Reihe bzw. eine IDFT. Dazu nehmen wir eine reelle Spektralfolge $X[m] = [2,\ 1,\ 0,\ 0,\ 1]$ und rechnen um auf die komplexen Fourier-Koeffizienten. Die Abbildung zeigt die Interpretation, vgl. Bild 5.8.

Damit folgt für die Fourier-Koeffizienten: $\underline{c}_{-1} = 1/5$ $\underline{c}_0 = 2/5$ $\underline{c}_1 = 1/5$

Somit lautet die Fourier-Reihe:

$$x(t) = \frac{1}{5} \cdot e^{-j\omega_0 t} + \frac{2}{5} + \frac{1}{5} \cdot e^{j\omega_0 t} = \frac{2}{5} + \frac{2}{5} \cdot \cos(\omega_0 t) \quad ; \quad \omega_0 = \frac{2\pi}{NT}$$

Natürlich ist dieses Signal gerade, das Spektrum ist ja reell.

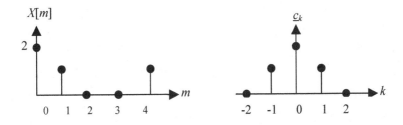

Bild 5.10 Zusammenhang zwischen den DFT-Koeffizienten und den komplexen Forier-Koeffizienten

Die Abtastwerte, die zum betrachteten DFT-Spektrum gehören, erhält man durch die Substitution $t \rightarrow nT$:

$$x[n] = \frac{2}{5}\left(1 + \cos\left(\frac{2\pi}{NT} \cdot nT\right)\right) = \frac{2}{5}\left(1 + \cos\left(\frac{2\pi \cdot n}{5}\right)\right)$$

Die Zahlenwerte lauten:

$$x[0] = 0.8 \quad x[1] = 0.5236 \quad x[2] = 0.0764 \quad x[3] = 0.0764 \quad x[4] = 0.5236$$

Mit der IDFT erhält man dieselben Werte.

Natürlich rechnet man in der Praxis die DFT mit dem Computer aus. Das Beispiel soll lediglich die Mechanismen verdeutlichen.

□

Beispiel: Wir betrachten den Zusammenhang zwischen der DFT und der FTA am Beispiel der beiden Sequenzen:

$$x_1[n] = [1, 1, 1, 1, 1] \qquad \text{für } n = [-2, -1, 0, 1, 2]$$

$$x_2[n] = [0, 0, 0, 1, 1, 1, 1, 1, 0, 0, 0] \qquad \text{für } n = [-5, -4, \ldots, 4, 5]$$

mit $T = 1$s. Für beide Sequenzen berechnen und plotten wir die FTA und die DFT.

Für die FTA gilt (5.11), somit haben beide Sequenzen dasselbe Spektrum:

$$X\left(e^{j\Omega}\right) = \sum_{n=-\infty}^{\infty} x[n] \cdot e^{-jn\omega T} = \sum_{n=-2}^{2} e^{-jn\omega T} = e^{j2\omega T} + e^{j\omega T} + 1 + e^{-j\omega T} + e^{-j2\omega T}$$

$$= 1 + 2 \cdot \cos(\omega T) + 2 \cdot \cos(2\omega T)$$

Logischerweise ist das Spektrum reell, da die Zeitsequenz reell und gerade ist (Tabelle 2.1).

Die DFT der Sequenz x_1 ist einfach zu berechnen: die periodische Fortsetzung ergibt ein Gleichspannungssignal, es tritt also nur der Spektralwert bei $m = 0$ auf. Dieser ist die Summe aller Abtastwerte, also 5. Die DFT lautet demnach: $X_1[m] = [5, 0, 0, 0, 0]$.

Die DFT der Sequenz x_2 erhält man mit dem Rechner oder durch Abtasten der FTA. Letzteres geschieht dadurch, dass man in obiger FTA-Gleichung das Argument $\Omega = \omega T$ nach (5.21) ersetzt durch $2\pi m/N$:

$$X_2\left(e^{j\Omega}\right) = 1 + 2 \cdot \cos(\omega T) + 2 \cdot \cos(2\omega T) \quad \Rightarrow \quad X_2[m] = 1 + 2 \cdot \cos\frac{2\pi m}{11} + 2 \cdot \cos\frac{4\pi m}{11}$$

Mit dem Taschenrechner ausgewertet erhält man:

$X_2[m]$ = [5, 3.513, 0.521, −1.204, −0.594, 0.764, 0.764, −0.594, −1.204, 0.521, 3.513]

(Würde man N = 5 statt 11 einsetzen, ergäbe sich natürlich $X_1[m]$ = [5, 0, 0, 0, 0].)

Bild 5.11 zeigt die Verhältnisse graphisch. Oben ist die FTA beider Sequenzen gezeichnet. Das mittlere Bild zeigt dieselbe FTA-Kurve. Die erste Periode wurde in 5 äquidistante Teilstrecken unterteilt und die Frequenzachse in Ordnungszahlen normiert. Alle Abtastwerte ausser dem ersten fallen in Nullstellen, deshalb ergibt die DFT den Vektor $X_1[n]$ = [5, 0, 0, 0, 0]. Das unterste Teilbild zeigt die Abtastwerte der FTA für eine DFT mit 11 Punkten. Wiederum besteht eine perfekte Übereinstimmung mit den berechneten Werten.

Bei der Skalierung der Frequenzachse zeigt sich der Vorteil der Schreibweise mit $\Omega = \omega T$ als normierte Kreisfrequenz: da die FTA periodisch ist, genügt die Anzeige der ersten Periode (bei reellen Zeitsignalen sogar die Hälfte davon). Der Kreisfrequenzbereich, der damit überstrichen wird, reicht von $\omega = 0$ bis $\omega = 2\pi \cdot f_A$. bzw. von $\Omega = 0$ bis $\Omega = 2\pi$. Bei der zweiten Darstellung sind die Zahlenwerte unabhängig von der Abtastfrequenz.

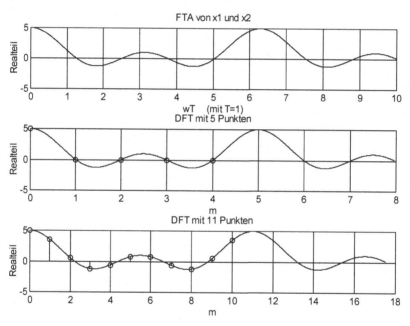

Bild 5.11 Zusammenhang zwischen FTA und DFT (Erklärung im Text)

5.3.4 Die schnelle Fourier-Transformation (FFT)

Für die Verarbeitungszeit in einem Rechner ist die Anzahl der Multiplikationen massgebend, für die Abschätzung der Rechenzeit beschränkt man sich darum auf das Zählen dieser „wesentlichen" Operationen. Wertet man die DFT-Gleichung (5.19) für ein bestimmtes m (d.h. für eine einzige Frequenz) aus, so sind dazu N komplexe Multiplikationen notwendig. Will man das ganze Spektrum berechnen (N DFTs), so sind dafür N^2 komplexe Multiplikationen notwendig. Bei reellen Zeitsequenzen genügt es allerdings, $N/2$ Spektralwerte zu berechnen, d.h. insgesamt $N^2/2$ komplexe Multiplikationen auszuführen, die restlichen Spektralwerte sind dann konjugiert komplex zu den berechneten. Trotzdem wird für grosses N der Rechenaufwand rasch prohibitiv hoch.

Aufgrund der Periodizität der Winkelfunktionen sind aber zahlreiche Zwischenrechnungen für mehrere Spektralwerte identisch, die Berechnung von N DFTs ist also redundant. Cooley und Tukey haben 1965 den FFT-Algorithmus entwickelt (Fast Fourier Transform), der diese redundanten Berechnungen vermeidet. Das Resultat ist aber genau dasselbe wie bei der DFT.

> *Die FFT ist keine neue Transformation, sondern nur ein*
> *effizienter Algorithmus zur Berechnung von N DFTs.*

Wenn also nur ein einziger Spektralwert interessiert, so wendet man besser die DFT an.

Die Idee des FFT-Algorithmus besteht darin, eine lange Zeitsequenz in zwei kurze aufzuteilen. Damit werden zwei DFTs mit halber Blocklänge berechnet, was wegen des mit N quadratischen Ansteigens des Rechenaufwandes eine Einsparung bringt. Die beiden halbierten Blöcke können weiter unterteilt werden. Im Prinzip ist jede Unterteilung von N in ganzzahlige Blöcke verwendbar. Vorteilhaft sind möglichst kleine Blöcke, mathematisch entspricht dies einer Zerlegung in Primfaktoren. Sehr vorteilhaft ist es, wenn N eine Zweierpotenz ist, da man dann eine Unterteilung bis auf lauter Teilblöcke der Länge 2 vornehmen kann. Zudem lässt sich der Algorithmus in diesem Falle sehr effizient programmieren.

> *Die FFT wird besonders einfach,*
> *wenn die Blocklänge eine Zweierpotenz ist.*

Der FFT-Algorithmus ist das „Arbeitspferd" der digitalen Signalverarbeitung, da damit auch Faltungen ausgerechnet werden können („schnelle Faltung", trotz dem Umweg!).

Damit ist das Wesentliche für die Anwendung der FFT bereits gesagt. Nachstehend wird für speziell interessierte Leser das Prinzip des FFT-Algorithmus erläutert. Ausgangspunkt ist (5.19):

$$X[m] = \sum_{n=0}^{N-1} x[n] \cdot e^{-j\frac{2\pi}{N}mn} = \sum_{n=0}^{N-1} x[n] \cdot \left(e^{-j\frac{2\pi}{N}} \right)^{mn} = \sum_{n=0}^{N-1} x[n] \cdot W_N^{mn} \qquad (5.32)$$

$$W_N = e^{-j\frac{2\pi}{N}} \quad \text{(Weight, "twiddle factor")}$$

Der komplexe Faktor W_N hängt nur von der Blocklänge ab, ist für eine bestimmte Transformation also konstant. W_N^{mn} ist eine komplexe Zahl (Vektor) mit dem Betrag (Länge) 1 und N möglichen Richtungen, die sich um $2\pi/N$ unterscheiden.

Eine Multiplikation einer komplexen Zahl (dargestellt als Zeiger oder Vektor) mit W_N^{mn} bewirkt also eine Drehung dieses Zeigers, wobei nur N Drehwinkel möglich sind. Für verschiedene Kombinationen von m und n (die beide je den Bereich 0 bis $N-1$ durchlaufen) ergibt sich derselbe Wert für W_N^{mn}, z.B. $W_N^6 = W_N^{2\cdot3} = W_N^{3\cdot2}$ usw. Bei einer Blocklänge von $N = 8$ gibt es demnach für W_8^{mn} nicht $8\cdot8 = 64$ Möglichkeiten, sondern nur deren 8. W_N^{mn} ist also zyklisch in N:

$$W_N^{k+N} = e^{-j\frac{2\pi}{N}(k+N)} = e^{-j\frac{2\pi}{N}k} \cdot \underbrace{e^{-j\frac{2\pi}{N}N}}_{1} = W_N^{k}$$

Nun schreiben wir die DFT-Formel (5.19) um, indem wir zwei Teilsummen aus den jeweils geradzahligen bzw. ungeradzahligen Abtastwerten bilden (N sei gerade). Aus (5.32) wird so:

$$X[m] = \sum_{n=0}^{N-1} x[n] \cdot W_N^{mn} = \sum_{n=0}^{\frac{N}{2}-1} x[2n] \cdot W_N^{2mn} + \sum_{n=0}^{\frac{N}{2}-1} x[2n+1] \cdot W_N^{m(2n+1)}$$

$$X[m] = \sum_{n=0}^{\frac{N}{2}-1} x[2n] \cdot W_N^{2mn} + W_N^{m} \cdot \sum_{n=0}^{\frac{N}{2}-1} x[2n+1] \cdot W_N^{2mn} \quad ; \quad m = 0,1,...,N-1 \qquad (5.33)$$

Nun führen wir neue Variablen ein:

$a[n] = x[2n]$ geradzahlige Abtastwerte

$b[n] = x[2n+1]$ ungeradzahlige Abtastwerte

$P \quad = N/2$ Länge der Sequenzen $a[n]$ und $b[n]$

Die DFTs der Sequenzen $a[n]$ und $b[n]$ lauten:

$$A[m] = \sum_{n=0}^{P-1} a[n] \cdot W_P^{mn} \qquad\qquad B[m] = \sum_{n=0}^{P-1} b[n] \cdot W_P^{mn}$$

$$\text{mit}: \quad W_P^{1} = e^{-j\frac{2\pi}{P}} = e^{-j\frac{2\pi \cdot 2}{N}} = \left(e^{-j\frac{2\pi}{N}} \right)^2 = W_N^{2}$$

$$A[m] = \sum_{n=0}^{P-1} a[n] \cdot W_N^{2mn} \qquad\qquad B[m] = \sum_{n=0}^{P-1} b[n] \cdot W_N^{2mn}$$

In (5.33) eingesetzt ergibt sich:

$$X[m] = A[m] + W_N^{m} \cdot B[m] \qquad\qquad\qquad (5.34)$$

Die DFT von $X[m]$ (N Abtastwerte) kann man also darstellen als Linearkombination von zwei kleineren DFTs mit je $N/2$ Abtastwerten. Der Rechenaufwand als Anzahl komplexer Multiplikationen beträgt:

        lange DFT: N^2

        2 kurze DFTs: $2 \cdot (N/2)^2 = N^2/2$

        2 kurze DFTs und Linearkombination: $N^2/2 + N$

Die beiden kurzen DFTs teilt man beide auf in je zwei weitere noch kürzere Sequenzen usw.

Statt jeden zweiten Abtastwert (also Aufteilung in gerade und ungerade Nummern) könnte auch jeder dritte genommen werden und eine Linearkombination aus drei kürzeren DFTs gebildet werden.

Die Unterteilung funktioniert nicht, wenn die Blocklänge N eine Primzahl ist. In diesem Fall muss man N DFTs berechnen.

Die Unterteilung ist am effizientesten, wenn N eine Zweierpotenz ist. Letztlich werden dann nur noch DFTs über 2 Abtastwerte gebildet. Die Anzahl komplexer Multiplikationen beträgt dann $0.5 \cdot N \cdot \log_2(N)$. Die Tabelle 5.1 zeigt einen Vergleich der Anzahl Multiplikationen. Bei grossen N ist also eine wesentliche Einsparung möglich.

Tabelle 5.1 Vergleich der Anzahl Multiplikationen zwischen DFT und FFT (z.T. gerundete Werte)

Blocklänge N	DFT	FFT
8	64	12
32	1024	80
128	$16 \cdot 10^3$	448
256	$65 \cdot 10^3$	$1 \cdot 10^3$
512	$260 \cdot 10^3$	$2.3 \cdot 10^3$
1024	$1 \cdot 10^6$	$5 \cdot 10^3$
2048	$4 \cdot 10^6$	$11 \cdot 10^3$
4096	$16 \cdot 10^6$	$24 \cdot 10^3$

Bild 5.12 zeigt die Aufteilung der Abtastwerte für den Fall $N = 8$. Interessant ist die Reihenfolge der Spektralwerte. Diese sind seltsam angeordnet und müssen umsortiert werden. Dies ist Bestandteil des FFT-Algorithmus. Nummeriert man die Spektralwerte im Binärsystem statt im Dezimalsystem, so erhält man die korrekte Reihenfolge, indem man jeweils das erste und letzte Bit tauscht. Die gezeichnete Aufteilung heisst darum „FFT mit Bitumkehr am Ausgang". Varianten sind möglich (Bitumkehr am Eingang statt am Ausgang usw.), allen Varianten liegt aber dasselbe Prinzip zugrunde.

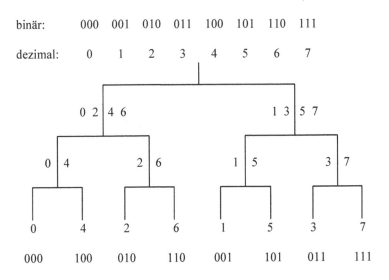

Bild 5.12 Aufteilung der Spektralwerte bei der FFT mit Bitumkehr am Ausgang ($N = 8$)

Stellt man den FFT-Algorithmus graphisch in einem Signalflussdiagramm dar, so ergibt sich ein charakteristisches Aussehen, Bild 5.14. Man spricht auch vom *Butterfly-Algorithmus* (Butterfly = Schmetterling). Im Bild 5.13 ist als Vorbereitung der Fall $N = 2$ gezeichnet. Damit wird verdeutlicht, wie das Signalflussdiagramm zu lesen ist. Bild 5.13 kann man direkt mit der Gleichung (5.32) verifizieren. Bild 5.14 zeigt den Fall $N = 8$.

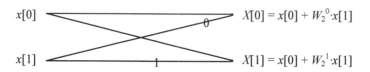

Bild 5.13 Signalflussdiagramm für die FFT mit $N = 2$

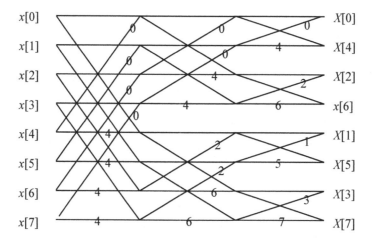

Bild 5.14 Butterfly-Algorithmus für $N = 8$ und Bitumkehr am Ausgang

Beispiel: Aus Gleichung (2.19) kennen wir die Fourier-Koeffizienten der unipolaren Rechteckpulsreihe, deren Pulsabstände gleich lang sind wie die Pulsbreiten:

$$\underline{c}_k = \frac{A}{2} \cdot si\left(\frac{k\pi}{2}\right) \quad \Rightarrow \quad \left|\underline{c}_k\right| = \begin{cases} \dfrac{A}{2} \; ; \; k = 0 \\[2mm] \dfrac{A}{\pi} \cdot \dfrac{1}{k} \; ; \quad k \text{ ungerade} \\[2mm] 0 \; ; \; k \text{ gerade} \neq 0 \end{cases}$$

Als Pulshöhe A wählen wir nun π, damit die Zahlen etwas besser interpretierbar sind. Obige Formel ergibt somit folgende Fourier-Koeffizienten für $k = 0, 1, \ldots, 7$:

$$\underline{c}_k = [\pi/2 \quad 1 \quad 0 \quad 1/3 \quad 0 \quad 1/5 \quad 0 \quad ...] = [1.5708 \quad 1 \quad 0 \quad 0.3333 \quad 0 \quad 0.2 \quad ...]$$

Nun berechnen wir die Fourier-Koeffizienten mit der FFT auf dem Computer und rechnen mit (5.23) die DFT-Koeffizienten in die Fourier-Koeffizienten um. Dazu benutzen wir folgendes MATLAB-Programm (Texte nach dem %-Zeichen sind Kommentar):

```
N=10;                        % Blocklänge
x=[pi pi pi pi pi 0 0 0 0];  % Zeitarray mit den Abtastwerten
X=fft(x);                    % Spektralarray
c=X/N                        % Gl. (5.23) anwenden
```

Der Computer liefert das folgende enttäuschende Resultat:

$c_0 = 1.5708$	$c_5 = 0.3142 - 0.0000i$
$c_1 = 0.3142 + 0.9669i$	$c_6 = 0.0000 + 0.0000i$
$c_2 = 0.0000 - 0.0000i$	$c_7 = 0.3142 - 0.2283i$
$c_3 = 0.3142 + 0.2283i$	$c_8 = 0.0000 + 0.0000i$
$c_4 = 0.0000 + 0.0000i$	$c_9 = 0.3142 - 0.9669i$

Immerhin verschwinden die geradzahligen Harmonischen. Auch sind c_1 und c_9 konjugiert komplex zueinander, ebenso c_3 und c_7 usw. Eigentlich haben wir aber ein reelles Spektrum erwartet, da das Bild 2.7 eine Achsensymmetrie aufweist.

Der Fehler liegt darin, dass der gewählte Zeitarray nicht einer Periode von Bild 2.7 entspricht. Wir hätten wählen sollen:

```
x = [pi pi pi 0 0 0 0 pi pi];
```

Es braucht eine ungerade Anzahl Abtastwerte mit dem Wert π, denn der erste Abtastwert ist bei $n = 0$ und liegt somit auf der Symmetrieachse.

Wir könnten uns aber auch sagen, dass die irrtümliche Zeitverschiebung lediglich den Phasengang verändert, nicht aber den Amplitudengang. Statt den Zeitarray zu ändern könnten wir deshalb auch den Betrag des Spektrums ausrechnen. Nach dieser Modifikation erhalten wir:

$$c = [1.571 \quad 1.017 \quad 0.0 \quad -0.388 \quad 0.0 \quad 0.314 \quad 0.0 \quad -0.388 \quad 0.0 \quad 1.017]$$
$$m = \quad 0 \qquad 1 \qquad 2 \qquad 3 \qquad 4 \qquad 5 \qquad 6 \qquad 7 \qquad 8 \qquad 9$$

Leider ist das Resultat immer noch frustrierend. Alle geradzahligen c_i sind korrekt, die ungeradzahligen jedoch nicht. Was ist passiert? Wir erwarten die Spektralwerte der Ordnungszahlen 0, 1, 2, 3, ... Was wir mit der 10-Punkte FFT erhalten, sind 10 Spektralwerte (0 ... 9), die in der Terminologie der Fourier-Koeffizienten die Ordnungszahlen 0, 1, 2, 3, 4, 5, –4, –3, –2, –1 haben, vgl. Bild 5.8. Diese Symmetrie sieht man auch in der obigen Zahlenfolge.

Der Fehler liegt darin, dass wir mit nur 10 Abtastwerten pro Periode die Spektrallinien nur bis zur fünften Harmonischen berechnen können. Die Rechteckschwingung hat aber bedeutend höhere Frequenzen, es tritt also Aliasing auf. Wir modifizieren darum das Programm, indem wir die Periode des Rechteckschwingung nicht mit der fünffachen, sondern z.B. mit der 250-fachen Abtastfrequenz abtasten.

Der Computer liefert nun 250 Zahlen, die ersten 10 davon lauten:

$$c = [1.571, \quad 1.000, \quad 0.000, \quad -0.333, \quad 0.000, \quad 0.200, \quad 0.000, \quad -0.143, \quad 0.000, \quad 0.111]$$

Damit ist die Welt wieder in Ordnung!

Nun versuchen wir noch, das missglückte Resultat aus dem ersten Versuch zu erklären. Der Leser möge die folgenden Gedanken mit eigenen Skizzen veranschaulichen und das Beispiel auf dem Rechner nachvollziehen!

Die erste FFT hatte die Blocklänge $N = 10$, deshalb liegt die Symmetrieachse bei $m = 5$, vgl. Bild 5.5. Die sechste Harmonische der Rechteckschwingung wird deshalb nach der DFT nicht bei $m = 6$, sondern bei $m = 4$ erscheinen und sich dort summieren mit der tatsächlichen vierten Harmonischen der Rechteckschwingung. Ebenso fällt der Spektralwert mit $m = 8$ auf $m = 2$ usw. Es summieren sich also lauter verschwindende Spektralwerte, was erklärt, weshalb trotz Aliasing die geradzahligen Spektralwerte den korrekten Wert 0 aufweisen.

Nun betrachten wir den Spektralwert bei $m = 3$, der den Wert -0.388 statt -0.333 anzeigt. Wir erinnern uns, dass die Abtastung die periodische Fortsetzung des Spektrums bewirkt und dass die DFT die erste Periode von dessen Abtastung zeigt. Wir vergleichen deshalb die Ordnungszahlen k der Fourier-Koeffizienten $\underline{c}_k$ mit den Ordnungszahlen m der DFT $X[m]$:

k: ... −9 −8 −7 −6 −5 −4 −3 −2 −1 0 1 2 **3** 4 5 6 7 8 9 10 11 12 **13** 14 15 16 ...

m: ... 1 2 3 4 5 6 7 8 9 [0 1 2 **3** 4 5 6 7 8 9 0] 1 2 **3** 4 5 6 ...

Unter allen fett gedruckten Ordnungszahlen der oberen Zeile steht eine „3" in der unteren Zeile. Alle diese Spektralwerte summieren sich bei der FFT bei $m = 3$ (fett gedruckt in der unteren Zeile).

Bei der Pulshöhe π gilt gemäss der Formel für die Fourier-Koeffizienten:

$$\underline{c}_k = \frac{\pi}{2} \cdot si\left(\frac{k\pi}{2}\right) = \frac{\pi}{2} \cdot \frac{\sin(k\pi/2)}{k\pi/2} = \frac{1}{k} \cdot \sin\left(k \cdot \frac{\pi}{2}\right)$$

Nun setzen wir $k = ... -17, -7, 3, 13, 23, ... = 10 \cdot i + 3$ mit $i = -\infty ... +\infty$

Wir müssen also den folgenden Ausdruck ausrechnen:

$$\frac{X[3]}{N} = \sum_{i=-\infty}^{\infty} \frac{1}{10i+3} \cdot \sin\left((10i+3) \cdot \frac{\pi}{2}\right)$$

Natürlich führen wir auch diese Berechnung mit dem Computer aus, wobei die Summation von z.B. −400 ... 400 bereits das erwartete Resultat von −0.388 ergibt.

Mit $k = 10 \cdot i + 1$ ergibt sich erwartungsgemäss der Wert 1.017, bei $k = 10 \cdot i + 5$ ergibt sich 0.314.

□

5.3.5 Die Redundanz im Spektrum reeller Zeitfolgen

Der FFT-Algorithmus berechnet aus N *komplexen* Abtastwerten $x[n]$ N komplexe Koeffizienten $X[m]$. Im Falle eines reellen Zeitsignals ist das Spektrum konjugiert komplex, es sind darum nur $N/2$ Spektralwerte voneinander unabhängig. Der FFT-Algorithmus berechnet in diesem Falle also zuviele Werte. Aufgrund des Butterfly-Algorithmus in Bild 5.14 erkennt man, dass man mit der FFT gezwungenermassen alle N Spektralwerte ausrechnen muss. Dies ist aber immer noch wesentlich schneller als die Berechnung von $N/2$ DFTs.

Oft muss man gleichzeitig zwei Sequenzen transformieren, z.B. bei einer Frequenzgangmessung (vgl. Abschnitt 5.4.7), einer schnellen Faltung (vgl. Abschnitt 5.5) oder bei der Kurzzeit-FFT eines nichtstationären Signales (vgl. Abschnitt 5.4.5). Statt zwei komplette und redundan-

te Transformationen auszuführen deklariert man das eine Zeitsignal als Imaginärteil des andern
und transformiert mit einer einzigen FFT die nun komplexe Sequenz. Anschliessend sortiert
man im Spektrum die Anteile des vom Realteil bzw. Imaginärteil des komplexen Zeitsignals
stammenden Anteile aus. Dieses Aussortieren geschieht rascher als eine komplette Transformation. Bei nicht zeitkritischen Anwendungen wird man auf diesen Trick natürlich verzichten
und auf grössere Übersichtlichkeit optimieren.

Zwei Signale $x[n]$ und $y[n]$ werden kombiniert zur komplexen Sequenz $z[n] = x[n] + jy[n]$. x
und y werden wie in (3.35) aufgeteilt in gerade und ungerade Anteile, zur Bezeichnung dienen
die Indizes g bzw. u:

$$x_g[n] = \frac{1}{2}\big(x[n] + x[-n]\big) \qquad x_u[n] = \frac{1}{2}\big(x[n] - x[-n]\big)$$

Nun wird $z[n]$ transformiert. Das Spektrum $Z[m]$ enthält gerade und ungerade Anteile sowie
reelle und imaginäre Anteile (Indizes g, u, r, i). Die Korrespondenzen ergeben sich aufgrund
der Tabelle 2.1 im Abschnitt 2.3.5 j):

$$
\begin{aligned}
z[n] &= x_g[n] \;+\; x_u[n] \;+\; jy_g[n] + jy_u[n] \\
z[n] &= z_{rg}[n] \;+\; z_{ru}[n] \;+\; jz_{ig}[n] + jz_{iu}[n] \\
&\quad\downarrow \qquad\quad \downarrow \qquad\quad\;\; \downarrow \qquad\quad\;\; \downarrow \\
Z[m] &= \underbrace{Z_{rg}[m] + jZ_{iu}[m]}_{X[m]} + \underbrace{jZ_{ig}[m] + Z_{ru}[m]}_{j\cdot Y[m]}
\end{aligned}
\tag{5.35}
$$

Die Anteile des Realteils der Zeitfunktion sind demnach von den Anteilen des Imaginärteils
wieder separierbar. (5.35) ist noch nicht geeignet für die Anwendung (d.h. für eine Programmierung), wir müssen noch etwas umformen. (5.35) lautet umsortiert:

$$Z[m] = Z_{rg}[m] + Z_{ru}[m] + jZ_{iu}[m] + jZ_{ig}[m] \tag{5.36}$$

Nun berechnen wir $Z[-m]$. Alle Summanden mit dem Index g (gerade) behalten ihr Vorzeichen, diejenigen Summanden mit dem Index u (ungerade) wechseln es:

$$Z[-m] = Z_{rg}[m] - Z_{ru}[m] - jZ_{iu}[m] + jZ_{ig}[m] \tag{5.37}$$

Zur Erinnerung: wir haben tatsächlich aber ungewohnterweise im Spektrum ungerade Anteile
des Realteils und gerade Anteile des Imaginärteiles. $Z[m]$ ist ja das Spektrum eines ungewohnterweise komplexen Zeitsignales.

Nun berechnen wir noch das konjugiert komplexe Spektrum von $Z[-m]$. Dazu wechseln in
(5.37) alle Summanden des Imaginärteiles ihr Vorzeichen.

$$Z[-m]^* = Z_{rg}[m] - Z_{ru}[m] + jZ_{iu}[m] - jZ_{ig}[m] \tag{5.38}$$

Nun addieren wir (5.36) und (5.38) und vergleichen mit (5.35):

$$
\begin{aligned}
Z[m] + Z[-m]^* &= Z_{rg}[m] + Z_{ru}[m] + jZ_{iu}[m] + jZ_{ig}[m] \\
&\quad + Z_{rg}[m] - Z_{ru}[m] + jZ_{iu}[m] - jZ_{ig}[m] \\
&= 2 \cdot \big(Z_{rg}[m] + jZ_{iu}[m]\big) \\
&= 2 \cdot X[m]
\end{aligned}
$$

Schliesslich subtrahieren wir (5.36) und (5.38) und vergleichen mit (5.35):

$$Z[m] - Z[-m]^* = Z_{rg}[m] + Z_{ru}[m] + jZ_{iu}[m] + jZ_{ig}[m]$$
$$- Z_{rg}[m] + Z_{ru}[m] - jZ_{iu}[m] + jZ_{ig}[m]$$
$$= 2 \cdot \left(Z_{ru}[m] + jZ_{ig}[m] \right)$$
$$= 2j \cdot Y[m]$$

Mit der periodischen Eigenschaft des DFT-Spektrums gilt zudem:

$$Z[-m] = Z[N - m]$$

Somit lautet das Kochrezept für die gemeinsame Berechnung der Spektren $X[m]$ und $Y[m]$ der *reellen* Zeit-Sequenzen $x[n]$ bzw. $y[n]$:

1. Zeit-Sequenzen kombinieren: $z[n] = x[n] + j \cdot y[n]$
2. FFT ausführen, ergibt $Z[m]$
3. Spektren separieren mit den Gleichungen (5.39)

$$X[m] = 0.5 \cdot \left(Z[m] + Z^*[N - m] \right)$$
$$Y[m] = -0.5j \cdot \left(Z[m] - Z^*[N - m] \right)$$

(5.39)

Auch wenn man nur eine einzige Sequenz transformieren muss, kann man die FFT etwas beschleunigen: Man deklariert die ungeraden Abtastwerte als Imaginärteil der geraden und verkürzt so die Blocklänge N. Das Umsortieren der Sequenzen ist allerdings aufwändiger als beim oben beschriebenen Verfahren. Zudem muss man noch die Zeitverschiebung kompensieren.

5.4 Spektralanalyse mit der DFT/FFT

5.4.1 Einführung

Mit der Frequenzanalyse eines Signals bestimmt man das Leistungsspektrum (periodische Signale) oder das Leistungs*dichte*spektrum (Zufallssignale) oder das *Energie*dichtespektrum (zeitlich begrenzte Signale). Häufig interessiert man sich nur für den Betrag des Spektrums, manchmal aber auch noch für die Phase.

Wie bei allen High-Tech-Messverfahren steht man vor dem Problem, dass man schon vor der Messung genau wissen sollte, was man messen möchte, damit man die Messapparatur korrekt einstellen kann. Irgend eine Messkurve auf den Bildschirm zu zaubern ist nicht die Schwierigkeit, sondern vielmehr die Wahl des korrekten Messverfahrens sowie die Überprüfung und Interpretation des Messergebnisses.

Insbesondere bei Zufallssignalen lässt sich das Spektrum nicht exakt messen, man spricht deshalb oft von einer Schätzung des Spektrums und nicht von einer Messung.

Letztlich basieren alle Spektralanalysen auf der Methode der Filterbank, Bild 5.15. Der Unterschied der verschiedenen Messverfahren liegt darin, wie die Filterbank realisiert wird. Auch die FFT lässt sich mit diesem Modell interperetieren. Bild 5.16 zeigt die parallel geschalteten Filter aus Bild 5.15 im Frequenzbereich.

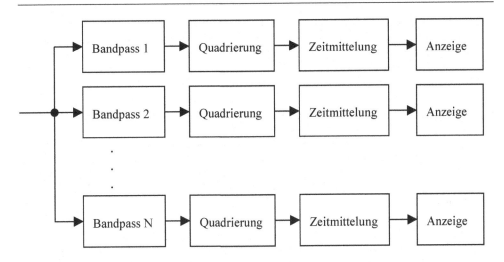

Bild 5.15 Messung des Leistungsspektrums mit einer Filterbank

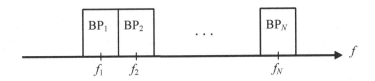

Bild 5.16 Durchlassbereiche der idealen Bandpässe (BP) aus Bild 5.15

Bild 5.16 zeigt einige Schwierigkeiten, die bei der Spektralanalyse auftreten:

- Die Anzeige gibt an, welche Signalleistung „auf der Frequenz" f_k liegt. Dazu werden alle Spektralanteile aufsummiert, die in den Durchlassbereich des Bandpassfilters k fallen.
- Möchte man eine hohe Frequenzauflösung erreichen, so erfordert dies schmalbandige Filter. Auflösung und Messbandbreite ergeben die Anzahl der benötigten Filter und bestimmen direkt den Aufwand.
- Die in Bild 5.16 gezeichneten unendlich steilen Filterflanken sind nicht realisierbar. Entweder überlappen sich die Filterdurchlassbereiche (bei der FFT ist dies z.B. der Fall) oder es werden nicht alle Signalanteile erfasst. Bei der Interpretation der Anzeigen muss man dies berücksichtigen.

Um Kosten zu sparen, wird das aufwändige Prinzip der Spektralmessung aus Bild 5.15 in Varianten praktiziert:

- *Durchlaufanalysator:* Ein einziger Bandpass mit variabler Mittenfrequenz überstreicht den interessierenden Frequenzbereich. Die geringeren Kosten des Mess-Systems gehen zulasten einer längeren Messzeit. Da die absolute Bandbreite eines Filters mit dessen Mittenfrequenz variiert, wendet man meistens das Superhetprinzip an: man mischt das zu untersuchende Signal auf eine Zwischenfrequenz und filtert dort mit einem fixen Filter konstanter Bandbreite. Man schiebt also nicht das Filter vor dem Spektrum durch, sondern das Spektrum vor dem Filter. Je genauer die Frequenzauflösung sein soll, d.h. je schmaler das Filter ist, desto länger ist die Messzeit. Dies ist die Konsequenz des Zeit-Bandbreite-Produkts: schmale Filter haben eine längere Einschwingdauer. Weiter muss das Signal natürlich stationär sein, da man jeweils nur einen Teil des Signals untersucht und am Schluss diese Teile zusammensetzt.

- *Orthogonaler Korrelator:* Dieses Verfahren liefert auch die Phaseninformation und ist eng mit der DFT verwandt. Es wird aber auch eine lange Messzeit benötigt.
- *Digitale Spektralanalyse:* Das zu messende Signal wird digitalisiert und mit einer FFT dessen Spektrum berechnet. Somit ist das Amplituden- und das Phasenspektrum messbar. Schwierigkeiten ergeben sich bei hohen Frequenzen, indem die Analog-Digital-Wandler teuer oder sogar unrealisierbar werden. Weiter muss das zu untersuchende Signal deterministisch sein, ansonsten wird nur eine Näherung des wahren Spektrums bestimmt. Auf der anderen Seite bietet die digitale Spektralanalyse immense Vorteile, sodass man die oben erwähnten Fehler oft in Kauf nimmt.

Bei Zufallssignalen kann man das Spektrum wie schon erwähnt nur schätzen, in diesem Abschnitt werden wir die traditionelle Methode dazu betrachten. Darüberhinaus gibt es noch die sog. parametrische Spektralschätzung, bei der man den Entstehungsprozess des Signals modelliert, wofür man adaptive Filter einsetzt, vgl. Kapitel 10 (Anhang B, www.springer.com).

In diesem Abschnitt befassen wir uns mit dem Einsatz der FFT zur Spektralanalyse. Geeignet sind diese Methoden v.a. für deterministische Signale.

Wer sich im Moment noch nicht für die Spektralanalyse interessiert, kann diesen Abschnitt auch überspringen und beim Abschnitt 5.5 (diskrete Faltung) weiter arbeiten.

5.4.2 Periodische Signale

Die Grundlage bildet die DFT bzw. der FFT-Algorithmus. Daraus ergibt sich ein Linienspektrum. Bei einer Abtastfrequenz f_A beträgt die höchste darstellbare Frequenz $0.5 \cdot f_A$. Mit einer Blocklänge von N lassen sich im Bereich von 0 Hz bis $0.5 \cdot f_A$ genau $N/2$ Spektrallinien berechnen. Der Abstand der einzelnen Linien beträgt demnach f_A/N oder $1/NT$ ($T = 1/f_A$ ist das Abtastintervall). NT ist gerade die Länge des Zeitfensters in Sekunden. Somit ergibt sich ein einfacher Zusammenhang zwischen der Beobachtungszeit und der spektralen Auflösung:

$$\text{Frequenzauflösung} = 1 \,/\, \text{Länge des Zeitfensters}$$

Dies ist eine Folge des Zeit-Bandbreite-Produktes. Bei einer bestimmten Blocklänge N kann man also die Frequenzauflösung und die höchste darstellbare Frequenz nicht unabhängig voneinander wählen. Bei käuflichen FFT-Analysatoren beträgt die Blocklänge meistens 1024 oder 2048 (eine Zweierpotenz!), allerdings werden wegen des nichtidealen Anti-Aliasing-Filters meistens nur die ersten 400 bzw. 800 Linien dargestellt. Möchte man die Frequenzauflösung verbessern, so muss man die Abtastfrequenz verkleinern (unter Verlust der höherfrequenten Informationen) oder die Blocklänge vergrössern (was einen grösseren Speicherbedarf und eine längere Berechnungszeit für die FFT nach sich zieht). Mit der *Zoom-FFT* ist es aber möglich, einen wählbaren *Auschnitt* der Frequenzachse mit erhöhter Auflösung zu betrachten (*Frequenzlupe*) [Ran87], [Bac92].

Das Linienspektrum der DFT/FFT impliziert ein periodisches Zeitsignal (es wurde bereits erwähnt, dass die DFT nicht das Signal im Zeitfenster, sondern dessen periodische Fortsetzung transformiert und dass vom Informationsgehalt her DFT- und Fourier-Koeffizienten identisch sind). Wenn nun das gemessene Signal nicht periodisch ist, so ergeben sich Fehler. Anschau-

lich entstehen diese Fehler dadurch, dass bei der periodischen Fortsetzung des Signals im Zeitfenster Sprungstellen entstehen, die im ursprünglichen Signal gar nicht vorhanden waren. Folgerungen:

> *Das Zeitsignal muss stetig periodisch fortsetzbar sein und eine*
> *ganze Anzahl dieser Perioden muss im Zeitfenster liegen.*

> *Die Abtastfrequenz soll wenn immer möglich aus*
> *dem zu messenden Signal abgeleitet werden.*

Bild 5.17 zeigt den Zusammenhang zwischen der Periodendauer des Signals und der FFT-
Fensterlänge NT bezüglich der Lage der tatsächlich vorhandenen bzw. von der FFT berechneten Frequenzen.

Häufig ist es einfach, die Grundfrequenz eines Signals aus dem erzeugenden Prozess abzulei-
ten (z.B. mit Hilfe eines Impulsgebers auf einer rotierenden Welle). Mit einem Phase-locked-
loop (PLL) als Frequenzvervielfacher kann man daraus die Abtastfrequenz generieren, Bild
5.18. Der Effekt liegt darin, dass die von der FFT berechneten Linien genau auf die tatsächlich
im Signal enthaltenen Spektrallinien zu liegen kommen, Bild 5.17 c) oder d).

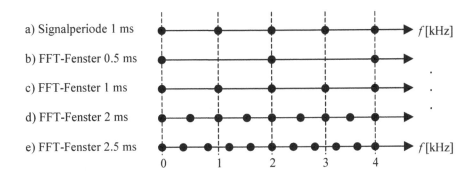

Bild 5.17 Mögliche Frequenzen eines Signals mit 1 ms Periodendauer (a) und Lage der durch die FFT
berechneten Frequenzen bei verschiedenen Fensterlängen (b … e).
Einzig c) und d) ergeben korrekte Resultate, bei d) sind die ungeradzahligen Spektralwerte alle
Null. Bei b) und e) gehen Frequenzen des Signals „verloren“, da die Fensterlänge kein ganzzahliges Vielfaches der Signalperiode ist.

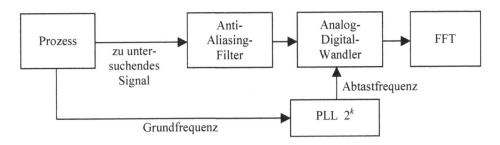

Bild 5.18 FFT-Analyse eines periodischen Signals

Kann man die Grundfrequenz nicht aus dem Prozess ableiten, so bietet die Methode des *Zeit-Zooms* einen Ausweg, Bild 5.19: Die Abtastfrequenz wird vom Messgerät selber erzeugt. Vor der Transformation wird das Zeitsignal so verkürzt, dass eine ganze Anzahl Perioden übrig bleiben. Anschliessend erhöht man die Anzahl der Abtastwerte durch Interpolation auf die nächste Zweierpotenz (und passt die Frequenzskalierung entsprechend an) und führt dann die FFT durch. Das Verkürzen erfolgt zweckmässigerweise „von Hand", das heisst das Zeitsignal wird betrachtet und interpretiert. Automatisierte Verfahren sind möglich (z.B. Auffinden der Signalperiode durch Autokorrelation), aber nicht immer unproblematisch. Je mehr Perioden man transformiert, desto weniger wirkt sich eine Ungenauigkeit des Zeitfensters aus.

Je grösser die Blocklänge gewählt wird, desto grösser werden auch die angezeigten Spektralwerte. Dies ist einfach ersichtlich aus der DFT-Gleichung (5.19) für $m = 0$ (Gleichstromkomponente). In diesem Fall ist der komplexe Exponent stets 1 und die DFT summiert einfach die Abtastwerte. Ein konstantes Signal von z.B. 1 V summiert sich zu $N \cdot 1$ V auf. Im Gegensatz dazu ist der Fourier-Koeffizient für die Frequenz Null das arithmetische Mittel der Abtastwerte und somit unabhängig von der Beobachtungszeit, Gl. (5.23). Zweckmässigerweise skaliert man darum die Resultate, indem man nicht die DFT-Koeffizienten, sondern die komplexen Fourier-Koeffizienten darstellt, diese aber mit der FFT berechnet, Gleichung (5.23).

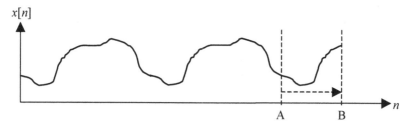

Bild 5.19 Zeit-Zoom: das ursprünglich bis zu B ausgedehnte Zeitfenster (2^k Punkte) wird bei A abgeschnitten und dann wieder auf die ursprüngliche Länge gedehnt.

Beispiel: Wir betrachten wir die FFT-Analyse der periodischen Rechteckschwingung (halbe Periode Amplitude π, halbe Periode Amplitude 0). Dasselbe Signal haben wir schon am Schluss des Abschnitts 5.3.4 untersucht. Bild 5.20 zeigt die Amplitudengänge von verschiedenen Simulationen.

Oben im Bild 5.20 haben wir genau die Verhältnisse von Bild 5.17 c): exakt eine Periode des Signals ist im „FFT-Fenster". Da die Abtastfrequenz hoch genug ist (256-fache Grundfrequenz), erhalten wir oben rechts in Bild 5.20 das korrekte Spektrum: die geradzahligen Werte verschwinden, die ungeradzahligen entsprechen dem Beispiel am Schluss des Abschnitts 5.3.4.

In der Mitte von Bild 5.20 sind exakt vier Perioden des Zeitsignals im FFT-Fenster, deshalb schlagen die Linien mit den Ordnungszahlen 0, 4 (= Grundfrequenz) und 12 (= dritte Oberschwingung) aus. Dieser Fall ist analog zu Bild 5.17 d).

Unten im Bild 5.20 sind etwa 4.5 Perioden des Zeitsignals im FFT-Fenster, das Spektrum wird völlig falsch. Dies entspricht Bild 5.17 c) bzw. einer Verletzung der Messvorschrift aus Bild 5.18. Im folgenden Abschnitt werden wir diesen Effekt genau untersuchen.

□

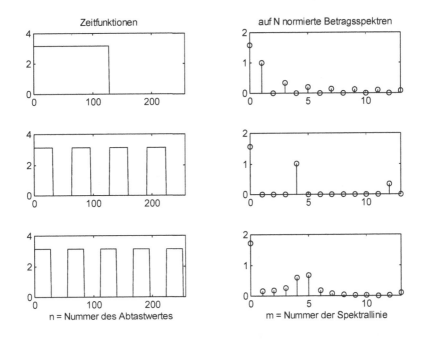

Bild 5.20 Links: Zeitfunktionen, rechts: auf N normierte Betragsspektren (d.h. dargestellt sind die Fourier-Koeffizienten $|c_m|$). Die Blocklänge N beträgt stets 256. Bei den Spektren sind jeweils nur die ersten 14 Linien ($m = 0 \ldots 13$) gezeichnet. Weitere Erläuterungen im Text.

5.4.3 Quasiperiodische Signale

Solche Signale können auf mehrere Arten entstehen:

- Ein ursprünglich periodisches Signal ist durch ein nichtperiodisches Störsignal verseucht. Es entsteht ein Linienspektrum, zwischen den Linien treten aber weitere Frequenzen auf.
- Mehrere unabhängige harmonische Signale werden addiert. Jedes Signal erzeugt im Spektrum eine Linie, der Linienabstand ist aber beliebig. Solange das Frequenzverhältnis rational ist, kann man eine gemeinsame Grundfrequenz bestimmen, allerdings ist diese u.U. sehr tief, d.h. die Fensterlänge für die FFT wird unmöglich gross.
- Das Signal ist periodisch, jedoch gelingt es nicht, eine ganze Anzahl Perioden ins Zeitfenster zu nehmen, weil z.B. die AD-Wandler nicht extern taktbar sind (Bild 5.18) und die Software kein Zeit-Zoom gestattet (Bild 5.19).

Die quasiperiodischen Signale weisen demnach folgendes Charakteristikum auf: sie haben ein kontinuierliches Spektrum mit dominanten Linien, für deren Grösse man sich primär interessiert. Eine periodische Fortsetzung ist aber nicht ohne Sprungstelle möglich. Die DFT geht jedoch von einem periodischen Signal aus, transformiert wird eigentlich die periodische Fortsetzung des Signals im Zeitfenster, Bild 5.21.

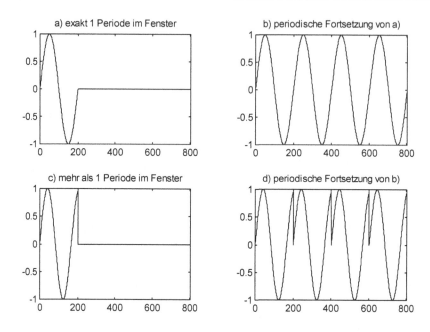

Bild 5.21 Signal im FFT-Fenster (links) und seine periodische Fortsetzung (rechts)

Der letzte Abtastwert muss darum „kontinuierlich" in den ersten Abtastwert übergehen. Eine zeitliche Verschiebung des Fensters ändert dann nur das Phasenspektrum, Gleichung (2.28). Bei quasiperiodischen Signalen stimmt dies nicht mehr: durch die Unstetigkeitstelle entstehen neue Frequenzen, die im ursprünglichen Signal gar nie vorhanden waren. Bild 5.22 zeigt dies: oben sind exakt 5 Perioden eines Sinussignals (Abtastintervall 100 μsec.) im Zeitfenster, rechts ist das FFT-Spektrum (1024 Punkte, nur die ersten 20 Linien sind gezeichnet) sichtbar. Unten wurde die Frequenz des Sinus leicht vergrössert, sodass mehr als 5 Perioden im Zeitfenster liegen. Es werden mehrere FFT-Linien angeregt, das Spektrum scheint „auszulaufen" (→ *leakage-effect*).

Die Ursache des Leakage-Effektes ist die unvermeidlicherweise unpassende Fensterlänge, sodass das Zeitsignal im Fenster nicht stetig fortsetzbar ist. Die entstehenden Fehler lassen sich vermindern, wenn vor der FFT die Abtastwerte mit einer Fensterfunktion gewichtet werden (*window function, weighting function*). Die Idee besteht darin, den ersten und den letzten Abtastwert verschwinden zu lassen und die dazwischen liegenden Abtastwerte sanfter zu behandeln. Damit wird eine periodische Fortsetzung ohne Sprungstelle erzwungen. In Bild 5.22 ist auch der angeschnittene Sinus gezeichnet, ferner die Gewichtsfunktion, die gewichteten Abtastwerte und das Spektrum der gewichteten Zeitsequenz. Ein Vergleich der Bilder zeigt, dass durch das Window der Leakage-Effekt stark abgeschwächt wird, die dominante Linie nun fast den korrekten Wert hat und fast am richtigen Ort ist (→ *picket fence effect*). Da die Abweichungen deterministisch sind, sind sie auch korrigierbar (→ *picket fence correction*). Genaueres dazu folgt später.

Für die Spektralanalyse benutzt man zahlreiche Varianten von Windows. Am bekanntesten ist wohl das in Bild 5.22 verwendete Hanning-Window. Bild 5.23 zeigt das Rechteck-, Hanning- und Blackman-Window im Zeit und Frequenzbereich.

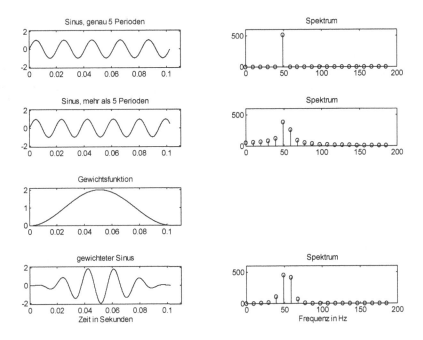

Bild 5.22 Der Leakage-Effekt und seine Veminderung durch Gewichtung der Abtastwerte.
links: Zeitfunktionen, rechts: Betragsspektren

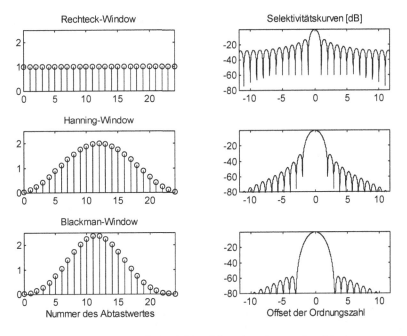

Bild 5.23 Verschiedene FFT-Windows: links: Zeitbereich, rechts: Frequenzbereich

Die in Bild 5.23 rechts abgebildten „Selektivitätskurven" lassen sich auch mit der FTA erklären, Bild 5.24. Das abgetastete und periodische Signal aus c) hat im Fourier-Spektrum eine
periodische Folge von Diracstössen, Bild d). Die Fensterung ist eine Multiplikation, im Spektrum ergibt sich somit eine Faltung. Wegen der Diracstösse wird das Spektrum des Fensters an
jeden Ort verschoben, wo das abgetastete Signal eine Spektrallinie hat, Teilbild h). Letzteres ist
ein FTA-Spektrum, zur DFT gelangt man durch Abtasten dieses Spektrums. Die bei dieser
Abtastung entstehenden Frequenzlinien fallen nur dann in die Nullstellen des Fenster-
Spektrums, wenn das Fenster eine ganze Anzahl Perioden des Zeitsignals umfasst.

Die Selektivitätskurven in Bild 5.23 sind also nichts anderes als die FTA der jeweiligen Fensterfunktion. Bei der DFT wird das FTA-Spektrum abgetastet, dies führt dann zu Bündeln von
Spektrallinien (vgl. später, Bild 5.28).

Das Rechteck-Window ist lediglich eine Zeitbegrenzung des zu transformierenden Signals, d.h.
die Summationsgrenze in der FTA nach (5.11) wird endlich, was zur DFT nach (5.19) führt.
Das Rechteck-Window ist also bei jeder FFT-Analyse schon „von Hause aus" vorhanden.

Die Spektren der Windows kann man als Selektivitätskurven interpretieren, da sie direkt die
Dämpfung benachbarter Frequenzen zeigen. Aus diesem Grund ist die Frequenzachse in Bild
5.23 mit „Offset der Ordnungszahl" beschriftet. Das Konzept dieser Selektivitätskurven lehnt
sich direkt an Bild 5.16 an.

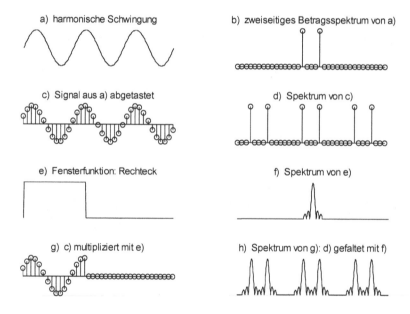

Bild 5.24 Zur Entstehung des Leakage-Effktes.
             Links: Zeitfunktionen, rechts: zweiseitige Betragsspektren

Die Spektralwerte der DFT sind äquivalent zu den Fourier-Koeffizienten, Gleichung (5.23).
Die Fourier-Koeffizienten bestimmt man z.B. mit Gleichung (2.7). Jeder Fourier-Koeffizient
(und damit jeder DFT- und FFT-Wert) macht eine Aussage über die Leistung eines *periodischen* Signales auf *einer* bestimmtem Frequenz. Das Sortiment aller Koeffizienten beschreibt

das Spektrum des periodischen Signals vollständig, es ist ja ein Linienspektrum. Nach Bild 5.15 könnte dieses Spektrum auch mit einer Filterbank gemessen werden, und tatsächlich ist die FFT nichts anderes als eine Filterbank. Die Selektivität dieser Filter beruht auf der Orthogonalität (2.5) der harmonischen (trigonometrischen) Funktionen: das Integral über eine ganze Anzahl Perioden des Produktes von zwei harmonischen Funktionen mit rationalem Frequenzverhältnis verschwindet. Ein periodisches Signal erfüllt automatisch die Bedingung des rationalen Frequenzverhältnisses. Die Einhaltung der korrekten Integrationszeit ist hingegen Sache des Messtechnikers (vgl. Bild 5.18). Macht er seine Sache falsch, so sind die Fourier-Koeffizienten fehlerhaft.

Als Beispiel diene ein konstantes Signal mit der Amplitude 0.5. Wie gross ist die Leistung dieses Signals auf der Frequenz 1 Hz? Natürlich ist bei 1 Hz keine Leistung vorhanden. Was aber sagt die Auswertung der Gleichung (2.7)? Bild 5.25 zeigt oben das Produkt $x(t)\cdot\sin(\omega\, t)$ und unten das Integral davon. Dieses Integral zeigt somit bei korrekter Integrationszeit den Fourier-Koeffizienten bei der Frequenz ω an.

Das Integral verschwindet nach einer ganzen Anzahl Perioden, also nach 1s, 2s, usw. Dazwischen wächst es an, am schlimmsten ist der Fehler nach 0.5, 1.5, 2.5 usw. Perioden. Da noch durch die Integrationsdauer dividiert werden muss, sinkt der Fehler mit wachsender Integrationszeit. Betrachtet man also den Ausgang des Integrators, so sieht man nach einer Periode das korrekte Resultat, danach wird dieses schlechter (maximale Abweichung bei 1.5s), verbessert sich wieder bis zum korrekten Wert bei 2s, verschlechtert sich wiederum, aber nicht so drastisch wie vorher usw. Der Fehler hat einen sinusförmigen Verlauf, dividiert durch die Integrationslänge ergibt sich gerade der $\sin(x)/x$-Verlauf aus Bild 5.23 oben rechts.

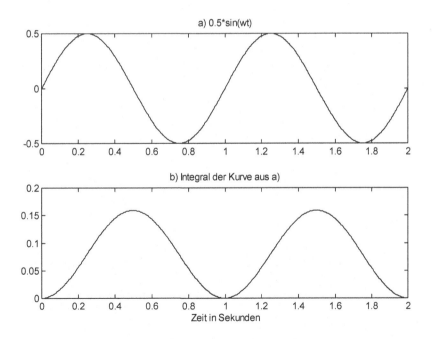

Bild 5.25 Zum Mechanismus der Selektivitätskurven

Nun können wir die Selektivitätskurven aus Bild 5.23 interpretieren. Die FFT mit dem Recht-eck-Window kann man sich vorstellen als *N* parallel arbeitende Filter, die alle die Filterkurve von Bild 5.23 oben rechts aufweisen und deren Mittenfrequenzen jeweils um ein Frequenzin-tervall $\Delta f = 1/NT$ versetzt sind. Jedes Filter gewichtet *alle* Signale mit seiner Selektivitätskurve und schreibt die Summe als Spektralwert auf seine Mittenfrequenz. Bei periodischen Signalen (Linienabstand = 1/Periode) und korrekter Fensterlänge fallen alle Spektrallinien genau in die Nullstelle der Filterkurve, *ausser* eine einzige Linie, nämlich diejenige in der Hauptkeule. Deswegen ergeben sich die richtigen Resultate. Dies ist genau der Fall der Bilder 5.17 c) und d). Wird das Fenster falsch gewählt wie z.B. in Bild 5.17 e), so liegen die tatsächlichen Spekt-rallinien neben den Nullstellen und benachbarte Filter sehen ebenfalls ein Signal, das Spektrum „läuft aus" (leakage-effect). Bild 5.26 zeigt nochmals die Lage der physikalischen Spektralli-nien im Vergleich zur Selektivitätskurve des Rechteck-Windows.

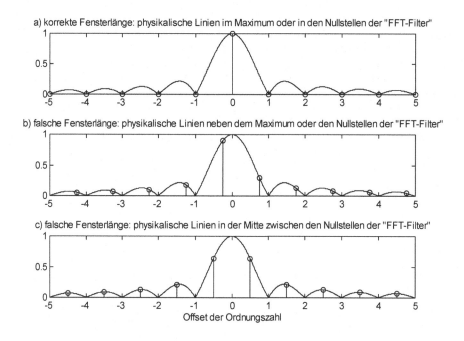

Bild 5.26 Auswirkung der Fensterlänge auf die Selektivität der FFT (Rechteck-Window)

Das Rechteck-Window (also eigentlich gar keine Gewichtung der Abtastwerte) zeichnet sich aus durch eine perfekte Selektion gegenüber den benachbarten DFT-Linien (gute Nahselektion dank schmaler Hauptkeule). Allerdings ist die Dämpfung von zwischen den Nullstellen liegen-den Frequenzlinien (die bei falscher Fensterlänge bzw. bei nichtperiodischen Signalen angeregt werden) meistens ungenügend (schlechte Weitabselektion wegen hohen Nebenkeulen).

Generell muss man einen durch die Anwendung bestimmten Kompromiss zwischen Nah- und Weitabselektion suchen und danach das Window auswählen. Aus diesem Grund gibt es zahl-reiche verschiedene Windows. Bei quasi- und nichtperiodischen Signalen führt keines der Windows zu einem korrekten Spektrum. Die Frage ist also lediglich, welches Window am wenigsten falsch ist. Diese Frage kann aufgrund einiger Faustregeln gepaart mit Erfahrung beantwortet werden. Allerdings ist es einfach möglich, dieselbe Abtastfolge nacheinander mit verschiedenen Windows zu gewichten und so durch Probieren das vernünftigste Spektrum zu bestimmen. Dabei muss man aber bereits eine Vorahnung haben über das Spektrum, das man messen möchte. Neben den in Bild 5.23 gezeigten Gewichtsfunktionen gibt es noch Windows vom Typ Hamming, Kaiser-Bessel, Gauss, Bartlett (Dreieck), Flat-Top, Dolph-Tschebyscheff u.v.a. [Ran87], [Opp95]. Als Kompromiss bewährt sich meistens das Hanning-Window. Bild 5.27 zeigt die Selektivitätskurven von einigen andern Windows, Tabelle 5.2 listet die Fensterfunktionen auf.

Die Koeffizienten der Fensterfunktionen in Tabelle 5.2 lassen sich berechnen nach verschiedenen Optimierungskriterien wie Nahselektion, Weitabselektion, Amplitudenfehler usw. Solche Berechnungen finden sich z.B. in [Kam98].

Tabelle 5.2 Gleichungen der FFT-Windows (unskaliert)

Window	Funktion $\quad$ $(n = 0 \ldots N{-}1)$
Rechteck	$w[n] = 1$
Hanning	$w[n] = 0.5 - 0.5 \cdot \cos\dfrac{2\pi n}{N}$
Hamming	$w[n] = 0.54 - 0.46 \cdot \cos\dfrac{2\pi n}{N}$
Blackman	$w[n] = 0.42 - 0.5 \cdot \cos\dfrac{2\pi n}{N} + 0.08 \cdot \cos\dfrac{4\pi n}{N}$
Bartlett (Dreieck)	$w[n] = \begin{cases} 2n/N & ; 0 \leq n \leq N/2 \\ 2 - n/N & ; N/2 < n < N \end{cases}$
Kaiser-Bessel	$w[n] = 0.4021 - 0.4986 \cdot \cos\dfrac{2\pi n}{N} + 0.0981 \cdot \cos\dfrac{4\pi n}{N} - 0.0012 \cdot \cos\dfrac{6\pi n}{N}$
Flat-Top	$w[n] = 0.2155 - 0.4159 \cdot \cos\dfrac{2\pi n}{N} + 0.2780 \cdot \cos\dfrac{4\pi n}{N} - 0.0836 \cdot \cos\dfrac{6\pi n}{N}$ $+ 0.0070 \cdot \cos\dfrac{8\pi n}{N}$

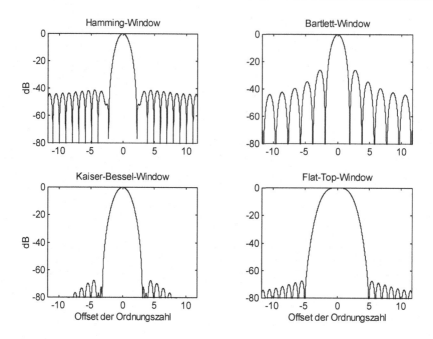

Bild 5.27 Selektivitätskurven weiterer Windows (Ergänzung zu Bild 5.23, rechte Kolonne)

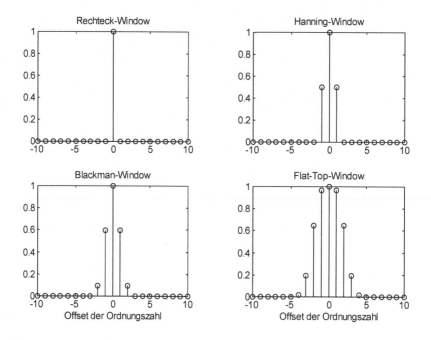

Bild 5.28 Einseitige Amplitudenspektren eines Sinussignals bei verschiedenen *skalierten* Windows

Mit Ausnahme des Bartlett-Windows kann man alle Fensterfunktionen in Tabelle 5.2 als Fourier-Reihe auffassen. Das Spektrum ist darum sofort ersichtlich. Beim Hanning-Window ergibt sich ein Diracstoss bei der Ordnungszahl $m = 0$ und je einen halb so grossen Diracstoss bei $m = \pm1$. Da die zu transformierende Sequenz im Zeitbereich mit dem Fenster multipliziert wird, falten sich die Spektren. Falten mit dem Diracstoss heisst schieben. Daraus folgt, dass bei der DFT eines korrekt abgetasteten harmonischen Signales wie in Bild 5.26 a) jedoch unter Benutzung des Hanning-Windows plötzlich drei Spektrallinien entstehen. Bild 5.28 zeigt dies für einige Windows. Es wurde dazu ein Sinus-Signal von 2 V Amplitude transformiert. Das Spektrum wurde skaliert auf die Fensterlänge, in zweiseitiger Darstellung ergaben sich zwei Linien mit 1 V Höhe.

Bild 5.28 ist folgendermassen zu interpretieren: Für jede tatsächliche Linie im Spektrum (beim Sinus also je eine bei $\pm m$) entsteht ein ganzes Bündel von Linien. Die Anzahl der Linien in einem Bündel kann man aus den Gleichungen in Tabelle 5.2 ablesen: pro Cosinus-Glied entsteht ein Paar, das konstante Glied erzeugt eine einzelne Linie. Beim Rechteck-Window entsteht also nur 1 Linie, beim Hanning-Window deren 3, beim Flat-Top-Window 9 usw. Die Kontur (Umhüllende) dieser Bündel ergibt die Selektivitätskurven aus Bild 5.23 rechts bzw. 5.27. (Das Bild 5.28 hat eine lineare Werte-Achse, die andern beiden Bilder jedoch eine logarithmische!)

Wenn man also ein solches Bündel antrifft, so muss man wissen, dass nur die mittlere Linie einer tatsächlich vorhandenen Spektrallinie entspricht. Deren Höhe ist allerdings multipliziert mit dem konstanten Glied der Fensterfunktionen in Tabelle 5.2. Bei der Analyse von quasiperiodischen Signalen muss man darum das Resultat skalieren mit dem Kehrwert des konstanten Gliedes, Tabelle 5.3.

Man kann sich fragen, ob man diesen Gewichtsfaktor nicht besser in die Fensterfunktionen integriert, diese also alle ein konstantes Glied mit dem Wert 1 aufweisen sollen. Die Antwort ist „nein", denn die Fensterfunktionen werden auch bei der Analyse von nichtperiodischen Signalen und der Synthese von FIR-Filtern (eine der beiden Hauptgruppen der Digitalfilter, Abschnitt 7.2) benutzt, bei diesen beiden Anwendungen jedoch *ohne* Skalierung.

Tabelle 5.3 Kennwerte der FFT-Windows für die Analyse quasiperiodischer Signale

Window	Skalierung für die Analyse quasi-periodischer Signale	Dämpfung der grössten Neben-keule in dB	Anzahl Linien pro Bündel	maximaler Amplituden-fehler in dB
Rechteck	1	13	1-2	−3.8
Hanning	1/0.5	31	3-4	−1.5
Hamming	1/0.54	41	3-4	−1.6
Blackman	1/0.42	58	5-6	−1.1
Bartlett	1/0.5	26	3-4	−1.9
Kaiser-Bessel	1/0.4021	67	7-8	−1.0
Flat-Top	1/0.2155	67	9-10	0

Periodische Signale, die korrekt abgetastet werden (Bilder 5.17 c) und d), 5.18, 5.19, 5.22 oben und 5.26 a)) analysiert man mit dem Rechteckwindow.

Bei quasiperiodischen Signalen tritt der Leakage-Effekt auf, Bilder 5.22 unten und 5.26 b) und c). Diese analysiert man mit einer skalierten Fensterfunktion und gewinnt so eine bessere Weitabselektion (Abfall der Nebenkeulen in Bild 5.23 rechts). Dafür nimmt man aber in Kauf, dass die Nahselektion (Breite der Hauptkeule in Bild 5.23 rechts) sich verschlechtert.

Die Wahl des Fensters ist demnach die Suche nach dem optimalen Kompromiss zwischen Nah- und Weitabselektion. Die Eigenschaften der Windows offenbaren sich im Spektrum, Tabelle 5.3 fasst die Daten zusammen. Da die Selektivitätskurven gegenüber den tatsächlichen Spektrallinien verschoben sind, treten beim Rechteck-Window 2 statt 1 Linie auf, Bild 5.26 b) und c). Auch bei allen andern Windows erhöht sich die Anzahl der Linien pro Bündel um 1 gegenüber Bild 5.28.

Faustregeln zur Auswahl des Windows:

- Ein FFT-Spektrum mit lauter *symmetrischen* Bündeln mit *ungerader* Linienzahl wie in Bild 5.28 ist sicher ungeschickt. Das bedeutet nämlich, dass eine ganze Anzahl Perioden im Fenster liegt, man arbeitet also besser mit dem Rechteckwindow.
- Unsymmetrische Bündel wie in Bild 5.26 b) oder symmetrische Bündel mit gerader Anzahl wie in Bild 5.26 c) dürfen sich nicht überlappen.

Erläuterung zum zweiten Punkt: Angenommen, eine bipolare Rechteckschwingung werde der FFT unterworfen, wobei eine einzige Periode im Zeitfenster liegt. Die Linien mit den Ordnungszahlen 1, 3, 5, usw. werden angeregt. Nimmt man das Hanning-Window anstelle des Rechteckwindows, so zeigt das Spektrum Bündel mit den Linien 0, 1, 2 sowie 2, 3, 4 und 4, 5, 6 usw. Ein noch breiteres Window würde eine noch schlimmere Überlappung ergeben. Nimmt man aber drei Perioden ins Window, so zeigt das Rechteckwindow die Linien 3, 9, 15 usw. Das Hanning-Window produziert Bündel der Linien 2, 3, 4 sowie 8, 9, 10 und 14, 15, 16 usw. Dieses Spektrum kann nun interpretiert werden. Bei quasiperiodischen Signalen muss man also den Frequenzabstand der dominanten Linien kennen, um das beste Window auszuwählen. Am besten probiert man mehrere Windows aus, um ein Gefühl für das tatsächliche Spektrum zu bekommen. Je breiter die Hauptkeule (Anzahl Linien pro Bündel), desto grösser wird die notwendige Blocklänge!

Da die physikalischen Linien nicht mehr genau in die Mitte der Selektivitätskurven fallen, werden sie etwas abgeschwächt, Bild 5.26 b) und c). Die grösste Abschwächung ergibt sich bei Bild 5.26 c). Ein weiterer Frequenzversatz verkleinert eine Linie, vergrössert aber die andere. Der maximal mögliche Fehler ist in Tabelle 5.3 aufgelistet. Aus der Asymmetrie der Linien und der bekannten Selektivitätskurve kann man den Frequenzversatz und den tatsächlichen Amplitudenfehler berechnen und korrigieren (*picket fence correction*). Mit dieser Korrektur lassen sich auch bei kurzen Blocklängen die Frequenzen genau messen. Die Frequenz*auflösung* hingegen lässt sich wegen der Unschärferelation des Zeit-Bandbreite-Produktes nicht verbessern. Der Hauptvorteil des Flat-Top-Windows ist die in der Mitte flache Selektivitätskurve, eine Amplitudenkorrektur ist darum bei diesem Window nicht notwendig.

Die Gewichtung der Abtastwerte vor der FFT (Multiplikation mit dem Window) kann auch erreicht werden, indem man die ungewichtete Sequenz transformiert und das entstandene Spektrum mit demjenigen des Windows faltet. Hier erweist sich das Hanning-Window als vorteilhaft, da nur drei Spektrallinien auftreten und diese in der skalierten Version erst noch einfache Zahlenwerte aufweisen (bei einer Integer-Arithmetik ist die Multiplikation mit 0.5 durch blosses Bit-Shift möglich).

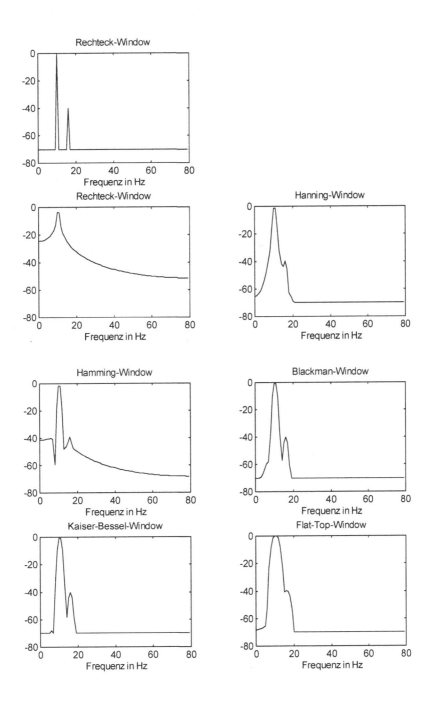

Bild 5.29 Beispiel einer Spektralanalyse (Erklärung im Text)

Beispiel: Bild 5.29 zeigt die Spektralanalyse von einem Signal, das aus zwei harmonischen Komponenten besteht. Die eine Komponente hat die Frequenz 10 Hz, die andere die Frequenz 16 Hz mit nur 1% der Amplitude des niederfrequenten Nachbarns (40 dB Unterschied). Die Frequenzauflösung soll 1 Hz betragen.

Es gilt $\Delta f = 1/NT = 1$ Hz. Wir wählen darum die Abtastfrequenz $f_A = 1/T = 160$ Hz und die Blocklänge $N = 160$. Von der 10 Hz-Komponente liegen damit genau 10 Perioden mit je 16 Abtastwerten im Window, von der 16 Hz-Komponente deren 16 mit je 10 Abtastwerten.

Damit zeigt das Rechteckwindow das korrekte Spektrum an, Bild 5.29 oben.

Für alle anderen Teilbilder wurde die Frequenz der tieffrequenten Komponente von 10 Hz auf 10.5 Hz erhöht. Somit sind nicht mehr eine ganze Anzahl Perioden des Gesamtsignales im Fenster und das Rechteck-Window versagt wegen der schlechten Weitabselektion. Das Flat-Top-Window hat eine zu breite Hauptkeule, aber wenigstens merkt man, dass bei 16 Hz etwas vorhanden ist. Beim Rechteck-Window ist der Picket-Fence-Effekt deutlich erkennbar.

Es lohnt sich also, verschiedene Windows zu probieren. Für welches Window man sich schliesslich entscheidet hängt davon ab, wie gut man die Spektren interpretieren kann. Sehr hilfreich sind dabei Zusatzinformationen, z.B. über den physikalischen Entstehungsprozess des zu untersuchenden Signals.

□

Beispiel: Das in Bild 5.30 gezeigte Spektrum wurde mit einem FFT-Analysator mit einer Blocklänge von $N = 1024$ aufgenommen. Die Abtastfrequenz betrug 20 kHz. Abgebildet ist nur der erste Teil des Spektrums, der die Grundschwingung eines periodischen Zeitsignals zeigt.

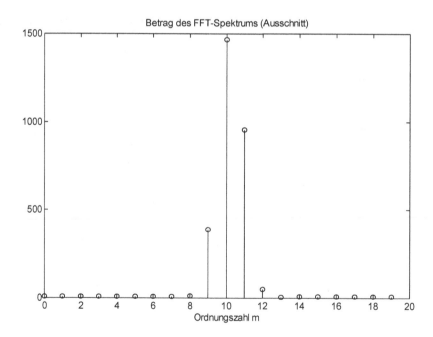

Bild 5.30 Auschnitt eines FFT-Spektrums eines periodischen Zeitsignals

Nun interpretieren wir Bild 5.30:

- Es befinden sich etwa 10 Perioden des Zeitsignals im Window, weil die Linie bei $m = 10$ am längsten ist. Das Linienbündel ist asymmetrisch, woraus sich schliessen lässt, dass nur „etwa 10" und nicht „exakt 10" Perioden im Window sind.

- Es sind 4 Linien angeregt. Laut Tabelle 5.3 ist deshalb das Hanning-, Hamming- oder das Bartlett-Window benutzt worden. (Es war das Hamming-Window, dies lässt sich aber nur mit einer genauen Analyse von Bild 5.30 entscheiden).

- Die Grundfrequenz des Zeitsignals beträgt:

$$f = \frac{m}{NT} = \frac{m \cdot f_A}{N} = \frac{10 \cdot 20'000}{1024} = 195.3\,\text{Hz}$$

Dies kann nicht genau stimmen, da ja nicht eine ganze Anzahl Perioden im Window ist (das Bündel ist asymmetrisch). Die Grundfrequenz muss etwas höher liegen, dann wäre die Symmetrie besser. (Die Grundfrequenz betrug 200 Hz.)

- Die Amplitude A (Spitzenwert) der Grundschwingung beträgt:

$$A = 2 \cdot \underline{c}_m = 2 \cdot \frac{X[m]}{N} = 2 \cdot \frac{1490}{1024} = 2.91\,\text{V}$$

Wegen des Picket-Fence-Effektes ist die Amplitude etwas höher. (Sie betrug 3 V.)

5.4.4 Nichtperiodische, stationäre Leistungssignale

Diese Signale haben ein *kontinuierliches* Leistungs*dichte*spektrum und können darum nur mit der kontinuierlichen Fourier-Transformation bzw. mit der FTA (Summation über alle, also unendlich viele Abtastwerte) korrekt beschrieben werden. Man verzichtet aber nicht gerne auf die praktischen Vorteile der FFT und begnügt sich somit mit einer Näherung an das wahre Spektrum. Der Signalausschnitt im Zeitfenster soll möglichst repräsentativ für das gesamte Signal sein, man wählt deshalb ein möglichst langes Zeitfenster.

Bei den quasiperiodischen Signalen des letzten Abschnittes interessieren die dominanten Linien. Man skaliert darum dort die Windows so, dass die mittlere Linie eines Bündels bis auf den Picket-Fence-Effekt korrekt ist. Die zusätzlichen Linien ignoriert man. Im vorliegenden Fall der FFT nichtperiodischer Signale interessieren hingegen sämtliche FFT-Linien, da man ja ein eigentlich kontinuierliches Spektrum untersucht. Es entsteht zwangsläufig der Leakage-Effekt, der mit einem Window etwas unterdrückt werden kann. Allerdings entstehen durch die breite Hauptkeule der Windows wiederum zusätzliche Frequenzen, deshalb stimmt das Parseval-Theorem nicht mehr. Man skaliert die Windows deshalb so, dass deren Hauptkeulenbreite in der Höhe kompensiert wird. Dadurch ergeben sich gerade die in Tabelle 5.2 angegebenen Formeln für die Windows.

Einige Softwarepakete für die Signalverarbeitung enthalten die Windows nach Tabelle 5.2, andere Pakete benutzen die skalierten Versionen. Stets empfehlenswert ist darum ein Test mit einem bekannten Signal.

5.4.5 Nichtstationäre Leistungssignale

Diese Signale ändern ihre statistischen Eigenschaften im Laufe der Zeit, deshalb können keine Mittelungsprozesse angewandt werden. Vielmehr interessieren die zeitabhängigen Änderungen des Spektrums. Man unterteilt wiederum das Signal in Blöcke und transformiert diese einzeln wie unter 5.4.4 beschrieben. Die Teilspektren stellt man einzeln dar in einem Spektrogramm (auch Periodogramm genannt), z.B. in einem dreidimensionalen Plot, Bild 5.31. Das Verfahren wird *Kurzzeit-FFT* genannt und u.a. auf Sprachsignale angewandt.

Die Wahl der Fensterlänge orientiert sich an der Änderungsgeschwindigkeit des Signals. Man sucht also den für das jeweilige Signal optimalen Kompromiss zwischen zeitlicher und spektraler Auflösung. Einmal mehr meldet sich das Zeit-Bandbreiteprodukt! Bei der Sprachverarbeitung geht man davon aus, dass in einem Zeitintervall von etwa 20 ms das Sprachsignal als stationär betrachtet werden kann. Kürzere Intervalle sind wegen der Geschwindigkeit der Mundbewegungen nicht möglich. Da für die Sprachübertragung punkto Verständlichkeit und Sprechererkennung nur Frequenzen bis knapp 4 kHz relevant sind, genügt eine Abtastfrequenz von 8 kHz. Bei einer Fensterlänge $NT = N/f_A$ von 20 ms ergibt dies eine Blocklänge von $N = 160$ [Epp93]. Bei 16 ms Fensterlänge ergibt sich für die Blocklänge die Zweierpotenz 128. In [Kam98] finden sich weitergehende Überlegungen zur Vertrauenswürdigkeit des Periodogramms.

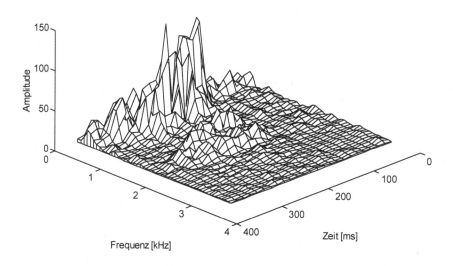

Bild 5.31 Kurzzeit-FFT eines Sprachsignals (Spektrogramm)

Bei nichtstationären Signalen stösst die Fourier-Transformation und damit auch die DFT an eine prinzipielle Grenze. Durch die Entwicklung nach harmonischen Funktionen wird ein Signal auf der Frequenzachse genau lokalisiert, wegen des Zeit-Bandbreite-Produktes ist es auf der Zeitachse hingegen völlig unbestimmt. Die Fourier-Zerlegung sagt ja nur, welche Spektralanteile existieren. Sie sagt aber nicht, wann diese auftreten. In der Gleichung (2.24) manifestiert sich dies durch die Integration über eine unendlich lange Zeitdauer. Bei nichtstationären Signalen, die weder auf der Zeit- noch auf der Frequenzachse genau lokalisierbar sind, ergeben sich zwangsläufig Schwierigkeiten. Diesen Signalen besser angepasst ist die Entwicklung nach „Schwingungspaketen", welche im Zeit- und Frequenzbereich ähnliches Aussehen haben. Dies führt auf die *Wavelet-Transformation*, einen neuen, vielversprechenden Ansatz als Variante zur Kurzzeit-FFT [Fli93], [Teo98].

5.4.6 Transiente Signale

Bei transienten Signalen (nicht periodisch, endliche Signaldauer) muss das Zeitfenster das gesamte Signal (oder mindestens dessen wesentliche Anteile im Falle von langsam abklingenden Signalen) umfassen. Das Zeitfenster darf auch verlängert werden.

Beachten muss man, dass bei transienten Signalen die im Fenster liegende Energie konstant ist. Die DFT geht aber von *diskreten Leistungs*spektren periodischer Signale aus und nicht von einem *kontinuierlichen Energiedichte*spektrum. Mit (2.45) und (5.30) ist aber ein Zusammenhang gegeben.

Bei transienten Signalen beeinflusst die Fensterlänge den Betrag der gemessenen Spektren, die Ergebnisse der FFT müssen demnach noch skaliert werden: ein Rechteckpuls der Breite τ und der Höhe A hat bei $\omega = 0$ nach (2.27) die spektrale Amplituden*dichte* $A \cdot \tau$. Die periodische Fortsetzung hingegen hat bei $\omega = 0$ nach (2.18) den spektralen Amplituden*wert* $\underline{c}_0 = A \cdot \tau / T_P$ (T_P = Periodendauer), bzw. $A \cdot \tau / NT$ (T = Abtastintervall, N = Blocklänge). Damit gilt für den ersten FFT-Wert nach (5.23): $X[0] = A \cdot \tau / T$. Die FFT-Werte nach (5.19) muss man demnach mit $T = 1/f_A$ multiplizieren.

Da Anfangs- und Endwerte des Zeitsignals verschwinden, soll das Rechteckwindow benutzt werden. Alle andern Windows würden das Zeitsignal zu stark verfälschen, denn häufig sind ja transiente Signale stark asymmetrisch. Zu lange andauernde transiente Signale (z.B. schwach gedämpfte Ausschwingvorgänge) werden bisweilen mit einem asymmetrischen und exponentiell abklingenden Window gewichtet.

Bild 5.32 zeigt als Beispiel die FFT eines Rechteckpulses mit der Höhe $A = \pi$ und der Dauer $\tau = 0.256$ s. Am Schluss des Abschnittes 5.3.4 haben wir genau dieses Beispiel bereits betrachtet. Deshalb machen wir hier nicht nochmals den Fehler mit einer zu tiefen Abtastfrequenz. Die Abtastfrequenz beträgt 1 kHz, d.h. die Sequenz besteht aus 256 Abtastwerten mit dem Wert π, danach folgen 256 Abtastwerte mit dem Wert 0, Bild 5.32 oben.

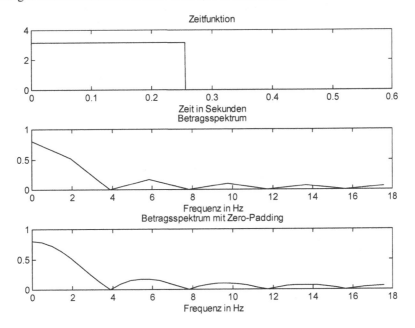

Bild 5.32 Rechteckpuls (oben) und sein Betragsspektrum (Mitte und unten). Erläuterungen im Text.

In Bild 5.32 Mitte sehen wir das Betragsspektrum, wobei die Spektralwerte bereits mit dem Abtastintervall multipliziert sind. Von den 512 Spektralwerten sind nur die ersten 256 interessant, gezeichnet sind sogar nur die ersten 10. Diese stimmen erwartungsgemäss mit (2.27) überein. Dazwischen fehlen jedoch Stützwerte und das Graphikprogramm interpoliert linear, deshalb sieht das Spektrum etwas abgehackt aus. Wir erwarten ja ein kontinuierliches Spektrum, darum wurde nicht die Darstellung mir Stützwerten wie z.B. in Bild 5.30 gewählt.

Bild 5.32 unten zeigt das Spektrum nach einer kleinen Modifikation: die Abtastfolge wurde mit Nullen auf die Länge 2048 verlängert. Nach wie vor haben die ersten 256 Abtastwerte die Grösse π. Die Abtastfrequenz ist gleich geblieben, durch dieses sog. *Zero-Padding* wurde aber die Blocklänge N vergrössert und somit die Frequenzauflösung $1/NT$ verbessert. Dank der Skalierung ändern sich die Amplitudenwerte nicht. Dargestellt sind in Bild 5.32 unten die ersten 37 Spektralwerte und nicht nur die ersten 10 wie im mittleren Teilbild.

Die DFT nach (5.19) ist ja die Abtastung der FTA nach (5.11). Aus der Formel (5.11) ist direkt ersichtlich, dass zusätzliche Stützwerte mit dem Wert Null die Reihensumme nicht verändern und somit das FTA-Spektrum nicht beeinflussen. Dies haben wir übrigens bereits im Zusammenhang mit Bild 5.11 festgestellt.

Mit diesem „Trick" des Zero-Paddings wurden übrigens auch die Spektren der Windows in den Bildern 5.23 rechts und 5.27 berechnet.

Dieses Zero-Padding gestattet eine einfache Verlängerung der Blocklänge auf eine Zweierpotenz, was für die Ausführung der FFT besonders vorteilhaft ist.

5.4.7 Messung von Frequenzgängen

Die möglichen Prinzipien sind bereits im Abschnitt 3.11.4 erwähnt worden. Die Frequenzgangmessung besteht aus der Bestimmung von zwei Signalspektren und darauffolgender Division. Allerdings interessieren nicht mehr die Eigenschaften der Signale, sondern die Eigenschaften des Systems, das für die Unterschiede zwischen den Signalen verantwortlich ist.

In Echtzeitanwendungen, wo mit der Rechenzeit sehr haushälterisch umgegangen werden muss, wird man natürlich beide Signale mit der im Abschnitt 5.3.5 besprochenen Methode in einem Aufwisch transformieren.

Zu beachten ist, dass sich die durch die Fenstergewichtungen ergebenden Signalverfälschungen bei der Division *nicht* wegkürzen. Es handelt sich ja um eine Multiplikation im Zeitbereich, was im Spektrum zu einer Faltung führt. Die Skalierung hingegen kürzt sich weg. Wo immer möglich soll man darum das System periodisch anregen und mit dem Rechteckwindow arbeiten.

Damit alle Frequenzen im Eingangssignal vorkommen, muss das Signal Zufallscharakter haben (der kurze Puls als Näherung des Diracstosses fällt wegen der möglichen Systemübersteuerung und aufgrund des kleinen Energieinhaltes häufig aus dem Rennen). Die Kombination von periodischen und zufälligen Signalen führt auf die pseudozufälligen Signale (*PRBN = pseudo random binary noise*), die digital sehr einfach mit Hilfe von rückgekoppelten Schieberegistern erzeugbar sind und deren Periode exakt der Blocklänge entspricht.

Gepaart mit der FFT und einem störunterdrückenden Mittelungsprozess ergibt sich ein äusserst starkes Gespann für die Systemanalyse, das Verfahren heisst *Korrelationsanalyse* und ist im Kapitel 9 beschrieben (als Anhang B erhältlich unter www.springer.com).

5.4.8 Zusammenfassung

- Interessierende Bandbreite B des Signals festlegen $\rightarrow$ Anti-Aliasing-Filter mit Bandbreite B und Abtastfrequenz f_A bzw. Abtastintervall T bestimmen:

$$f_A = \frac{1}{T} > 2 \cdot B$$

- Gewünschte Frequenzauflösung Δf des Spektrums festlegen $\rightarrow$ Blocklänge N bestimmen:

$$\Delta f = \frac{1}{NT} = \frac{f_A}{N} \quad \rightarrow \quad N = \frac{f_A}{\Delta f}$$

N vergrössern auf Zweierpotenz (FFT geht schneller). Praxiswerte: $N = 512, 1024, 2048$

Was für ein Typ Signal soll transformiert werden?

- *Periodische Signale* (Spezialfall der stationären Leistungssignale):
  Das FFT-Fenster muss eine ganze Anzahl Signalperioden umfassen $\rightarrow$ AD-Wandler extern takten oder Zeit-Zoom verwenden.
  Das Rechteck-Window benutzen.
  Je nach Geschmack $X[m]$ durch N dividieren $\rightarrow$ komplexe Fourier-Koeffizienten

- *Quasiperiodische Signale* (Spezialfall der stationären Leistungssignale):
  Dasjenige Window aus Tabelle 5.2 mit dem entsprechenden Skalierungsfaktor aus Tabelle 5.3 benutzen, das den besten Kompromiss zwischen Nah- und Weitabselektion ermöglicht.
  Bei Bedarf Picket-Fence-Correction ausführen.
  Je nach Geschmack $X[m]$ durch N dividieren $\rightarrow$ komplexe Fourier-Koeffizienten

- *Nichtperiodische, stationäre Leistungssignale:*
  Kein Rechteck-Window verwenden, sondern ein unskaliertes Windows aus Tabelle 5.2.
  $\rightarrow$ Die Leistung des berechneten Spektrums ist korrekt.
  Das Zeitfenster soll möglichst lang sein.

- *Nichtstationäre Leistungssignale:*
  Kurzzeit-FFT ($\rightarrow$ Spektrogramm) oder Wavelet-Transformation ausführen.

- *Transiente Signale (Energiesignale):*
  Das FFT-Fenster muss grösser sein als die Signaldauer.
  Eventuell Zero-Padding anwenden.
  Das Rechteck-Window benutzen und das Resultat skalieren mit dem Faktor $T = 1/f_A$.

Den Analysator stets testen mit einem bekannten Signal!

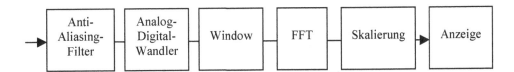

Bild 5.33 Blockschema des FFT-Prozessors

5.5 Die diskrete Faltung

Auch in der zeitdiskreten Welt spielt die Faltung eine wichtige Rolle. Die Ausgangssequenz eines LTD-Systems (linear, zeitinvariant und diskret) berechnet sich nämlich durch die Faltung der Eingangssequenz mit der Impulsantwort des Systems. Im Frequenzbereich ergibt sich aus der Faltung eine Multiplikation, dies ermöglicht eine alternative Berechnung der Faltung: DFT - Multiplikation - IDFT. Insbesondere für längere Sequenzen ist dieser scheinbare Umweg dank der FFT schneller, man spricht deshalb von der *schnellen Faltung*. Allerdings geht die DFT von periodischen Signalen aus, man muss deshalb zwei Fälle unterscheiden, nämlich die

- „normale" oder *lineare* oder *aperiodische* Faltung und die
- *zyklische* oder *zirkulare* oder *periodische* Faltung.

Die diskrete Faltung ist gemäss Gleichung (2.30) definiert. Die Integration wird durch eine Summation ersetzt, es ergibt sich die *lineare Faltung*:

$$x_1[n] * x_2[n] = x_2[n] * x_1[n] = \sum_{k=-\infty}^{\infty} x_1[k] \cdot x_2[n-k] = \sum_{k=-\infty}^{\infty} x_1[n-k] \cdot x_2[k]$$

$$n = 0, 1, .., 2N - 2 \quad ; \quad N = \text{Länge der Sequenzen } x_1, x_2 \tag{5.40}$$

Die diskrete Faltung ist kommutativ. Für die praktische Ausführung der Faltung müssen die Sequenzen eine endliche Länge von N Elementen haben. Sind die Sequenzen ungleich lang, so verlängert man die kürzere durch Anfügen von Nullen auf N (*zero-padding, Nullpolsterung*). Das Faltungsprodukt hat dann die Länge $2N-1$.

Der Aufwand für die Berechnung der Faltung steigt mit N^2, für $N > 64$ lohnt sich der Umweg über die FFT.

Transformiert man die beiden Sequenzen der Länge N, so erhält man Spektren der Länge N. Diese multipliziert man *gliedweise* und transformiert das Produkt (Länge N) wieder zurück. Die entstandene Sequenz im Zeitbereich hat dann ebenfalls die Länge N, sollte aber als Faltungsprodukt die Länge $2N-1$ haben. Deswegen muss man zwischen linearer und zyklischer Faltung unterscheiden.

Es seien $X[m]$ und $H[m]$ zwei Spektren (z.B. das Spektrum eines Eingangssignales und ein Frequenzgang). Man kann zeigen [Ste94], dass die inverse DFT des Produktes dieser Spektren eine periodische oder *zyklische Faltung* ergibt:

$$X[m] \cdot H[m] \quad \circ\!\!-\!\!\circ \quad x[n] * h[n] = \sum_{k=0}^{N-1} x[k] \cdot h_p[n-k] = \sum_{k=0}^{N-1} h[k] \cdot x_p[n-k]$$

$$n = 0, 1, .., N - 1 \tag{5.41}$$

x_p bzw. h_p sind dabei die periodischen Fortsetzungen in N von x bzw. h.

Falls man eine kontinuierliche Faltung mit dieser Methode annähern möchte, ergibt sich durch diese Periodizität eine Abweichung. Man muss deshalb vorgängig mit zero-padding *beide* Sequenzen von der Länge M bzw. N auf die Länge $M+N-1$ vergrössern (oder noch besser auf die Länge $2^k \geq M+N-1$, damit die FFT eine geeignete Blocklänge hat). Sind beide Sequenzen genügend mit Nullen verlängert, so ergeben (5.40) und (5.41) dasselbe Resultat.

Oft muss man ein Signal endlicher Länge mit einem anderen Signal unendlicher Länge (zumindest länger als eine realistische FFT-Blocklänge) falten, z.B. in der Sprachverarbeitung. Das lange Signal teilt man dann auf in kürzere Blöcke, berechnet einzeln die Faltungen wie oben und reiht anschliessend die Teilfaltungsprodukte aneinander (Distributivgesetz). Diese Methode wird in Varianten praktiziert, z.B. „overlap-add method" und „overlap-save method" [End90].

Die diskrete Faltung im Frequenzbereich ist zwangsläufig zyklisch, da die Spektren von Abtastsignalen periodisch sind.

$$\boxed{\begin{aligned} x[n] \cdot h[n] \quad \circ\!\!-\!\!\circ \quad X[m] * H[m] &= \frac{1}{N} \sum_{k=0}^{N-1} X[k] \cdot H[m-k] = \frac{1}{N} \sum_{k=0}^{N-1} H[k] \cdot X[m-k] \\ m &= 0, 1, .., N-1 \end{aligned}} \quad (5.42)$$

Beispiel: $x[n] = [1, 2, 3]$, $h[n] = [4, 5, 6]$ → $y[n] = x[n] * h[n] = [4, 13, 28, 27, 18]$ (linear) bzw. $h[n] = [31, 31, 28]$ (zyklisch). Der Leser möge dieses Beispiel selber nachvollziehen, auch mit Hilfe des Computers und mit dem Umweg über die FFT!

□

Beispiel: Wir multiplizieren zwei Polynome $X(z)$ und $H(z)$, das Produkt heisse $Y(z)$:

$$X(z) = 1 + 2z + 3z^2$$

$$H(z) = 4 + 5z + 6z^2$$

$$Y(z) = X(z) \cdot H(z) = 4 + 13z + 28z^2 + 27z^3 + 18z^4$$

Dies sind dieselben Zahlen wie beim oberen Beispiel.

> *Multipliziert man zwei Polynome, so muss man deren Koeffizienten linear falten und erhält so die Koeffizienten des Produkt-Polynoms.*

Jeder Leser hat demnach schon seit langer Zeit die Faltung benutzt, wahrscheinlich aber ohne sich dessen bewusst zu sein.

Die Namen der Polynome in diesem Beispiel sind nicht zufällig: die z-Transformation wandelt Sequenzen wie $x[n]$ um in Polynome wie $X(z)$. Letztere stellen die Bildfunktion der ersteren dar und ermöglichen eine gleichartige Beschreibung der zeitdiskreten Systeme, wie wir sie schon von den kontinuierlichen Systemen kennen, vgl. Abschnitt 5.6 und Kapitel 6.

5.6 Die z-Transformation (ZT)

5.6.1 Definition der z-Transformation

Die z-Transformation ist eine Erweiterung der FTA auf komplexe Frequenzen, so wie die Laplace-Transformation eine Erweiterung der Fourier-Transformation auf komplexe Frequenzen darstellt. Genauso ist auch der Anwendungsbereich: grundsätzlich können alle Signale und somit auch die Systemfunktionen mit der Fourier- oder Laplace-Transformation (analoge Signale) bzw. FTA oder ZT (diskrete Signale) dargestellt werden. Die Vorteile der Laplace-Transformation und der z-Transformation entfalten sich bei der Beschreibung von Systemfunktionen (d.h. der Transformation der Impulsantwort in die Übertragungsfunktion), da die Lage der Pole und Nullstellen anschauliche Rückschlüsse auf den Frequenzgang des Systems zulässt. Wie bei der Laplace-Transformation definiert man eine zweiseitige und eine einseitige z-Transformation, letztere für kausale Impulsantworten. Unentbehrlich wird die z-Transformation bei der Beschreibung von rekursiven digitalen Systemen (Kap. 6), da man mit der z-Transformation eine unendlich lange Folge von Abtastwerten im z-Bereich geschlossen darstellen kann. Tabelle 5.4 zeigt den Zusammenhang zwischen den vier Transformationen.

Tabelle 5.4 Zusammenhang zwischen den Transformationen

Frequenzvariable:	Signal / System kontinuierlich	Signal / System zeitdiskret
imaginär: $j\omega$ bzw $j\Omega$	Fourier-Transformation (FT)	Fourier-Transformation für Abtastsignale (FTA)
komplex: s bzw. z	Laplace-Transformation (LT)	z-Transformation (ZT)

> *Die FTA ist die Fourier-Transformation für Abtastsignale.*
> *Die ZT ist die Laplace-Transformation für Abtastsignale.*

Das Spektrum eines diskreten Signals $x[n]$ wird mit der FTA ermittelt. Die Verzögerung um T, also um ein Abtastintervall, lautet mit dem Verschiebungssatz (2.28):

$$x[n] \quad \circ\!\!-\!\!\circ \quad X(e^{j\Omega}) = \sum_{n=-\infty}^{\infty} x[n] \cdot e^{-jn\Omega}$$

$$x[nT-T] = x[n-1] \quad \circ\!\!-\!\!\circ \quad X(e^{j\Omega}) \cdot e^{-j\omega T} = X(e^{j\Omega}) \cdot e^{-j\Omega}$$

Nun schreiben wir beide obigen Gleichungen um, indem wir $j\omega$ ersetzen durch $s = \sigma + j\omega$:

$$x[n] \quad \circ\!\!-\!\!\circ \quad X(s) = \sum_{n=-\infty}^{\infty} x[n] \cdot e^{-nsT}$$

$$x[nT-T] = x[n-1] \quad \circ\!\!-\!\!\circ \quad X(s) \cdot e^{-sT} \tag{5.43}$$

Die erste Gleichung ist die Laplace-Transformation für Abtastsignale, die in dieser Form jedoch nicht benutzt wird. Die zweite Gleichung beschreibt einen sehr häufigen Fall, nämlich die Verzögerung um 1 Abtastintervall (digitale LTI-Systeme bestehen nur aus Addierern, Multiplizierern und Verzögerungsgliedern!). Man führt deshalb eine Abkürzung ein:

$$z = e^{sT}$$ (5.44)

Nun lautet Gleichung (5.43):

$$x[n] \quad \circ\!\!-\!\!\circ \quad X(s) = \sum_{n=-\infty}^{\infty} x[n] \cdot z^{-n}$$

Dies ist inhaltlich noch nichts Neues. Jetzt wird aber neu bei der Bildfunktion nicht mehr das Argument s, sondern das Argument z geschrieben. Eigentlich dürfte jetzt nicht mehr der Buchstabe X für die Bildfunktion verwendet werden. Aus Bequemlichkeit geschieht dies aber trotzdem.

Zweiseitige z-Transformation:
$$x[n] \quad \circ\!\!-\!\!\circ \quad X(z) = \sum_{n=-\infty}^{\infty} x[n] \cdot z^{-n}$$ (5.45)

Einseitige z-Transformation:
$$x[n] \quad \circ\!\!-\!\!\circ \quad X(z) = \sum_{n=0}^{\infty} x[n] \cdot z^{-n}$$ (5.46)

Die z-Transformation (ZT) ist eine Abbildung vom diskreten Zeitbereich in den kontinuierlichen und komplexen z-Bereich. Die Transformierte existiert nur in ihrem Konvergenzbereich, der nicht die ganze z-Ebene umfassen muss. Verschiedene Sequenzen mit unterschiedlichen Konvergenzbereichen können dieselbe Bildfunktion haben. Bei der einseitigen ZT tritt diese Mehrdeutigkeit aber nicht auf. Für kausale Signale sind die einseitige und die zweiseitige ZT identisch.

Beispiel: Einheitsimpuls:

$$x[n] = \delta[n] = [1, 0, 0, ...] \quad \circ\!\!-\!\!\circ \quad X(z) = \sum_{n=-\infty}^{\infty} x[n] \cdot z^{-n} = 1 \cdot z^0 = 1$$

Einheitsimpuls: $\delta[n] \quad \circ\!\!-\!\!\circ \quad 1$ (5.47)

Dies ist dieselbe Korrespondenz wie bei der FT, LT und FTA!

verschobener Einheitsimpuls: $\delta[n-k] \quad \circ\!\!-\!\!\circ \quad z^{-k}$ (5.48)

□

Beispiel: Einheitsschritt: $\quad x[n] = \varepsilon[n] = [\, ..., 0, \; 0, \; 1, 1, 1, ... \,]$

$$n = [\, ..., -2, -1, 0, 1, 2, ... \,]$$

$$\varepsilon[n] \quad \circ\!\!-\!\!\circ \quad 1 + z^{-1} + z^{-2} + \ldots + z^{-\infty} = \sum_{k=0}^{\infty} z^{-k}$$

Für $|z| > 1$ konvergiert die unendliche Reihe und die z-Transformierte existiert:

$$\text{Einheitsschritt:} \qquad \boxed{\varepsilon[n] \quad \circ\!\!-\!\!\circ \quad \frac{1}{1 - z^{-1}} = \frac{z}{z-1} \quad \text{für} \quad |z| > 1} \qquad (5.49)$$

Für die laufende Integration gilt wie im kontinuierlichen Bereich (Gl. (3.21)):

$$\varepsilon[n] = \sum_{i=-\infty}^{n} \delta[i] \qquad\qquad\qquad\qquad\qquad (5.50)$$

□

Beispiel: Die z-Transformation ist eine lineare Abbildung:

$$\delta[n] = \varepsilon[n] - \varepsilon[n-1] \quad \circ\!\!-\!\!\circ \quad \frac{z}{z-1} - \frac{z}{z-1} \cdot z^{-1} = \frac{z}{z-1} - \frac{1}{z-1} = \frac{z-1}{z-1} = 1$$

□

Beispiel: kausale Exponentialsequenz: $x[n] = K \cdot a^n \;\; ; \;\; n \geq 0$

$$X(z) = Ka^0 z^{-0} + Ka^1 z^{-1} + Ka^2 z^{-2} + \ldots$$

$$X(z) = K \cdot \sum_{n=0}^{\infty} a^n \cdot z^{-n} = \frac{K}{1 - az^{-1}} = \frac{Kz}{z-a} \quad \text{für} \quad |z| > |a|$$

$$\text{kausale Exponentialsequenz:} \quad \boxed{K \cdot a^n \cdot \varepsilon[n] \quad \circ\!\!-\!\!\circ \quad \frac{Kz}{z-a} = \frac{K}{1 - a \cdot z^{-1}} \;\; ; \;\; |z| > |a|} \;(5.51)$$

Mit $K = 1$ und $a = 1$ folgt aus (5.51) wieder (5.49).

□

Aus (5.45) folgt ein Satz, der im Zusammenhang mit Transversalfiltern (Abschnitt 7.2) wichtig ist:

> *Hat $X(z)$ die Form eines Polynoms in z^{-1}, so ergeben die*
> *Koeffizienten dieses Polynoms gerade die Abtastwerte von $x[n]$.*

Beispiel:

$$X(z) = z^{-1} + 2z^{-2} + 3z^{-3} + 2z^{-4} + z^{-5} \quad \Rightarrow \quad x[n] = [\ldots, 0, 0, 1, 2, 3, 2, 1, 0, 0, \ldots]$$

$$n = [\ldots, -1, 0, 1, 2, 3, 4, 5, 6, 7, \ldots]$$

□

Bei jeder z-Transformierten müsste eigentlich der Konvergenzbereich angegeben werden. In der Praxis lauern hier jedoch kaum versteckte Klippen.

> *X(z) scheint unabhängig vom Abtastintervall T zu sein.*
> *T ist aber nach Gleichung (5.44) in z versteckt.*

5.6.2 Zusammenhang der ZT mit der LT und der FTA

Ein abgetastetes Signal lautet nach (5.2):

$$x_a(t) = \sum_{n=-\infty}^{\infty} x(nT) \cdot \delta(t - nT)$$

Die zweiseitige Laplace-Transformierte dieses Signals lautet:

$$X(s) = \int_{-\infty}^{\infty} x_a(t) \cdot e^{-st} \, dt = \int_{-\infty}^{\infty} \sum_{n=-\infty}^{\infty} x(nT) \cdot \delta(t - nT) \cdot e^{-st} \, dt$$

$$= \int_{-\infty}^{\infty} \sum_{n=-\infty}^{\infty} x(nT) \cdot \delta(t - nT) \cdot e^{-snT} \, dt$$

Die letzte Zeile folgt aus der Ausblendeigenschaft des Diracstosses. Mit $z = e^{sT}$ wird daraus:

$$X(s) = \int_{-\infty}^{\infty} \sum_{n=-\infty}^{\infty} x(nT) \cdot \delta(t - nT) \cdot z^{-n} \, dt$$

Wir tauschen die Reihenfolge von Integration und Summation und schreiben die nicht mehr explizite von t abhängigen Grössen vor das Integralzeichen:

$$X(s) = \sum_{n=-\infty}^{\infty} x(nT) \cdot z^{-n} \underbrace{\int_{-\infty}^{\infty} \delta(t - nT) dt}_{1} = \sum_{n=-\infty}^{\infty} x(nT) \cdot z^{-n} = X(z)$$

Diese Herleitung gilt sowohl für die zwei- wie auch für die einseitigen Transformationen.

> *Die Laplace-Transformierte einer abgetasteten Funktion $x_a(t)$*
> *(=Folge von gewichteten Diracstössen) ist gleich der*
> *z-Transformierten der Folge der Abtastwerte x[n].*

Zusammenhang zur FTA (vgl. auch Abschnitt 2.4.2):

$$X(z) = \sum_{n=-\infty}^{\infty} x[n] \cdot z^{-n} = \sum_{n=-\infty}^{\infty} x[n] \cdot e^{-snT} = \sum_{n=-\infty}^{\infty} x[n] \cdot e^{-(\sigma + j\omega)nT}$$

$$= \sum_{n=-\infty}^{\infty} \underbrace{x[n] \cdot e^{-\sigma nT}}_{x'[n]} \cdot e^{-jn\omega T} = FTA(x'[n])$$

Für $\sigma = 0$, d.h. $z = e^{j\omega t}$ wird $x'[n] = x[n]$.

$$X\left(e^{j\Omega}\right) = X(z)\big|_{z=e^{j\omega T} = e^{j\Omega}} \tag{5.52}$$

Die FTA ist gleich der ZT, ausgewertet auf dem Einheitskreis.

Analogie: Die FT ist gleich der LT, ausgewertet auf der imaginären Achse.

Die Tabelle 5.5 zeigt die Abbildung der s-Ebene auf die komplexe z-Ebene aufgrund der Definitionsgleichung (5.44).

Tabelle 5.5 Abbildung der komplexen s-Ebene auf die komplexe z-Ebene

komplexe s-Ebene	komplexe z-Ebene
$j\omega$ - Achse	Einheitskreis
linke Halbebene	Inneres des Einheitskreises
rechte Halbebene	Äusseres des Einheitskreises
$s = 0$	$z = +1$
$s = \pm j2\pi \cdot f_A/2 = \pm j\pi/T$ (Nyquistfrequenz)	$z = -1$
$s = \pm j2\pi \cdot f_A = \pm j2\pi/T$ (Abtastfrequenz)	$z = +1$

Alle Punkte der $j\omega$ - Achse mit $\omega = k \cdot 2\pi f_A$ werden auf $z = +1$ abgebildet. Alle Punkte der $j\omega$ - Achse mit $\omega = (2k+1) \cdot \pi f_A$ werden auf $z = -1$ abgebildet. Der Trick der z-Transformation besteht also darin, dass die unendliche aber periodische Frequenzachse kompakt im Einheitskreis dargestellt wird. Die verschiedenen Perioden fallen dabei genau aufeinander. Die ZT ist darum massgeschneidert für die Beschreibung von digitalen Systemen mit ihrem periodischen Frequenzgang (vgl. Kapitel 6).

Das Spektrum eines Abtastsignales ist periodisch in $f_A = 1/T$, das Basisintervall reicht von $-f_A/2$ bis $+f_A/2$. Auf der Kreisfrequenzachse reicht das Basisintervall (auch Nyquistintervall genannt) von $-2\pi f_A/2$ bis $+2\pi f_A/2$. Der Faktor 2 wird gekürzt und f_A durch $1/T$ ersetzt. Somit reicht das Basisintervall von $-\pi/T$ bis $+\pi/T$. Mit (5.44) wird damit das Basisintervall auf $z = e^{-j\pi} = -1$ bis $z = e^{+j\pi} = -1$ abgebildet. Der Einheitskreis wird also genau einmal durchlaufen, Bild 5.34.

Bild 5.34 a) könnte die Übertragungsfunktion eines diskreten Systems sein, vgl. auch Bild 2.16 für kontinuierliche Systeme. Die Auswertung auf dem Einheitskreis ergibt den Frequenzgang. Schneidet man den Einheitskreis bei $z = -1$ auf und streckt die Umfangslinie auf eine Gerade, so ergibt sich Bild 5.34 c), das der bekannten Darstellung des FTA-Spektrums entspricht. Vom periodischen Spektrum wird demnach nur die erste Periode, also das Basisintervall, gezeichnet.

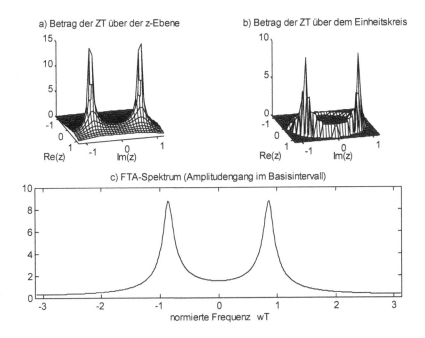

a) Betrag der ZT über der z-Ebene

b) Betrag der ZT über dem Einheitskreis

c) FTA-Spektrum (Amplitudengang im Basisintevall)

normierte Frequenz wT

Bild 5.34 Beziehung zwischen der ZT (a) und der FTA (b und c)

Gerne arbeitet man mit der auf $f_A = 1/T$ normierten *Kreis*frequenz. Das Basisintevall reicht dann von $\omega T = \Omega = -\pi$ bis $\Omega = +\pi$. Somit kann man die Frequenzachse unabhängig von der tatsächlichen Abtastfrequenz beschriften. Ω entspricht gerade dem Argument der in Polarkoordinaten angegebenen Frequenz (Einheitskreis → $|z| = 1$). In Bild 5.11 haben wir diese Normierung bereits benutzt. Hier liegt auch der Grund für die Schreibweise $X(e^{j\Omega})$ bzw. $X(e^{j\omega T})$ anstelle von $X_a(j\omega)$ für die FTA (vgl. Anmerkung zu Gl. (5.10)): neben der Periodizität des Spektrums wird auch die Verwandtschaft zur ZT betont.

Je nach Geschmack kann man auch auf $1/\pi T$ oder $1/2\pi T$ normieren. Dann erstreckt sich das Basisintevall von $-1 \ldots +1$ bzw. $-0.5 \ldots +0.5$ (Abtastfrequenz bei 1).

5.6.3 Eigenschaften der *z*-Transformation

a) Linearität

$$a \cdot x_1[n] + b \cdot x_2[n] \quad \circ\!\!-\!\!\circ \quad a \cdot X_1(z) + b \cdot X_2(z) \tag{5.53}$$

b) Zeitverschiebung

$$x[n-k] \quad \circ\!\!-\!\!\circ \quad z^{-k} \cdot X(z) \tag{5.54}$$

Bei der einseitigen ZT gilt dies nur für $k \geq 0$ (Verzögerung) und kausale Signale. Andernfalls ist eine Modifikation notwendig.

c) Faltung im Zeitbereich

$$x_1[n] * x_2[n] \quad \circ\!-\!\circ \quad X_1(z) \cdot X_2(z) \tag{5.55}$$

Beweis:

$$y[n] = \sum_{i=-\infty}^{\infty} x[i] \cdot h[n-i] \quad \circ\!-\!\circ \quad Y(z) = \sum_{n=-\infty}^{\infty} y[n] \cdot z^{-n} = \sum_{n=-\infty}^{\infty} \left(\sum_{i=-\infty}^{\infty} x[i] \cdot h[n-i] \right) \cdot z^{-n}$$

Vertauschen der Summationen:

$$Y(z) = \sum_{i=-\infty}^{\infty} \sum_{n=-\infty}^{\infty} x[i] \cdot h[n-i] \cdot z^{-n} = \sum_{i=-\infty}^{\infty} x[i] \cdot \sum_{n=-\infty}^{\infty} h[n-i] \cdot z^{-n} \cdot \underbrace{z^i \cdot z^{-i}}_{1}$$

$$Y(z) = \sum_{i=-\infty}^{\infty} x[i] \cdot \sum_{n=-\infty}^{\infty} h[n-i] \cdot z^{-(n-i)} \cdot z^{-i} = \sum_{i=-\infty}^{\infty} x[i] \cdot z^{-i} \cdot \sum_{n=-\infty}^{\infty} h[n-i] \cdot z^{-(n-i)}$$

Substitution $k = n-i$:

$$Y(z) = \underbrace{\sum_{i=-\infty}^{\infty} x[i] \cdot z^{-i}}_{X(z)} \cdot \underbrace{\sum_{k=-\infty}^{\infty} h[k] \cdot z^{-k}}_{H(z)} = X(z) \cdot H(z)$$

Die Faltung im z-Bereich wird selten benutzt und darum nicht behandelt.

d) Neutralelement

$$x[n] * \delta[n] = x[n] \tag{5.56}$$

e) Multiplikation mit einer Exponentialfolge

$$a^n \cdot x[n] \quad \circ\!-\!\circ \quad X\left(\frac{z}{a}\right) \tag{5.57}$$

Beweis:

$$a^n \cdot x[n] \quad \circ\!-\!\circ \quad \sum_{n=-\infty}^{\infty} a^n \cdot x[n] \cdot z^{-n} = \sum_{n=-\infty}^{\infty} x[n] \cdot \left(\frac{z}{a}\right)^{-n} = X\left(\frac{z}{a}\right)$$

f) Multiplikation mit der Zeit

$$n \cdot x[n] \quad \circ\!-\!\circ \quad -z \cdot \frac{dX(z)}{dz} \tag{5.58}$$

Beispiel: Aus (5.51) und (5.58) folgt:

$$n \cdot a^n \cdot \varepsilon[n] \quad \circ\!\!-\!\!\circ \quad -z \cdot \frac{d}{dz}\left(\frac{z}{z-a}\right) = -z \cdot \frac{1 \cdot (z-a) - z \cdot 1}{(z-a)^2} = \frac{a \cdot z}{(z-a)^2} \tag{5.59}$$

Diese Korrespondenz ist nützlich für die Rücktransformation eines doppelten Pols. Mit dem Spezialfall $a = 1$ ergibt sich im Zeitbereich die

Rampe: $n \cdot \varepsilon[n] \quad \circ\!\!-\!\!\circ \quad \dfrac{z}{(z-1)^2}$ \hfill (5.60)

□

g) Anfangswerttheorem (nur für einseitige ZT)

$$x[0] = \lim_{z \to \infty} X(z) \quad \text{falls} \quad x[n] = 0 \quad \text{für} \quad n < 0 \tag{5.61}$$

Beweis:

$$X(z) = \sum_{n=0}^{\infty} x[n] \cdot z^{-n} = x[0] + \underbrace{\frac{x[1]}{z} + \frac{x[2]}{z^2} + \ldots}_{\to 0 \ \text{für} \ z \to \infty}$$

Beispiel: kausale Exponentialsequenz:

$$x[n] = a^n \cdot \varepsilon[n] \quad \circ\!\!-\!\!\circ \quad X(z) = \frac{z}{z-a} \quad \Rightarrow \quad x[0] = \lim_{z \to \infty} \frac{z}{z-a} = 1$$

□

h) Endwerttheorem (nur für einseitige ZT)

$$\lim_{n \to \infty} x[n] = \lim_{z \to 1}\left[(z-1) \cdot X(z)\right] \tag{5.62}$$

Beispiel: Sprungfolge (Einheitsschritt):

$$\varepsilon[n] \quad \circ\!\!-\!\!\circ \quad \frac{z}{z-1} \quad \Rightarrow \quad \lim_{n \to \infty} \varepsilon[n] = \lim_{z \to 1}\left[(z-1) \cdot \frac{z}{z-1}\right] = 1$$

Beispiel: kausale Exponentialsequenz:

$$a^n \cdot \varepsilon[n] \quad \circ\!\!-\!\!\circ \quad \frac{z}{z-a} \quad \Rightarrow \quad \lim_{n \to \infty} a^n \cdot \varepsilon[n] = \lim_{z \to 1}\left[(z-1) \cdot \frac{z}{z-a}\right] = 0$$

Beispiel: Gegeben ist die Sequenz $x[n]$, gesucht ist ihre z-Transformierte.

$$x[n] = \begin{cases} n+1 & 0 \le n \le 2 \\ 5-n & \text{für} \quad 2 < n \le 4 \\ 0 & n < 0 \ \text{und} \ n > 4 \end{cases}$$

Wir schreiben die Sequenz aus und erhalten:

$$x[n] = [1, \ 2, \ 3, \ 2, \ 1, \ 0, \ 0, \ 0, \ \ldots]$$

Somit können wir direkt die z-Transformierte hinschreiben:

$$X(z) = 1 + 2 \cdot z^{-1} + 3 \cdot z^{-2} + 2 \cdot z^{-3} + z^{-4}$$

Wir berechnen dasselbe noch mit einer Variante. Diese ist zwar etwas aufwändiger, jedoch soll durch das „Jonglieren" mit der Theorie das Verständnis vertieft werden.

In der ausgeschriebenen Sequenz $x[n]$ erkennt man eine Dreiecksfolge. Diese hat die Länge 5 und entsteht somit aus der Faltung von zwei identischen Pulsen der Länge 3, vgl Bild 2.10. Im z-Bereich ergibt sich somit eine Multiplikation.

$$x[n] = x_1[n] * x_2[n]$$

mit

$$x_1[n] = x_2[n] = [1, 1, 1]$$

Die Pulse können wir schreiben als Überlagerung von zwei Schrittsequenzen:

$$x_1[n] = \varepsilon[n] - \varepsilon[n-3]$$

Damit folgt für die z-Transformierte von $x_1[n]$ mit (5.49) und (5.54):

$$X_1(z) = \frac{1}{1-z^{-1}} - \frac{z^{-3}}{1-z^{-1}} = \frac{1-z^{-3}}{1-z^{-1}}$$

Und für das gesuchte $X(z)$:

$$X(z) = X_1(z) \cdot X_2(z) = X_1(z)^2 = \left(\frac{1-z^{-3}}{1-z^{-1}}\right)^2 = \frac{1-2\cdot z^{-3}+z^6}{1-2\cdot z^{-1}+z^{-2}}$$

Wir erweitern mit z^6 und dividieren den Bruch aus. Dies geht ohne Rest:

$$X(z) = \frac{z^6 - 2\cdot z^3 + 1}{z^6 - 2\cdot z^5 + 1} = 1 + 2\cdot z^{-1} + 3\cdot z^{-2} + 2\cdot z^{-3} + z^{-4}$$

Damit haben wir dasselbe Resultat wie oben.

□

Beispiel: Wir kennen bereits folgende Zusammenhänge:

$$\delta(t) \quad \overset{\int}{\to} \quad \varepsilon(t) \quad \overset{\int}{\to} \quad r(t) = t\cdot\varepsilon(t)$$
$$\text{Stoss} \qquad\qquad \text{Schritt} \qquad\qquad \text{Rampe}$$

Im Laplace-Bereich (s-Bereich) lauten diese Zusammenhänge mit (2.79):

$$1 \quad \overset{\frac{1}{s}}{\to} \quad \frac{1}{s} \quad \overset{\frac{1}{s}}{\to} \quad \frac{1}{s^2}$$

Nun betrachten wir dasselbe, jedoch für Sequenzen anstelle kontinuierlicher Signale (bei allen hier betrachteten Sequenzen gehört das erste geschriebene Element zum Zeitpunkt 0 und alle diese Sequenzen sind kausal, d.h. die Abtastwerte für negative Zeiten verschwinden):

$$\delta[n] \quad \to \quad \varepsilon[n] \quad \to \quad r[n] = n\cdot\varepsilon[n]$$
$$1,0,0,0,\dots \qquad 1,1,1,1,\dots \qquad 0,1,2,3,\dots$$

Im z-Bereich lauten diese Zusammenhänge aufgrund der Korrespondenzen (5.49) und (5.60):

$$1 \quad \overset{\frac{z}{z-1}}{\to} \quad \frac{z}{z-1} \quad \overset{\frac{z}{z-1}????}{\to} \quad \frac{z}{(z-1)^2}$$

Damit ist die Operation über dem ersten Pfeil klar. Aus Analogiegründen zum s-Bereich müsste über dem zweiten Pfeil dasselbe stehen, aber dann müsste im Zähler ganz rechts z^2 stehen und nicht nur z. Zunächst interpretieren wir aufgrund (5.50) den Faktor $\dfrac{z}{z-1}$ als Korrespondenz zur Summation (d.h. Integration) im Zeitbereich:

$$\sum_{i=-\infty}^{n} \delta[n] = \sum_{i=0}^{n} \delta[n] = \varepsilon[n]$$

Die Sequenz $[1, 0, 0, 0, \ldots]$ wird dadurch abgebildet auf $[1, 1, 1, 1, \ldots]$. Für $\varepsilon[n]$ gilt:

$$\sum_{i=-\infty}^{n} \varepsilon[n] = \sum_{i=0}^{n} \varepsilon[n] = [1, 2, 3, 4, \ldots]$$

Die Rampe als Sequenz geschrieben lautet aber $[0, 1, 2, 3, \ldots]$. Dies erhalten wir mit folgendem Ausdruck:

$$\sum_{i=0}^{n} \varepsilon[n] - \varepsilon[n] \quad \circ\!\!-\!\!\bullet \quad \underbrace{\frac{z}{z-1}}_{\text{Summation}} \cdot \frac{z}{z-1} - \frac{z}{z-1} = \frac{z^2 - z(z-1)}{(z-1)^2} = \frac{z}{(z-1)^2}$$

Variante: Wir summieren über den um einen Takt verzögerten Einheitsschritt, also die Sequenz $[0, 1, 1, 1, \ldots]$:

$$\sum_{i=0}^{n} \varepsilon[n-1] \quad \circ\!\!-\!\!\bullet \quad \underbrace{\frac{z}{z-1}}_{\text{Summation}} \cdot \frac{z}{z-1} \cdot \underbrace{z^{-1}}_{\text{Verzögerung}} = \frac{z^2}{(z-1)^2} \cdot z^{-1} = \frac{z}{(z-1)^2}$$

Die Analogie stimmt demnach. Der Irrtum lag darin, dass die Summation des Schrittes nicht die Rampe ergibt, vielmehr muss man vom verzögerten Schritt ausgehen.

5.6.4 Die inverse z-Transformation

Ohne Herleitung wird gerade die Gleichung angegeben:

$$\boxed{x[n] = \frac{1}{2\pi j} \oint X(z) \cdot z^{n-1} dz} \tag{5.63}$$

Das Linienintegral wird ausgewertet in der z-Ebene innerhalb des Konvergenzbereiches, längs eines beliebigen, geschlossenen Weges im Gegenuhrzeigersinn unter Einschliessung des Ursprunges. Man kann das Integral auch mit dem Residuensatz von Cauchy berechnen. Für die Praxis sind diese formalen Rücktransformationen viel zu mühsam. Bequemere Methoden sind:

- Benutzung von Tabellen (vgl. Abschnitt 5.6.5)
- Potenzreihenentwicklung
- Partialbruchzerlegung und gliedweise Rücktransformation (Ausnutzung der Linearität)
- fortlaufende Division (Erzeugen eines Polynoms in z^{-1}). Dies ist nützlich, um eine Konstante abzuspalten, falls Zählergrad = Nennergrad. Mit dem Rest führt man eine Partialbruchzerlegung durch.

Systemfunktionen von LTD-Systemen (das sind die zeitdiskreten Geschwister der LTI-Systeme) haben eine z-Transformierte in Form eines Polynomquotienten (vgl. Abschnitt 6.4). Deshalb sind die beiden letztgenannten Methoden oft anwendbar.

Beispiel: Rücktransformation durch Potenzreihenentwicklung: Eine Bildfunktion lautet

$$X(z) = \ln\left(1 + az^{-1}\right) = \log_e\left(1 + az^{-1}\right)$$

Wie lautet die dazu gehörende Zeitsequenz $x[n]$? Dazu benutzen wir die folgende Potenzreihe:

$$\ln(1+x) = x - \frac{x^2}{2} + \frac{x^3}{3} - \frac{x^4}{4} + \dots \quad \text{für} \quad -1 > x \leq 1$$

Nun substituieren wir $x = az^{-1}$ und erhalten für $X(z)$:

$$X(z) = a \cdot z^{-1} - \frac{a^2}{2} \cdot z^{-2} + \frac{a^3}{3} \cdot z^{-3} - \frac{a^4}{4} \cdot z^{-4} + \dots = \sum_{n=1}^{\infty} \frac{(-1)^{n+1} \cdot a^n}{n} \cdot z^{-n} \quad ; \quad |z| > |a|$$

Nun kann man gliedweise in den Zeitbereich transformieren:

$$x[n] = \left[0, a, -\frac{a^2}{2}, \frac{a^3}{3}, -\frac{a^4}{4}, \dots\right] = \sum_{n=1}^{\infty} \frac{-(-a)^n}{n} \cdot \varepsilon[n-1]$$

$$n = [0, 1, \quad 2, \quad 3, \quad 4, \quad \dots]$$

□

Beispiel: Rücktransformation durch fortlaufende Division: Gegeben ist eine z-Transformierte, wie sie typisch ist für Übertragungsfunktionen von Transversalfiltern (wir werden dies im Abschnitt 6.4 behandeln, hier geht es erst um eine rein mathematische Aufgabe mit Praxisbezug):

$$H(z) = \frac{z^4 + 2z^3 + 3z^2 + 2z + 1}{z^5}$$

Nun dividieren wir Zähler und Nenner aus:

$$H(z) = z^{-1} + 2z^{-2} + 3z^{-3} + 2z^{-4} + z^{-5} \quad \circ\!\!-\!\!\circ \quad h[n] = [0, 1, 2, 3, 2, 1]$$

$$n = [0, 1, 2, 3, 4, 5]$$

(Dieses $h[n]$ ist übrigens die Stossantwort dieses Transversalfilters.)

□

Beispiel: Kausale Exponentialsequenz (vgl. Gleichung (5.51)):

$$X(z) = \frac{1}{1 - az^{-1}} = \frac{z}{z - a} = 1 + az^{-1} + a^2 z^{-2} + \dots \quad \circ\!\!-\!\!\circ \quad x[n] = [1, a, a^2, \dots] = \varepsilon[n] \cdot a^n$$

□

Beispiel: Rücktransformation durch Partialbruchzerlegung:

$$X(z) = \frac{c}{(1 - az^{-1}) \cdot (1 - bz^{-1})} = \frac{A}{1 - a \cdot z^{-1}} + \frac{B}{1 - b \cdot z^{-1}}$$

$$c = A \cdot (1 - b \cdot z^{-1}) + B \cdot (1 - a \cdot z^{-1}) = A + B - z^{-1} \cdot (Ab + Ba)$$

Ein Koeffizientenvergleich ergibt:

$$c = A + B \qquad 0 = Ab + Ba$$

$$B = c - A \quad \Rightarrow \quad 0 = Ab + ac - Aa \quad \Rightarrow \quad A = \frac{ac}{a - b}$$

$$B = c - \frac{ac}{a - b} = \frac{ac - bc - ac}{a - b} = \frac{-bc}{a - b}$$

Die beiden Summanden in $X(z)$ transformieren wir einzeln zurück mit Hilfe der Tabelle im Abschnitt 5.6.5:

$$\frac{A}{1 - a \cdot z^{-1}} = \frac{A \cdot z}{z - a} \quad \circ\!\!-\!\!\circ \quad A \cdot \varepsilon[n] \cdot a^n$$

Somit ergibt sich als Endresultat:

$$x[n] = \frac{ac}{a - b} \cdot \varepsilon[n] \cdot a^n - \frac{bc}{a - b} \cdot \varepsilon[n] \cdot b^n = \varepsilon[n] \cdot \frac{c}{a - b} \cdot \left(a^{n+1} - b^{n+1} \right)$$

□

Weitere Beispiele folgen im Kapitel 6 im Zusammenhang mit Anwendungen.

5.6.5 Tabelle einiger z-Korrespondenzen

Zeitsequenz $x[n]$ $(a > 0)$	Bildfunktion $X(z)$	Konvergenzbereich
$\delta[n]$	1	alle z
$\varepsilon[n]$	$\dfrac{z}{z-1} = \dfrac{1}{1-z^{-1}}$	$\lvert z \rvert > 1$
$\varepsilon[n] \cdot n$	$\dfrac{z}{(z-1)^2}$	$\lvert z \rvert > 1$
$\varepsilon[n] \cdot n^2$	$\dfrac{z(z+1)}{(z-1)^3}$	$\lvert z \rvert > 1$
$\varepsilon[n] \cdot e^{-an}$	$\dfrac{z}{\left(z - e^{-a}\right)}$	$\lvert z \rvert > e^{-a}$
$\varepsilon[n] \cdot n \cdot e^{-an}$	$\dfrac{z \cdot e^{-a}}{\left(z - e^{-a}\right)^2}$	$\lvert z \rvert > e^{-a}$
$\varepsilon[n] \cdot n^2 \cdot e^{-an}$	$\dfrac{z \cdot e^{-a} \cdot \left(z + e^{-a}\right)}{\left(z - e^{-a}\right)^3}$	$\lvert z \rvert > e^{-a}$
$\varepsilon[n] \cdot a^n$	$\dfrac{z}{z-a} = \dfrac{1}{1-az^{-1}}$	$\lvert z \rvert > a$
$\varepsilon[n] \cdot n \cdot a^n$	$\dfrac{az}{(z-a)^2}$	$\lvert z \rvert > a$
$\varepsilon[n] \cdot n^2 \cdot a^n$	$\dfrac{az(a+z)}{(z-a)^3}$	$\lvert z \rvert > a$
$\varepsilon[n] \cdot n^3 \cdot a^n$	$\dfrac{az(a^2 + 4az + z^2)}{(z-a)^4}$	$\lvert z \rvert > a$
$\varepsilon[n] \cdot \cos(\omega_0 n)$	$\dfrac{1 - z^{-1}\cos\omega_0}{1 - 2z^{-1}\cos\omega_0 + z^{-2}}$	$\lvert z \rvert > 1$
$\varepsilon[n] \cdot \sin(\omega_0 n)$	$\dfrac{z^{-1}\sin\omega_0}{1 - 2z^{-1}\cos\omega_0 + z^{-2}}$	$\lvert z \rvert > 1$
$\varepsilon[n] \cdot \dfrac{1}{n!}$	$e^{1/z}$	$\lvert z \rvert > 0$

5.7 Übersicht über die Signaltransformationen

5.7.1 Welche Transformation für welches Signal?

Die Tabelle 5.6 zeigt die Anwendungsbereiche der verschiedenen Transformationen aufgrund der Eigenschaften der Signale (vgl. auch Tabelle 5.4). Dabei gelten folgende Abkürzungen:

FT	Fourier-Transformation
FK	Fourier-Reihen-Koeffizienten
FTA	Fourier-Transformation für Abtastsignale
DFT	Diskrete Fourier-Transformation

LT	Laplace-Transformation
ZT	z-Transformation

Tabelle 5.6 Anwendungsbereich der verschiedenen Signaltransformationen

Zeitsignal		Transformation	Spektrum	
periodisch	diskret		periodisch	diskret
		FT / LT		
X		FK		X
	X	FTA / ZT	X	
X	X	DFT	X	X

Bemerkungen:

- Die Fourier-Reihe (FR) für periodische Signale ist *keine* Transformation, sondern eine Darstellung im *Zeit*bereich. Das Sortiment der Fourier-Koeffizienten (FK) hingegen enthält dieselbe Information im Frequenzbereich.
- Die FTA ist keine neue Transformation, sondern die normale FT angewandt auf abgetastete Signale. Wegen der Aufteilung dieser Tabelle wird die FTA aber aus didaktischen Gründen als eigenständige Transformation behandelt.
- Die FK und die FTA sind dual zueinander. Sie haben die gleichen Eigenschaften, wenn man Zeit- und Frequenzbereich jeweils vertauscht.
- Die Koeffizienten der *diskreten* Fourier-Reihe und die DFT sind ebenfalls dual zueinander. Beide behandeln Signale, die im Zeit- und Frequenzbereich diskret und periodisch sind. Bis auf eine Konstante sind sie deshalb identisch, Gleichung (5.23).
- Die LT und die ZT haben eine komplexe Frequenzvariable (s bzw. z). Die FT und die FTA haben eine imaginäre Frequenzvariable ($j\omega$ bzw. $j\Omega$). FK und die DFT haben einen Laufindex (k bzw. m).
- Die LT ist die analytische Fortsetzung der FT, die ZT ist die analytische Fortsetzung der FTA.
- Mit Hilfe der Deltafunktionen können die FK, FTA und DFT einzig durch die FT ausgedrückt werden. Schwierigkeiten ergeben sich aber bei Multiplikationen, da diese für Distributionen nicht definiert ist.

5.7.2 Zusammenhang der verschiedenen Transformationen

In den nachstehenden Bildern sind die Zusammenhänge und Eigenschaften der Transformationen bildlich dargestellt. Die Idee dazu stammt aus [End90]. Die Signale im Zeitbereich haben Indizes zur Verdeutlichung ihrer Eigenschaften:

    c   kontinuierlich (continous)   n   nicht periodisch
    d   diskret (Zeitachse)   p   periodisch

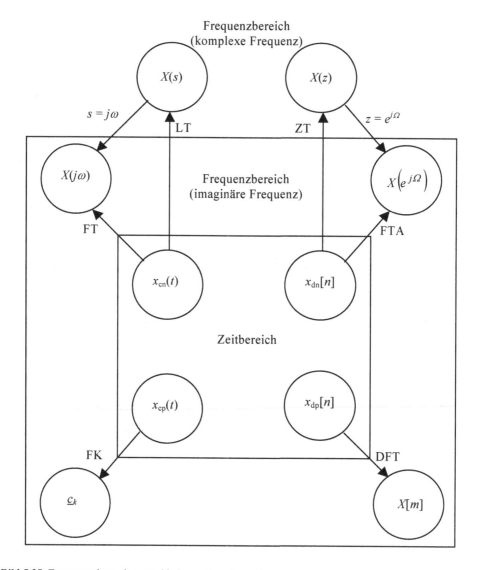

Bild 5.35 Zusammenhang der verschiedenen Transformationen

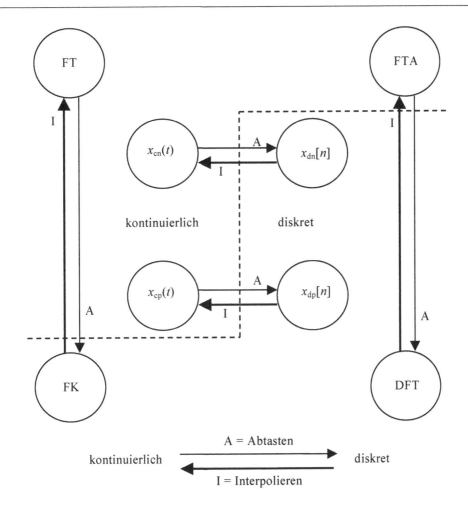

Bild 5.36 Unterscheidung kontinuierlich - diskret. Die Signale im Frequenzbereich sind durch den
Namen der jeweiligen Transformation symbolisiert.

Interpretation von Bild 5.36:

Der Übergang kontinuierlich → diskret erfolgt durch Abtasten (dünne Pfeile, beschriftet mit
A).

Die Umkehroperation der Abtastung heisst Interpolation (dicke Pfeile, beschriftet mit I).

Die Interpolation ist stets eindeutig umkehrbar, die Abtastung hingegen nur dann, wenn im
jeweils anderen Bereich das Signal begrenzt ist. Deshalb sind die Pfeile für die Abtastung nur
dünn gezeichnet.

Die eindeutige Abtastung im Zeitbereich erfordert also ein bandbegrenztes Spektrum und die
eindeutige Abtastung des Spektrums erfordert ein zeitbegrenztes Signal.

Die gestrichelte Linie trennt den kontinuierlichen Bereich vom diskreten Bereich. Alle vier
Pfeilpaare überqueren diese Linie.

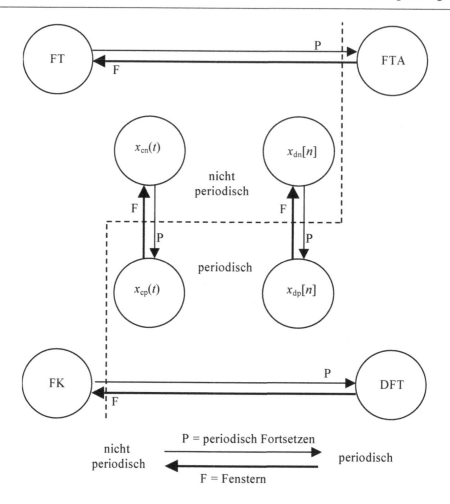

Bild 5.37 Unterscheidung periodisch - nicht periodisch

Der Übergang nicht periodisch → periodisch erfolgt durch periodisches Fortsetzen (dünne Pfeile, beschriftet mit P). Die Umkehrung heisst Fenstern (dicke Pfeile, beschriftet mit F).

Das Fenstern ist stets eindeutig umkehrbar, das periodische Fortsetzen hingegen nur dann, wenn im *gleichen* Bereich das Signal begrenzt ist. Die Pfeile für das periodische Fortsetzen sind deshalb nur dünn gezeichnet.

Das periodische Fortsetzen im Zeitbereich erfordert also ein zeitbegrenztes Signal und das periodische Fortsetzen im Frequenzbereich erfordert ein bandbegrenztes Spektrum. Diese Bedingungen sind gerade dual zu denjenigen bei Bild 5.36. Dies ist einleuchtend, da eine Abtastung im jeweils anderen Bereich eine periodische Fortsetzung bedeutet. Eine Interpolation bedeutet demnach im anderen Bereich eine Fensterung. Diese beiden Operationen haben darum *dieselbe* Bedingung. Beispiel: Die Abtastung des Zeitsignals erfordert ein bandbegrenztes Spektrum und das periodische Fortsetzen im Frequenzbereich erfordert ebenfalls ein bandbegrenztes Spektrum.

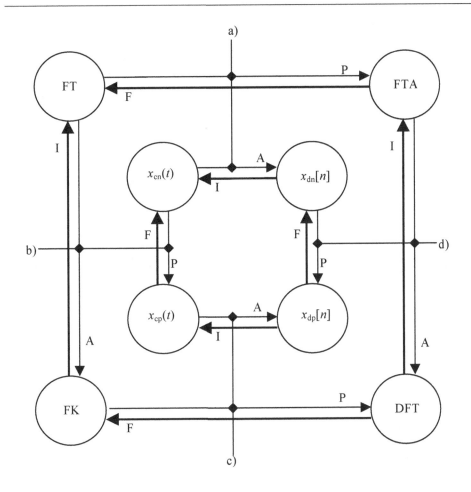

Bild 5.38 Bedingungen für die Übergänge (Kombination der Bilder 5.36 und 5.37)

I ist stets umkehrbar durch A, F ist stets umkehrbar durch P (→ dicke Pfeile)

Bedingungen, damit A umkehrbar ist durch I bzw. P umkehrbar ist durch F:

    a) FT-Spektrum muss bandbegrenzt sein

    b) $x_{cn}(t)$ muss zeitbegrenzt sein

    c) FK-Spektrum muss bandbegrenzt sein (endliche Fourier-Reihe)

    d) $x_{dn}[n]$ muss zeitbegrenzt sein

Um aus $x_{cn}(t)$ die DFT zu erhalten, gibt es verschiedene Wege. Der übliche: $x_{cn}(t)$ abtasten (Bandbegrenzung), die FTA bestimmen und diese abtasten (Zeitbegrenzung). Jeder andere Weg führt auf die gleichen Bedingungen, z.B. $x_{cn}(t)$ → FT → FK (Zeitbegrenzung) → DFT (Bandbegrenzung).

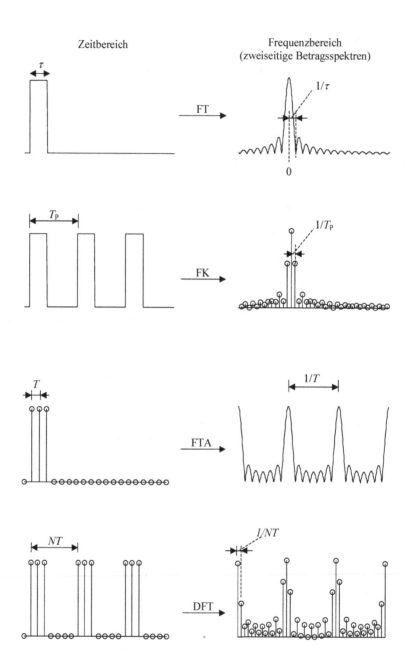

Bild 5.39 Zusammenhang zwischen den Transformationsarten, Zeiten und Frequenzen.
Beachte: für 4 Transformationen gibt es nur 3 frei wählbare Zeit-Frequenzpaare. Bei der DFT
muss man deshalb das Zeitfenster korrekt festlegen.

6 Digitale Systeme

6.1 Einführung

Digitale Systeme bieten gegenüber analog arbeitenden Systemen gewaltige Vorteile:

- *Dynamik und Störimmunität:* Ohne grossen Aufwand (16 Bit Auflösung wie bei der CD) erreichen digitale Systeme eine Dynamik von 90 dB gegenüber ca. 60-70 dB bei gängigen, nicht hochgezüchteten analogen Schaltungen. Dank der Wertquantisierung und der Codierung sind die zu verarbeitenden Signale weitgehend störimmun (begrenzt durch das Quantisierungsrauschen, Abschnitt 6.10). Dies ermöglicht vielschichtige und komplexe Signalverarbeitungsschritte. Bei einem analogen System hingegen würden die Signale zu stark verrauscht werden.
- *Stabilität, Reproduzierbarkeit und Vorhersagbarkeit:* Digitale Schaltungen leiden nicht unter Alterung, Drift, Bauteiltoleranzen usw. Sie brauchen bei der Herstellung auch keinen Abgleich, was die Fertigungskosten tief hält. Statt Werte von Komponenten bestimmen numerische Parameter das Systemverhalten. Ein digitales System lässt sich deshalb zwischen Entwurf und Realisierung mit sehr guter Genauigkeit simulieren und damit austesten. Zusammen mit der Flexibilität lässt sich die Entwicklungsphase gegenüber einem analogen System drastisch verkürzen und das Entwicklungsrisiko verkleinern.
- *Flexibilität:* Die Hardware besteht aus universellen Bausteinen oder sogar universellen Printkarten mit programmierbaren Bausteinen. Die anwendungsspezifischen Eigenschaften einer Schaltung (die oben erwähnten numerischen Parameter) werden durch eine Software bestimmt. Letztere ist einfach und schnell modifizierbar, deshalb lassen sich die Eigenschaften eines Systems nachträglich anpassen (Konfiguration) bzw. im Betrieb ändern (adaptive Systeme, Multi-Mode- und Multi-Norm-Geräte).

Natürlich gibt es auch Nachteile gegenüber analogen Systemen:

- *Geschwindigkeit:* Digitale Systeme arbeiten im Vergleich zu analogen Systemen langsam, d.h. die Bandbreite der zu verarbeitenden Signale ist kleiner. Mit schneller werdenden Signalwandlern und Prozessoren stösst die Signalverarbeitung jedoch immer mehr in Gebiete vor, die bisher der analogen Technik vorbehalten waren.
- *Preis*: Für *einfache* Anwendungen sind digitale Systeme gegenüber analogen teurer. Der Preis alleine ist heute allerdings kein schlagkräftiges Argument mehr gegen die digitale Signalverarbeitung, denn die Komponenten der Mikroelektronik sind im Verhältnis zu ihrer Komplexität unwahrscheinlich preisgünstig geworden.
- *Quantisierung:* Die AD-Wandlung fügt dem Signal ein Rauschen zu. Die endliche Wortlänge in den Rechenwerken kann zu unangenehmen Fehlern führen (vgl. 6.10).
- *Anforderung an Entwickler:* Statt Erfahrung wird mehr Theorie benötigt.

Die Theorie digitaler Systeme lehnt sich eng an die Theorie der im Kapitel 3 beschriebenen analogen Systeme an.

Ein digitales System verarbeitet abgetastete Signale, d.h. Zahlenfolgen oder *Sequenzen*. Das System transformiert eine Eingangssequenz $x[n]$ in eine Ausgangssequenz $y[n]$, Bild 6.1.

Zusatzmaterial online
Zusätzliche Informationen sind in der Online-Version dieses Kapitel (https://doi.org/10.1007/978-3-658-32801-6_6) enthalten.

Bild 6.1 Digitales System als Blackbox

Korrekterweise müsste man von einem zeitdiskreten System sprechen, denn bei einem digitalen System sind sämtliche Sequenzen zusätzlich zur Zeitquantisierung auch noch wertquantisiert. Diese Wertquantisierung werden wir im Abschnitt 6.10 betrachten.

Man spricht oft auch von einem digitalen Filter und versteht damit diesen Begriff umfassender als in der Analogtechnik

Auch digitale Systeme lassen sich in Klassen einteilen. Dieses Buch behandelt nur das diskrete Pendant zum LTI-System: das *LTD-System* (linear, time-invariant, discrete). Diese unterteilt man wiederum in zwei Klassen, nämlich die sog. IIR-Systeme bzw. die FIR-Systeme, deren Eigenschaften wir später erörtern werden.

Die Synthese digitaler Systeme erfolgt häufig aufgrund eines analogen Systems als Vorgabe. Wir benutzen hier als Vorgabe die analogen Filter (Kapitel 4) und besprechen deshalb die Synthese digitaler Systeme und Filter erst im Kapitel 7. Das vorliegende Kapitel 5 beschäftigt sich mit der Beschreibung und Analyse der digitalen Systeme, behandelt die IIR- und FIR-Systeme gemeinsam, streicht deren Gemeinsamkeiten heraus und verknüpft die Theorie der zeitdiskreten Systeme mit derjenigen der kontinuierlichen Systeme.

Für LTD-Systeme gilt die *Linearitätsrelation*:

Aus: $\begin{matrix} x_1[n] & \to & y_1[n] \\ x_2[n] & \to & y_2[n] \end{matrix}$ folgt:

$$x[n] = k_1 \cdot x_1[n] + k_2 \cdot x_2[n] \quad \to \quad y[n] = k_1 \cdot y_1[n] + k_2 \cdot y_2[n] \tag{6.1}$$

Die LTD-Systeme sind *zeitinvariant*:

Aus: $x[n] \to y[n]$ folgt für n und i ganzzahlig:

$$x[n-i] \to y[n-i] \tag{6.2}$$

Die Kausalität und die Stabilität sind wie bei analogen Systemen definiert (Abschnitte 3.1.3 und 3.1.5).

Analoge LTI-Systeme „lösen" eine lineare *Differential*gleichung mit konstanten Koeffizienten. Digitale LTD-Systeme lösen hingegen eine *Differenzen*gleichung. Wir betrachten dies am Beispiel des altbekannten RC-Gliedes aus Bild 1.9.

$$i_C(t) = C \cdot \frac{du_2(t)}{dt} = i_R(t) = \frac{u_1(t) - u_2(t)}{R} \tag{6.3}$$

Diese Differentialgleichung lässt sich in eine Integralgleichung umformen:

$$u_2(t) = \frac{1}{RC} \cdot \int u_1 dt - \frac{1}{RC} \cdot \int u_2 dt \tag{6.4}$$

Gleichung (6.4) lässt sich graphisch in einem Signalflussdiagramm darstellen. Dies ist auf mehrere Arten möglich, Bild 6.2 zeigt zwei Beispiele.

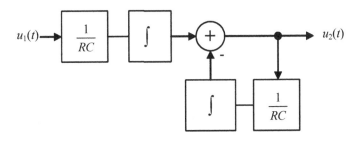

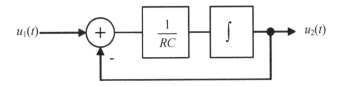

Bild 6.2 Zwei mögliche Signalflussdiagramme für die Gleichung (6.4)

Die Schrittantwort dieses kontinuierlichen Systems haben wir bereits berechnet, Gleichung (3.26):

$$g(t) = \left(1 - e^{-\frac{t}{RC}}\right) \cdot \varepsilon(t) \tag{6.5}$$

Mit $R = 100$ kΩ und $C = 10$ µF wird die Zeitkonstante $RC = 1$ s. Das Ausgangssignal beträgt nach 20 ms somit 19.80 mV.

Für ein LTD-System ersetzt man die Signale $u_1(t)$ und $u_2(t)$ durch ihre abgetasteten Versionen $u_1[n]$ und $u_2[n]$, Bild 6.3.

$u_2[n]$ berechnet man aus $u_1[n]$ nach Gleichung (6.3), wobei man die Ableitung durch einen Differenzenquotienten annähert:

$$\frac{du_2(kT)}{dt} \approx \frac{u_2[kT] - u_2[kT - T]}{T} = \frac{u_2[kT] - u_2[(k-1)T]}{T} \tag{6.6}$$

Aus Gleichung (6.3) wird dadurch:

$$C \cdot \frac{u_2[kT] - u_2[(k-1)T]}{T} = \frac{u_1[kT] - u_2[kT]}{R} \tag{6.7}$$

Auflösen nach $u_2[kT]$ ergibt:

$$u_2[kT] = \underbrace{\frac{T}{RC + T}}_{b} \cdot u_1[kT] + \underbrace{\frac{RC}{RC + T}}_{a} \cdot u_2[(k-1)T] \tag{6.8}$$

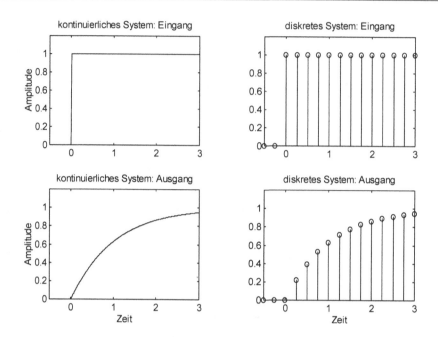

Bild 6.3 Vergleich der Signale eines kontinuierlichen Systems (links) mit den Sequenzen eines diskreten
Systems (rechts)

Gleichung (6.8) werten wir mit konkreten Zahlen aus. Dabei setzen wir die Zeitkonstante RC
wiederum gleich 1 s und variieren das Abtastintervall T. Dieses muss deutlich kleiner als die
Zeitkonstante sein. Für die Ausgangswerte ergibt sich:

a) $T = 5$ ms ($f_A = 200$ Hz) $\rightarrow$ $b = 4.975 \cdot 10^{-3}$ $a = 0.995$

                    $g[5$ ms$]$ $= 4.975$ mV

                    $g[10$ ms$] = 9.925$ mV

                    $g[15$ ms$] = 14.85$ mV

                    $g[20$ ms$] = 19.75$ mV

b) $T = 10$ ms ($f_A = 100$ Hz) $\rightarrow$ $b = 9.901 \cdot 10^{-3}$ $a = 0.990$

                    $g[10$ ms$] = 9.901$ mV

                    $g[20$ ms$] = 19.70$ mV

c) $T = 20$ ms ($f_A = 50$ Hz) $\rightarrow$ $b = 19.608 \cdot 10^{-3}$ $a = 0.980$

                    $g[20$ ms$] = 19.61$ mV

Die Beispiele zeigen, dass das diskrete System umso weiter vom korrekten Wert 19.80 mV
entfernt ist, je tiefer die Abtastfrequenz ist. Nach langer Zeit konvergieren aber alle Varianten
auf den korrekten Endwert von 1 V. Dies deshalb, weil $a+b$ in (6.8) stets 1 ergibt, unabhängig
vom Abtastintervall T.

Je schneller die Signale sich ändern, umso höher muss die Abtastfrequenz sein. Eine schnelle Änderung bedeutet ja einen stärkeren Anteil an hohen Frequenzen, und diese verlangen nach dem Abtasttheorem eine höhere Abtastfrequenz.

Aus der Differentialgleichung (6.3) des kontinuierlichen Systems ist eine Differenzengleichung (6.8) geworden. Auch diese kann man in einem Signalflussdiagramm darstellen, Bild 6.4.

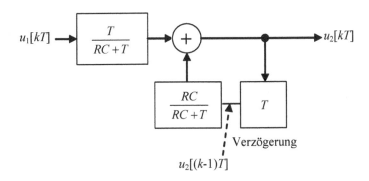

Bild 6.4 Signalflussdiagramm der Gleichung (6.8)

Allgemein gilt für LTD-Systeme, dass sie nur drei verschiedene mathematische Operationen ausführen:

- Addition $\qquad\qquad\qquad\qquad\quad y[n] = x_1[n] + x_2[n]$
- Multiplikation mit einer Konstanten $\quad y[n] = k \cdot x[n]$
- Zeitverzögerung um T (Abtastintervall) $\quad y[n] = x[n-1]$

> *Jedes LTD-System lässt sich mit Addierern, Multiplizierern*
> *und Verzögerungsgliedern realisieren.*

LTD-Systeme beschreibt man in völliger Analogie zu den LTI-Systemen:

- Im Zeitbereich durch
  - die Differenzengleichung
  - die Impulsantwort und die Sprungantwort
- Im Bildbereich durch
  - die Übertragungsfunktion (ZT)
        PN-Schema
  - den Frequenzgang (FTA)
        Amplitudengang, Phasengang, Gruppenlaufzeit

Man unterscheidet zwei Klassen von LTD-Systemen:

- *Rekursive Systeme:* Dies ist der allgemeinste Fall, Bild 6.5. Der momentane Ausgangswert hängt ab vom momentanen Eingangswert (Pfad über b_0 in Bild 6.5), von endlich vielen früheren Eingangswerten (Pfade b_1, b_2, usw.) sowie von endlich vielen *vergangenen* Ausgangswerten (Pfade a_1, a_2, usw.) . Diese Systeme haben also eine Rückkopplung vom Ausgang auf den Eingang und *können* dadurch instabil werden, was sich in einer unendlich langen Impulsantwort äussert. Daher kommt die Bezeichnung *IIR-System* (infinite impulse response). Fehlt der Feed-Forward-Pfad in Bild 6.5 (d.h. die Koeffizienten b_1 und b_2 sind Null), so spricht man auch von *AR-Systemen* (*auto-regressiv-systems*) oder *All-Pole-Filter*, Bild 6.6.

- *Nichtrekursive Systeme:* Die Ausgangssequenz hängt ab vom momentanen Eingangswert und von endlich vielen früheren *Eingangs*werten, nicht aber von vergangenen Ausgangswerten. Die Impulsantwort ist zwangsläufig endlich lang (d.h. abklingend), weshalb auch die Bezeichnung *FIR-System* (finite impulse response) gebräuchlich ist. Aufgrund der häufig gewählten Struktur (Bild 6.7) nennt man diese Systeme auch *Transversalfilter*. Weitere gängige Bezeichnungen sind *MA-System* (*Moving Averager*, gleitender Mittelwertbildner) und *All-Zero-Filter*. Der allgemeine Fall in Bild 6.5 heisst entsprechend *ARMA-System*.

Die Ausdrücke „rekursiv", „nichtrekursiv" und „transversal" beziehen sich auf die System*strukturen*. Dagegen bezeichnen „FIR" und „IIR" System*eigenschaften*. In der Praxis werden auch die IIR-Systeme stabil betrieben. Beide Systemklassen haben ihre Berechtigung, indem sie aufgrund ihrer Eigenschaften ihre individuellen Einsatzgebiete haben. FIR-Systeme sind ein Spezialfall der IIR-Systeme.

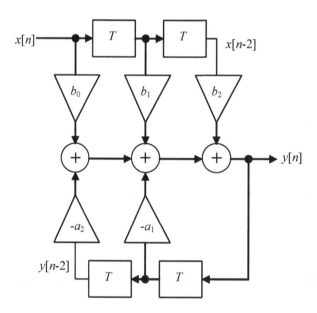

Bild 6.5 Blockdiagramm eines rekursiven LTD-Systems zweiter Ordnung (ARMA-System). Es besteht aus Verzögerungsgliedern (Rechtecke), Multiplizierern bzw. Verstärkern (Dreiecke) und Addierern (Kreise). Das Diagramm ist nach rechts fortsetzbar, was zu einer Erhöhung der Systemordnung führt.

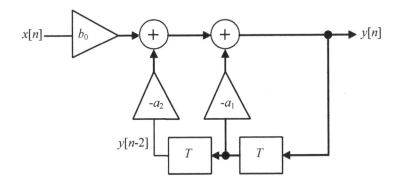

Bild 6.6 Blockdiagramm eines rekursiven Systems ohne Feed-Forward-Pfad (AR-System, All-Pole-Filter). Es entsteht aus Bild 6.5 durch Nullsetzen der Koeffizienten b_1, b_2, usw.

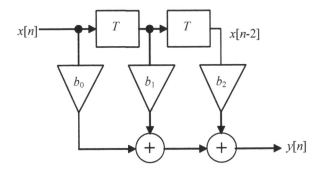

Bild 6.7 Blockdiagramm eines nichtrekursiven (transversalen) LTD-Systems zweiter Ordnung (MA-System, All-Zero-Filter). Es entsteht aus Bild 6.5 durch Nullsetzen aller Koeffizienten a_i.

6.2 Die Differenzengleichung

Das Ausgangssignal des rekursiven Systems in Bild 6.5 lautet:

$$y[n] = b_0 \cdot x[n] + b_1 \cdot x[n-1] + b_2 \cdot x[n-2] - a_1 \cdot y[n-1] - a_2 \cdot y[n-2]$$

Dieses System ist zweiter Ordnung, denn die Signale werden um maximal zwei Takte verzögert. Fügt man in Bild 6.5 nach rechts weitere Verzögerungsglieder an, so ergibt sich der allgemeine Ausdruck für die Differenzengleichung eines LTD-Systems:

$$y[n] = \sum_{i=0}^{N} b_i x[n-i] - \sum_{i=1}^{M} a_i y[n-i] \qquad (6.9)$$

Die Differenzengleichung der diskreten Systeme (6.9) ist nichts anderes als das diskrete Gegenstück zur Differentialgleichung der kontinuierlichen Systeme nach Gleichung (1.8). Letztere ist ziemlich mühsam zu lösen, wir sind deshalb mit Hilfe der Laplace-Transformation in den Bildbereich ausgewichen. Bei den diskreten Systemen werden wir dasselbe tun, indem wir die Differenzengleichung mit Hilfe der z-Transformation in den Bildbereich überführen.

Mit der Differenzengleichung kann man die Ausgangssequenz $y[n]$ für jede beliebige Eingangssequenz $x[n]$ berechnen. Die Differenzengleichung beschreibt damit das LTD-System vollständig.

Die Koeffizienten a_i und b_i in (6.9) sind reellwertig. Die zweite Summation beginnt bei $i = 1$, nur *vergangene* Ausgangswerte beeinflussen darum den momentanen Ausgangswert.

Bei kausalen Systemen ist $M \leq N$, die Begründung dafür folgt im Abschnitt 6.4. N bestimmt die Ordnung des Systems. N und somit auch M müssen beide $< \infty$ sein, damit das System realisierbar ist.

Falls ein System (Rechner, Hardware) während dem Abtastintervall T die Differenzengleichung auswerten kann, ist mit diesem System eine Echtzeitrealisierung möglich. Die benötigte Rechenzeit ist belanglos, solange sie kürzer als T ist. Die effektive Verweilzeit in einem Verzögerungsglied wird um die Rechenzeit verkürzt. Von aussen betrachtet ergibt sich kein Unterschied zum unendlich schnellen Rechner.

Eine gegebene Differenzengleichung kann auf mehrere Arten realisiert werden. Der umgekehrte Weg von einem Blockschaltbild zur Differenzengleichung ist jedoch eindeutig.

Beispiel: Bild 6.8 zeigt zwei verschiedene Blockschaltbilder zur Differenzengleichung

$$y[n] = b_0 \cdot x[n] - a_1 \cdot y[n-1]$$

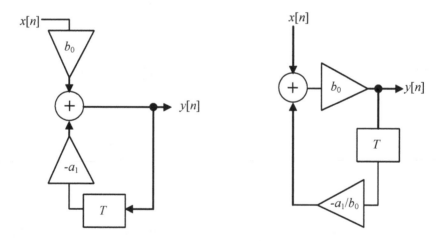

Bild 6.8 Zwei verschiedene Blockschaltbilder für dieselbe Differenzengleichung

6.3 Die Impulsantwort

Als Alternative zur Systembeschreibung mit der Differenzengleichung kann man ein LTD-System durch seine Impulsantwort $h[n]$ charakterisieren. Das ist die Ausgangssequenz, die sich bei einer Anregung mit $x[n] = \delta[n]$ ergibt.

Die Reaktion auf ein beliebiges Eingangssignal kann man berechnen durch die diskrete *lineare (azyklische)* Faltung:

$$y[n] = x[n] * h[n] = h[n] * x[n] = \sum_{i=-\infty}^{\infty} x[i] \cdot h[n-i] = \sum_{i=-\infty}^{\infty} x[n-i] \cdot h[i] \qquad (6.10)$$

Die Herleitung entspricht formal genau derjenigen im Abschnitt 3.2:

- Impulsantwort: $\delta[n]$ am Eingang erzeugt $h[n]$ am Ausgang
- Linearität: $x[i] \cdot \delta[n]$ erzeugt $x[i] \cdot h[n]$
  ($x[i]$ ist hier wegen der Ausblendeigenschaft ein einzelner Abtastwert, also eine Zahl und keine Sequenz!)
- Zeitinvarianz: $x[i] \cdot \delta[n-i]$ erzeugt $x[i] \cdot h[n-i]$
- Superposition:

$$x[n] = \sum_{i=-\infty}^{\infty} x[i] \cdot \delta[n-i] = x[n] * \delta[n] \qquad \text{erzeugt} \qquad y[n] = \sum_{i=-\infty}^{\infty} x[i] \cdot h[n-i] = x[n] * h[n]$$

In der letzten Zeile ist links $x[n]$ durch eine Faltung mit $\delta[n]$ (Neutralelement!) dargestellt, rechts befindet sich eine (nicht zyklische, da $i \to \infty$) Faltungssumme wie in Gleichung (5.40).

Die Impulsantwort zeigt sofort, ob ein System stabil und kausal ist:

$$\text{Stabiles LTD-System:} \qquad \sum_{i=-\infty}^{\infty} |h[i]| < \infty \qquad (6.11)$$

$$\text{Kausales LTD-System:} \qquad h[n] = 0 \quad \text{für} \quad n < 0 \qquad (6.12)$$

Eine interessante Eigenschaft hat die Impulsantwort eines nichtrekursiven Systems. In (6.9) werden alle a_i Null gesetzt. Die Differenzengleichung sieht nun aus wie eine *zyklische* Faltung gemäss Gleichung (5.41).

$$y[n] = \sum_{i=0}^{N} b_i \cdot x[n-i] \qquad (6.13)$$

Für den Grad $N = 2$ zeigt Bild 6.7 das Blockschema. Die Impulsantwort bestimmt man, indem man $x[n] = \delta[n]$ setzt und (6.13) auswertet:

$$h[n] = \sum_{i=0}^{N} b_i \cdot \delta[n-i] = [b_0, b_1, b_2] \qquad (6.14)$$

$h[n]$ hat verschwindende Werte ausser für $n = 0, 1, 2$.

$h[n]$ ist bei einem FIR-System also stets beschränkt auf die Länge $L = N+1$ (N = Anzahl der Verzögerungselemente = Systemordnung).

> *Die Impulsantwort eines FIR-Systems ist endlich lange und entspricht
> gerade der Folge der Koeffizienten b_i der Differenzengleichung.*

Auf dieselbe Art könnte man auch für ein IIR-System die Impulsantwort aus der Differenzengleichung berechnen. Allerdings wird dies sehr mühsam, da sich unendlich lange Ausdrücke
ergeben. Die z-Transformation eröffnet hier einen viel einfacheren Weg.

Die Impulsantwort $h[n]$ eines LTD-Systems entsteht per Definition bei Anregung mit dem Einheitspuls $\delta[n] = [1, 0, 0, 0, 0, \ldots]$ (für $n < 0$ verschwindet $\delta[n]$). Die Impulsantwort $h(t)$ eines
LTI-Systems entsteht per Definition bei der Anregung mit dem Deltastoss $\delta(t)$.

Es ist nun ein Irrtum anzunehmen, dass $h[n]$ aus $h(t)$ durch blosse Abtastung entsteht! Vielmehr unterscheiden sich diese beiden Signale um einen konstanten Faktor T (T = Abtastintervall). Die Energie von $\delta(t)$ hängt nämlich mit der Fläche des Pulses zusammen, und diese ist
definitionsgemäss gleich 1. Die Fläche unter $\delta[n]$ ist hingegen T, da der Einheitspuls die Breite
T und die Höhe 1 hat. $\delta[n]$ müsste also die Werte $d[n] = [1/T, 0, 0, 0, \ldots]$ annehmen, damit
bei $t = nT$ die beiden Signale $h(t)$ und $h[n]$ identisch werden.

Eine andere Interpretation des gleichen Sachverhaltes ergibt sich aufgrund der Spektren: Bild
6.9 zeigt das Betragsspektrum von $\delta(t)$:

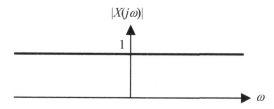

Bild 6.9 Betragsspektrum von $\delta(t)$

Die herausragende Eigenschaft des Diracstosses besteht darin, dass sein Spektrum alle Frequenzen gleichmässig enthält. Deshalb ist er als (theoretisches) Testsignal für die Systemanalyse bestens geeignet.

Welches Spektrum müsste nun der „Diracstoss für digitale Systeme" haben? Natürlich sollen
ebenfalls „alle" Frequenzen gleichmässig angeregt werden. Ein digitales System hat jedoch
einen periodischen Frequenzgang, die Anregung darf darum nur im Basisintervall erfolgen,
sonst tritt Aliasing auf. Das Basisintervall erstreckt sich von $-f_A/2$ bis $+f_A/2$. Auf der ω-Achse
ist dies der Bereich $-\pi \cdot f_A$ bis $+\pi \cdot f_A$ bzw. $-\pi/T$ bis $+\pi/T$. Das Spektrum des „Diracstosses für
digitale Systeme" müsste damit den in Bild 6.10 links gezeigten Verlauf haben:

Im Zeitbereich kann nun der „Diracstoss für digitale Systeme" bestimmt werden, indem das
Spektrum   aus   Bild 6.10   zurücktransformiert   wird   (vgl.   die   Tabelle   der   Fourier-
Korrespondenzen im Abschnitt 2.3.7) und das entsprechende Signal, eine $\sin(x)/x$-Funktion,
abgetastet wird mit dem Abtastintervall T, Bild 6.10 rechts. Der Peakwert der $\sin(x)/x$-Funktion
beträgt $1/T$, die Nullstellen befinden sich bei $t = \pm T$, $\pm 2T$, $\pm 3T$ usw. Die Abtastung ergibt damit
die Sequenz $d[n] = [1/T, 0, 0, 0, \ldots]$, wie sie oben aufgrund der Energieüberlegung hergeleitet
wurde. Strebt T gegen 0, so geht $d[n]$ in $\delta(t)$ über.

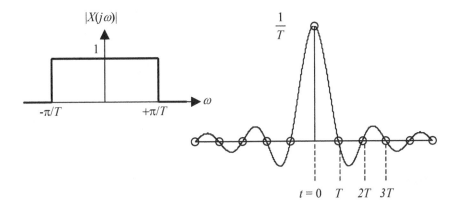

Bild 6.10 Betragsspektrum des „Diracstosses für digitale Systeme" (links) und zugehörige Zeitfunktion mit den Abtastwerten zu den Zeitpunkten $t = nT$ (rechts)

In den meisten Büchern wird $\delta[n]$ und nicht $d[n]$ verwendet. Man darf dabei nicht vergessen, den Faktor T zu berücksichtigen, falls man die Impulsantworten von analogen und digitalen Systemen miteinander vergleichen möchte. Qualitativ ergibt sich kein Unterschied, denn dieser Faktor T ist konstant und somit ohne Informationsgehalt. Quantitativ ist allerdings ein Unterschied da, also muss man sich dies als häufige Fehlerquelle merken.

Tabelle 6.1 Gegenüberstellung von $\delta(t)$ und $\delta[n]$

	$\delta(t)$	$\delta[n]$
Integration / Summation:	$\int\limits_{-\infty}^{\infty} \delta(t)\,dt = 1$	$\sum\limits_{n=-\infty}^{\infty} \delta[n] = 1$
Ausblendeigenschaft:	$x(t) \cdot \delta(t) = x(0) \cdot \delta(t)$	$x[n] \cdot \delta[n] = x[0] \cdot \delta[n]$
Transformierte:	$\delta(t) \circ\!\!-\!\!\circ 1$ (FT, LT)	$\delta[n] \circ\!\!-\!\!\circ 1$ (FTA, ZT)
Faltung:	$x(t) * \delta(t) = x(t)$	$x[n] * \delta[n] = x[n]$
Zusammenhang zur Schrittfunktion:	$\delta(t) = \dfrac{d}{dt}\varepsilon(t)$	$\delta[n] = \varepsilon[n] - \varepsilon[n-1]$
laufende Integration / Summation	$\int\limits_{-\infty}^{t} \delta(t)\,dt = \varepsilon(t)$	$\sum\limits_{k=-\infty}^{n} \delta[k] = \varepsilon[n]$

Die Problematik mit dem Faktor T ist übrigens nicht neu: mit Gleichung (5.13) und in Bild 5.4 wird das Spektrum eines analogen Signales mit dem Spektrum seiner abgetasteten Version verknüpft. Dort tritt dieser Faktor T ebenfalls auf. Später werden wir bei der Simulation analoger Systeme durch die impulsinvariante z-Transformation diesen Faktor wieder antreffen.

Man kann auch sagen, dass $\delta[n]$ die auf $T = 1$ Sekunde normierte Version von $d[n]$ ist. $\delta[n]$ hat den Vorteil der einfacheren z-Transformierten und ist auch das Neutralelement der diskreten Faltung. $d[n]$ hat hingegen den Vorteil der einfacheren physikalischen Interpretation. Wir werden beide Versionen benutzen.

Sowohl $\delta[n]$ als auch $d[n]$ sind ganz normale Sequenzen und nicht etwa „diskrete Distributionen".

Die Tabelle 6.1 vergleicht $\delta(t)$ und $\delta[n]$.

6.4 Der Frequenzgang und die z-Übertragungsfunktion

Die Faltungssumme (6.10) kann man mit (5.55) in den z-Bereich transformieren. Die Faltung der Sequenzen wird dadurch ersetzt durch die Multplikation der z-Transformierten. Es ergibt sich:

$$h[n] \quad \circ\!\!-\!\!\circ \quad H(z) = \frac{Y(z)}{X(z)} \qquad\qquad (6.15)$$

$H(z)$ ist die z-Transformierte der Impulsantwort $h[n]$ und heisst z-Übertragungsfunktion (oder kurz Übertragungsfunktion).

Für $x[n] = \delta[n]$ wird $y[n] = h[n]$. Im z-Bereich wird daraus mit (5.47) $X(z) = 1$ und damit $Y(z) = H(z)$. Dieselben Beziehungen gelten ja auch für die analogen Systeme.

Die Differenzengleichung (6.9) beschreibt ein LTD-System vollständig. Dies gilt aber auch für $H(z)$ aus (6.15). Es muss demnach einen Zusammenhang zwischen diesen Gleichungen geben. Wir benutzen den Verschiebungssatz (5.54) und lösen dann nach $Y(z)$ auf:

$$y[n] = \sum_{i=0}^{N} b_i \cdot x[n-i] - \sum_{i=1}^{M} a_i \cdot y[n-i] \quad \underset{ZT}{\circ\!\!-\!\!\circ} \quad Y(z) = \sum_{i=0}^{N} b_i \cdot X(z) \cdot z^{-i} - \sum_{i=1}^{M} a_i \cdot Y(z) \cdot z^{-i}$$

$$Y(z) = \frac{\displaystyle\sum_{i=0}^{N} b_i \cdot z^{-i}}{1 + \displaystyle\sum_{i=1}^{M} a_i \cdot z^{-i}} \cdot X(z) = \frac{b_0 + b_1 \cdot z^{-1} + b_2 \cdot z^{-2} + \ldots + b_N \cdot z^{-N}}{1 + a_1 \cdot z^{-1} + a_2 \cdot z^{-2} + \ldots + a_M \cdot z^{-M}} \cdot X(z)$$

Nun kann $Y(z)$ durch $X(z)$ dividiert werden und es ergibt sich die z-Übertragungsfunktion.

$$H(z) = \frac{\displaystyle\sum_{i=0}^{N} b_i \cdot z^{-i}}{1 + \displaystyle\sum_{i=1}^{M} a_i \cdot z^{-i}} = \frac{b_0 + b_1 \cdot z^{-1} + b_2 \cdot z^{-2} + \ldots + b_N \cdot z^{-N}}{1 + a_1 \cdot z^{-1} + a_2 \cdot z^{-2} + \ldots + a_M \cdot z^{-M}} \qquad\qquad (6.16)$$

> *Die Koeffizienten von H(z) sind gleich den*
> *Koeffizienten der Differenzengleichung.*

(6.16) hat Polynome in z^{-k}. Man darf durchaus umformen auf Polynome in z^{+k} (vgl. (6.19)), je nach Aufgabe ist die eine oder die andere Darstellung vorteilhafter.

Den *Frequenzgang* erhält man, indem man gemäss (5.52) in $H(z)$ $z = e^{j\omega T} = e^{j\Omega}$ setzt.

$$H(e^{j\Omega}) = \frac{\sum_{i=0}^{N} b_i \cdot e^{-ij\Omega}}{1 + \sum_{i=1}^{M} a_i \cdot e^{-ij\Omega}} = \frac{b_0 + b_1 \cdot e^{-j\Omega} + b_2 \cdot e^{-j2\Omega} + ... + b_N \cdot e^{-jN\Omega}}{1 + a_1 \cdot e^{-j\Omega} + a_2 \cdot e^{-j2\Omega} + ... + a_M \cdot e^{-jM\Omega}} \qquad (6.17)$$

> *Der Frequenzgang eines LTD-Systems ist die FTA von*
> *h[n] und somit periodisch in $2\pi / T$.*

Bei reellem $h[n]$ ist wie bei kontinuierlichen Systemen $H(e^{j\Omega})$ konjugiert komplex, $\left|H(e^{j\Omega})\right|$ gerade und $\arg\left(H(e^{j\Omega})\right)$ ungerade.

Den Frequenzgang eines nichtrekursiven Systems (FIR-Systems) erhält man aus (6.17), indem man alle a_i Null setzt:

$$H(e^{j\Omega}) = \sum_{i=0}^{N} b_i \cdot e^{-ij\Omega} \qquad (6.18)$$

Ein Vergleich mit (5.11) zeigt, dass (6.18) wie eine FTA über N Abtastwerte (in diesem Fall die Koeffizienten b_i) aussieht. Dies ist die Kombination der Aussagen, dass der Frequenzgang die FTA von $h[n]$ ist und dass bei FIR-Systemen $h[n]$ der Koeffizientenfolge entspricht. Diese Erkenntnis ist die Grundlage der Synthese von FIR-Filtern. Es erweist sich auch als sinnvoll, (6.13) als *zyklische* Faltung zu interpretieren: Die Folge b_i entspricht $h[n]$, deren FTA *periodisch* ist.

> *Der Frequenzgang eines FIR-Systems*
> *ist die FTA der Koeffizientenfolge b_i.*

Erweitert man (6.16) mit z^{M-N}, so ergibt sich mit

$$\frac{z^{M-N}}{z^{M-N}} = \frac{z^M}{z^M} \cdot \frac{z^{-N}}{z^{-N}} = \frac{z^M}{z^M} \cdot \frac{z^N}{z^N}$$

$$H(z) = \frac{b_0 \cdot z^N + b_1 \cdot z^{N-1} + b_2 \cdot z^{N-2} + ... + b_N}{z^M + a_1 \cdot z^{M-1} + a_2 \cdot z^{M-2} + ... + a_M} \cdot z^{M-N} \tag{6.19}$$

Dies ist eine äquivalente Darstellung zu (6.16), *jedoch mit Polynomen in z^{+k}. Zu beachten ist, dass bei kausalen Systemen stets $M \le N$ gilt. Beim Term z^{M-N} handelt es sich also um einen N–M - fachen Pol, der überdies meistens nicht explizite in Erscheinung tritt!*

Beispiel mit $N = 2$, $M = 1$ und $M–N = -1$:

$$H(z) = \frac{4 + 3 \cdot z^{-1} + 2 \cdot z^{-2}}{1 + 0.5 \cdot z^{-1}} = \frac{4 \cdot z^2 + 3 \cdot z + 2}{z + 0.5} \cdot z^{-1} = \frac{4 \cdot z^2 + 3 \cdot z + 2}{z^2 + 0.5 \cdot z} \tag{6.20}$$

□

Die Bedingung $M \le N$ prüft man am einfachsten am letzten Bruch der Gleichung (6.20): dort darf der Zählergrad den Nennergrad nicht übersteigen. An Gleichung (6.19) ist die Kausalitätsbedingung schwieriger zu prüfen, weil der Faktor z^{M-N} meistens nicht explizite auftritt.

Dass bei kausalen Systemen $M \le N$ sein muss, erkennt man leicht an der Impulsantwort. Diese erhält man, indem man $H(z)$ aus (6.16) oder (6.19) mit einer fortlaufenden Division darstellt und dann in den Zeitbereich transformiert. Beispiel mit $N = 3$ und $M = 1$:

$$H(z) = \frac{1 - z^{-1} - 5z^{-2} - 3z^{-3}}{1 - 3z^{-1}} = \frac{z^3 - z^2 - 5z - 3}{(1 - 3z^{-1})} \cdot z^{-2} = \frac{z^3 - z^2 - 5z - 3}{z^3 - 3z^2} = 1 + 2z^{-1} + z^{-2}$$

Dies sind äquivalente Varianten der Darstellung von $H(z)$. Die letzte Variante entsteht durch Ausdividieren. Diese Division muss nicht wie in diesem Beispiel aufgehen. Man setzt die Division einfach fort und es entstehen dadurch weitere Glieder mit z^{-3}, z^{-4} usw. Die Rücktransformation ist sehr einfach, da es sich beim Ausdruck ganz rechts um ein Polynom in z^k handelt:

$$h[n] = \delta[n] + 2\delta[n-1] + \delta[n-2]$$

Wäre $M > N$, so hätte $h[n]$ Glieder der Form $k \cdot \delta[n+1]$ und das System wäre akausal.

Hier ist also die Analogie mit den kontinuierlichen Systemen nicht mehr gegeben. Im Kapitel 3 haben wir gesehen, dass die Potenzen der Polynome von $H(s)$ etwas mit der Stabilität des Systems zu tun haben und wir haben mit Gleichung (3.29) gesehen, dass der Zählergrad kleiner als der Nennergrad sein muss, sonst übersteigt bei hohen Frequenzen die Amplitude des Ausgangs jede Schranke.

Bei den diskreten Systemen kann man die entsprechende Überlegung gar nicht ausführen, da deren Frequenzgang ja zwangsläufig periodisch ist und die hohen Frequenzen sich somit gleich verhalten wie die Frequenzen innerhalb des Basisintervalls.

Stattdessen haben die maximalen Exponenten der Polynome von $H(z)$ wie gezeigt etwas mit der Kausalität zu tun. Dies überprüft man am einfachsten an der Form nach (6.19), also mit positiven Exponenten. Nun darf der Zählergrad den Nennergrad nicht übersteigen. Betrachtet man Bild 6.5 (dort ist $M = N = 2$) und erhöht den Zählergrad durch Einführen eines Koeffizienten b_3 auf 3, belässt es aber bei den beiden Rückkopplungspfaden, so muss trotzdem der Abgriff von $y[n]$ nach rechts geschoben werden. So wird automatisch a_2 zu a_3, a_1 zu a_2 und ein neuer Koeffizient a_1 mit dem Wert Null wird eingeführt. Letztlich wird also einfach das untere Schieberegister ebenfalls nach links verlängert.

Beispiel: Wir betrachten ein System mit der Differenzengleichung

$$y[n] = x[n] + 0.5 \cdot y[n-1] \tag{6.21}$$

Nun führen wir die z-Transformation aus und bestimmen die Übertragungsfunktion $H(z)$ sowie den Frequenzgang $H(e^{j\Omega})$ und den Amplitudengang $\left| H(e^{j\Omega}) \right|$:

$$Y(z) = X(z) + 0.5 \cdot Y(z) \cdot z^{-1}$$

$$H(z) = \frac{1}{1 - 0.5 \cdot z^{-1}} = \frac{z}{z - 0.5}$$

$$H(e^{j\Omega}) = \frac{1}{1 - 0.5 \cdot e^{-j\Omega}}$$

$$\left| H(e^{j\Omega}) \right| = \frac{1}{\sqrt{1.25 - \cos\Omega}}$$

Die Koeffizienten betragen also $b_0 = 1$, $b_1 = 0$ und $a_1 = -0.5$. Bild 6.11 zeigt das entsprechende Blockdiagramm. (Weil in Bild 6.5 die Verstärkungen der Rückkopplungspfade negativ eingetragen sind, steht hier in Bild 6.11 der Wert +0.5. Diese Vorzeichenkonvention wurde gewählt, damit in (6.16) stets Summen und keine Differenzen auftreten.)

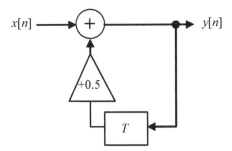

Bild 6.11 Blockschema eines einfachen AR-Systems

Nun betrachten wir das System mit dem Blockschaltbild nach Bild 6.12 und der Differenzengleichung

$$y[n] = x[n-2] + 0.5 \cdot y[n-1]$$

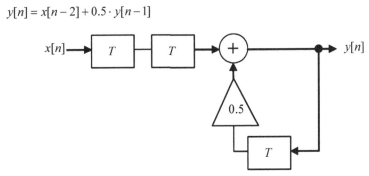

Bild 6.12 Erweitertes Blockschema aus Bild 6.11

Die Übertragungsfunktion lautet nun:

$$Y(z) = X(z) \cdot z^{-2} + 0.5 \cdot Y(z) \cdot z^{-1}$$

$$H(z) = \frac{z^{-2}}{1 - 0.5 \cdot z^{-1}} = \frac{1}{z \cdot (z - 0.5)} = \frac{1}{z^2 - 0.5 \cdot z}$$

Die Koeffizienten betragen demnach $b_0 = 0$, $b_1 = 0$, $b_2 = 1$, $a_1 = -0.5$ und $a_2 = 0$.

Betrachtet man die beiden Blockschaltbilder, so erkennt man, dass Bild 6.12 aus Bild 6.11 lediglich dadurch entsteht, indem das Eingangssignal um zwei Taktintervalle verzögert wird. Nach dem Verschiebungssatz bedeutet dies eine Multiplikation von $H(z)$ mit z^{-2}, was auch tatsächlich für unser Beispiel zutrifft. Wie sich der Leser leicht selbst überzeugen kann, bleibt der Amplitudengang durch diese Verzögerung unverändert.

□

Geht die Division der Polynome von $H(z)$ wie im Beispiel S. 238 restlos auf, so handelt es sich um ein FIR-System. Andernfalls beschreibt $H(z)$ ein IIR-System. Hier zeigt sich ein Vorteil der z-Transformation bei der Beschreibung der rekursiven Systeme: eine unendlich lange Sequenz (z.B. die Stossantwort) lässt sich im z-Bereich kompakt darstellen.

Aus (6.15) folgt:

$$y[n] = x[n] * h[n] \quad \circ\!\!-\!\!\circ \quad Y(z) = X(z) \cdot H(z) \tag{6.22}$$

Für die endlich lange Eingangssequenz $x[n] = [1, 2, 3]$ und das FIR-Systems $h[n] = [4, 5, 6]$ gilt:

$$\begin{aligned}
Y(z) &= \left(1 + 2 \cdot z^{-1} + 3 \cdot z^{-2}\right) \cdot \left(4 + 5 \cdot z^{-1} + 6 \cdot z^{-2}\right) \\
&= \left(4 + 13 \cdot z^{-1} + 28 \cdot z^{-2} + 27 \cdot z^{-3} + 18 \cdot z^{-4}\right) \quad \circ\!\!-\!\!\circ \quad y[n] = [4, 13, 28, 27, 18]
\end{aligned}$$

Die Hin- und Rücktransformation wird bei FIR-Systemen in der Darstellung nach (6.18) besonders einfach, indem die Werte der Zeitsequenzen direkt die Koeffizienten der Polynome im z-Bereich ergeben. Mit (6.22) folgt daraus der bereits im Abschnitt 5.5 hergeleitete Satz:

> *Multipliziert man zwei Polynome, so entstehen die Koeffizienten des Produktpolynoms durch die Faltung der Koeffizienten der Teilpolynome.*

Zu Beginn des Abschnittes 3.3 haben wir mit Gleichung (3.12) $H(j\omega)$ als Eigenwert zur Eigenfunktion $e^{j\omega t}$ interpretiert. Dasselbe ist auch möglich für zeitdiskrete Systeme. Als Eigenfunktion amtet die (verallgemeinerte) komplexe Exponentialfunktion $x[n] = z^n$ mit z aus der Menge der komplexen und n aus der Menge der ganzen Zahlen. Die periodische Funktion $e^{j\omega t}$ ist in z^n enthalten. Nach (6.10) ergibt sich für die Ausgangssequenz:

$$y[n] = h[n] * x[n] = \sum_{i=\infty}^{\infty} h[i] \cdot x[n-i] = \sum_{i=\infty}^{\infty} h[i] \cdot z^{n-i} = z^n \cdot \underbrace{\sum_{i=\infty}^{\infty} h[i] \cdot z^{-i}}_{H(z)}$$

$$y[n] = x[n] \cdot H(z) \quad \text{für} \quad x[n] = z^n \tag{6.23}$$

(6.23) ist die abgewandelte Version von (3.12) für zeitdiskrete Systeme.

Beispiel: Gesucht ist die Übertragungsfunktion des zeitdiskreten Systems mit der Stossantwort

$$h[n] = [1, a, a^2, a^3, ...] = \varepsilon[n] \cdot a^n = a^n \quad \text{für} \quad n \geq 0 \tag{6.24}$$

entsprechend der Differenzengleichung

$$y[n] = x[n] + a \cdot y[n-1] \tag{6.25}$$

Mit der Tabelle der z-Korrespondenzen im Abschnitt 5.6.5 erhalten wir direkt

$$H(z) = \frac{z}{z-a} = \frac{1}{1 - a \cdot z^{-1}} \quad \text{für} \quad |z| > |a|$$

Es handelt sich also um das in Bild 6.11 gezeigte System mit $a = 0.5$.

Als Variante wenden wir (6.23) an und nutzen die Zeitinvarianz:

$$y[n] = z^n \cdot H(z)$$

$$y[n-1] = z^{n-1} \cdot H(z)$$

Nun setzen wir dies in der Differenzengleichung (6.25) ein und lösen nach H(z) auf:

$$z^n \cdot H(z) = z^n + a \cdot z^{n-1} \cdot H(z) \quad \Rightarrow \quad H(z) = \frac{z^n}{z^n - a \cdot z^{n-1}} = \frac{z}{z-a} = \frac{1}{1 - a \cdot z^{-1}}$$

Eine weitere Variante beruht auf der Transformation der Differenzengleichung, was wir bereits oben benutzt haben:

$$y[n] = x[n] + a \cdot y[n-a] \quad \circ\!\!-\!\!\bullet \quad Y(z) = X(z) + a \cdot Y(z) \cdot z^{-1}$$

$$\Rightarrow \quad H(z) = \frac{Y(z)}{X(z)} = \frac{1}{1 - a \cdot z^{-1}}$$

□

Die transformierte Differenzengleichung lässt sich ebenfalls als Blockschema zeichnen, Bild 6.13. Es ergibt sich dieselbe Struktur, man ersetzt lediglich die Sequenzen $x[n]$ und $y[n]$ durch ihre Bildfunktionen $X(z)$ bzw. $Y(z)$ und anstelle der Verzögerung T schreibt man z^{-1}.

Dies ist der Grund, weshalb man die Schreibweise nach (6.16) derjenigen nach (6.19) häufig vorzieht. Geht es hingegen um die Bestimmung der Pole und Nullstellen (Abschnitt 6.6), so ist unbedingt die Schreibweise nach (6.19) zu benutzen.

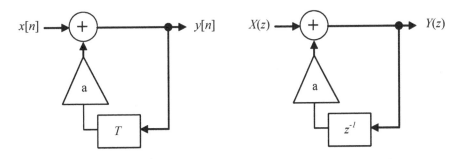

Bild 6.13 Blockschema eines zeitdiskreten Systems im Zeit- und im z-Bereich

6.5 Die Schrittantwort

Die Schrittantwort oder Sprungantwort ist die Reaktion $y[n] = g[n]$ des LTD-Systems auf die Eingangssequenz $x[n] = \varepsilon[n] = [\ldots, 0, 0, 1, 1, 1, \ldots]$ (Wechsel bei $n = 0$). Eingesetzt in (6.10) und unter Berücksichtigung der Tatsachen, dass $\varepsilon[n{-}i]$ für $i > n$ verschwindet und dass die Stossantwort kausal ist, ergibt sich:

$$g[n] = \sum_{i=-\infty}^{\infty} \varepsilon[n-i] \cdot h[i] = \sum_{i=-\infty}^{n} h[i] = \sum_{i=0}^{n} h[i]$$

Schrittantwort des LTD-Systems:

$$g[n] = \sum_{i=0}^{n} h[i] \tag{6.26}$$

Aus dem kontinuierlichen Bereich wissen wir, dass die Schrittantwort aus der Stossantwort durch Integration entsteht, Gleichung (3.23). Im diskreten Bereich wird daraus eine Summation, vgl. auch die unterste Zeile der Tabelle 6.1

Betrachtet man nur einzelne Abtastwerte, so kann man (6.26) anders schreiben:

$$g[n] = h[n] + \sum_{i=0}^{n-1} h[i] = h[n] + g[n-1]$$

Aufgelöst nach $h[n]$ ergibt sich für alle n, also auch für die Sequenzen:

$$h[n] = g[n] - g[n-1] \tag{6.27}$$

(6.27) lässt sich einfach in den z-Bereich transformieren und wieder nach $G(z)$ auflösen:

$$H(z) = G(z) - z^{-1} \cdot G(z)$$

$$G(z) = \frac{1}{1-z^{-1}} \cdot H(z) = \frac{z}{z-1} \cdot H(z) \tag{6.28}$$

Dasselbe erhält man natürlich auch, indem man (5.49) in (6.10) einsetzt:

$$g[n] = \varepsilon[n] * h[n] \quad \circ\!\!-\!\!\circ \quad G(z) = \frac{z}{z-1} \cdot H(z)$$

Für den Endwert der Schrittantwort gilt mit (6.28) und (5.62):

$$\lim_{n \to \infty} g[n] = \lim_{z \to 1} \big(z \cdot H(z) \big) \tag{6.29}$$

Gleichung (6.28) liegt den Schluss nahe, dass der Faktor $\dfrac{z}{z-1}$ die z-Transformierte der Zeit-Summation ist, d.h. die Übertragungsfunktion des digitalen Integrators. Dies ist auch so, wir werden dies später noch untersuchen. Natürlich gehört dieser Term zu einem IIR-System, denn die Impulsantwort des Integrators ist $\varepsilon[n]$ und klingt somit nicht ab.

6.6 Pole und Nullstellen

Auch hier besteht eine starke Analogie zu den für analoge Systeme gewonnenen Erkenntnissen. Gleichung (6.19) zeigt einen Polynomquotienten, bei dem man Zähler und Nenner in Faktoren zerlegen kann:

$$H(z) = b_0 \cdot \frac{\prod\limits_{i=1}^{N} (z - z_{Ni})}{\prod\limits_{i=1}^{M} (z - z_{Pi})} \cdot z^{M-N} \tag{6.30}$$

Die z_{Ni} sind die komplexen Koordinaten der Nullstellen von $H(z)$, die z_{Pi} sind die komplexen Koordinaten der Pole von $H(z)$. Achtung: Ausgangspunkt ist (6.19) (Polynome in z^{+k}) und nicht (6.16) (Polynome in z^{-k}). Im zweiten Fall gingen die $N{-}M$ Pole im Ursprung „verloren".

$H(z)$ ist bis auf die Konstante b_0 vollständig bestimmt durch die Lage der Pole und Nullstellen.

Das Pol-Nullstellen-Schema (PN-Schema) eines digitalen Systems entsteht, indem man in der z-Ebene die Pole durch Kreuze und die Nullstellen durch Kreise markiert.

Die Pole und Nullstellen sind bei reellen Koeffizienten von $H(z)$ (dies ist der Normalfall) entweder reell oder paarweise konjugiert komplex. Das PN-Schema ist darum symmetrisch zur reellen Achse.

Durch die z-Transformation wird die linke Halbebene der s-Ebene in das Innere des Einheitskreises in der z-Ebene abgebildet. Folgerung:

Ein stabiles LTD-System hat alle Pole im Innern des Einheitskreises.

Der Faktor $z^{M\text{-}N}$ in (6.30) führt zu einem $(N{-}M)$-fachen Pol im Ursprung (bei kausalen Systemen ist $M \le N$).

FIR-Systeme haben nur Pole im Ursprung.
FIR-Systeme sind stets stabil.

Der Einfluss der Pole und Nullstellen auf den Frequenzgang wird gemäss Bild 6.14 bestimmt.

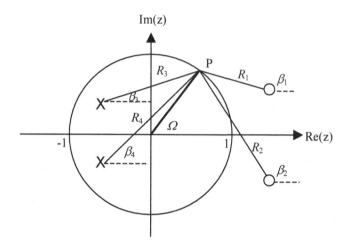

Bild 6.14 Beispiel für ein PN-Schema und seine Beziehung zum Frequenzgang

Den Frequenzgang eines diskreten Systems erhält man, indem man die Übertragungsfunktion $H(z)$ auf dem Einheitskreis auswertet (FTA), vgl. Gleichung (5.52) und Bild 5.34. Dieser Einheitskreis ist in Bild 6.14 ebenfalls eingetragen. Schreitet man auf seiner oberen Hälfte von $z = 1$ bis nach $z = -1$, so überstreicht man den Frequenzbereich von $f = 0$ bis $f = f_A/2$ (f_A = Abtastfrequenz). Die untere Hälfte überstreicht den Frequenzbereich von 0 bis $-f_A/2$ (der Frequenzgang eines diskreten Systems ist ja periodisch in f_A). Die *normierte Kreis*frequenz $\Omega = \omega / f_A = \omega T$ überstreicht damit den Bereich 0 bis π bzw. 0 bis $-\pi$. Stellvertretend für eine Frequenz ist der Punkt P eingetragen. Dieser kann mit seinen Polarkoordinaten spezifiziert werden, d.h. mit der Länge und der Richtung der Verbindungsstrecke vom Ursprung zu P. Diese Strecke ist dick eingetragen in Bild 6.14, ihre Länge ist 1 und der Winkel zur reellen Achse ist Ω.

Die Verbindungsstrecken von den beiden Nullstellen zu P werden charakterisiert durch ihre Längen R_1 und R_2 sowie deren Richtungen β_1 und β_2. Die Verbindungsstrecken von den Polen zu P werden charakterisiert durch R_3, R_4, β_3 und β_4. Damit gilt für den Frequenzgang:

$$\left| H(e^{j\Omega}) \right| = |K| \cdot \frac{R_1 \cdot R_2}{R_3 \cdot R_4} \qquad \arg\!\left(H(e^{j\Omega}) \right) = \beta_1 + \beta_2 - \beta_3 - \beta_4 + k\pi \qquad (6.31)$$

Die Herleitung von (6.31) erfolgt gleich wie bei den kontinuierlichen Systemen, vgl. Abschnitt 3.6.2. Es ergeben sich folgende Aussagen:

- Der Einfluss der Pole und Nullstellen auf den Frequenzgang ist umso grösser, je näher diese beim Einheitskreis liegen. Das am nächsten am Einheitskreis liegende Polpaar ist dominant, da dessen Reaktion auf eine Anregung am langsamsten abklingt.
- Pole im Ursprung (FIR-Filter!) beeinflussen nur den Phasengang, nicht aber den Amplitudengang, da sie ja zu allen Punkten auf dem Einheitskreis denselben Abstand haben.
- Eine Nullstelle auf dem Einheitskreis führt zu einem Phasensprung um π.
- Liegen alle Nullstellen im Innern des Einheitskreises, so ist das System minimalphasig.

- Bei einem Allpass liegen alle Pole innerhalb des Einheitskreises und alle Nullstellen ausserhalb des Einheitskreises. Pole und Nullstellen treten dabei paarweise und am Einheitskreis gespiegelt auf. Spiegelung bedeutet, dass der Punkt mit den Polarkoordinaten (r, φ) in den Punkt $(1/r, -\varphi)$ übergeht. Da das PN-Schema symmetrisch zur reellen Achse ist, kann man vereinfacht auch sagen, dass durch Spiegelung der Punkt mit den Polarkoordinaten (r, φ) in den Punkt $(1/r, \varphi)$ übergeht.

- Hat ein System *ausserhalb des Ursprungs* keine Nullstellen, so heisst es Allpol-System. Dies entspricht dem Polynomfilter im kontinuierlichen Fall.

- PN-Schemata von kaskadierten und entkoppelten (dies ist bei digitalen Systemen einfach erfüllbar) Teilsystemen können in einem gemeinsamen PN-Schema kombiniert werden. Fallen dabei Pole und Nullstellen aufeinander, so heben sie sich gegenseitig auf.

- Ein kausales LTD-System hat höchstens gleichviele Nullstellen wie Pole (inkl. Pole und Nullstellen im Ursprung).

Diese Erkenntnisse sind analog zu denjenigen bei den kontinuierlichen Systemen. Im Abschnitt 3.11.5 haben wir ein Beispiel für die computergestützte Analyse eines kontinuierlichen Systems betrachtet, Bild 3.24. Für diskrete Systeme gibt es natürlich gleichartige Verfahren. Im Anhang C4.2 (erhältlich auf www.springer.com) befindet sich das Listing eines MATLAB-Programmes, das zur Analyse zeitdiskreter Systeme hilfreich ist.

6.7 Strukturen und Blockschaltbilder

Wir haben bereits festgestellt, dass aufgrund eines Blockschaltbildes die Differenzengleichung und damit auch die Übertragungsfunktion eines Systems eindeutig bestimmt ist. Die Umkehrung gilt aber nicht: dasselbe Verhalten kann mit verschiedenartig aufgebauten Systemen erreicht werden. Die Unterschiede liegen in der inneren Struktur, nicht aber in dem an den Ein- und Ausgängen feststellbaren Verhalten eines Systems.

Für rekursive LTD-Systeme gibt es drei grundlegende Strukturen:

- Direktstrukturen ($\rightarrow$ Polynomquotient für H(z))
  - Direktstruktur 1
  - Direktstruktur 2
  - transponierte Direktstruktur 2

- Kaskadenstruktur ($\rightarrow$ Kaskade von Biquads nach einer Pol-Nullstellen-Abspaltung)

- Parallelstruktur ($\rightarrow$ Parallelschaltung von Biquads nach einer Partialbruchzerlegung)

Weitere, aber weniger häufig benutzte und darum hier nicht behandelte Strukturen sind u.a.:

- Kammfilter
- Frequenz-Abtastfilter
- Abzweigfilter (ladder filter) und Kreuzgliedfilter (lattice filter)

Die verschiedenen Strukturen lassen sich ineinander überführen. Man muss sich darum fragen, wieso man sich überhaupt mit einer Vielzahl von Strukturen herumschlägt. Im idealen Fall sind die Strukturen tatsächlich gleichwertig, im realen Fall hingegen in zweierlei Hinsicht nicht:

- Die Anzahl der Speicherzellen ist nicht bei allen Strukturen gleich gross. Dies schlägt sich im Realisierungsaufwand nieder.

- Die Koeffizienten werden in einem Datenwort endlicher Länge und damit beschränkter Genauigkeit dargestellt. Dieses Runden der Koeffizienten bewirkt ein Verschieben der Pole und Nullstellen, was zu einem veränderten Systemverhalten führt. Im Extremfall kann ein Filter deswegen ungewollt instabil werden. Die verschiedenen Strukturen zeigen eine unterschiedliche Sensitivität gegenüber diesen Effekten. Eine genauere Behandlung folgt im Abschnitt 6.10.

Zunächst soll eine gegenüber Bild 6.8 vereinfachte Darstellungsart für ein Blockschema eingeführt werden. Als Beispiel dient das bereits früher betrachtete System mit der Differenzengleichung

$$y[n] = x[n] + a \cdot y[n-1] \quad \circ\!\!-\!\!\circ \quad Y(z) = X(z) + a \cdot z^{-1} \cdot Y(z) \tag{6.32}$$

Bild 6.13 zeigt zwei Varianten für das Blockschema, das auch Signalflussdiagramm oder Signalflussgraph genannt wird. Bild 6.15 zeigt eine dritte Variante, die weniger zeichnerischen Aufwand erfordert. Etwas seltsam ist die Vermischung der Bezeichnungen aus dem Zeit- und z-Bereich, jedoch hat sich diese Variante eingebürgert. Der Vorteil ist, dass sich die Verzögerung als Multiplikation schreiben lässt. Ansonsten haben ja die Strukturen in beiden Bereichen dieselbe Topologie, vgl. Bild 6.13.

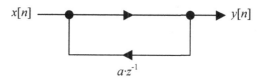

Bild 6.15 Vereinfachte Darstellung eines Signalflussdiagrammes (Blockschema).

Für die Interpretation eines Graphen wie in Bild 6.15 gelten folgende Regeln:

- Die Knoten stellen Signale dar, die Zweige (Verbindungslinien) stellen Operationen dar.
- Operationen sind Multiplikationen mit einer Zahl und Verzögerungen (Multiplikation mit z^{-1}).
- Ein unbezeichneter Zweig leitet das Signal unbeeinflusst weiter.
- Laufen mehrere Zweige in einen Knoten, so werden dort die Signale addiert.
- Stammen mehrere Zweige aus einem Knoten, so wird das Signal aus diesem Knoten mehrfach verarbeitet.
- Die Verarbeitungen sind alle rückwirkungsfrei.
- Schlaufen müssen mindestens ein Verzögerungsglied enthalten.
- Mit Pfeilen kann die Signalflussrichtung verdeutlicht werden.

Signalflussgraphen sind keine elektrischen Schaltbilder! Vielmehr zeigen sie den Aufbau von Algorithmen und somit die Struktur der Signalverarbeitung. Sie dienen als Grundlage für die Struktur eines Programmes für einen DSP (DSP = digitaler Signalprozessor).

Der Ausgangspunkt für die Herleitungen der grundlegenden Strukturen ist die Differenzengleichung (6.9). Diese lässt sich in einer Schaltung gemäss Bild 6.16 realisieren, welche identisch zu Bild 6.5 ist. Dies ist die sog. Direktstruktur 1. Im Bild ist $M = N$, was nicht stets gelten muss. Einzelne Koeffizienten a_i oder b_i können Null sein.

Kehrt man die Reihenfolge der Hintereinanderschaltung um (Kommutativgesetz der Addition), so kommen die Speicherzellen (die mit z^{-1} bezeichneten Zweige) anstelle der Addierer nebeneinander zu liegen. Beide Ketten von Speicherzellen haben jetzt aber den gleichen Inhalt, man kann sie darum zu einer einzigen Kette zusammenfassen. Dies führt zur Direktstruktur 2 (Bild 6.17), die mit der halben Anzahl Speicherzellen auskommt. Dies ist zugleich die minimale Anzahl, weshalb diese Struktur *kanonisch* ist.

Eine Variante davon ist die transponierte Direktstruktur 2 (Bild 6.18), die ebenfalls kanonisch ist. Das Transponierungstheorem besagt (ohne Beweis): „Werden alle Signalflussrichtungen umgekehrt, alle Addierer durch Knoten und alle Knoten durch Addierer ersetzt sowie Ein- und Ausgang vertauscht, dann bleibt die Übertragungsfunktion unverändert.“

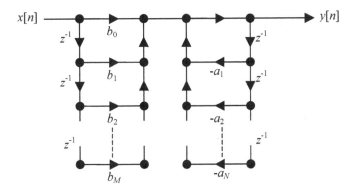

Bild 6.16 Direktstruktur 1 eines IIR-Systems

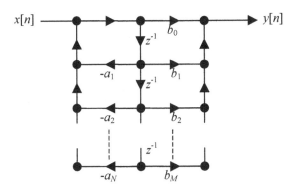

Bild 6.17 Direktstruktur 2 eines IIR-Systems

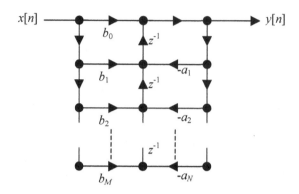

Bild 6.18 Transponierte Direktstruktur 2 eines IIR-System

Die Direktstrukturen sind direkte Realisierungen der Differenzengleichung (6.9) bzw. der Übertragungsfunktion (6.16). Ändert nur ein einziger Koeffizient a_i oder b_i (z.B. wegen Rundungsfehlern in einem Rechenwerk), so beeinflusst dies i.A. den Frequenzgang auf der *gesamten* Frequenzachse. Anders ausgedrückt: Wird bei einem Polynom ein einziger Koeffizient geändert, so verschieben sich *sämtliche* Nullstellen. Um dies zu verhindern, stellt man die Übertragungsfunktion (6.16) in der Produktform (6.30) dar. Dabei treten reelle oder konjugiert komplexe Koordinaten der Pole und Nullstellen auf. Jedes konjugiert komplexe Paar fasst man zusammen zu einem Teilsystem 2. Ordnung mit reellen Koeffizienten. Dies entspricht also exakt dem bereits im Abschnitt 3.7 angewandten Vorgehen. Aus (6.30) wird dadurch:

$$H(z) = b_0 \cdot \frac{\displaystyle\prod_{i=1}^{N/2}\left(b_{0i} + b_{1i} \cdot z^{-1} + b_{2i} \cdot z^{-2}\right)}{\displaystyle\prod_{i=1}^{M/2}\left(1 + a_{1i} \cdot z^{-1} + a_{2i} \cdot z^{-2}\right)} \qquad (6.33)$$

In (6.33) treten Polynome in z^{-1} und nicht in z auf, deshalb kommt der Faktor z^{M-N} nicht mehr vor. Diese Form ist für die Systembeschreibung geeignet, weil z^{-1} gerade der Einheitsverzögerung entspricht. Die andere Form ist hingegen vorteilhafter für die Betrachtung der Pole.

Gleichung (6.33) beschreibt eine Kaskade von Teilsystemen zweiter Ordnung, sog. *Biquads*. Die einzelnen Biquads werden realisiert in der Direktstruktur 1 oder (häufiger, da kanonisch) in der Direktstruktur 2 oder der transponierten Direktstruktur 2. Die einzelnen Biquads dürfen dabei durchaus unterschiedliche Strukturen haben. Bei ungerader Systemordnung degeneriert ein Biquad zu einem Teilsystem 1. Ordnung. Insgesamt ergibt sich die Kaskadenstruktur, Bild 6.19 zeigt ein Beispiel. Das Vorgehen ist somit identisch wie bei den analogen Systemen. Für die Synthese rekursiver digitaler Filter (Abschnitt 7.1) werden wir darum direkt die Erkenntnisse von den analogen Filtern (Kapitel 4) übernehmen können.

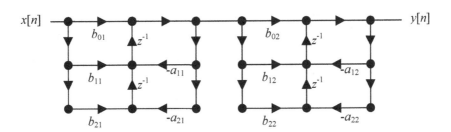

Bild 6.19 System 4. Ordnung als Kaskade von zwei Biquads in transponierter Direktstruktur 2 (beliebig erweiterbar)

Als Variante kann man $H(z)$ durch eine Partialbruchzerlegung in eine Summe umformen. Die Realisierung erfolgt dann in der *Parallelstruktur*, d.h. die Ausgänge von verschiedenen Biquads werden addiert, Bild 6.20. Vorteilhaft daran ist v.a. die Tatsache, dass die einzelnen Biquads gleichzeitig ihre Eingangssignale erhalten. Dies ermöglicht paralleles Rechnen und beim Einsatz von mehreren Prozessoren sehr schnelle Digitalfilter.

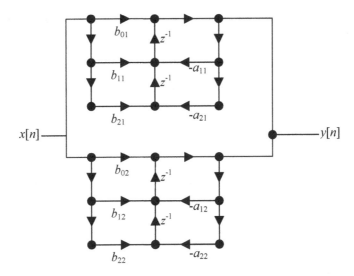

Bild 6.20 System 4. Ordnung als Parallelschaltung von zwei Biquads in transponierter Direktstruktur 2

Ein Wechsel zwischen Direkt-, Kaskaden- und Parallelstruktur ändert die Koeffizienten. Dadurch eröffnet sich die Möglichkeit, für die Realisierung günstigere Koeffizienten (nicht zu gross, nicht zu klein, wenig sensitiv auf Rundungen) zu erhalten.

Alle bisherigen Strukturen gelten für IIR-Systeme. FIR-Systeme entstehen daraus durch Nullsetzen aller Koeffizienten a_i. FIR-Filter sind aber nicht so sensitiv auf leichte Änderungen der Koeffizientenwerte, da sie ja ausserhalb des Ursprungs keine Pole besitzen. Die am häufigsten verwendete Struktur für FIR-Filter ist das Transversalfilter, Bild 6.21. Das Transversalfilter entsteht einfach aus der Direktstruktur 1 durch Weglassen des rekursiven Anteils. Charakteristisch und vorteilhaft gegenüber einer Ableitung aus der Direktstruktur 2 ist, dass das Eingangssignal unverändert die ganze Speicherkette durchläuft. Damit werden auch die Verfälschungen durch gerundete Koeffizienten minimal, da keine Fehlerkumulation auftritt. Aus Bild 6.21 ist auch ersichtlich, dass die Impulsantwort eines FIR-Filters höchsten die Länge $L = N+1$ haben kann, wobei N die Anzahl der Verzögerungsglieder (Systemordnung) ist.

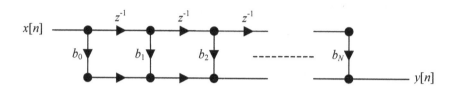

Bild 6.21 Transversalfilter

Als Ergänzung und Ausblick zeigen die Bilder 6.22 und 6.23 Beispiele für Allpol-Filter in der Abzweigstruktur bzw. Kreuzgliedstruktur. Diese Kettenschaltungen zeichnen sich aus durch kleine Sensitivität von $H(z)$ gegenüber Koeffizientenänderungen sowie durch einfache Formulierung der Stabilität des Gesamtfilters. Diese beiden Eigenschaften machen diese Rekursivfilter attraktiv für den Einsatz in adaptiven Systemen. Dieselben Vorzüge weist auch das Transversalfilter auf.

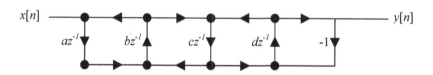

Bild 6.22 Allpol-Abzweigfilter

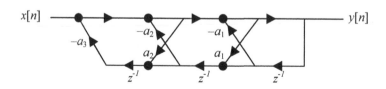

Bild 6.23 Allpol-Kreuzgliedfilter

Bild 6.24 zeigt den Zusammenhang zwischen den drei am meisten verbreiteten Systemstrukturen.

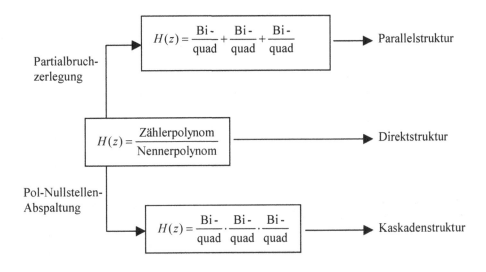

Bild 6.24 Umrechnung zwischen den wichtigsten Systemstrukturen

Beispiel: Direktstruktur:
$$H(z) = \frac{0.00044 \cdot z^{-1} + 0.00045 \cdot z^{-2}}{1 - 2.8002 \cdot z^{-1} + 2.6198 \cdot z^{-2} - 0.8187 \cdot z^{-3}}$$

Unschön an diesen Koeffizienten ist das gleichzeitige Auftreten von grossen und kleinen Werten. Letztere werden bei der Darstellung in einem Fixkomma-Format stark verfälscht. Die Umrechnung auf die Kaskaden- und Parallelstruktur ergibt (der Leser möge dies selber nachvollziehen):

Kaskadenstruktur:
$$H(z) = \frac{0.1 \cdot z^{-1}}{1 - 0.9048 \cdot z^{-1}} \cdot \frac{0.0044 + 0.0045 \cdot z^{-1}}{1 - 1.8954 \cdot z^{-1} + 0.9048 \cdot z^{-2}}$$

Parallelstruktur:
$$H(z) = \frac{0.1}{1 - 0.9048 \cdot z^{-1}} + \frac{-0.1 + 0.0995 \cdot z^{-1}}{1 - 1.8954 \cdot z^{-1} + 0.9048 \cdot z^{-2}}$$

$\square$

6.8 Digitale Simulation analoger Systeme

Die digitale Signalverarbeitung umfasst sehr häufig die Verarbeitung von ursprünglich analogen Signalen mit digitalen Systemen. Dies aufgrund der schlagenden Vorteile der (speziell softwarebasierten) Digitaltechnik, vgl. Abschnitt 6.1. Die Anwendungen liegen v.a. in der Multimediatechnik (Verarbeitung von Audio- und Videosignalen), der Telekommunikation (z.B. für Modulatoren, Demodulatoren, Entzerrer usw. [Mey19], [Ger97]) sowie in der Regelungs- und Messtechnik.

Soll ein analoges System mit der Übertragungsfunktion $H_a(s)$ durch ein zeitdiskretes System mit der Übertragungsfunktion $H_d(z)$ ersetzt werden, so spricht man von *digitaler Simulation*. Diese wird ausgiebig benutzt bei der Synthese von rekursiven Digitalfiltern (IIR-Filter, Abschnitt 7.1). Man entwickelt also zuerst $H(s)$ eines analogen Filters (Abschnitte 4.2 und 4.3) und simuliert diese Übertragungsfunktion danach digital.

Die detaillierte Besprechung der Simulationsverfahren folgt deshalb erst im Abschnitt 7.1, kombiniert mit der Anwendung auf IIR-Filter. Die Einführung wurde aber bewusst in diesem Kapitel über digitale Systeme platziert, um nicht den Eindruck zu erwecken, die Simulation sei nur für digitale Filter relevant. Der Ausdruck „digitales Filter" wird allerdings viel umfassender verstanden als im kontinuierlichen Fall und bezeichnet oft schlechthin ein System zur digitalen Signalverarbeitung.

Digitale Systeme können aber auch Eigenschaften aufweisen, die durch analoge Vorbilder prinzipiell nicht erreichbar sind. Dies gilt vor allem für digitale Transversalfilter (FIR-Filter), für die man deshalb völlig andere Syntheseverfahren anwendet, Abschnitt 7.2.

„Von aussen" betrachtet soll man idealerweise keinen Unterschied der Ausgangssignale bei gleichen Eingangssignalen feststellen, egal ob „intern" das System analog oder digital arbeitet. Natürlich kann man das Ausgangssignal des digitalen Systems nur zu den Abtastzeitpunkten mit dem analogen Vorbild vergleichen, letzteres muss darum vorgängig digitalisiert werden. Bild 6.25 zeigt das Modell.

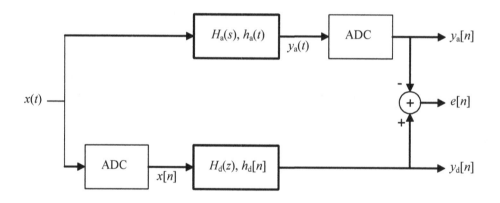

Bild 6.25 Digitale Simulation eines analogen Systems

Das kontinuierliche Eingangssignal $x(t)$ in Bild 6.25 wird auf das analoge System $H_a(s)$ gegeben und das Ausgangssignal $y_a(t)$ digitalisiert zur Sequenz $y_a[n]$. Parallel dazu wird $x(t)$ digitalisiert und die Sequenz $x[n]$ vom diskreten System $H_d(z)$ verarbeitet zur Ausgangssequenz $y_d[n]$. Die Differenz der beiden Sequenzen $y_a[n]$ und $y_d[n]$ ergibt die Fehlersequenz $e[n]$.

Die Grundaufgabe der digitalen Simulation lautet nun: Finde von $H_a(s)$ ausgehend $H_d(z)$ so, dass $e[n]$ möglichst klein wird. Aus Bild 6.25 folgt:

$$e[n] = y_d[n] - y_a[n] = x[n] * h_d[n] - y_a[n]$$

$$(6.34)$$

$$E(z) = Y_d(z) - Y_a(z) = X(z) \cdot H_d(z) - Y_a(z)$$

Die Schwierigkeit ist offensichtlich: Die Simulationsmethode beeinflusst nur $H_d(z)$, der Fehler hängt aber auch von $x[n]$ ab.

Folgerung: Eine bestimmte Simulationsmethode ergibt *nur für ein bestimmtes Eingangssignal* das korrekte Resultat. Je nach Anwendung muss man deshalb eine andere Simulationsmethode wählen.

Die Gefahr besteht natürlich, dass man solange an der Simulationsmethode herumspielt, bis sich die gewünschten Resultate ergeben. „Simulation ist eine Mischung aus Kunst, Wissenschaft, Glück und verschiedenen Graden an Ehrlichkeit" [Ste94].

Trotz dieser Unschönheit sind die Vorteile der digitalen Simulation derart überzeugend, dass sie sich zu einer selbständigen Wissenschaft entwickelt. Neben der Technik benutzt auch die Biologie, Medizin, Ökonomie, Soziologie usw. die digitale Simulation.

Anmerkung: Die Anwendung der Systemtheorie ausserhalb der Technik dient dazu, Phänomene z.B. der Ökonomie oder Ökologie beschreibbar und erfassbar zu machen. Wer allerdings glaubt, damit „die Welt im Griff" zu haben, unterliegt einem folgenschweren Irrtum und ist gehalten, sich z.B. [Stä00] zu Gemüte zu führen.

Die Aufgabe der digitalen Simulation kann auch anders formuliert werden: Verpflanze die Pole und Nullstellen eines kontinuierlichen Systems aus der s-Ebene so in die z-Ebene, dass das entstandene diskrete Systems von aussen betrachtet dieselben Eigenschaften aufweist wie das kontinuierliche System. Das Abbilden der Pole und Nullstellen nennt man *mapping*.

Analoge Systeme haben in der Regel Pole und Nullstellen (Polynomfilter haben nur Pole). Falls ein analoges System digital simuliert werden soll, so benutzt man deshalb dazu vorwiegend IIR-Systeme, denn auch bei diesen sind die Positionen der Nullstellen *und* Pole wählbar.

Demgegenüber sind bei FIR-Systemen nur die Orte der Nullstellen wählbar, während sämtliche Pole unverrückbar im Ursprung der z-Ebene liegen.

Eine unendlich lange, aber wenigstens abklingende Impulsantwort kann auch durch ein FIR-System angenähert werden, u.U. wird aber dessen Ordnung sehr gross. Dank der Stabilität der Transversalfilter werden solche Systeme mit hunderten von Abgriffen (engl. *taps*) bzw. Speicherzellen realisiert. Ein Integrator hingegen, der ja als Impulsantwort die Sprungfunktion aufweist, kann mit einem FIR-System, das prinzipiell nur ein endliches Gedächtnis hat, nicht realisiert werden.

Folgende *Simulationsmethoden* stehen im Vordergrund:

- *Anregungsinvariante Simulation*: Für ein bestimmtes und wählbares Eingangssignal sowie für Linearkombinationen aus dem gewählten Signal wird die Simulation korrekt. Für alle andern Eingangssignale ergibt sich nur eine Näherung, die mit steigender Abtastfrequenz i.A. besser wird. Falls der Realisierungsaufwand und die Geschwindigkeit des digitalen Prozessors es erlauben, wird mit mindestens der zehnfachen Shannon-Frequenz gearbeitet. Dies hat darüber hinaus den Vorteil, dass das Anti-Aliasing-Filter einfacher wird. Häufig benutzt werden die
  - impulsantwort-invariante Simulation (meistens nur als *impulsinvariante Simulation* bezeichnet), v.a. für digitale IIR-Filter
  - schrittantwort-invariante Simulation (kurz *schrittinvariante Simulation*), v.a. in der Regelungstechnik.
- *Bilineare Transformation*: Hier versucht man, den Frequenzgang und nicht eine bestimmte Systemreaktion zur Übereinstimmung mit dem analogen Vorbild zu bringen. Damit wird für viele Fälle ein guter Kompromiss erreicht. Ferner umgeht diese Transformation die Schwierigkeiten, die sich durch den periodischen Frequenzgang des digitalen Systems ergeben. Die bilineare Transformation ist darum die wohl am häufigsten angewandte Simula-

tionsmethode. In der Regelungstechnik heisst diese Simulation *Tustin-Approximation*. Die bilineare Transformation ist die Näherung der Integration einer Differentialgleichung durch die Trapezregel (numerische Integration).

- *Approximation im z-Bereich*: Nicht die Pole und Nullstellen werden transformiert, sondern ein gewünschtes $H_d(z)$ wird als Resultat eines Optimierungsverfahrens im z-Bereich erhalten. Die Methode ist natürlich sehr rechenintensiv, aber bereits mit PC durchführbar.

Selbstverständlich gibt es Alias-Probleme, wenn das Eingangssignal und (je nach Simulationsmethode) auch der Frequenzgang des analogen Systems zuwenig bandbegrenzt sind.

Alle drei Methoden werden in diesem Buch zur Synthese von IIR-Filtern benutzt. Daneben gibt es noch weitere, aber seltener benutzte Simulationsverfahren, z.B. die „matched z-transform" oder der Ersatz der Ableitungen der analogen Übertragungsfunktion durch Differenzen in der diskreten Übertragungsfunktion (Methode des „Rückwärtsdifferenzierens" bzw. „Vorwärtsdifferenzierens") [End90].

Die Simulation ermöglicht es, die hochentwickelte Theorie der kontinuierlichen Systeme auch für die Behandlung von diskreten Systemen nutzbar zu machen. Beispielsweise existiert (noch) keine Theorie über rekursive Digitalfilter, man dimensioniert diese wie schon erwähnt mit der Kombination „analoge Filter plus digitale Simulation".

6.9 Übersicht über die Systeme

In diesem Abschnitt geht es um analoge sowie digitale Systeme. Es wird nichts Neues eingeführt, sondern bereits Bekanntes repetiert. Das Bild 6.26 zeigt folgende Aussagen:

- Die Systeme kann man als Untergruppe der Signale auffassen, denn sie werden durch kausale Signale beschrieben (Stossantwort, Schrittantwort). Kausalität (keine Wirkung vor der Ursache) ist eine Eigenschaft von Systemen, nicht von Signalen. Kausale Signale sind Signale, die eine Impuls- oder Schrittantwort eines kausalen Systems sein könnten.
- LTI-Systeme mit konzentrierten Parametern sowie die LTD-Systeme sind eine Untergruppe der Systeme. Sie werden im Bildbereich durch gebrochen rationale Funktionen (Polynomquotienten für $H(s)$ bzw. $H(z)$) beschrieben. In diesem Buch werden ausschliesslich diese Systeme behandelt.
- Filter sind eine Untergruppe der Systeme. Der Unterschied zu den allgemeinen Systemen liegt nicht in der Theorie, sondern in den frequenzselektiven Eigenschaften.
- Die Theorien für LTI- und LTD-Systeme sind sehr ähnlich. Diese Systeme werden beschrieben:
  - Im Zeitbereich durch
    - Differentialgleichung, Differenzengleichung
    - Impulsantwort $h(t)$, $h[n]$
    - Schrittantwort $g(t)$, $g[n]$
  - Im Frequenzbereich durch
    - Übertragungsfunktion $H(s)$, $H(z)$ und daraus abgeleitet
      - Frequenzgang $H(j\omega)$, $H(e^{j\Omega})$
        - Amplitudengang $|H(j\omega)|$, $|H(e^{j\Omega})|$
        - Phasengang $\arg(H(j\omega))$, $\arg(H(e^{j\Omega}))$

- frequenzabhängige Gruppenlaufzeit $\tau_{Gr}(\omega)$

- Pol-Nullstellen-Schema

- (selten:) Schrittantwort-Übertragungsfunktion $G(s)$, $G(z)$

- Die IIR-Systeme dimensioniert man häufig durch digitale Simulation, ausgehend von einem analogen System als Vorbild. Dies ist symbolisiert durch den unteren der beiden horizontalen Pfeile in Bild 6.26.

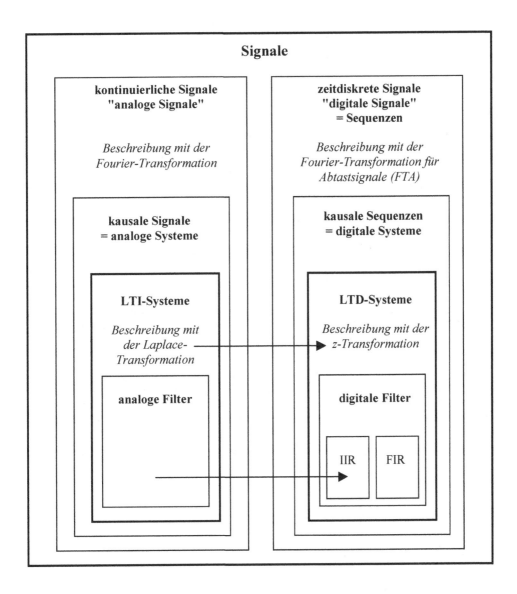

Bild 6.26 Klassierung der Systeme

6.10 Der Einfluss der Amplitudenquantisierung

Bei der numerischen Lösung von Algorithmen (digitale Filter, Simulation usw.) treten Amplituden-Quantisierungseffekte in drei Situationen auf:

- Bei der AD-Wandlung: Dem Signal wird ein Quantisierungsrauschen hinzugefügt.
- Beim Umsetzen der reellen Filterkoeffizienten in Koeffizienten mit endlicher Wortlänge. Die Lage der Pole und Nullstellen ändert sich dadurch. Somit ändert sich auch das Übertragungsverhalten des Systems. Im Extremfall kann ein Filter sogar instabil werden.
- Beim Ausführen der Additionen und Multiplikationen. Das Resultat dieser Rechenoperationen kann grösser werden als die Operanden, trotzdem muss ein Zahlenüberlauf vermieden werden. Weiter können sich Schwingungen sowie ein zusätzlicher Rauschanteil ergeben.

Quantisierung bei der AD-Wandlung:

Die Analog-Digital-Wandlung besteht aus vier Schritten (vgl. auch Bilder 2.1 und 2.2):

- *Analoge Tiefpass-Filterung:* Das abzutastende Signal ist danach bandbegrenzt, was die Einhaltung des Abtast-Theorems (Abschnitt 5.2.4) ermöglicht.
- *Abtasten:* Dem Signal werden im Abstand T (Abtastintervall) Proben (Abtastwerte, *samples*) entnommen. Die Zeitachse wird diskret, die Werteachse bleibt kontinuierlich.
- *Quantisieren:* Die Abtastwerte werden gerundet. Jetzt wird auch die Werteachse diskret und das Signal ist digital.
- *Codieren:* Die gerundeten Abtastwerte werden normalerweise in einem Binärcode dargestellt.

Das Quantisieren bedeutet eine Signalverfälschung, welche als Addition eines Fehler- oder Störsignales interpretierbar ist. Dieses Fehlersignal kann man in guter Näherung als gleichverteiltes Zufallssignal mit Werten im Bereich $\pm q/2$ (q = Quantisierungsintervall) beschreiben. Das Fehlersignal hat demnach dieselben Eigenschaften wie ein gleichverteiltes Rauschen, man spricht deshalb vom *Quantisierungsrauschen*.

Falls die Abtastfrequenz in einem festen Zusammenhang mit den Frequenzen des analogen Signales steht (wie z.B. in Bild 5.18), so hat das Fehlersignal allerdings keinen Zufallscharakter mehr. Informationstragende Signale (z.B. Audio- und Videosignale) haben aber keine periodische Struktur, sonst würden sie ja keine Information tragen. Aus diesem Grund betrachten wir fortan das Fehlersignal als gleichverteiltes Rauschsignal.

Der Quantisierungsrauschabstand SR_Q (S = Signal, R = Rauschen) ist das Mass für die durch den ADC eingeführten Signalverfälschungen. Es gilt per Definition für den *Quantisierungsrauschabstand:*

$$SR_Q = \frac{P_S}{P_Q} = \frac{\text{Leistung des analogen Signals}}{\text{Leistung des Quantisierungsrauschens}}$$

Für die üblichen Wortbreiten k der ADC (8 Bit und mehr) spielt es keine Rolle, ob die Signalleistung am analogen Signal vor der Quantisierung oder am Treppensignal nach der Quantisierung bestimmt wird (Bild 2.2 a und d). Erhöht man die Wortbreite des ADC um 1 Bit, so verdoppelt sich die Anzahl der Quantisierungsstufen. Die Amplitude des Quantisierungsrauschens wird dadurch halbiert und die Leistung nach (2.2) geviertelt. Die Leistung des Treppenstufensignals ändert sich dabei praktisch nicht. Der Quantisierungsrauschabstand wird somit durch das zusätzliche Bit im ADC um den Faktor 4 verbessert. Üblicherweise gibt man SR_Q in dB (Dezibel) an, wobei ein Faktor 4 in der Leistung 6 dB entspricht.

> *Die Vergrösserung der ADC-Wortbreite um 1 Bit*
> *verbessert den Quantisierungsrauschabstand um 6 dB.*

Als Faustformel für SR_Q gilt demnach:

$$SR_Q = 6 \cdot k \quad [dB] \tag{6.35}$$

Allerdings muss man aufpassen, dass der ADC nicht übersteuert wird, da unangenehme nichtlineare Verzerrungen aufgrund der Sättigung des ADC (*clipping*) die Folge wären. Bei deterministischen Eingangssignalen kann man die Übersteuerung vermeiden, bei den wegen ihres Informationsgehaltes interessanteren Zufallssignalen jedoch nicht. Anderseits darf der ADC nicht zu schwach ausgesteuert sein, da k in (6.35) die effektiv benutzte Wortbreite des ADC darstellt und nicht etwas die Wortbreite des Datenbusses. Die notwendige Übersteuerungsreserve wählt man so, dass man ein ausgewogenes Verhältnis zwischen Quantisierungsrauschen und nichtlinearen Verzerrungen erreicht. Man modifiziert deshalb Gleichung (6.35):

> Quantisierungsrauschabstand: $\quad SR_Q = 6 \cdot k + K \quad [dB]$
>
> k = effektiv ausgenutzte Wortbreite des ADC
>
> K = Konstante, abhängig von der Signalform und der Aussteuerung
>
> Sinussignal: $K = +1.76$
>
> Zufallssignale: $K = -10 \dots -6$

$$\tag{6.36}$$

Tabelle 6.2 Praxisübliche Wortbreiten der Analog-Digital-Wandler (ADC)

Anwendung	Wortbreite k des ADC	Quantisierungsrauschabstand SR_Q in dB
Voice (Sprache)	8	40
Audio (Musik)	14 … 16	75 … 90
Video	8 … 12	40 … 65
Messtechnik	8 … 24	40 … 135

Als Faustformel für die Aussteuerung gilt, dass der einfach zu messende Effektivwert des Eingangssignal etwa ein Viertel der vom ADC maximal verkraftbaren Amplitude betragen soll.

In der Praxis benutzt man Wortbreiten nach Tabelle 6.2.

Die Quantisierung bewirkt leider das Quantisierungsrauschen, das mit Aufwand (Erhöhung der Wortbreite und damit des Rechenaufwandes des Prozessors) auf einen für die jeweilige Anwendung genügend kleinen Wert reduzierbar ist. Auf der anderen Seite gewinnt man aber durch die Quantisierung einen sehr grossen Vorteil, nämlich eine gewisse Immunität der Information gegenüber Störungen. Genau deshalb ist die Digitaltechnik so beliebt:

- Dank dieser Immunität kann man mit ungenauen Komponenten genaue Systeme bauen, einzig die Wandler müssen präzise arbeiten. Alterungs- und Temperaturdrift sowie Bauteiltoleranzen spielen (ausser beim ADC) keine Rolle mehr.
- Vielstufige Verarbeitungsschritte (komplexe Systeme) sind möglich, ohne Information zu verlieren.

Ein Beispiel für den zweiten Punkt ist schon im Alltag beobachtbar: fertigt man von einer analogen Tonbandaufnahme eine Kopie an und von dieser Kopie eine weitere usw., so wird die Aufnahme zusehends stärker verrauscht. Nach vielen Kopiervorgängen ist ausser Rauschen nichts zu lauschen. Macht man dasselbe mit einer Computer-Diskette, so hat auch die letzte Kopie noch dieselbe Qualität wie die erste, obschon dasselbe physikalische Speicherprinzip zum Einsatz kam.

Betrachtet man nochmals Bild 2.2, so kann man denselben Sachverhalt auf eine andere Art erklären. Möchte man die Signale in Bild 2.2 mit Zahlenreihen (Abtastwerten) beschreiben, so benötigt man für das analoge Signal (Teilbild a) pro Sekunde unendlich viele Abtastwerte mit unendlich vielen Stellen, letzteres z.B. für die exakte Darstellung von π. Die pro Sekunde anfallende Informationsmenge wird damit unendlich gross. Das abgetastete Signal im Teilbild b nutzt die Bandbreitenbeschränkung aus (Abtasttheorem) und benötigt pro Sekunde nur noch endlich viele Zahlen, die aber immer noch unendlich viele Stellen aufweisen. Somit fallen pro Sekunde ebenfalls unendlich viele Ziffern an. Das quantisierte Signal (Teilbild c) muss man mit unendlich vielen Abtastwerten pro Sekunde beschreiben, allerdings haben diese nur noch endlich viele Stellen. Der Informationsgehalt ist somit ebenfalls unendlich gross. Das digitale Signal aus Teilbild d hingegen lässt sich mit endlich vielen Zahlen mit endlich vielen Stellen darstellen. Das digitale Signal weist darum als einziges Signal einen endlichen Informationsgehalt pro Sekunde auf. Technische Systeme können nur endlich viel Information pro Sekunde verarbeiten und darum kann diese Verarbeitung nur bei digitalen Signalen fehlerfrei erfolgen.

Nur erwähnt werden soll die Vektorquantisierung, die im Gegensatz zur üblichen und auch hier besprochenen skalaren Quantisierung mehrere Abtastwerte gleichzeitig quantisiert, mehr Aufwand erfordert und dafür den Rauschabstand etwas verbessert. Die Vektorquantisierung ist demnach eine Form der Datenreduktion (Quellencodierung).

Quantisierung der Filterkoeffizienten:

Bisher haben wir die Koeffizienten eines digitalen Systems als reelle Zahlen betrachtet. In einem realisierten System ist jedoch die Wortbreite beschränkt, die Koeffizienten werden gerundet und $H(z)$ dadurch geändert. Simuliert man ein digitales Filter auf einem Rechner mit einer Gleitkomma-Darstellung, so wird u.U. eine Implementierung in einer Fixkomma-Darstellung die Filteranforderung nicht mehr einhalten. Im Extremfall können IIR-Filter instabil werden, indem nahe am Einheitskreis liegende Pole abwandern und den Einheitskreis verlassen.

Hochwertige Filter-Design-Programme simulieren das in Entwicklung stehende Filter mit einer wählbaren Wortbreite. Weniger ausgereifte Programme bieten zwar die Option „beschränkte

Wortbreite" an, runden aber in Tat und Wahrheit nur das berechnete Ausgangssignal und nicht auch sämtliche Zwischenergebnisse.

Folgende Möglichkeiten kann man in Kombination ausschöpfen, um eventuellen Schwierigkeiten zu begegnen:

- Filterspezifikation verschärfen (Reserve einbauen) und Filter neu dimensionieren. Dies erfordert u.U. eine Erhöhung der Filterordnung.
- Struktur ändern
- Abtastfrequenz reduzieren, falls das Abtasttheorem dies überhaupt gestattet (die Begründung dazu folgt im Abschnitt 7.1.3)
- Wortbreite erhöhen (dies kann per Software geschehen, ohne den Bus zu verbreitern)
- Gleitkomma-Prozessor einsetzen, falls es die Verarbeitungsgeschwindigkeit erlaubt.

Die nachstehende Diskussion über den Einfluss der Struktur hat intuitiven Charakter, zeigt aber die wesentlichen Aspekte auf. Es ist mit den heutigen Filterprogrammen durchaus praktikabel, ja sogar ratsam, mehrere Varianten durchzuspielen und die Simulationsresultate zu vergleichen.

- *Direktstrukturen* (Bilder 6.16, 6.17 und 6.18): Alle b_i beeinflussen sämtliche Nullstellen, alle a_i beeinflussen sämtliche Pole. Diese Strukturen sind darum unvorteilhaft, v.a. dann, wenn Pole und/oder Nullstellen nahe beieinander liegen (schmalbandige Filter).
- *Parallelstruktur* (Bild 6.20): Die Pole hängen vorteilhafterweise nur von wenigen Koeffizienten ab. Allerdings entstehen die Nullstellen des *Gesamt*systems durch gegenseitige Kompensation der Ausgangssignale der verschiedenen *Teil*systeme, die Nullstellen hängen darum von vielen Koeffizienten ab. Die Parallelstruktur ist deshalb gegenüber Koeffizientenquantisierung unempfindlich im Durchlassbereich (v.a. durch die Pole bestimmt), aber anfällig im Sperrbereich (v.a. durch die Nullstellen bestimmt). Hauptvorteil der Parallelstruktur bleibt demnach die hohe Geschwindigkeit bei Mehrprozessor-Systemen.
- *Kaskadenstruktur* (Bild 6.19): Die Pole und Nullstellen hängen nur von wenigen Koeffizienten ab. Solche Systeme sind deshalb robust im Durchlass- und Sperrbereich. Man kann zeigen, dass bei einer Kaskade von Gliedern 1. und 2. Ordnung in Direktform (wie in Bild 6.19) die Nullstellen und die Pole auf dem Einheitskreis durch die Quantisierung zwar geschoben werden, aber nicht den Einheitskreis verlassen. Wegen diesen Eigenschaften und der einfachen Dimensionierung ist die Kaskadenstruktur die beliebteste Struktur für IIR-Systeme.
- *Abzweig-, Kreuzglied- und Wellendigitalfilter* (Bilder 6.22 und 6.23): Als direkte Abkömmlinge der LC-Filter weisen diese Strukturen generell eine geringe Empfindlichkeit auf.
- *Transversalfilter* (Bild 6.21): Diese haben ausserhalb des Ursprunges der z-Ebene nur Nullstellen. Diese verhalten sich natürlich ebenso schlecht wie bei der Direktstruktur (das Transversalfilter ist ja eine degenerierte Direktstruktur 1). Zwei Punkte bringen die Transversalfilter aber wieder in ein besseres Licht:
  - FIR-Filter werden primär für die Realisierung von linearphasigen Systemen eingesetzt. Die Filterkoeffizienten sind darum symmetrisch oder anti-symmetrisch (vgl. Abschnitt 7.2). Man kann zeigen, dass die Koeffizienten diese Eigenschaften durch die Rundung nicht verlieren.
  - FIR-Filter haben nur ein endliches Gedächtnis und darum auch nur eine beschränkte Fehlerfortpflanzung und damit eine geringere Fehlerakkumulation als IIR-Filter. Meistens genügen 16 Bit Wortbreite für FIR-Filter, während IIR-Filter vergleichbarer

Genauigkeit bis 24 Bit Wortbreite benötigen (gemeint ist die Wortbreite für die Rechenoperationen, nicht für die ADC, DAC und Busse!).

Beispiel: Bild 6.27 zeigt oben den Amplitudengang eines Bandsperr-Filters 6. Ordnung. Wie
man auf die Koeffizienten dieses Systems kommt (Synthese) ist das Thema der Kapitel 4 und
7. Hier geht es lediglich um ein Beispiel für ein IIR-System. Ebenfalls eingezeichnet sind zwei
Begrenzungslinien, innerhalb deren der Amplitudengang verlaufen soll. Offensichtlich erfüllt
das gezeigte System die Anforderungen.

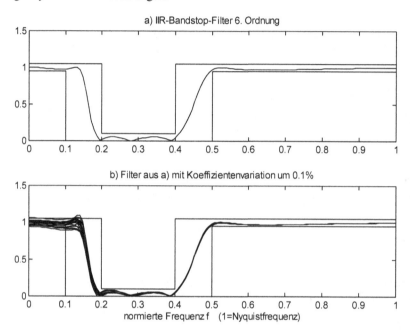

Bild 6.27 Beispiel zur Sensitivität eines Amplitudenganges bezüglich kleinen Variationen der
Koeffizienten (Erläuterungen im Text)

Für das untere Bild wurde dasselbe System übernommen, jedoch wurden die Koeffizienten mit
einem Zufallsgenerator um maximal 0.1 % ihres Sollwertes geändert und der Amplitudengang
gezeichnet. Danach wurden nochmals die Koeffizienten modifiziert, wiederum ausgehend vom
ursprünglichen Sollwert und wiederum um maximal 0.1 %. Insgesamt wurden so 20 Amplitudengänge ohne Fehlerkumulation übereinander gezeichnet und man erhält einen Eindruck von
der Sensitivität der Koeffizienten. Das Einhalten der Vorgaben kann hier nicht mehr garantiert
werden.

□

Die am häufigsten benutzte Struktur ist die Kaskade von Biquads, Bild 6.19. Der Übergang
von der Direktstruktur zur Kaskade ist nicht eindeutig (der Übergang von der Direktstruktur
zur Parallelstruktur jedoch schon!). Die verschiedenen Pol- und Nullstellen-Paare können nämlich auf mehrere Arten zu Biquads kombiniert werden und die Biquads können in verschiedenen Reihenfolgen angeordnet werden. Man wendet dieselbe Strategie an wie bei der Kaskade
von anlogen Biquads (Abschnitt 4.4.1):

- Ein Pol muss stets mit seinem konjugiert komplexen Partner in einem Biquad kombiniert sein. Nur so ergeben sich reelle Koeffizienten in Gleichung (6.33). Dasselbe gilt für die Nullstellen.
- Generell ist es vorteilhaft, wenn alle Koeffizienten eines Biquads in der gleichen Grössenordnung liegen, da dann die Wortbreite am besten ausgenutzt wird. Ein konjugiert komplexes Polpaar wird darum mit dem am nächsten liegenden konjugiert komplexen Nullstellen-Paar kombiniert, Bild 6.28. Darüberhinaus kompensieren sich die Wirkungen der Pole und Nullstellen zum Teil, insgesamt wird die Überhöhung geringer und die Skalierung sanfter.
- Der letzte Block der Kaskade soll diejenigen Pole enthalten, die am nächsten beim Einheitskreis liegen. Dies ergibt das Teilfilter mit der höchsten Güte, also der grössten Überhöhung des Amplitudenganges. Darum soll das Eingangssignal schon möglichst vorgefiltert sein. Der zweitletzte Block enthält von den verbleibenden Polen wiederum das am nächsten am Einheitskreis liegende Paar, usw. (Bild 6.28). Gute Entwurfsprogramme erledigen auch die geschickte Zuordnung der Pole und Nullstellen zu den Biquads.

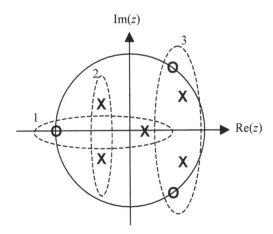

Bild 6.28 Beispiele für die Zuordnung der Pole und Nullstellen zu den Biquads. 1 bezeichnet den ersten Biquad, 3 den letzten.

Quantisierung der Rechenergebnisse:

Prozessoren mit Zahlendarstellung in einem Fixkomma-Format führen durch die Rechenoperationen eine weitere Quantisierung ein, d.h. der Signal-Rauschabstand wird durch die Rechnerei verschlechtert. Prozessoren mit Gleitkomma-Darstellung sind in dieser Hinsicht fast perfekt, allerdings arbeiten sie merklich langsamer und kosten mehr.

Wenn in einem Fixkomma-Rechenwerk die Zahlen mit einer Wortbreite von k Bit dargestellt werden, so kann die Summe von zwei Zahlen $k+1$ Stellen aufweisen, das Produkt von zwei Zahlen sogar $2k$ Stellen. Die Wortbreite des Rechenwerkes (Zahlendarstellung, nicht Bus-Breite!) muss deshalb grösser sein als die Wortbreite des ADC.

Häufig wird der Zahlenbereich auf $-1 \ldots +1$ beschränkt, d.h. es wird nur mit einem Vorzeichenbit und Nachkommastellen gearbeitet, z.B. im Zweierkomplement. Bei der Multiplikation entstehen dadurch nur weitere Nachkommastellen, die abgeschnitten oder gerundet werden. Diese Rundung erfolgt zusätzlich zur Quantisierung im ADC.

Bei der Addition kann sich jedoch ein Überlauf ergeben, das Vorzeichen wird also invertiert. Ein wachsendes Signal wird darum plötzlich kleiner. Bei einer Subtraktion kann das Umgekehrte eintreten, nämlich ein „Unterlauf". Am Ausgang des Filters erscheint in solchen Fällen ein Schwingen mit grosser Amplitude (*large scale limit cycle*). Ein IIR-Filter mit langer Impulsantwort erholt sich entsprechend langsam von einem solchen Fehler.

Eine Abhilfe gegen Überlauf bringt die *Skalierung*, d.h. das Eingangssignal eines Filters wird durch den Wert der maximalen Überhöhung des Amplitudenganges dividiert. Dieser Skalierungsfaktor kann mit den einzelnen Filterkoeffizienten kombiniert werden. Bei Kaskadenstrukturen kann die Skalierung auch in einer separaten Zwischenstufe erfolgen.

Bei der Kaskadenstruktur geschieht die Skalierung genau gleich wie bei den analogen Filtern (Abschnitt 4.4.1):

- Falls die Systemordnung ungerade ist, entsteht ein Biquad erster Ordnung. Dieser wird an den Anfang der Kette platziert.

- Vom 1. Biquad den Maximalwert von $\left|H_1(e^{j\Omega})\right|$ (Amplitudengang) berechnen und das Zählerpolynom von $H_1(z)$ durch diesen Wert dividieren. Dadurch entsteht $H_1'(z)$.

- Kombination des skalierten 1. Biquads mit dem zweiten Biquad: Maximalwert von $\left|H_1'(e^{j\Omega})\right| \cdot \left|H_2(e^{j\Omega})\right|$ berechnen und das Zählerpolynom von $H_2(z)$ durch diesen Wert dividieren. Es entsteht $H_2'(z)$.

- Maximum von $\left|H_1'(e^{j\Omega})\right| \cdot \left|H_2'(e^{j\Omega})\right| \cdot \left|H_3(e^{j\Omega})\right|$ berechnen und das Zählerpolynom von $H_3(z)$ durch diesen Wert dividieren. Es entsteht $H_3'(z)$, usw.

Damit ist für harmonische Eingangssignale ein Überlaufen verhindert. Korrekterweise müsste man auch die Addiererausgänge im Innern der Biquads kontrollieren.

Die Skalierung wie auch die Quantisierung der Zwischenergebnisse verschlechtern leider die Filterdynamik, d.h. der Signal-Rauschabstand wird reduziert. Es gibt darum auch weniger strenge Skalierungsmethoden, die einen Überlauf mit „hoher Wahrscheinlichkeit" verhindern. Nach dem Abarbeiten des gesamten Filter-Algorithmus sollte der Signal-Rausch-Abstand nicht merklich schlechter sein als unmittelbar nach dem ADC.

Hochwertige Design-Programme für digitale Systeme erledigen für jede Stufe eine allfällig notwendige Skalierung.

Falls das Eingangssignal periodisch oder konstant ist, ergibt sich u.U. anstelle eines Rauschens eine Schwingung kleiner Amplitude (*small scale limit cycle*, *granular noise*). Dies kann in Anwendungen der Sprachverarbeitung störend wirken, v.a. in den Sprechpausen.

Beispiel: Wir betrachten nochmals das System, das wir bereits bei Bild 6.11 untersucht haben. Wir ändern zur Abwechslung einen Koeffizienten:

$$y[n] = x[n] - 0.9 \cdot y[n-1] \tag{6.37}$$

Die Impulsantwort klingt ab, falls alle Pole des Systems innerhalb des Einheitskreises liegen:

$$Y(z) = X(z) - 0.9 \cdot Y(z) \cdot z^{-1} \quad \Rightarrow \quad H(z) = \frac{Y(z)}{X(z)} = \frac{1}{1 + 0.9 \cdot z^{-1}} = \frac{z}{z + 0.9}$$

Das System hat also einen reellen Pol bei $z = -0.9$ und ist somit stabil. Man kann natürlich auch mit (5.62) zeigen, dass die Impulsantwort abklingt:

$$\lim_{n \to \infty} h[n] = \lim_{z \to 1} \left[(z-1) \cdot H(z) \right] = \lim_{z \to 1} \left[(z-1) \cdot \frac{z}{z+0.9} \right] = 0$$

Werten wir jedoch (6.37) aus und runden dabei alle Zwischenresultate auf eine Nachkommastelle, so ergibt sich folgende Stossantwort:

$$h[n] = [1, -0.9, 0.8, -0.7, 0.6, -0.5, 0.5, -0.5, 0.5, -0.5, 0.5, \ldots]$$

□

Weitere Angaben zum nicht gerade einfachen Thema der Amplitudenquantisierung finden sich u.a. in [End90], [Grü01], [Mil92], [Opp95] und [Hig90].

6.11 Die Realisierung von digitalen Systemen

Die Implementierung ist der letzte Schritt des Entwicklungsablaufes eines digitalen Systems und bildet den Sprung von der Rechnersimulation zur Realität, Bild 6.29. Die Synthese und die Analyse haben wir ausführlich behandelt. Die Implementierung ist nicht im Fokus dieses Buches, sie hängt auch eng mit der benutzten Hardware zusammen und lässt sich darum schlecht allgemein erläutern. Die Ausführungen zur Implementierung befinden sich deshalb im Anhang A7 (erhältlich unter „zusätzliche Informationen" auf www.springer.com). Dort werden in knapper Form folgende Aspekte behandelt:

* Signalwandler (Sample- and Hold-Schaltungen, Analog-Digital-Wandler und Digital-Analog-Wandler)

* Verarbeitungseinheiten (Mikrocomputer, digitale Signalprozessoren)

* Software-Entwicklung

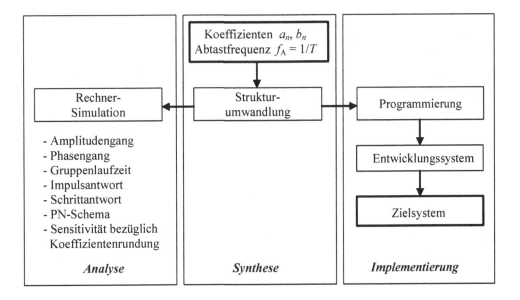

Bild 6.29 Entwicklungsablauf für eine DSP-Anwendung

7 Digitale Filter

Der Begriff „digitale Filter" wird umfassender benutzt als der Begriff „analoge Filter". Letzterer bezeichnet ein analoges System mit frequenzselektivem Verhalten, also Tiefpass, Hochpass usw. Ersterer hingegen bezeichnet einen auf einem digitalen System implementierten Algorithmus mit irgendwelchen Eigenschaften. Beispielsweise kann ein Integrationsalgorithmus nach Runge-Kutta als digitales Filter aufgefasst werden. Dementsprechend bilden die Kapitel 5 und 6 eine wichtige Voraussetzung für das vorliegende Kapitel.

Auch hier betrachten wir den weitaus häufigsten Spezialfall der linearen Filter mit endlich vielen Parametern. Diese LTD-Systeme haben alle eine Übertragungsfunktion $H(z)$, die sich als Polynomquotient schreiben lässt, vgl. Kapitel 6. Daraus ergeben sich auch identische Strukturen (Direkt-, Kaskadenstruktur usw.) für alle Systeme, unabhängig von ihrer Eigenschaft. Neu geht es in diesem Kapitel 7 um die Synthese, d.h. ausgehend von einer Anwenderforderung (Tiefpass, Hochpass usw.) sucht man die Koeffizienten dieses Polynomquotienten.

Die digitalen Systeme und also auch die digitalen Filter unterteilt man in zwei grosse Klassen:

- Rekursive Systeme oder IIR-Systeme → IIR-Filter, Abschnitt 7.1
- Nichtrekursive Systeme oder FIR-Systeme → FIR-Filter, Abschnitt 7.2

Diese beiden Filterarten haben völlig unterschiedliche Dimensionierungsverfahren, Eigenschaften und Anwendungsbereiche. Damit ist auch klar, dass man sich nicht fragen soll, welche Filterart nun besser sei, sondern vielmehr, welche Filterart eine *bestimmte* Aufgabe besser erfüllt.

7.1 IIR-Filter (Rekursivfilter)

7.1.1 Einführung

Die Übertragungsfunktion eines IIR-Systems besitzt wählbare Pole und wählbare Nullstellen (FIR-Systeme haben dagegen nur wählbare Nullstellen sowie *fixe* Pole im Ursprung). Analoge Systeme besitzen ebenfalls Pole und Nullstellen, oft sogar nur Pole (Polynomfilter bzw. Allpolfilter). Daraus folgt, dass man analoge Filter mit einem IIR-System *digital simulieren* kann, indem man das Pol-Nullstellen-Schema (PN-Schema) vom s-Bereich in den z-Bereich abbildet (*mapping*). Konkret heisst dies, das man digitale Filter ausgehend von einem analogen Vorbild dimensionieren kann. Damit ist das Kapitel 4 eine Voraussetzung für diesen Abschnitt 7.1.

Von den im Abschnitt 6.8 genannten Simulationsmethoden stehen zwei im Vordergrund für den Entwurf von digitalen Filtern:

- Entwurf mit der impulsinvarianten z-Transformation (→ Abschnitt 7.1.2)
- Entwurf mit der bilinearen z-Transformation (→ Abschnitt 7.1.3)

Für die Transformation des PN-Schemas vom s-Bereich in den z-Bereich stehen demnach zwei Varianten der Synthese von IIR-Filtern zur Verfügung.

Die analogen Filter dimensioniert man, indem man zuerst einen Referenz-Tiefpass berechnet und danach eine Frequenztransformation ausführt. Bei der Synthese von IIR-Filtern kann man diese Frequenztransformation im s-Bereich oder z-Bereich durchführen. Im ersten Fall erzeugt

Zusatzmaterial online

Zusätzliche Informationen sind in der Online-Version dieses Kapitel (https://doi.org/10.1007/978-3-658-32801-6_7) enthalten.

man einen analogen Tiefpass, daraus z.B. einen analogen Bandpass und daraus den digitalen Bandpass. Im zweiten Fall erzeugt man einen analogen Tiefpass, daraus den digitalen Tiefpass und schliesslich den digitalen Bandpass. Somit ergeben sich insgesamt schon vier Varianten für die Synthese von IIR-Filtern.

Eine grundsätzlich andere Methode beruht auf der Lösung eines Optimierungsproblems direkt im z-Bereich, um so bei gegebener Systemordnung einen gewünschten Frequenzgang möglichst gut anzunähern ($\rightarrow$ Abschnitt 7.1.4). Verschiedene Algorithmen werden dazu eingesetzt.

Damit ergeben sich insgesamt fünf verschiedene Wege, wie man von einer bestimmten Anforderung an den Frequenzgang des Filters (meistens formuliert man diese Anforderung in Form eines Stempel-Matrizen-Schemas wie in Bild 4.8) zur Übertragungsfunktion $H(z)$ des IIR-Systems gelangt. Bild 7.1 zeigt eine Übersicht über diese fünf Methoden.

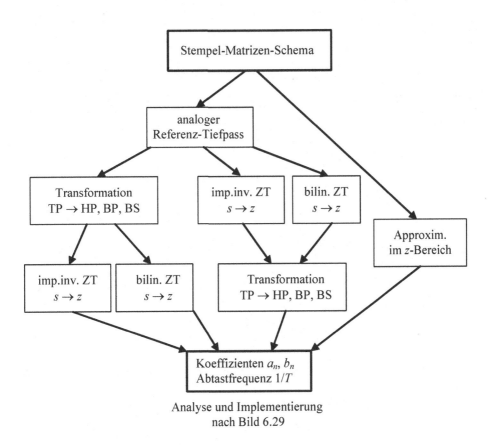

Bild 7.1 Varianten der Synthese von IIR-Filtern

Folgende Informationen müssen in den Entwicklungsprozess einfliessen:

- Stempel-Matrizen-Schema: Dieses beschreibt die Anforderung an das Filters und ist demnach anwendungsbezogen. Dies ist der anspruchsvollste Punkt des gesamten Ablaufs.

- Referenz-Tiefpass: Approximationsart (Butterworth usw.) und Filterordnung. Für die Bestimmung der Ordnung existieren Formeln bzw. Computerprogramme. Ohne grossen Aufwand lässt sich die Ordnung aber auch durch Probieren ermitteln.
- Frequenz-Transformation: Filterart (HP, BP usw.) mit den Kennfrequenzen.
- Transformation s-Bereich $\rightarrow$ z-Bereich: Abtastfrequenz und Transformationsart (impulsinvariant bzw. bilinear)
- Approximation im z-Bereich: Abtastfrequenz und Systemordnung des Digitalfilters.

Welcher der fünf Pfade in Bild 7.1 der Beste ist, kann man nicht generell sagen. Der Block „Analyse" in Bild 6.29 zeigt die Tauglichkeit des entworfenen Systems.

Alle Pfade in Bild 7.1 werden mit viel Computerunterstützung und darum sehr rasch abgeschritten. Es ist deswegen durchaus gangbar, ja sogar ratsam, mehrere Varianten durchzuspielen (inklusive die nachfolgenden Schritte in Bild 6.29). Der eigentliche kreative Akt und darum der schwierigste Schritt liegt im Aufstellen des Stempel-Matrizen-Schemas. Aber auch der Test des Filters braucht Aufmerksamkeit.

7.1.2 Filterentwurf mit der impulsinvarianten z-Transformation

Der impulsinvariante Entwurf ist eine Methode aus der Gruppe der anregungsinvarianten Simulationen analoger Systeme (Abschnitt 6.8), für die *allgemein* folgendes Vorgehen gilt (siehe Bild 6.25):

1. Übertragungsfunktion $H_a(s)$ des analogen Systems bestimmen.
2. Eingangssignal $x(t)$ bestimmen, dessen Antwort invariant sein soll.
3. $x(t)$ abtasten ($\rightarrow x[n]$) und die Bildfunktionen $X(s)$ und $X(z)$ bestimmen.
4. Das Ausgangssignal $y_a(t)$ bestimmen durch inverse Laplace-Transformation:

$$y_a(t) \quad \circ\!\!-\!\!\circ \quad Y_a(s) = X(s)\cdot H_a(s) \qquad y_a(t) = L^{-1}\{X(s)\cdot H_a(s)\}$$

5. Das Ausgangssignal $y_d[nT]$ des digitalen Systems muss bei fehlerfreier Simulation gleich der Abtastung von $y_a(t)$ sein. Die Sequenz $y_d[n]$ in den z-Bereich transformiert ergibt:

$$y_d[n] = y_a[n] \quad \circ\!\!-\!\!\circ \quad Y_d(z) = Z\left\{\sum_{n=-\infty}^{\infty}\delta(t-nT)\cdot L^{-1}\{X(s)\cdot H_a(s)\}\right\}$$

6. $H_d(z)$ des digitalen Systems berechnen: $\quad H_d(z) = \dfrac{Y_d(z)}{X(z)}$

Dieses Schema führen wir nun aus für die impulsinvariante (genauer impulsantwortinvariante) Simulation. Es ergibt sich:

1. $H_a(s)$ (diese Funktion wählen wir noch nicht explizite, damit das Resultat allgemeiner benutzbar ist)

2. $x(t) = \delta(t)$

3. $x[n] = d[n] = [1/T, 0, 0, \dots]$ (und nicht etwa $\delta[n] = [1, 0, 0, \dots]$, vgl. Abschnitt 6.3!)
   $X(s) = 1$; $X(z) = 1/T$

4. $y_a(t) = L^{-1}\{H_a(s)\} = h(t)$

5. $$Y_d(z) = Z\left\{ \sum_{n=-\infty}^{\infty} \delta(t-nT) \cdot L^{-1}\{H_a(s)\} \right\} = Z\{h_a[nT]\}$$

6. $$H_d(z) = T \cdot Y(z) = T \cdot Z\{h_a[nT]\}$$

$$\downarrow Z^{-1}$$

$$h_d[nT] = T \cdot h_a[nT] \tag{7.1}$$

$h_a[nT]$ bezeichnet die abgetastete Version von $h_a(t)$ des analogen Systems.

$h_d[nT]$ ist die Impulsantwort des digitalen Systems = Reaktion auf $\delta[n]$

$1/T \cdot h_d[nT] = h_a[nT]$ ist die Reaktion des digitalen Systems auf $d[n] = 1/T \cdot \delta[n]$

Den Faktor T haben wir schon angetroffen bei der Abtastung (Gleichungen (5.12) und (5.13)), bei der Rekonstruktion (Abschnitt 5.2.5) und auch im Abschnitt 6.3.

Für die impulsinvariante Simulation geht man demnach folgendermassen vor:

- man bestimmt $h_a(t)$ des analogen Vorbildes
- $h_a(t)$ abtasten, dies ergibt $h_a[n]$
- $h_a[n]$ mit T multiplizieren, dies ergibt $h_d[n]$ des gesuchten digitalen Systems

> *Die impulsinvariante z-Transformation entspricht bis auf den*
> *konstanten Faktor T der „normalen" z-Transformation.*

Wunschgemäss wird die Impulsantwort $h_d[nT]$ des digitalen Systems bis auf den Faktor $1/T$ gleich der abgetasteten Impulsantwort $h_a[nT]$ des analogen Systems.

$h_a[nT]$ entsteht aus $h_a(t)$ nach Gleichung (5.1):

$$h_a[nT] = h_a(t) \cdot \sum_{n=-\infty}^{\infty} \delta(t-nT) \tag{7.2}$$

Damit gilt für $h_d[nT]$:

$$h_d[nT] = T \cdot h_a[nT] = T \cdot h_a(t) \cdot \sum_{n=-\infty}^{\infty} \delta(t-nT) \tag{7.3}$$

Wie lautet nun der Zusammenhang zwischen den Frequenzgängen $H_d(e^{j\Omega})$ des digitalen Systems und $H_a(j\omega)$ des analogen Vorbildes? Dazu dient Gleichung (5.13): $H_d(e^{j\Omega})$ ist die periodische Fortsetzung von $H_a(j\omega)$. Der Faktor $1/T$ in (5.13) kürzt sich weg mit dem Faktor T in (7.3).

$$H_d(e^{j\Omega}) = \sum_{n=-\infty}^{\infty} H_a\left(j\omega - j\frac{2\pi n}{T} \right) \tag{7.4}$$

> *Der Frequenzgang des impulsinvariant entworfenen digitalen Systems*
> *ist die periodische Fortsetzung in $2\pi/T$*
> *des Frequenzganges des analogen Vorbildes.*

In den Büchern wird der Faktor T nicht überall gleich behandelt. Diese Schwierigkeit ist einfach zu bewältigen: man merkt sich diesen Faktor als häufige Fehlerquelle. Mit etwas Probieren erkennt man sofort den korrekten Gebrauch.

Jedes digitale System hat einen periodischen Frequenzgang. Bei der impulsinvarianten Simulation wird lediglich der Zusammenhang zum analogen Vorbild speziell einfach, weil $X(s) = 1$ ist. Für diese Erkenntnis wäre das 6-Punkte-Schema eigentlich gar nicht notwendig gewesen. Dieses Schema ist aber auch anwendbar für andere anregungsinvariante Simulationen wie z.B. die schrittinvariante Simulation. Wir werden später noch ein Beispiel dazu betrachten.

Ist der analoge Frequenzgang bei $\omega = \pi/T$ (der halben Abtastfrequenz) nicht abgeklungen, so ergeben sich durch die periodische Fortsetzung Fehler durch Überlappung, Bild 7.2 zeigt die zweiseitigen Spektren. Dies ist genau der gleiche Effekt wie das Aliasing bei der Signalabtastung: ein analoges Signal wird nur dann korrekt durch die Abtastwerte repräsentiert, wenn im Signalspektrum keine Frequenzen über der halben Abtastfrequenz auftreten. Wird eine Impulsantwort (dessen Spektrum der Frequenzgang des Systems ist) abgetastet, so gilt natürlich dasselbe Abtasttheorem.

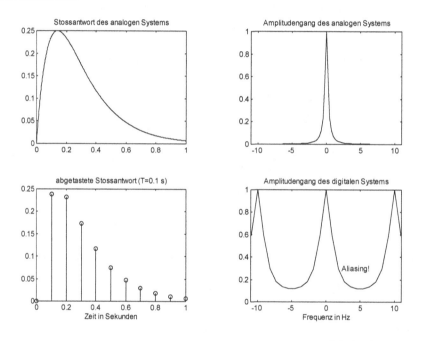

Bild 7.2 Fehler im Frequenzgang der impulsinvarianten Simulation, verursacht durch die periodische Fortsetzung des Frequenzganges des analogen Systems.

Echte Hochpässe und Bandsperren können somit gar nicht digital simuliert werden. Digitale Hochpässe weisen lediglich innerhalb des Basisbandes Hochpass-Eigenschaften auf. Höhere Eingangsfrequenzen führen zu Aliasing, was ein entsprechend steiles Anti-Aliasing-Filter erfordert.

Aber auch die im Anhang A6 (erhältlich unter www.springer.com) gezeigten analogen Hochpass-Schaltungen sind in Tat und Wahrheit keine echten Hochpässe, denn die Verstärkung der

Operationsverstärker nimmt mit steigender Frequenz ab. Ein Hochpass muss deshalb anwendungsspezifisch definiert werden. Für die Praxis genügt eine Schaltung mit Bandpassverhalten, welche Frequenzen ab einer definierten unteren Grenze bis zu einer „für die Anwendung genügend hohen" Grenze durchlässt. Bei Audio-Anwendungen beispielsweise kann man einen Hochpass mit der Grenzfrequenz 10 kHz durch einen Bandpass mit dem Durchlassbereich 10 kHz ... 25 kHz ersetzen, denn höhere Frequenzen nimmt das menschliche Ohr ohnehin nicht mehr war.

Oben links im Bild 7.2 ist die analoge Impulsantwort dargestellt, darunter die daraus abgeleitete Abtastsequenz $h_d[n]$. Rechts im Bild sind die Amplitudengänge gezeichnet, unten rechts sieht man deutlich im Bereich der halben Abtastfrequenz (5 Hz) die Abweichung des Amplitudenganges. Diese Fehler treten schon im Nyquistintervall auf, können also durch das Anti-Aliasing-Filter am Systemeingang nicht verhindert werden. Durch Verkleinern von T werden auch die Fehler kleiner, allerdings zu Lasten eines höheren Rechenaufwandes.

Die praktische Anwendung der impulsinvarianten z-Transformation erfolgt mit Tabellen bzw. Software-Paketen. Als Beispiel transformieren wir ein System mit einem einfachen Pol:

$$H_a(j\omega) = \frac{A}{j\omega - B} \qquad H_a(s) = \frac{A}{s - B} \tag{7.5}$$

Die Impulsantwort haben wir bereits berechnet, es handelt sich ja wieder um das RC-Glied. Man findet die Impulsantwort auch in den Korrespondenztabellen der Fourier- bzw. Laplace-Transformation in den Abschnitten 2.3.7 bzw. 2.4.5:

$$h_a(t) = A \cdot e^{Bt} \cdot \varepsilon(t)$$

Für stabile Systeme ist $B < 0$ und der Pol liegt damit in der linken s-Halbebene. Die Impulsantwort des impulsinvariant simulierten diskreten Systems entsteht durch Abtastung:

$$h_d[n] = h_a(nT) = A \cdot e^{BnT} \cdot \varepsilon[n]$$

Durch die z-Transformation gelangen wir zur Übertragungsfunktion des digitalen Systems, die dazu benötigte Korrespondenz der Exponentialsequenz finden wir mit Gleichung (5.51) oder mit der Korrespondenztabelle im Abschnitt 5.6.5. Wegen (7.3) müssen wir noch zusätzlich mit T multiplizieren:

$$H_d(z) = \frac{A \cdot T}{1 - e^{BT} \cdot z^{-1}} \tag{7.6}$$

Ein Vergleich von (7.5) mit (7.6) zeigt, dass ein Pol bei $s = B$ in einen Pol bei $z = e^{BT}$ abgebildet wird. Dieser Zusammenhang gilt auch für komplexe *einfache* Pole. Da das Abtastintervall T stets positiv ist, wird ein Pol von der linken s-Halbebene ($B < 0$) in das Innere des Einheitskreises in der z-Ebene abgebildet.

> *Mit der impulsinvarianten z-Transformation wird ein stabiles*
> *analoges System in ein stabiles digitales System abgebildet.*

Eine Einschränkung dieser Aussage ergibt sich höchstens durch die Quantisierung der Filterkoeffizienten (Abschnitt 6.10).

Da die Laplace- und die z-Transformationen beide lineare Abbildungen sind, gilt für ein System höherer Ordnung folgendes Vorgehen:

- $H_a(s)$ bestimmen und durch Partialbruchzerlegung in eine Summendarstellung umwandeln (dies entspricht der Parallelstruktur).
- Die Summanden einzeln transformieren. Für beliebige *einfache* Pole gilt (7.7)

$$H_a(s) = \sum_{k=1}^{N} \frac{A_k}{s - B_k} \quad \xrightarrow[\text{z-Transformation}]{\text{impulsinvariante}} \quad H_d(z) = T \cdot \sum_{k=1}^{N} \frac{A_k}{1 - e^{B_k T} \cdot z^{-1}} \tag{7.7}$$

- $H_d(z)$ falls gewünscht wieder in eine andere Struktur umwandeln (z.B. Kaskadenstruktur)

Tabelle 7.1 Impulsinvariante z-Transformation der Grundglieder von $H(s)$ in Parallelstruktur. $T =$ Abtastintervall

Grundglied	$H(s)$	$H(z)$
Glied 0. Ordnung	1	1
Integrator	$\dfrac{1}{sT_1}$	$\dfrac{T}{T_1} \cdot \dfrac{1}{1 - z^{-1}}$
Glied 1. Ordnung	$\dfrac{1}{1 + \dfrac{s}{\omega_0}}$	$\omega_0 T \cdot \dfrac{1}{1 - z^{-1} \cdot e^{-\omega_0 T}}$
Glied 2. Ordnung konstanter Term im Zähler	$\dfrac{1}{1 + s\dfrac{2\xi}{\omega_0} + \dfrac{s^2}{\omega_0^{\,2}}}$	$\dfrac{z^{-1} \dfrac{\omega_0 T}{\sqrt{1 - \xi^2}} e^{-\xi\omega_0 T} \sin\!\left(\omega_0 T\sqrt{1 - \xi^2}\right)}{1 - z^{-1} 2e^{-\xi\omega_0 T}\cos\!\left(\omega_0 T\sqrt{1 - \xi^2}\right) + z^{-2} e^{-2\xi\omega_0 T}}$
Glied 2. Ordnung linearer Term im Zähler	$\dfrac{\dfrac{s}{\omega_1}}{1 + s\dfrac{2\xi}{\omega_0} + \dfrac{s^2}{\omega_0^{\,2}}}$	$\dfrac{\omega_0^{\,2} T}{\omega_1} \cdot \dfrac{1 - z^{-1} e^{-\xi\omega_0 T}\left[\cos\!\left(\omega_0 T\sqrt{1 - \xi^2}\right) + \dfrac{\xi}{\sqrt{1 - \xi^2}}\sin\!\left(\omega_0 T\sqrt{1 - \xi^2}\right)\right]}{1 - z^{-1} 2e^{-\xi\omega_0 T}\cos\!\left(\omega_0 T\sqrt{1 - \xi^2}\right) + z^{-2} e^{-2\xi\omega_0 T}}$
Glied 2. Ordnung allgemeiner Zähler	$\dfrac{1 + \dfrac{s}{\omega_1}}{1 + s\dfrac{2\xi}{\omega_0} + \dfrac{s^2}{\omega_0^{\,2}}}$	$\dfrac{\omega_0^{\,2} T}{\omega_1} \cdot \dfrac{1 - z^{-1} e^{-\xi\omega_0 T}\left[\cos\!\left(\omega_0 T\sqrt{1 - \xi^2}\right) + \dfrac{\dfrac{\omega_1}{\omega_0} - \xi}{\sqrt{1 - \xi^2}}\sin\!\left(\omega_0 T\sqrt{1 - \xi^2}\right)\right]}{1 - z^{-1} 2e^{-\xi\omega_0 T}\cos\!\left(\omega_0 T\sqrt{1 - \xi^2}\right) + z^{-2} e^{-2\xi\omega_0 T}}$

Für die Nullstellen ist die Abbildung komplizierter, da sich bei der Partialbruchzerlegung die Zähler (diese bestimmen die Nullstellen) im Gegensatz zu den Nennern (diese bestimmen die Pole) ändern (→ Tabelle 7.1). Auch bei mehrfachen Polen wird die Partialbruchzerlegung aufwändiger (→ Tabelle 7.1). Wir wissen allerdings schon aus Kapitel 4, dass bei den üblichen Filtern (ausser bei den kritisch gedämpften Filtern) nur einfache Pole auftreten.

Die Tabelle 7.1 zeigt die *impulsinvariante* Transformation der *Grundglieder*, wie sie *nach der Partialbruchzerlegung (Parallelstruktur)* auftreten können. Zwar sehen die Ausdrücke in der Kolonne ganz rechts ziemlich unappetitlich aus, doch es sind alle Grössen bekannt. Damit können diese Ausdrücke auf reelle Zahlen reduziert werden.

Natürlich bieten Softwarepakete zur Signalverarbeitung auch Routinen für die impulsinvariante Simulation an, man kann sich damit die Anwendung der Tabelle 7.1 ersparen.

Die impulsinvariante Simulation entsteht durch Abtasten der Impulsantwort des analogen Systems. Aufgrund der Aliasing-Effekte können sich aber im Frequenzgang Unterschiede ergeben. Generell wird die Simulation umso besser, je kleiner das Abtastintervall T ist.

Bei nicht vernachlässigbar kleinem Abtastintervall T wird $|H_d(z = 1)|$ im Allgemeinen grösser als $|H_a(s = 0)|$. Um die Frequenzgänge besser vergleichen zu können, wird deshalb oft $H_d(z)$ durch $|H_d(z = 1)|/|H_a(s = 0)|$ dividiert. Dies führt auf die *gleichstromangepasste impulsinvariante Simulation*, bei welcher die Beträge der Frequenzgänge für $\omega = 0$ und damit nach (3.25) bzw. (6.29) auch die Endwerte der Schrittantworten übereinstimmen. Diese Methode ist natürlich nur sinnvoll bei nicht verschwinden Endwerten der Schrittantworten, wie sie bei Tiefpässen dank der DC-Kopplung auftreten.

Beispiel: Wir entwerfen mit der impulsinvarianten z-Transformation einen dreipoligen digitalen Tiefpass nach Butterworth mit der Grenzfrequenz $\omega_0 = 1$ s^{-1}.

Zuerst bestimmen wir das analoge Vorbild. Dies geschieht mit der Tabelle im Anhang A6 (erhältlich unter www.springer.com). Es ergibt sich:

Teilfilter 1. Ordnung: $\omega_{01} = 1$

Teilfilter 2. Ordnung: $\omega_{02} = 1$ $\xi = 0.5$

Setzt man diese Zahlen in Gleichung (4.38) ein, so erhält man die Übertragungsfunktion des analogen Filters:

$$H(s) = \frac{1}{1+s} \cdot \frac{1}{1+s+s^2}$$

Für die impulsinvariante z-Transformation formen wir mit einer Partialbruchzerlegung um auf die Parallelstruktur. Es ergibt sich:

$$H(s) = \frac{1}{1+s} - \frac{s}{1+s+s^2}$$

Der erste Summand wird mit Zeile 3 aus der Tabelle 7.1 transformiert, der zweite Summand mit Zeile 5. Nun müssen wir uns für eine Abtastfrequenz $1/T$ entscheiden. Da der Tiefpass eine Grenzfrequenz von $\omega_0 = 1$ s^{-1} entsprechend $f_0 = 0.16$ Hz aufweist, soll mit $f_A = 10$ Hz ein Versuch gewagt werden. Damit ist die Übertragungsfunktion des digitalen Filters bestimmt:

$$H(z) = \frac{0.1}{1 - 0.9048 \cdot z^{-1}} + \frac{-0.1 + 0.0995 \cdot z^{-1}}{1 - 1.8954 \cdot z^{-1} + 0.9048 \cdot z^{-2}}$$

Hätten wir die Partialbruchzerlegung weggelassen und die Grundglieder der Kaskadenstruktur mit Tabelle 7.1 transformiert, so hätte sich eine andere und falsche Übertragungsfunktion ergeben!

Nun folgt die Strukturumwandlung. An genau diesem Beispiel haben wir dies schon am Schluss des Abschnittes 6.7 ausgeführt, die Resultate können dort begutachtet werden.

Die Analyse mit dem Rechner zeigt den Vergleich der Amplitudengänge und der Impulsantworten, Bild 7.3. Der Frequenzbereich erstreckt sich fairerweise über das Basisbandintervall von 0 … 5 Hz. Im oberen Bereich unterscheiden sich die Amplitudengänge merklich, allerdings betragen dort die Dämpfungen bereits über 50 dB. Diese Unterschiede dürften darum in der Praxis kaum stören und liessen sich mit einer Erhöhung der Abtastfrequenz noch reduzieren. Eine DC-Anpassung wurde nicht vorgenommen, der Unterschied beträgt bei diesem Beispiel aber lediglich 0.1 dB und ist darum nicht sichtbar. Trotz der Unterschiede im Amplitudengang stimmen die Impulsantworten exakt überein. Dies wird ja aufgrund der Simulationsmethode so erzwungen. Die Schrittantworten sind wegen des hier so geringen DC-Fehlers ebenfalls praktisch identisch.

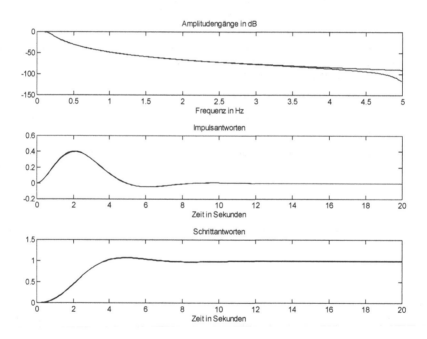

Bild 7.3 Vergleich der Amplitudengänge, Impuls- und Schrittantworten eines analogen Tiefpasses mit seiner impulsinvarianten digitalen Simulation

□

Beispiel: Wir führen für das RC-Glied die *schrittinvariante* (exakter: Schrittantwortinvariante) *z*-Transformation aus. Diese ist zwar nicht so gebräuchlich, das Beispiel vertieft aber den Einblick in die Simulationstechnik und das Resultat können wir später für eine Gegenüberstellung brauchen.

Wir benutzen das 6-Punkte-Schema von S. 266:

1. $H(s) = \dfrac{1}{1+s}$ (7.8)

2. $x(t) = \varepsilon(t)$

3. $X(s) = \dfrac{1}{s}$; $X(z) = \dfrac{z}{z-1}$

      (vgl. die Korrespondenztabellen in den Abschnitten 2.4.5 bzw. 5.6.5)

4. $Y(s) = X(s) \cdot H(s) = \dfrac{1}{s \cdot (1+s)} = \dfrac{1}{s} - \dfrac{1}{1+s}$

      Im letzten Schritt wurde gleich die Partialbruchzerlegung durchgeführt, um gliedweise mit der Tabelle im Abschnitt 2.4.5 in den Zeitbereich zurücktransformieren zu können.

$$y(t) = \varepsilon(t) - \varepsilon(t) \cdot e^{-t} = \varepsilon(t) \cdot \left(1 - e^{-t}\right) = 1 - e^{-t} ; \quad t \ge 0 \tag{7.9}$$

5. $y[n] = \varepsilon[n] - \varepsilon[n] \cdot e^{-nT}$ $\circ\!\!-\!\!\circ$ $Y(z) = \dfrac{z}{z-1} - \dfrac{z}{z - e^{-T}}$

6. $H(z) = \dfrac{Y(z)}{X(z)} = \dfrac{\dfrac{z}{z-1} - \dfrac{z}{z-e^{-T}}}{\dfrac{z}{z-1}} = 1 - \dfrac{z-1}{z-e^{-T}} = \dfrac{z-e^{-T} - (z-1)}{z-e^{-T}}$

$$H(z) = \frac{1 - e^{-T}}{z - e^{-T}} \tag{7.10}$$

Damit haben wir die gesuchte Übertragungsfunktion. Wir berechnen daraus noch eine programmierbare Differenzengleichung, indem wir zuerst $H(z)$ in Polynomen in z^{-1} darstellen:

$$H(z) = \frac{Y(z)}{X(z)} = \frac{1 - e^{-T}}{z - e^{-T}} = \frac{z^{-1}\left(1 - e^{-T}\right)}{1 - z^{-1} \cdot e^{-T}}$$

$$Y(z) - Y(z) \cdot z^{-1} \cdot e^{-T} = X(z) \cdot z^{-1} \cdot \left(1 - e^{-T}\right)$$

Gliedweise zurücktransformiert ergibt dies:

$$y[n] - y[n-1] \cdot e^{-T} = x[n-1] \cdot \left(1 - e^{-T}\right)$$

$$y[n] = x[n-1] \cdot \left(1 - e^{-T}\right) + y[n-1] \cdot e^{-T}$$

Bild 7.4 zeigt eine mögliche Schaltung.

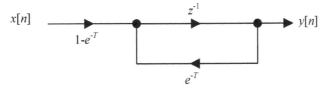

Bild 7.4 Blockschema des schrittinvariant simulierten Tiefpasses 1. Ordnung

Anhand der Schaltung in Bild 7.4 können wir einfach die Abtastwerte der Schrittantwort $g[n]$ bestimmen, indem wir uns vorstellen, wie sich die Sequenz $x[n] = \varepsilon[n] = [0\ 1\ 1\ 1\ 1\ ...]$ durch das System bewegt und am Ausgang $y[n] = g[n]$ entsteht:

$n = 0$: $x[0] = 1$ $y[0] = 0$

$n = 1$: $x[1] = 1$ $y[1] = 1 - e^{-T}$

$n = 2$: $x[2] = 1$ $y[2] = 1 - e^{-T} + e^{-T} \cdot \left(1 - e^{-T}\right) = 1 - e^{-2T}$

$n = 3$: $x[3] = 1$ $y[3] = 1 - e^{-T} + e^{-T} \cdot \left(1 - e^{-2T}\right) = 1 - e^{-3T}$

Allgemein gilt für diese Schrittantwort:

$$g[n] = 1 - e^{-nT} \tag{7.11}$$

(7.11) ist die abgetastete Version von (7.9), sie entsteht, indem man in (7.9) t ersetzt durch nT. Die perfekte Übereinstimmung muss sich ergeben, da wir ja die schrittinvariante z-Transformation ausgeführt haben.

□

7.1.3 Filterentwurf mit der bilinearen z-Transformation

Beim Filterentwurf mit der bilinearen z-Transformation handelt es sich um eine Substitutionsmethode, bei welcher man in $H(s)$ überall s durch einen Ausdruck in z ersetzt und so direkt $H(z)$ erhält. Die bilineare z-Transformation hat das Ziel, den *Frequenzgang* des analogen Systems möglichst genau zu simulieren (im Gegensatz zur impulsinvarianten Transformation, wo das Ziel die Übereinstimmung der *Impulsantworten* ist). Die bilineare z-Transformation wird so gewählt, dass zum vornherein drei wichtige Bedingungen erfüllt sind:

- Der Frequenzgang $H(e^{j\Omega})$ des digitalen Systems soll periodisch in $2\pi \cdot f_A$ sein.
- Aus einem Polynomquotienten für $H(s)$ soll auch ein Polynomquotient für $H(z)$ entstehen.
- Ein stabiles analoges System soll in ein stabiles digitales System transformiert werden.

Die erste Bedingung berücksichtigt eine inhärente Eigenschaft von allen zeitdiskreten Systemen und verhindert damit die Aliasing-Effekte der impulsinvarianten Transformation. Die zweite Bedingung ermöglicht die Realisierung mit den in Abschnitt 6.7 beschriebenen Strukturen.

Aus $z = e^{sT}$ (Gleichung (5.44)) wird:

$$s = \frac{1}{T} \ln(z) \tag{7.12}$$

Damit ergibt sich aber eine transzendente Funktion. Um dies zu verhindern, entwickeln wir (7.12) in eine Potenzreihe:

$$s = \frac{1}{T} \ln(z) = \frac{1}{T} \cdot 2 \cdot \left\{ \left(\frac{z-1}{z+1} \right) + \frac{1}{3} \left(\frac{z-1}{z+1} \right)^3 + \frac{1}{5} \left(\frac{z-1}{z+1} \right)^5 + ... \right\} \tag{7.13}$$

Diese Reihe nach dem ersten Glied abgebrochen ergibt die bilineare z-Transformation:

$$s \approx \frac{2}{T} \cdot \frac{z-1}{z+1} = \frac{2}{T} \cdot \frac{1-z^{-1}}{1+z^{-1}} \tag{7.14}$$

Die bilineare z-Transformation ist keineswegs linear, der etwas irreführende Name wird in der Mathematik verwendet für Brüche, bei denen Zähler und Nenner je eine lineare Funktion darstellen. Die Näherung (7.14) für den Frequenzgang stimmt umso besser, je kleiner $|z-1|$ ist (die Terme höherer Ordnung in (7.13) verschwinden dann rascher) bzw. je kleiner ωT ist, also je grösser die Abtastfrequenz ist.

Die bilineare Transformation wird ausgeführt, indem in $H(s)$ oder $H(j\omega)$ die Variable s bzw. $j\omega$ überall durch den Ausdruck in (7.14) ersetzt wird.

Beispiel: Für den einpoligen Tiefpass gilt:

$$H_a(s) = \frac{1}{1+\dfrac{s}{\omega_0}} \quad \Rightarrow \quad H_d(z) = \frac{\omega_0}{\omega_0 + \dfrac{2}{T} \cdot \dfrac{1-z^{-1}}{1+z^{-1}}} = \frac{1+z^{-1}}{\left(1+\dfrac{2}{\omega_0 T}\right) + \left(1-\dfrac{2}{\omega_0 T}\right) \cdot z^{-1}}$$

Der letzte Ausdruck ist wie gewünscht ein Polynomquotient in z^{-1}.

□

Eine Übereinstimmung der Frequenzgänge ergibt sich im Bereich $|\omega| < \pi/T$, wobei die Annäherung umso besser wird, je kleiner ωT ist. Für kein spezielles Eingangssignal wird die Übereinstimmung der Systemreaktionen exakt erreicht. Die bilineare z-Transformation erweist sich jedoch als guter Kompromiss, sie vermeidet vom Prinzip her die Aliasing-Fehler und ist darum die am häufigsten verwendete Simulationsmethode. In der Regelungstechnik heisst sie *Tustin-Approximation*.

Setzt man $s = 0$, so ergibt sich aus (7.14) $z = 1$. Die Frequenzgänge stimmen daher für $\omega = 0$ überein. Bei der bilinearen Transformation ist es darum nicht nötig, eine gleichstromangepasste Version einzuführen.

Setzt man $s = \infty$, so ergibt sich aus (7.14) $z = -1$. Dies entspricht gerade der Nyquistfrequenz.

Für den Vergleich der Frequenzachsen setzen wir in (7.14) $s = j\omega_a$ und $z = e^{j\omega_d T}$:

$$j\omega_a = \frac{2}{T} \cdot \frac{1-e^{-j\omega_d T}}{1+e^{-j\omega_d T}} = \frac{2}{T} \cdot \frac{e^{-j\frac{\omega_d}{2}T} \cdot \left(e^{j\frac{\omega_d}{2}T} - e^{-j\frac{\omega_d}{2}T}\right)}{e^{-j\frac{\omega_d}{2}T} \cdot \left(e^{j\frac{\omega_d}{2}T} + e^{-j\frac{\omega_d}{2}T}\right)} = \frac{2}{T} \cdot \frac{e^{j\frac{\omega_d}{2}T} - e^{-j\frac{\omega_d}{2}T}}{e^{j\frac{\omega_d}{2}T} + e^{-j\frac{\omega_d}{2}T}}$$

$$j\omega_a = \frac{2}{T} \cdot \frac{2j \cdot \sin\dfrac{\omega_d T}{2}}{2 \cdot \cos\dfrac{\omega_d T}{2}} = \frac{2j}{T} \cdot \tan\frac{\omega_d T}{2}$$

Damit lässt sich ein direkter Zusammenhang zwischen der „analogen Frequenzachse" ($j\omega$-Achse) und der „digitalen Frequenzachse" (Einheitskreis der z-Ebene) angeben:

$$\omega_d = \frac{2}{T}\arctan\frac{\omega_a T}{2} \qquad \omega_a = \frac{2}{T}\tan\frac{\omega_d T}{2} \qquad (7.15)$$

Die Abbildung der $j\omega$-Achse ist *nichtlinear*: der *unendliche* Bereich von $-\infty \dots 0 \dots +\infty$ wird auf den *endlichen* Bereich von $-\pi/T \dots 0 \dots +\pi/T$ abgebildet.

Für kleine Argumente gilt $\tan(x) \approx \arctan(x) \approx x$. (7.15) wird dadurch bei *tiefen Frequenzen* zu einer *linearen* Abbildung: $\omega_d \approx \omega_a$. Die Tabelle 5.5 müssen wir deshalb für die bilineare z-Transformation anpassen zur Version der Tabelle 7.2.

Tabelle 7.2 Abbildung der s-Ebene in die z-Ebene durch die bilineare z-Transformation

s-Ebene	z-Ebene
$j\omega$ -Achse	Einheitskreis
linke Halbebene	Inneres des Einheitskreises
rechte Halbebene	Äusseres des Einheitskreises
$j\omega = 0$	$z = +1$
$j\omega = \infty$	$z = -1$
$j\omega = -\infty$	$z = -1$
reelle Zahlen	reelle Zahlen
konjugiert komplexe Zahlenpaare	konjugiert komplexe Zahlenpaare

Auch die bilineare Transformation bildet stabile analoge Systeme in stabile digitale Systeme ab. Aus (7.14) folgt nämlich:

$$s \to \frac{2}{T}\cdot\frac{z-1}{z+1} \qquad z = \frac{2+sT}{2-sT} = \frac{2+(\sigma+j\omega)T}{2-(\sigma+j\omega)T} = \frac{2+\sigma T + j\omega T}{2-\sigma T - j\omega T}$$

Allgemein ist der Betrag eines komplexen Bruches gleich dem Quotienten der Beträge:

$$|z| = \frac{|2+\sigma T + j\omega T|}{|2-\sigma T - j\omega T|} = \sqrt{\frac{(2+\sigma T)^2 + \omega^2 T^2}{(2-\sigma T)^2 + \omega^2 T^2}}$$

Nun lässt sich leicht erkennen, dass die $j\omega$-Achse ($\sigma = 0$) auf den Einheitskreis ($|z| = 1$) abgebildet wird und dass die linke s-Halbebene ($\sigma < 0$) in das Innere des z-Einheitskreises ($|z| < 1$) zu liegen kommt.

Beim Durchlaufen der $j\omega$-Achse in der s-Ebene wird der Einheitskreis der z-Ebene bei der bilinearen z-Transformation genau einmal „abgeschritten". Bei der impulsinvarianten Transformation hingegen wird der z-Einheitskreis unendlich oft durchlaufen, genau deshalb tritt dort der Aliasing-Effekt auf. Anders ausgedrückt: die bilineare z-Transformation ist eine *eineindeutige* (d.h. umkehrbare) Abbildung der s- in die z-Ebene, die impulsinvariante z-Transformation ist jedoch nur eine *eindeutige* Abbildung, Bild 7.5. Bei der impulsinvarianten z-Transformation füllen unendlich viele Streifen der linken s-Halbebene (alle Streifen haben die Breite $2\pi f_A$)

den z-Einheitskreis unendlich Mal, bei der bilinearen z-Transformation füllt die linke s-Halbebene hingegen nur gerade ein einziges Mal den z-Einheitskreis.

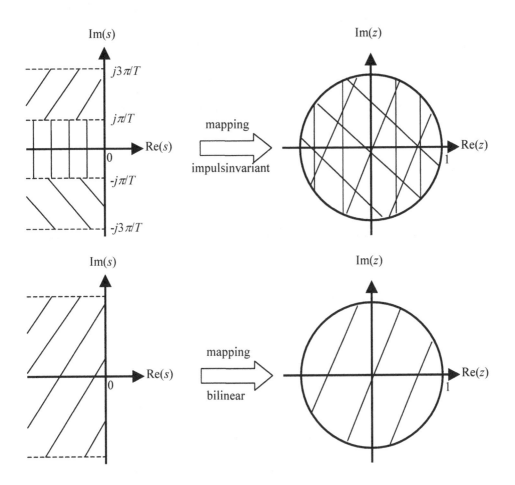

Bild 7.5 Abbildung (mapping) der s-Ebene (links) auf die z-Ebene (rechts) mit der impulsinvarianten z-Transformation (oben) bzw. der bilinearen z-Transformation (unten)

Die Substitution von s in $H(s)$ durch den Ausdruck in (7.14) erzeugt Doppelbrüche, die man noch umformen muss auf einen Polynomquotienten. Dieser etwas mühsame Weg lässt sich vermeiden, wenn $H(s)$ mit Hilfe einer Partialbruchzerlegung in Grundglieder zerlegt wird und diese einzeln transformiert werden. Die Tabelle 7.3 zeigt die *bilineare Transformation der Grundglieder*, wie sie *nach der Partialbruchzerlegung* auftreten können.

Nach der Transformation liegen wiederum Polynomquotienten von Teilgliedern einer Parallel-struktur vor. Danach muss man eine Strukturumwandlung durchführen, um z.B. eine Kaska-denstruktur zu erhalten. Dies ist also dasselbe Vorgehen wie bei den impulsinvarianten Filtern, man benutzt lediglich die Tabelle 7.3 anstelle der Tabelle 7.1. Die Softwarepakete zur Signal-verarbeitung enthalten natürlich auch fertige Routinen für die impulsinvariante und die bilinea-re z-Transformation.

Durch die nichtlineare Abbildung der Frequenzachse im Bereich der höheren Frequenzen (Gleichung (7.15)) ergibt sich eine Verzerrung der Frequenzachse (*warping*). Drei Punkte der $j\omega$-Achse mit einem bestimmten Frequenzverhältnis haben nach der Transformation nicht mehr dasselbe Verhältnis. Durch diese Verzerrung der Frequenzachse wird natürlich auch der Phasengang beeinflusst. Es hat deshalb keinen grossen Sinn, ein Bessel-Filter über die bilineare z-Transformation zu konstruieren, auch wenn dies formal durchaus möglich ist (falls eine lineare Phase gefordert ist, weicht man ohnehin besser auf FIR-Filter aus!). Allerdings gilt die Abbildungs-Tabelle 7.2 auch dann, wenn man die analoge Frequenzachse mit einer konstanten Zahl multipliziert. Dies wird ausgenutzt, indem man mit einer Vorverzerrung (*prewarping*) erreicht, dass *ein einziger* Frequenzpunkt (z.B. die Grenzfrequenz eines Tiefpasses oder die Mittenfrequenz eines Bandpasses) exakt an eine wählbare Stelle der digitalen Frequenzachse abgebildet wird.

Tabelle 7.3 Bilineare z-Transformation der Grundglieder von $H(s)$ nach der Partialbruchzerlegung. T = Abtastintervall

Grundglied	$H(s)$	$H(z)$
Glied 0. Ordnung	1	1
Integrator	$\dfrac{1}{sT_1}$	$\dfrac{T}{2T_1}\cdot\dfrac{1+z^{-1}}{1-z^{-1}}$
Glied 1. Ordnung	$\dfrac{1}{1+\dfrac{s}{\omega_0}}$	$\dfrac{1+z^{-1}}{\left(1+\dfrac{2}{\omega_0 T}\right)+z^{-1}\left(1-\dfrac{2}{\omega_0 T}\right)}$
Glied 2. Ordnung konstanter Term im Zähler	$\dfrac{1}{1+s\dfrac{2\xi}{\omega_0}+\dfrac{s^2}{\omega_0{}^2}}$	$\dfrac{1+2z^{-1}+z^{-2}}{\left(1+\dfrac{4\xi}{\omega_0 T}+\dfrac{4}{(\omega_0 T)^2}\right)+z^{-1}\left(2-\dfrac{8}{(\omega_0 T)^2}\right)+z^{-2}\left(1-\dfrac{4\xi}{\omega_0 T}+\dfrac{4}{(\omega_0 T)^2}\right)}$
Glied 2. Ordnung linearer Term im Zähler	$\dfrac{\dfrac{s}{\omega_1}}{1+s\dfrac{2\xi}{\omega_0}+\dfrac{s^2}{\omega_0{}^2}}$	$\dfrac{2}{\omega_1 T}\cdot\dfrac{1-z^{-2}}{\left(1+\dfrac{4\xi}{\omega_0 T}+\dfrac{4}{(\omega_0 T)^2}\right)+z^{-1}\left(2-\dfrac{8}{(\omega_0 T)^2}\right)+z^{-2}\left(1-\dfrac{4\xi}{\omega_0 T}+\dfrac{4}{(\omega_0 T)^2}\right)}$
Glied 2. Ordnung allgemeiner Zähler	$\dfrac{1+\dfrac{s}{\omega_1}}{1+s\dfrac{2\xi}{\omega_0}+\dfrac{s^2}{\omega_0{}^2}}$	$\dfrac{\left(1+\dfrac{2}{\omega_1 T}\right)+2z^{-1}+z^{-2}\left(1-\dfrac{2}{\omega_1 T}\right)}{\left(1+\dfrac{4\xi}{\omega_0 T}+\dfrac{4}{(\omega_0 T)^2}\right)+z^{-1}\left(2-\dfrac{8}{(\omega_0 T)^2}\right)+z^{-2}\left(1-\dfrac{4\xi}{\omega_0 T}+\dfrac{4}{(\omega_0 T)^2}\right)}$

Beispiel: Gewünscht wird ein digitaler Tiefpass mit der Grenzfrequenz f_g = 2.6 kHz und der Abtastfrequenz f_A = 8 kHz. Mit (7.15) gilt:

$$\omega_a = \frac{2}{T} \tan \frac{\omega_d T}{2} \quad \rightarrow \quad f_a = \frac{2}{2\pi \cdot T} \tan \frac{2\pi \cdot f_d T}{2} = \frac{f_A}{\pi} \tan \frac{\pi \cdot f_d}{f_A}$$

Setzt man für f_d die gewünschte Grenzfrequenz von 2.6 kHz ein, so ergibt sich f_a = 4.16 kHz. Man muss also einen analogen Tiefpass mit f_g = 4.16 kHz dimensionieren und diesen bilinear z-transformieren.

□

Beispiel: Wir vergleichen den analogen Tiefpass erster Ordnung mit seinen digital simulierten Abkömmlingen. Dazu benutzen wir die Tabellen 7.1 und 7.3 sowie Gleichung (7.10).

analoges System:
$$H_a(s) = \frac{1}{1+s}$$

impulsinvariant simuliertes System:
$$H_i(z) = \frac{T}{1 - e^{-T} \cdot z^{-1}}$$

schrittinvariant simuliertes System:
$$H_s(z) = \frac{1 - e^{-T}}{z - e^{-T}}$$

bilinear simuliertes System:
$$H_b(z) = \frac{1 + z^{-1}}{\left(1 + \frac{2}{T}\right) + z^{-1}\left(1 - \frac{2}{T}\right)}$$

Die Zeitkonstante beträgt 1 s, wir wählen das Abtastintervall T = 0.2 s. Die Abtastfrequenz sollte eigentlich höher als 5 Hz sein, aber so sehen wir die Unterschiede besser. Der Leser möge dieses Beispiel selber nachvollziehen und die Abtastfrequenz variieren.

Alle Teilbilder in Bild 7.6 zeigen je zwei Amplitudengänge, nämlich denjenigen des analogen Vorbildes und denjenigen einer digitalen Simulation. In der oberen Reihe sind die Frequenzachsen bis 2.5 Hz gezeichnet, was bei einer Abtastfrequenz von 5 Hz vernünftig ist.

Keiner der simulierten Amplitudengänge ist exakt, dies war auch nicht zu erwarten. Auffallend ist das Verhalten des bilinear simulierten Systems: bei 2.5 Hz geht der Amplitudengang auf Null.

Die untere Reihe zeigt nochmals dieselben Amplitudengänge, jetzt aber bis 5 Hz gezeichnet. Natürlich ist der Amplitudengang ab 2.5 Hz die spiegelbildliche Fortsetzung des Verlaufs von 0 … 2.5 Hz, vgl. auch Bild 7.2. Deutlich sieht man die Aliasingfehler, da die Abtastfrequenz eigentlich zu klein ist. Die Nullstelle des Amplitudenganges des bilinear simulierten Systems lässt sich anhand Tabelle 7.2 und Bild 7.5 erklären: Die Frequenz 2.5 Hz entspricht der halben Abtastfrequenz bzw. $z = -1$. Dieser Punkt entspricht bei der bilinearen z-Transformation der „analogen" Frequenz $f = \infty$, dort sperrt aber auch der Tiefpass erster Ordnung perfekt. Es ist typisch für bilinear simulierte Tiefpässe, dass sie vorteilhafterweise bei der halben Abtastfrequenz eine Nullstelle im Amplitudengang aufweisen.

Bild 7.7 zeigt das Verhalten im Zeitbereich. Oben sind die Stossantworten gezeigt, wiederum je eine digitale Simulation zusammen mit dem analogen Vorbild. Die impulsinvariante Simulation ist perfekt, obwohl die Abtastfrequenz zu tief gewählt wurde.

Die Impulsantwort des bilinearen Systems scheint enttäuschend. Der auffällige Knick ist bei t = 0.2 s, also beim zweiten Abtastwert. Der erste Abtastwert macht einzig beim bilinearen

System einen Fehlstart, der zweite ist dann aber am richtigen Ort. Nun muss man aber bedenken, dass das Abtastintervall in diesem Beispiel zu gross gewählt wurde und dass Impulsantworten in der Praxis nicht in Reinkultur auftreten, da die Diracstösse nur näherungsweise realisierbar sind.

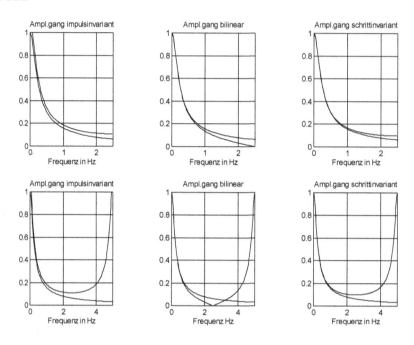

Bild 7.6 Amplitudengänge der verschiedenartig simulierten Tiefpässe (Erklärungen im Text)

Unten in Bild 7.7 sehen wir die Schrittantworten, hier hat natürlich das schrittinvariant simulierte System seine grosse Stunde. Bei noch tieferer Abtastfrequenz verschlechtern sich die Simulationen natürlich, die perfekte Übereinstimmung der Schrittantwort zu den Abtastzeitpunkten (nur dort!) bleibt hingegen.

Deutlich ist auch die fehlende Gleichstromanpassung (DC-Korrektur) der impulsinvarianten Simulation zu erkennen. Es handelt sich hier nicht um einen Überschwinger, denn ein System 1. Ordnung kann gar nicht schwingen. Der Endwert der Schrittantwort sollte aber nur 1 betragen.

Anmerkung für Leser, die das Bild 7.7 selber mit MATLAB nachvollziehen wollen: für die Berechnung der Schrittantworten wurde eine um T verzögerte Schrittfunktion als Systemanregung benutzt, also die Sequenz [0, 1, 1, 1, …] anstelle der Sequenz [1, 1, 1, 1, …]. Dadurch ergibt sich eine bessere zeitliche Übereinstimmung der Resultate und somit ein einfacherer Vergleich. Als Nebeneffekt erscheint aber der seltsam anmutende Knick beim bilinear simulierten System, der demnach auf einem „falschen" Anfangswert beruht. Diese zeitliche Verzögerung hat nichts mit der Filtereigenschaft zu tun, sie bewirkt ja keine Signalverzerrung.

□

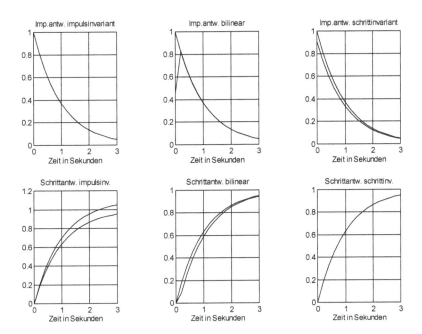

Bild 7.7 Impuls- und Schrittantworten der verschiedenartig simulierten Tiefpässe (Erklärungen im Text)

Beispiel: Das Bild 7.8 zeigt zwei Tschebyscheff-I-Bandpässe 6. Ordnung mit einem Durchlassbereich von 1.6 … 2.4 kHz und 3 dB Rippel. Beide Filter wurden mit der bilinearen Transformation entworfen, das obere mit einer Abtastfrequenz von 8 kHz, das untere mit $f_A = 16$ kHz. Die Unterschiede lassen sich mit den Pol-Nullstellen-Schemata rechts erklären. Die obere Hälfte des Einheitskreises überstreicht den Frequenzbereich von 0 bis $f_A/2$. Daraus lässt sich die Lage der Pole plausibel machen. Charakteristisch für die bilineare Transformation ist die Nullstelle bei $f_A/2$ ($z = -1$), die der unendlich hohen Frequenz der s-Ebene entspricht (Tabelle 7.2). Diese Nullstelle liegt also beim oberen Filter bei 4 kHz, beim unteren bei 8 kHz. Aus diesem Grund ist das obere Filter steiler oberhalb des Durchlassbereiches.

Die Nullstelle bei $z = 1$ ($f = 0$ Hz) ist charakteristisch für Bandpässe (und Hochpässe) und hat nichts mit der Simulationsart zu tun.

Die Öffnung der Bandpässe von 800 Hz belegt also je nach Abtastfrequenz einen grösseren oder kleineren Bereich des Einheitskreises. Beim oberen Filter (tiefe Abtastfrequenz) liegen die Pole vergleichsweise weit auseinander, beim unteren Filter liegen die Pole dicht gedrängt.

Nun kann die Erklärung nachgeliefert werden, weshalb bei Problemen durch die Koeffizienten-Quantisierung (Abschnitt 6.10) die Abtastfrequenz reduziert werden soll: je tiefer die Abtastfrequenz, desto mehr Abstand haben die Pole untereinander, desto weniger macht sich eine kleine Verschiebung derselben bemerkbar. Auf der anderen Seite ermöglicht eine hohe Abtastfrequenz eine bessere Simulation. Einmal mehr erweist sich das System-Design als die Suche nach dem optimalen Kompromiss. Diese Überlegungen gelten für alle Arten von Filtern, nicht nur für diejenigen mit bilinearer Transformation.

□

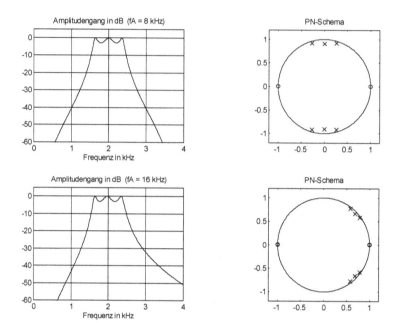

Bild 7.8 IIR-Bandpässe mit bilinearer Transformation und unterschiedlicher Abtastfrequenz

Beispiel: Nun betrachten wir ein häufig benutztes System, das sich wegen seiner unendlich langen Impulsantwort nur rekursiv realisieren lässt: den *Integrator.*

Die Stossantwort des kontinuierlichen Integrators ist das Integral des Diracstosses, also die Heaviside-Funktion $\varepsilon(t)$. Nun geht es aber darum, die numerische Integration zu realisieren. Naheliegenderweise sagen wir uns, dass die Stossantwort des diskreten Systems gleich $\varepsilon[n]$ sein muss. Durch z-Transformation (Tabelle im Abschnitt 5.6.5) erhalten wir die Übertragungsfunktion des digitalen Integrators:

$$H(z) = \frac{z}{z-1} = \frac{1}{1-z^{-1}} \tag{7.16}$$

Aus dem Abschnitt 6.3 wissen wir aber, dass wir beim digitalen System die Reaktion auf $d[n] = [1/T, 0, 0, 0, \dots]$ betrachten sollten und nicht die Reaktion auf $\delta[n] = [1, 0, 0, 0, \dots]$. Wir müssen deshalb $H(z)$ aus (7.16) noch mit dem Faktor T multiplizieren:

$$H(z) = \frac{T}{1-z^{-1}} \tag{7.17}$$

Mit diesem Vorgehen stimmen die Impulsantworten überein. Dies bedeutet, dass wir eigentlich auch die Übertragungsfunktion des analogen Integrators

$$H(s) = \frac{1}{s}$$

impulsinvariant hätten transformieren können. Ein Blick auf die Tabelle 7.1, Zeile 2 zeigt die Übereinstimmung mit (7.17).

Das Signalflussdiagramm (Bild 7.9) erhalten wir durch eine kleine Umformung von (7.17):

$$H(z) = \frac{Y(z)}{X(z)} = \frac{T}{1-z^{-1}} \quad \Rightarrow \quad Y(z) = T \cdot X(z) + Y(z) \cdot z^{-1}$$

$$\circ\!\!-\!\!\bullet \quad y[n] = T \cdot x[n] + y[n-1]$$

(7.18)

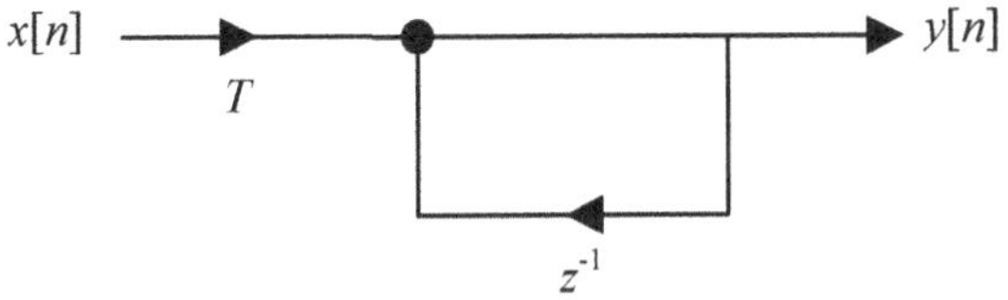

Bild 7.9 Signalflussdiagramm des impulsinvarianten digitalen Integrators

Wegen der einfachen Funktionsweise der Schaltung in Bild 7.9 heisst diese auch *Akkumulator*. Setzen wir in (7.18) $T = 1$, so erkennt man die numerische Integration nach der Rechteckregel. Da gab es aber doch als Variante noch die numerische Integration nach der Trapezregel:

$$y[n] = y[n-1] + \frac{1}{2} \cdot x[n] + \frac{1}{2} \cdot x[n-1]$$

Nun berücksichtigen wir wieder das Abtastintervall T:

$$y[n] = y[n-1] + \frac{T}{2} \cdot x[n] + \frac{T}{2} \cdot x[n-1]$$

Jetzt folgt die Transformation in den z-Bereich und die Umformung auf $H(z)$:

$$Y(z) = Y(z) \cdot z^{-1} + \frac{T}{2} \cdot X(z) + \frac{T}{2} \cdot X(z) \cdot z^{-1} \quad \Rightarrow \quad Y(z) \cdot \left(1 - z^{-1}\right) = \frac{T}{2} \cdot X(z) \cdot \left(1 + z^{-1}\right)$$

$$H(z) = \frac{Y(z)}{X(z)} = \frac{T}{2} \cdot \frac{1 + z^{-1}}{1 - z^{-1}}$$

Der aufmerksame Leser wird jetzt erahnen, was ein Blick auf die Tabelle 7.3, Zeile 2 enthüllt: es handelt sich um die bilinear simulierte Version des Intergators.

> *Die impulsinvariante Simulation des Integrators entspricht der*
> *numerischen Integration nach der Rechteckregel.*
> *Die bilineare Simulation des Integrators entspricht der*
> *numerischen Integration nach der Trapezregel.*

Dann gibt es noch die numerischen Integrationen nach der Simpson-1/3-Regel, der Simpson-3/8-Regel, der Romberg-Regel usw., also dieselbe Vielfalt wie bei den Simulationsarten. Dies ist natürlich kein Zufall!

Eine interessante und mit Hilfe von MATLAB einfache Übung ist es, das Verhalten der beiden Integratoren miteinander zu vergleichen (Analyse des Frequenzganges, der Stossantwort, der Schrittantwort usw.).

□

7.1.4 Frequenztransformation im z-Bereich

Die Transformation des Tiefpasses in einen Hochpass, einen Bandpass oder eine Bandsperre kann auch im z-Bereich erfolgen. Der Vorteil bei dieser Methode ist, dass man ausschliesslich Tiefpässe vom s-Bereich in den z-Bereich transformiert und damit die bei der impulsinvarianten Transformation auftretenden Aliasingprobleme umgeht. Der digitale Tiefpass kann dabei mit irgend einer Methode berechnet werden (impulsinvariant, bilinear oder direkt approximiert).

Die Tabelle 7.4 zeigt die für die Frequenz-Transformation im z-Bereich benötigten Gleichungen. Diese haben grosse Ähnlichkeit mit der Übertragungsfunktion von Allpässen erster bzw. zweiter Ordnung, man spricht deshalb auch von der *Allpass-Transformation*.

Tabelle 7.4 Transformation eines digitalen Tiefpassfilter-Prototyps
$\quad\quad\quad \Theta_g$ = Grenzfrequenz des Tiefpass-Prototyps
$\quad\quad\quad \omega_g$ = gewünschte Grenzfrequenz des Tiefpasses oder Hochpasses
$\quad\quad\quad \omega_u, \omega_o$ = untere bzw. obere Grenzfrequenz des Bandpasses oder der Bandsperre

Filtertyp	Transformationsgleichung	Entwurfsformeln
Tiefpass	$z^{-1} \to \dfrac{z^{-1} - \alpha}{1 - \alpha z^{-1}}$	$\alpha = \dfrac{\sin\left(\dfrac{\Theta_g - \omega_g}{2}\right)}{\sin\left(\dfrac{\Theta_g + \omega_g}{2}\right)}$
Hochpass	$z^{-1} \to -\dfrac{z^{-1} + \alpha}{1 + \alpha z^{-1}}$	$\alpha = \dfrac{\cos\left(\dfrac{\Theta_g + \omega_g}{2}\right)}{\cos\left(\dfrac{\Theta_g - \omega_g}{2}\right)}$
Bandpass	$z^{-1} \to -\dfrac{z^{-2} - \dfrac{2\alpha k}{k+1} z^{-1} + \dfrac{k-1}{k+1}}{\dfrac{k-1}{k+1} z^{-2} - \dfrac{2\alpha k}{k+1} z^{-1} + 1}$	$\alpha = \dfrac{\cos\left(\dfrac{\omega_o + \omega_u}{2}\right)}{\cos\left(\dfrac{\omega_o - \omega_u}{2}\right)}$ $k = \cot\left(\dfrac{\omega_o - \omega_u}{2}\right) \cdot \tan\left(\dfrac{\Theta_g}{2}\right)$
Bandsperre	$z^{-1} \to -\dfrac{z^{-2} - \dfrac{2\alpha}{1+k} z^{-1} + \dfrac{1-k}{1+k}}{\dfrac{1-k}{1+k} z^{-2} - \dfrac{2\alpha}{1+k} z^{-1} + 1}$	$\alpha = \dfrac{\cos\left(\dfrac{\omega_o + \omega_u}{2}\right)}{\cos\left(\dfrac{\omega_o - \omega_u}{2}\right)}$ $k = \tan\left(\dfrac{\omega_o - \omega_u}{2}\right) \cdot \tan\left(\dfrac{\Theta_g}{2}\right)$

7.1.5 Direkter Entwurf im z-Bereich

Die bisher besprochenen Simulationsverfahren zum Entwurf von IIR-Filtern basieren auf einem analogen Vorbild und sind „von Hand" durchführbar. Früher war der zweite Punkt ein Vorteil, heute benutzt aber hoffentlich jederman ein Software-Tool.

Der direkte Entwurf im z-Bereich ist eine ganz andere Methode, die wegen des hohen Rechenaufwandes nur mit Rechnern durchführbar ist. Die Idee besteht darin, dem Computer einen gewünschten Frequenzgang (z.B. ein Stempel-Matrizen-Schema) und eine Systemordnung (d.h. die Anzahl der Filterkoeffizienten) zu geben. Danach soll der Rechner solange an den Koeffizienten herumschrauben, bis sich das bestmögliche Filter ergibt. Es handelt sich also um ein Optimierungsverfahren, wobei der Optimierungsalgorithmus so gut sein muss, dass ein stabiles Filter resultiert und dass er das globale Optimum findet und nicht etwa auf ein lokales Optimum reinfällt. Die Rechenzeit ist eigentlich kein Qualitätskriterium, da diese sich in der Praxis im Sekundenbereich bewegt (gemeint ist die Rechenzeit des Optimierungsalgorithmus, nicht die Rechenzeit des daraus resultierenden Filters!).

Bekannt sind v.a. die Algorithmen von *Fletcher-Powell* und *Yule-Walker*. Eine Beschreibung der Funktionsweise dieser Algorithmen findet sich z.B. in [Kam98] und [Opp95].

Beispiel: Bild 7.10 zeigt zwei Bandsperrfilter, wobei jedes Teilbild das Stempel-Matrizen-Schema und den Amplitudengang enthält.

Das Teilbild a) zeigt ein bilineares Cauer-Filter (elliptisches Filter). Dazu wurde der MATLAB-Befehl „ellip" benutzt, der in einem Aufwisch ein analoges Cauer-Filter erzeugt, dieses in eine analoge Bandsperre transformiert (vgl. Bild 7.1) und danach bilinear in den z-Bereich abbildet, inklusive Prewarping der Sperrfrequenz.

Das Teilbild b) zeigt ein IIR-Filter, das im z-Bereich approximiert wurde. Dazu diente der MATLAB-Befehl „yulewalk", der als Vorgabe die Systemordnung und eine Leitlinie für den Amplitudengang braucht. Letztere wurde einfach in die Mitte zwischen Stempel und Matrize gelegt. Die Systemordnung wurde solange erhöht, bis der Amplitudengang die Vorgabe erfüllte.

Auffallend ist die unterschiedliche Systemordnung: das bilineare Filter hat die Ordnung 6, das direkt approximierte Filter jedoch die Ordnung 15. Der Vorteil beim Cauer-Filter ist der, dass man für den Sperrbereich und die Durchlassbereiche unterschiedlich Rippel angeben und so das gezeigte Stempel-Matrizen-Schema besser ausnutzen kann. Das Yule-Walker-Filter hingegen bekundet hier Mühe in den Übergangsbereichen und braucht deshalb die hohe Ordnung. Genau deswegen ist es aber zu gut (fast kein Rippel) im Sperrbereich und in den Durchlassbereichen.

Man darf aber jetzt nicht daraus schliessen, dass die direkte Approximation im z-Bereich generell auf eine höhere Filterordnung führt. Auch das Umgekehrte kann der Fall sein, dies hängt stark vom Stempel-Matrizenschema ab. Es lohnt sich also auf jeden Fall, mehrere Entwurfsverfahren zu probieren und die Resultate zu vergleichen.

Es gibt aber noch weitere Kriterien: möchte man z.B. aus irgend einem Grund keinen Rippel im Durchlassbereich haben, so kommt nur die Simulation eines Butterworth- oder Tschebyscheff-I-Filters in Frage. Die direkte Approximation im z-Bereich hat nämlich wie das Cauer-Filter in allen Bereichen einen Rippel. Dass in Bild 7.10 genau diese beiden Filter einander gegenübergestellt sind, ist also kein Zufall.

Die Filter in Bild 7.10 weisen natürlich nur innerhalb des Basisintervalles eine Bandsperrcharakteristik auf. Wie alle zeitdiskreten Systeme haben auch die hier gezeigten Filter einen periodischen Frequenzgang.

Die Berechnungen in Bild 7.10 berücksichtigen keine Quantisierungseffekte der Koeffizienten. Bild 6.27 zeigt genau am Beispiel des Filters aus Bild 7.10 a) was passiert, wenn die Koeffizienten gerundet werden.

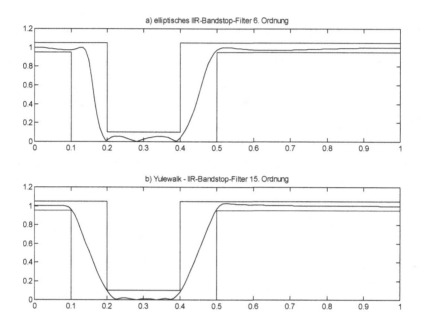

Bild 7.10 Bandsperrfilter mit verschiedenen Syntheseverfahren (Erklärung im Text)

□

Am häufigsten trifft man die bilinearen IIR-Filter an. Gegenüber den impulsinvarianten Filtern haben sie den Vorteil, dass keine Gleichstromanpassung notwendig ist und dass kein Aliasing im Frequenzgang auftritt (vgl. Bild 7.2). Letzteres ist auch der Grund, weshalb es keinen Sinn macht, Hochpässe und Bandsperren impulsinvariant zu simulieren. Wegen der Frequenzachsenverzerrung macht es ebenfalls keinen Sinn, Bessel-Filter bilinear zu simulieren.

Gegenüber der Approximation im z-Bereich haben die bilinearen Filter den Vorteil, dass für die Filtercharakteristik Varianten möglich sind, nämlich Butterworth, Tschebyscheff-I usw. Damit gelingt es häufig, ein Filter kleinerer Ordnung zu entwerfen als mit der Approximationsmethode.

Letztlich geht es nur um eines: das Pflichtenheft des Filters nicht unnötig streng zu formulieren und dann dieses Pflichtenheft mit möglichst wenig Aufwand (Filterordnung) zu erfüllen.

Im Anhang A8 (erhältlich auf www.springer.com) findet sich noch ein Abschnitt über IIR-Filter mit linearem Phasengang. Dies ist nur mit akausalen Filtern möglich, in der Bildverarbeitung werden diese aber mit Erfolg eingesetzt. Filter mit linearen Phasengängen sind ansonsten die Domäne der FIR-Filter, die im folgenden Abschnitt eingeführt werden.

7.2 FIR-Filter (Transversalfilter)

7.2.1 Einführung

FIR-Filter sind nichtrekursive Systeme und werden meistens in der Transversalstruktur nach Bild 6.21 realisiert. Häufig werden darum etwas salopp die Ausdrücke „FIR-Filter", „nichtrekursives Digitalfilter" und „Transversalfilter" als Synonyme verwendet. FIR-Filter sind ein Spezialfall der LTD-Systeme, indem keine Rückführungen sondern nur *feed-forward*-Pfade existieren. Konsequenzen:

- FIR-Filter haben keine Pole, sondern nur Nullstellen. Eine digitale Simulation analoger Systeme durch „mapping" (Transformation des Pol-Nullstellen-Schemas vom s- in den z-Bereich) ist darum nicht möglich. Für die Filtersynthese muss man deshalb grundsätzlich andere Methoden als bei den IIR-Filtern anwenden. (Genau betrachtet hat ein FIR-Filter auch Pole, diese befinden sich aber unveränderbar im Ursprung und beeinflussen darum den Frequenzgang nicht, vgl. Abschnitt 6.6).

- FIR-Filter sind stets stabil. Dies ist ein Vorteil für die Anwendung in adaptiven Systemen.

- FIR-Filter reagieren auf Rundungen der Koeffizienten toleranter als IIR-Filter. Deshalb kann man FIR-Filter mit hunderten von Verzögerungsgliedern bzw. *Taps* (Abgriffen) realisieren.

- Bei FIR-Filtern treten keine Grenzzyklen auf (vgl. Abschnitt 6.10).

- FIR-Filter benötigen für eine bestimmte Flankensteilheit eine grössere Ordnung und damit auch mehr Aufwand (Hardware- bzw. Rechenaufwand) als IIR-Filter. Dies ist etwas nachteilig bei adaptiven Systemen, da mehr Koeffizienten berechnet werden müssen (eine Zwischenstellung nehmen die IIR-Abzweig- und Kreuzglied-Strukturen ein, Bilder 6.22 und 6.23).

FIR-Filter setzt man stets dort ein, wo ein linearer Phasengang im Durchlassbereich erwünscht ist. Mit IIR-Filtern ist eine phasenlineare Filterung nur akausal möglich (vgl. Anhang A8, erhältlich unter www.springer.com). Da der Nachteil der gegenüber IIR-Filtern höheren Systemordnung bei der Leistungsfähigkeit heutiger Signalprozessoren nicht mehr so stark ins Gewicht fällt, spielen heute die FIR-Filter eine wichtigere Rolle als die IIR-Filter.

Drei Methoden stehen zur Synthese (Bestimmen der Länge N und der Koeffizienten b_i) von FIR-Filtern im Vordergrund:

- Entwurf im Zeitbereich: Annäherung der Impulsantwort: Fenstermethode ($\rightarrow$ 7.2.3)
- Entwurf im Frequenzbereich: Annäherung des Amplitudenganges: Frequenz-Abtastung ($\rightarrow$ 7.2.4)
- Entwurf im z-Bereich: direkte Synthese: Approximationsmethode ($\rightarrow$ 7.2.5)

Bei den FIR-Filtern nach den ersten beiden Entwurfsverfahren entwirft man (wie bei den IIR-Filtern) zuerst einen Tiefpass und transformiert diesen danach in einen Hochpass, einen Bandpass oder eine Bandsperre ($\rightarrow$ 7.2.6).

7.2.2 Die 4 Typen linearphasiger FIR-Filter

FIR-Filter mit linearem Phasengang sind spezielle (aber häufig benutzte) FIR-Filter. In diesem Abschnitt untersuchen wir die Bedingungen für diesen Spezialfall.

Linearphasigkeit bedeutet, dass das System eine konstante Gruppenlaufzeit aufweist, was z.B. eine verzerrungsfreie Übertragung ermöglicht.

Im Anhang A8 (erhältlich unter www.springer.com) ist hergeleitet, dass für eine Linearphasigkeit die FIR-Filterkoeffizienten paarweise symmetrisch sein müssen. Ausgegangen wird dort vom stets konjugiert komplexen Frequenzgang $H(e^{j\Omega})$. Beim Spezialfall eines reellen und damit auch geraden Frequenzganges wird die Phase konstant Null und die Gruppenlaufzeit somit ebenfalls konstant Null. Die Akausalität lässt sich verhindern, indem man eine Verzögerung um die halbe Länge der Stossantwort einführt. Dies ist einfach machbar, da ja die Stossantwort der FIR-Filter stets endlich lange ist. Die Auswirkung davon besteht in einer linearen Phase und immer noch konstanten Gruppenlaufzeit (mit einem Wert grösser Null).

Die Verzögerung zur Sicherstellung der Kausalität ist nur rechnerisch notwendig, bei der tatsächlichen Implementierung erfolgt sie ganz automatisch: man muss lediglich die Koeffizienten der Transversalstruktur nach Bild 6.21 zuweisen und das Filter arbeiten lassen. Dieses Filter kann in der implementierten Version gar nicht akausal arbeiten.

Die Aufgabe besteht demnach darin, ein FIR-Filter mit einem reellen und geraden Frequenzgang zu entwerfen. Die entsprechende Stossantwort weist eine gerade Symmetrie auf, vgl. Tabelle 2.1. Bei einem FIR-Filter entsprechen die Abtastwerte der Stossantwort den Filterkoeffizienten (vgl. Abschnitt 6.3), damit haben wir wieder die bereits erwähnte Symmetrie der Filterkoeffizienten.

Es existiert aber noch eine zweite Möglichkeit: statt von einem reellen Frequenzgang kann man auch von einem rein imaginären und damit ungeraden $H(e^{j\Omega})$ ausgehen. Die Phase beträgt dann konstant $\pi/2$ oder $-\pi/2$. Aus den Symmetriebeziehungen der Tabelle 2.1 folgt, dass die Impulsantwort in diesem Falle reell und ungerade (punktsymmetrisch, antisymmetrisch) sein muss. Auch hier wird eine Verzögerung um die halbe Filterlänge benötigt, um ein kausales System zu erhalten.

Tabelle 7.5 Klassierung der 4 Typen linearphasiger FIR-Filter

Typ	Imp.antw. $h[n]$ sym. - antisym.		Filterordn. N gerade - unger.		Freq.gang $H(e^{j\Omega})$ reell imaginär		$\left\|H(e^{j\Omega})\right\| = 0$ bei $\Omega = 0$ $\pm\pi$		mögliche Filter
1	X		X		X				alle
2	X			X	X			X	TP, BP
3		X	X			X	X	X	BP
4		X		X		X	X	X	HP, BP

Eine weitere Unterscheidung muss man vornehmen aufgrund der Ordnung des Filters. Je nach dem, ob die Ordnung gerade oder ungerade ist, ergibt sich ein ganz anderes Verhalten. Ein FIR-Filter der Ordnung N hat nämlich maximal N Nullstellen im Frequenzgang. Es gibt nun Fälle, wo zwangsläufig eine Nullstelle bei $\omega = 0$ oder $\omega = 2\pi f_A/2 = \pi/T$ zu liegen kommt. Mit einem solchen System lassen sich demnach weder Tiefpässe noch Bandsperren realisieren (die

Berechnungen dazu folgen später). Für die Tabelle 7.5 wurde dir ω-Achse normiert auf f_A, sie überstreicht damit den Bereich $-\pi \ldots +\pi$.

Wir unterscheiden also 4 Typen linearphasiger FIR-Filter gemäss Tabelle 7.5. Bild 7.11 zeigt je ein Beispiel für die Impulsantwort.

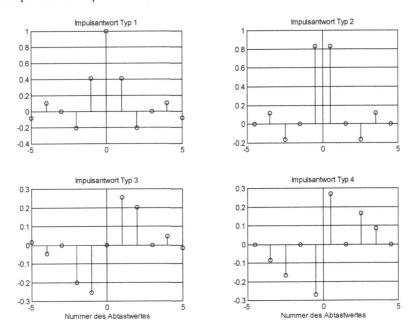

Bild 7.11 Beispiele für Impulsantworten der 4 linearphasigen FIR-Prototypen

Bemerkungen zur Tabelle 7.5 und Bild 7.11:

- Für die Länge L der Impulsantwort gilt: $L = N+1$, N = Filterordnung.
- Eigentlich sind diese Filter mehr als linearphasig, nämlich sogar nullphasig. Dafür sind sie akausal. Verzögert man das Ausgangssignal um die halbe Länge der Impulsantwort, so ergibt sich ein kausales linearphasiges System.
- Die in der Tabelle angegebenen Nullstellen ergeben sich zwangsläufig. Daraus folgt direkt die letzte Kolonne der Tabelle. Die übrigen Nullstellen sind wählbar. Bei allen Nullstellen tritt im Phasengang ein Sprung um $\pm\pi$ auf. Dies ist auch aus dem PN-Schema Bild 6.14 ersichtlich.
- Für die Berechnung der Gruppenlaufzeit muss man den Phasengang ableiten. An den Stellen mit Phasensprüngen entstehen dabei Diracstösse. Diese muss man aber nicht berücksichtigen, da dort ja der Amplitudengang verschwindet.
- Bandsperren kann man nur mit FIR-Filtern vom Typ 1 realisieren. Eine weitere Möglichkeit besteht in der Kaskade eines Tiefpasses (Typ 1 oder 2) und eines Hochpasses (Typ 1 oder 4).
- Allpässe kann man nicht mit FIR-Filtern realisieren, denn dazu müssten ja noch Pole ausserhalb des Ursprungs vorhanden sein.

- Nicht in allen Büchern wird dieselbe Nummerierung der Filtertypen wie in Tabelle 7.5 benutzt. Bei Vergleichen wird man dadurch leicht irregeführt.

Die letzten beiden Kolonnen der Tabelle 7.5 kann man aufgrund der Frequenzgänge ausfüllen. Diese Frequenzgänge muss man für jeden Filtertyp separat berechnen, wobei die Symmetrie bzw. Antisymmetrie der Koeffizienten zu berücksichtigen ist. Als Beispiel dient nachstehend der Frequenzgang des FIR-Filters Typ 1. Für die andern Typen wird nur noch das Resultat angegeben, die Berechnung erfolgt analog dem Beispiel.

Zuerst führen wir die Hilfsgrösse M ein:

Typ 1 und 3: $M = (L-1)/2 = N/2$ für N (Filterordnung) gerade und L (Länge der Impulsantwort) ungerade

Typ 2 und 4: $M = L/2 = (N+1)/2$ für N ungerade und L gerade

akausale Impulsantwort und Frequenzgang Typ 1:

$$h[n] = b_M \cdot \delta[n+M] + b_{M-1} \cdot \delta[n+M-1] + \ldots$$
$$+ b_1 \cdot \delta[n+1] + b_0 \cdot \delta[n] + b_1 \cdot \delta[n-1] + \ldots + b_M \cdot \delta[n-M]$$

Der Frequenzgang ergibt sich aus obiger Impulsantwort mit Gleichung (6.18). Dank der Symmetrie der Koeffizienten kann man je zwei Summanden zusammenfassen. Weiter lässt sich die Formel von Euler anwenden:

$$H(e^{j\Omega}) = \sum_{i=-M}^{M} b_i \cdot e^{-ij\Omega} = b_0 + \sum_{i=1}^{M} b_i \cdot \left(e^{ij\Omega} + e^{-ij\Omega} \right) = b_0 + 2 \cdot \sum_{i=1}^{M} b_i \cdot \cos(i\Omega)$$

Dieser Frequenzgang ist wie gewünscht reell und gilt für das akausale FIR-Filter, da $M = N/2$ Werte der Impulsantwort vor dem Zeitnullpunkt auftreten. Ein kausales Filter erhält man, indem man die Impulsantwort um die halbe Filterlänge verzögert. Dies ist bei einem FIR-Filter mit seiner definitionsgemäss endlichen Impulsantwort stets möglich. Im Frequenzgang zeigt sich diese Verzögerung durch einen komplexen Faktor gemäss (5.54) und (5.52). Als Resultat ergibt sich:

Frequenzgang Typ 1: $H_1\left(e^{j\Omega} \right) = e^{-j\frac{N}{2}\Omega} \cdot \left[b_0 + 2 \cdot \sum_{i=1}^{N/2} b_i \cdot \cos(i\Omega) \right]$ (7.19)

Innerhalb der eckigen Klammer steht ein rein reeller Frequenzgang. Vor der eckigen Klammer steht die Verzögerung um die halbe Filterlänge.

Frequenzgang Typ 2:

Die Rechnung wird genau gleich durchgeführt, b_0 fällt aber weg (vgl. Bild 7.11 oben rechts). Zudem muss man noch berücksichtigen, dass die einzelnen Abtastwerte der Impulsantwort um ein *halbes* Abtastintervall verschoben sind. Setzt man $\Omega = \omega T = \pi$ (halbe Abtastfrequenz = Nyquistfrequenz), so ergibt sich wegen der cos-Funktion $H(\Omega = \pi) = 0$. An dieser Stelle *muss* deshalb der Amplitudengang eine Nullstelle aufweisen.

$$\text{Frequenzgang Typ 2:} \quad H_2\!\left(e^{j\Omega}\right) = e^{-j\frac{N}{2}\Omega} \cdot \left[2 \cdot \sum_{i=1}^{(N+1)/2} b_i \cdot \cos((i-0.5)\Omega) \right] \tag{7.20}$$

$$\text{Frequenzgang Typ 3:} \quad H_3\!\left(e^{j\Omega}\right) = e^{-j\frac{N}{2}\Omega} \cdot \left[2j \cdot \sum_{i=1}^{N/2} b_i \cdot \sin(i\Omega) \right] \tag{7.21}$$

Setzt man $\Omega = 0$ oder $\Omega = \pi$, so wird wegen der Sinus-Funktion $H(\Omega) = 0$.

$$\text{Frequenzgang Typ 4:} \quad H_4\!\left(e^{j\Omega}\right) = e^{-j\frac{N}{2}\Omega} \cdot \left[2j \cdot \sum_{i=1}^{(N+1)/2} b_i \cdot \sin((i-0.5)\Omega) \right] \tag{7.22}$$

Für $\Omega = 0$ *muss* der Amplitudengang verschwinden.

Die eckigen Klammern der Frequenzgänge (7.19) bis (7.22) sind entweder reell (Phase konstant 0) oder imaginär (Phase konstant π oder $-\pi$). Der Phasengang eines kaskadierten Systems ergibt sich aus der Summe der Phasengänge der Teilsysteme, die Gruppenlaufzeit aus der Summe der Ableitungen der Phasengänge der Teilsysteme. Die eckigen Klammern in den obigen Gleichungen tragen demnach nichts zur Gruppenlaufzeit bei, vielmehr wird diese bestimmt durch die komplexen Faktoren $e^{-j\frac{N}{2}\Omega}$. Sie beträgt bei allen 4 linearphasigen Filtertypen:

$$\tau_{Gr} = -\frac{d}{d\omega}\frac{-N\Omega}{2} = -\frac{d}{d\omega}\frac{-N\omega T}{2} = \frac{N}{2} \cdot T \tag{7.23}$$

FIR-Filter werden meistens in der Transversalstruktur nach Bild 6.21 realisiert. Die Übertragungsfunktion lautet nach (6.16):

$$H(z) = \sum_{i=0}^{N} b_i \cdot z^{-i} \tag{7.24}$$

Bei linearphasigen FIR-Filtern kann man die Symmetrie der Koeffizienten ausnutzen, um die Anzahl der rechenintensiven Multiplikationen zu halbieren. Dazu fasst man in (7.24) die Koeffizienten paarweise zusammen:

Filter Typ 1 und 3:

$$H(z) = b_{m/2} \cdot z^{-\frac{m}{2}} + \sum_{i=0}^{\frac{m}{2}-1} b_i \cdot \left(z^{-1} \pm z^{-(N-i)}\right) \tag{7.25}$$

Filter Typ 2 und 4:

$$H(z) = \sum_{i=0}^{\frac{m-1}{2}} b_i \cdot \left(z^{-1} \pm z^{-(N-i)}\right) \tag{7.26}$$

Die Vorzeichen ergeben sich aufgrund der geraden bzw. ungeraden Symmetrie der Koeffizienten. Bild 7.12 zeigt die zu (7.25) und (7.26) gehörenden Systemstrukturen, die effizienter sind als die (allgemeinere) Transversalstruktur in Bild 6.21.

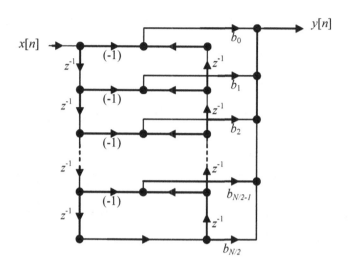

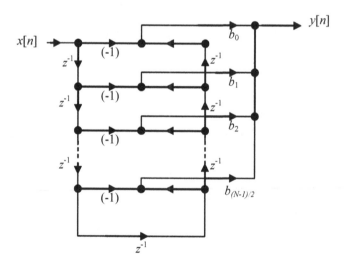

Bild 7.12 Systemstrukturen für linearphasige FIR-Filter
                Oben: Filter Typ 1 und 3 (Typ 3 mit den Multiplikationen (–1))
                Unten: Filter Typ 2 und 4 (Typ 4 mit den Multiplikationen (–1))

7.2.3 Filterentwurf mit der Fenstermethode

Dieser Ausdruck ist ein Sammelbegriff für mehrere verwandte Methoden. Mit der Fenstermethode nähert man die Impulsantwort des FIR-Filters einem gewünschten Vorbild an. Im Abschnitt 6.3 haben wir bereits gesehen, dass die Koeffizienten des FIR-Filters bis auf den Faktor T gerade den Abtastwerten der Impulsantwort entsprechen. Das Fensterverfahren ist darum naheliegend.

Im Allgemeinen ist die Impulsantwort des gewünschten Systems unendlich lang, z.B. wenn man ein analoges System mit einem FIR-Filter digital simulieren möchte. Auf jeden Fall muss aber die gewünschte Impulsantwort abklingen, also zu einem strikt stabilen System gehören. Bedingt stabile Systeme wie der Integrator haben einen Pol auf dem Einheitskreis und deswegen eine unendlich lange, aber wenigstens nicht anschwellende Impulsantwort. Diese überfordert aber jedes FIR-Filter.

Die Idee der Fenstermethode ist einfach: Man nimmt die gewünschte abklingende Impulsantwort, tastet sie ab und schneidet einen „relevanten" Bereich davon aus. Die Abtastwerte multipliziert mit T ergeben direkt die Filterkoeffizienten.

Die Zeitdauer der Impulsantwort beträgt NT Sekunden. Das Abtastintervall T ergibt sich aus der Bandbreite der Signale. Die Filterlänge N legt man so fest, dass das Zeitfenster genügend lange wird. FIR-Filter kann man wegen ihrer inhärenten Stabilität und Unempfindlichkeit gegenüber Koeffizientenquantisierung mit hunderten von Koeffizienten realisieren.

Das Vorgehen ist demnach folgendermassen:

- T festlegen und die gewünschte Impulsantwort $h(t)$ abtasten, dies ergibt $h[n]$, $n = -\infty \dots \infty$.
- Den relevanten Anteil von $h[n]$ ausschneiden, daraus ergibt sich N. Die Koeffizienten des FIR-Filters lauten (vgl. Abschnitt 6.3):

$$b[n] = T \cdot h[n] \qquad (7.27)$$

- Die Koeffizienten mit einer Fensterfunktion gewichten (vgl. später).

Ausgangspunkt des Fensterverfahrens ist die gewünschte Impulsantwort. Falls aber der Frequenzgang vorgegeben ist, muss man zuerst daraus die Impulsantwort bestimmen. Dazu gibt es mehrere Möglichkeiten, vgl. auch Bild 7.26:

- Mit inverser Fourier-Transformation, es ergibt sich das *Signal* $h(t)$.
- Mit inverser FTA bzw. Fourier-Reihentwicklung des Frequenzganges. Es ergibt sich direkt die *Sequenz* $h[n]$. Diese Methode werden wir noch genauer betrachten.
- Durch Abtasten des Frequenzganges und inverser DFT. Es ergibt sich ebenfalls die *Sequenz* $h[n]$. Dies stellt ein Gemisch mit dem Frequenzabtastverfahren dar (Abschnitt 7.2.4).

Der Ausgangspunkt der Methode 2 (inverse FTA) ist der bei linearphasigen Filtern rein reelle oder rein imaginäre Frequenzgang $H_d(j\omega)$ des gewünschten (d = desired) Filters. Ein zeitdiskretes Filter hat jedoch stets einen periodischen Frequenzgang $H(e^{j\Omega})$. Dieser entsteht aus $H_d(j\omega)$ durch Abtasten von $h_d(t)$ zu $h[n]$, entsprechend einer periodischen Fortsetzung von

$H_d(j\omega)$ mit $f_A = 1/T$ bzw. $\omega_A = 2\pi/T$ und nach Gleichung (5.13) mit einer Gewichtung von $1/T$. Bild 7.13 zeigt dies für einen idealen Tiefpass als Vorgabe.

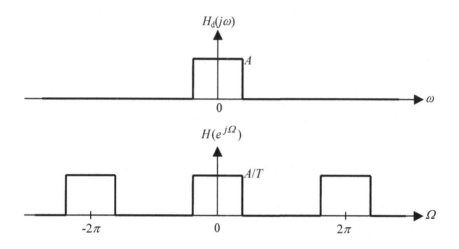

Bild 7.13 Frequenzgang $H_d(j\omega)$ des gewünschten Systems (oben) und dessen periodische Fortsetzung (unten), entstanden durch Abtasten von $h_d(t)$. Vgl. auch mit Bild 5.4.

Nun gehen wir wiederum von einem reellen Frequenzgang aus. Den periodischen, geraden und reellen Frequenzgang $H(e^{j\Omega})$ (das ist der Amplitudengang des diskreten nullphasigen Systems) kann man mit der inversen FTA nach (5.12) in die Sequenz $h[n]$ transformieren. Dies ist nichts anderes als eine Fourier-Reihenentwicklung, wobei $h[n]$ die Folge der Fourier-Koeffizienten im *Zeit*bereich darstellt, vgl. Abschnitt 5.7.1:

$$h[n] = \frac{T}{2\pi} \int\limits_{-\pi/T}^{\pi/T} H\left(e^{j\Omega}\right) \cdot e^{jn\Omega} d\omega \tag{7.28}$$

Da nur über eine einzige Periode integriert wird, kann man $H(e^{j\Omega})$ durch $H_d(j\omega)$ ersetzen. Dabei muss man den Faktor $1/T$ aus Bild 7.13 berücksichtigen:

$$h[n] = \frac{T}{2\pi} \int\limits_{-\pi/T}^{\pi/T} H(e^{j\Omega}) \cdot e^{jn\Omega} d\omega = \frac{T}{2\pi} \int\limits_{-\pi/T}^{\pi/T} \frac{1}{T} \cdot H_d(j\omega) \cdot e^{jn\omega T} d\omega$$

$$= \frac{1}{2\pi} \int\limits_{-\pi}^{\pi} H_d(j\omega T) \cdot e^{jn\omega T} d\omega T = \frac{1}{2\pi} \int\limits_{-\pi}^{\pi} H_d(j\Omega) \cdot e^{jn\Omega} d\Omega \tag{7.29}$$

$$\boxed{T \cdot h[n] = b[n] = \frac{T}{2\pi} \int\limits_{-\pi}^{\pi} H_d(j\Omega) \cdot e^{jn\Omega} d\Omega} \tag{7.30}$$

Da $H_d(j\omega)$ und die Sequenz $b[n]$ reell und gerade sind, kann man (7.30) modifizieren:

$$b[n] = b[-n] = \frac{T}{\pi} \int_0^{\pi/T} H_d(j\omega) \cdot \cos(n\omega T)d\omega \qquad (7.31)$$

Diese $b[n]$ stellen die Filterkoeffizienten nach (7.27) dar. n überstreicht dabei den Bereich von $-M \dots +M$, das Filter hat eine Länge von $L = 2M+1$.

Wenn der gewünschte Amplitudengang durch die endliche Fourier-Reihe mit N Gliedern nicht genau dargestellt wird, so hat man aufgrund der Orthogonalität der Fourier-Reihe wenigstens eine Näherung nach dem kleinsten Fehlerquadrat. Die erste Periode von $H(e^{j\Omega})$ ist somit die Annäherung an den gewünschten Amplitudengang $H_d(j\omega)$. Die Periodenlänge vergrössert man durch Verkürzen des Abtastintervalles T. Die Approximation lässt sich verbessern durch Vergrössern von N.

Bild 7.14 zeigt das Vorgehen nochmals. Als Beispiel betrachten wir den Tiefpass, dessen Amplitudengang in Bild 7.13 oben gezeichnet ist. Die Impulsantwort hat den bekannten $\sin(x)/x$-Verlauf, der in Bild 7.14 a) gezeichnet ist. Diese abklingende Impulsantwort wird abgetastet (Teilbild b)) und danach die resultierende Sequenz auf eine endliche Länge beschnitten, Teilbild c). Schliesslich wird sie um die halbe Länge verschoben, Teilbild d), was aus dem akausalen nullphasigen System ein kausales und linearphasiges FIR-Filter entstehen lässt.

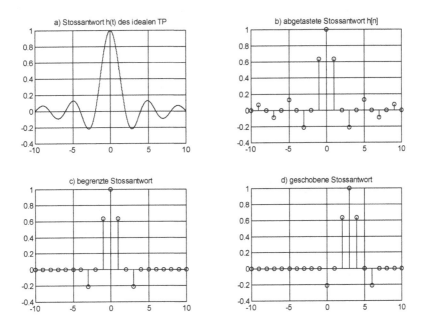

Bild 7.14 Modifikation der Stossantwort zur Synthese linearphasiger kausaler FIR-Filter

Nun führen wir dies an einem konkreten Beispiel aus. Gesucht ist ein linearphasiges FIR-Tiefpassfilter mit 8 kHz Abtastfrequenz und einer Durchlassverstärkung von 1 im Bereich bis

1 kHz. Die Impulsantwort dieses Filters lautet nach Abschnitt 2.3.7 (zweitletzte Zeile der Korrespondenztabelle):

$$h(t) = \frac{\omega_g}{\pi} \cdot \frac{\sin(\omega_g t)}{\omega_g t} \tag{7.32}$$

Die abgetastete Impulsantwort lautet:

$$h[n] = \frac{\omega_g}{\pi} \cdot \frac{\sin(\omega_g nT)}{\omega_g nT} \quad ; \quad n = -\frac{N}{2} ... \frac{N}{2} \tag{7.33}$$

Diese Impulsantwort ist begrenzt und akausal, entspricht also dem Teilbild c) von Bild 7.14. Für den Amplitudengang spielt die Verschiebung jedoch keine Rolle. Die Filterkoeffizienten lauten demnach:

$$b[n] = T \cdot h[n] = \frac{T \cdot \omega_g}{\pi} \cdot \frac{\sin(\omega_g nT)}{\omega_g nT} \quad ; \quad n = -\frac{N}{2} ... \frac{N}{2} \tag{7.34}$$

Bild 7.15 zeigt die Auswertung dieser Gleichung für verschiedene Filterordnungen N. Auffallend ist die Tatsache, dass auch bei beliebiger Erhöhung der Ordnung die Überschwinger an den Kanten nicht wegzukriegen sind. Vielmehr weisen die Überschwinger eine Amplitude von 9% der Sprunghöhe auf. Dies ist das sog. Gibb'sche Phänomen, das schon seit weit über 100 Jahren bekannt ist (wie haben die das bloss gemacht ohne Computer?) und natürlich auch bei den „konventionellen" Fourier-Reihen im Zeitbereich auftritt. Im Abschnitt 2.2.1 wurde das Gibb'sche Phänomen lediglich kurz erwähnt.

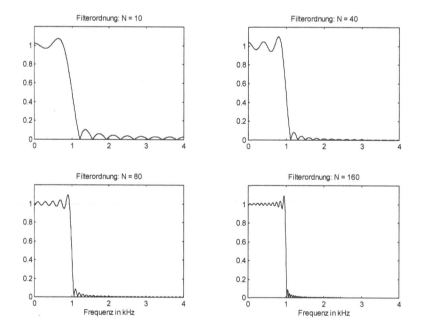

Bild 7.15 Amplitudengänge von FIR-Tiefpässen mit dem Gibb'schen Phänomen

Die Ursache des Gibb'schen Phänomens liegt im *harten* Beschneiden der Impulsantwort. Die Abhilfe ist somit naheliegend: man muss die Impulsantwort weich beschneiden. Dies geschieht mit den aus der FFT bekannten Fenstern wie Hanning, Kaiser-Bessel usw. Man berechnet also die Filterkoeffizienten wie in (7.34) und gewichtet sie mit der Fenstersequenz $w[n]$ (elementweise Multiplikation, nicht Matrixmultiplikation!).

$$\text{FIR-Tiefpass-Koeffizienten:} \quad \boxed{b_{TP}[n] = \frac{\Omega_g}{\pi} \cdot \frac{\sin(n \cdot \Omega_g)}{n \cdot \Omega_g} \cdot w[n] \quad ; \quad n = -\frac{N}{2} \dots \frac{N}{2}} \quad (7.35)$$

Anmerkung zu (7.35): $b_{TP}[n]$ ist die Folge der Koeffizienten des akausalen, nullphasigen Tiefpasses mit reellem Frequenzgang. n überstreicht die Werte $-N/2, \dots, -2, -1, 0, 1, 2, \dots, N/2$ für Filter vom Typ 2 und 4 bzw. $-N/2, \dots, -1.5, -0.5, 0.5, 1.5, \dots, N/2$ für Filter vom Typ 1 und 3. Nummeriert man diese Koeffizienten um von $0, \dots, N$ für die Strukturen in Bild 6.21 oder 7.14, so erhält man automatisch das entsprechende kausale und linearphasige Filter.

Das Gibb'sche Phänomen hat seine Ursache darin, dass in (7.35) zwei Sequenzen miteinander multipliziert werden. Im Falle der harten Beschneidung ist $w[n]$ eine Rechteckfunktion. Diese Multiplikation bedeutet eine Faltung der Spektren, wobei die Vor- und Nachschwinger der $\sin(x)/x$-Funktion zu den Überschwingern im Amplitudengang führen.

Die Fensterfunktionen $w[n]$ sind in Tabelle 5.2 aufgelistet. Bei der Anwendung in FIR-Filtern benutzt man genau diese Funktionen, *ohne* Skalierung nach Tabelle 5.3. Das kann man sich einfach erklären durch die Betrachtung des DC-Wertes des Amplitudenganges des Tiefpass-Filters in Bild 7.15. Die Frequenz $f = 0$ soll mit der Verstärkung 1 das Filter passieren. Mit Gleichung (6.18) heisst dies für $\Omega = 0$:

$$H(e^{j0}) = \sum_{i=0}^{N} b_i = 1 \quad (7.36)$$

Die Summe der Koeffizienten muss also 1 ergeben. Werden die Koeffizienten mit einem Fenster gewichtet, so muss die Summe der Fensterkoeffizienten also ebenfalls 1 ergeben. Dies ist für alle Fenster in Tabelle 5.2 erfüllt. Die Kunst des Fenster-Designs besteht also „lediglich" darin, ein geeignetes Verhältnis der Koeffizienten zu finden. Nachher werden die Koeffizienten so skaliert dass

• die Summe der Koeffizienten 1 ergibt (für FIR-Filter und zur FFT-Analyse nichtperiodischer Signale, Abschnitt 5.4.4) oder

• der erste Koeffizient 1 ergibt (zur FFT-Analyse quasiperiodischer Signale, Abschnitt 5.4.3).

Bild 7.16 zeigt den Amplitudengang in dB des Tiefpassfilters aus Bild 7.15 mit der Ordnung 40, aber verschiedenen Windows.

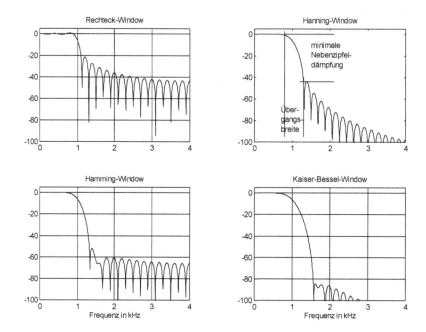

Bild 7.16 FIR-Tiefpässe der Ordnung 40 mit verschiedenen Windows (Amplitudengänge in dB)

Die Windows bringen das Gibb'sche Phänomen zum Verschwinden, allerdings auf Kosten der Übergangssteilheit und der Dämpfung im Sperrbereich. Mit grösserer Ordnungszahl lassen sich die Kurven verbessern, jetzt aber auf Kosten des Aufwandes und der Verzögerungszeit. Das Window muss man demnach dem jeweiligen Anwendungsfall anpassen. Charakteristisch für die Windows sind hier zwei Grössen, die beim Teilbild oben rechts in Bild 7.16 eingezeichnet und in Tabelle 7.6 für verschiedene Windows spezifiziert sind:

- Minimale Nebenzipfeldämpfung (normalerweise ist dies das Maximum der *ersten* Neben-keule) in dB. Es handelt sich um die Dämpfung des resultierenden Filters und nicht etwa um die Nebenzipfeldämpfung des Windows selber wie in Tabelle 5.3.
- Breite des Übergangsbereiches: diese wird gemessen ab Beginn des Abfalls bis zu derjenigen Frequenz, bei der die *Haupt*keule auf den Wert der stärksten *Neben*keule abgesunken ist. Die Übergangsbreite wird auf die Abtastfrequenz $1/T$ normiert.

Mit diesen Erkenntnissen ist es nun möglich, den FIR-Tiefpass aus dem letzten Beispiel besser zu dimensionieren. Dazu muss das Filter aber detaillierter spezifiziert sein: Gesucht ist ein linearphasiges FIR-Tiefpassfilter mit 8 kHz Abtastfrequenz und einer Durchlassverstärkung von 1 im Bereich bis 1 kHz. Ab 1.4 kHz soll das Filter mit mindestens 50 dB dämpfen. Der Übergangsbereich von 1 … 1.4 kHz ist nicht spezifiziert.

Tabelle 7.6 Eigenschaften der FIR-Filter mit verschiedenen Fenstern

Fenster-Typ	Übergangsbreite $\Delta\Omega$ des resultierenden Filters	minimale Nebenzipfeldämpfung in dB des resultierenden Filters
Rechteck	$\dfrac{1.8\pi}{N+1}$	21
Bartlett (Dreieck)	$\dfrac{5.6\pi}{N+1}$	25
Hanning	$\dfrac{6.2\pi}{N+1}$	44
Hamming	$\dfrac{6.6\pi}{N+1}$	53
Blackman	$\dfrac{11\pi}{N+1}$	74
Kaiser-Bessel	$\dfrac{12\pi}{N+1}$	84
Flat-Top	$\dfrac{14\pi}{N+1}$	91

Ein Blick auf die Tabelle 7.6 zeigt, dass die Windows nach Hamming, Blackman, Kaiser-Bessel und Flat-Top eine Sperrdämpfung von 50 dB ermöglichen. Wir entscheiden uns für das Hamming-Window, da es die Anforderung am knappsten erfüllt, dafür aber einen steileren Übergangsbereich hat und somit eine kleinere Ordnungszahl benötigt. Der normierte Übergangsbereich des gewünschten Filters beträgt:

$$\Delta\Omega = \frac{2\pi \cdot (1.4\,\text{kHz} - 1\,\text{kHz})}{8\,\text{kHz}} = 0.1 \cdot \pi$$

Für das Hamming-Window gilt nach Tabelle 7.6:

$$\Delta\Omega = \frac{6.6\pi}{N+1} = 0.1 \cdot \pi \quad \rightarrow \quad N+1 = 66 \quad \rightarrow \quad N = 65$$

Damit ist die *minimale* Filterordnung bekannt. Ein Kontrollblick auf Tabelle 7.5 zeigt, dass mit $N = 65$ ein Filter Typ 2 oder 4 entsteht. Mit dem Typ 2 ist ein Tiefpass realisierbar, also belassen wir N so und erhöhen nicht auf 66. Als Grenzfrequenz des Filters bezeichnen wir die Mitte des Übergangsbereiches, hier also 1200 Hz. Nun berechnen wir die Koeffizienten $b[n]$ nach Gleichung (7.35) mit $\omega_g = 2\pi\,1200\,\text{s}^{-1}$ und benutzen dabei für $w[n]$ die Koeffizienten aus Tabelle 5.2. Bild 7.17 zeigt die Eigenschaften des so entworfenen Filters.

Der Amplitudengang in Bild 7.17 entspricht genau den Erwartungen. Der Phasengang sieht etwas wild aus, aber er ist tatsächlich stückweise linear. Die Sprünge um 360° entstehen aus einem sog. wrap-around, d.h. die Phasendarstellung hat nur einen Wertebereich von ±180°. Die

Sprünge um 180° entstehen aufgrund der Nullstellen auf dem Einheitskreis. Diese Nullstellen sind kein Visualisierungsartefakt und aus dem Amplitudengang gut erklärbar.

Das Teilbild oben rechts zeigt die Gruppenlaufzeit, normiert auf das Abtastintervall. Die Verzögerung beträgt also für alle Frequenzen 32.5 Abtastintervalle, was gerade der halben Filterordnung entspricht, vgl. Bild 7.14 und Gleichung (7.23).

Schliesslich zeigt das Teilbild unten rechts dasselbe Filter, jedoch mit der Ordnung 66 statt 65. Damit ist dieses Filter vom Typ 1 (mit Typ 3 lassen sich keine Tiefpässe realisieren). Der Unterschied ist nach Tabelle 7.5 bei $\Omega = \pi$, in Bild 7.17 also bei 4 kHz erkennbar: der Amplitudengang im Teilbild oben links hat dort die obligatorische Nullstelle, der Amplitudengang unten rechts jedoch nicht.

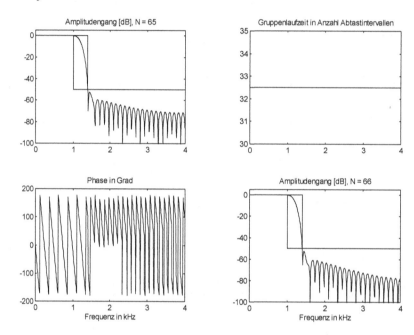

Bild 7.17 FIR-Tiefpass nach der Fenstermethode. Die Amplitudengänge sind mit dem Stempel-Matrizen-Schema ergänzt.

Die Berechnung der Filterkoeffizienten nach (7.35) hat noch eine numerische Fussangel. Für $n = 0$ wird der Computer eine Fehlermeldung zeigen, da er nicht durch 0 dividieren kann. Es gibt verschiedene Abhilfemassnahmen:

- Man weiss, dass der Grenzwert von $\sin(x)/x$ für $x \to 0$ gleich 1 ist, also setzt man diesen Wert „von Hand" ein. Dies ist natürlich nicht gerade schön, doch es funktioniert.
- Edler ist eine bessere Programmierung: MATLAB z.B. kennt den Befehl sinc für $\sin(x)/x$ und fängt die Problemstelle ab. Allerdings hat diese MATLAB-Funktion eine seltsame Argumentänderung einprogrammiert und rechnet $\sin(\pi x)/\pi x$ auf den Aufruf sinc(x). Wenn man dies nicht weiss, fällt man anderweitig auf die Nase. Es lohnt sich aber, den Code dieser (und auch anderer) MATLAB-Funktion zu inspizieren, um die Programmierkniffs der Profis kennen zu lernen.

- Wiederum in MATLAB: man programmiert sin(x+eps)/(x+eps). eps ist die kleinste darstellbare Zahl und bei $x = 0$ ist sin(eps)/eps = 1, bei allen anderen Zahlen ergibt sich kein Unterschied zu sin(x)/x.

Dieses Beispiel zeigt, dass man die schönen Computerprogramme und auch die Theorie schon ein wenig beherrschen sollte.

Der pure Theoretiker wird eine vierte Variante wählen und den heiklen Koeffizienten mit (7.36) berechnen. Das resultierende Filter wird aber leider nicht einen so schönen Amplitudengang aufweisen wie in Bild 7.17. Der Fehler liegt darin, dass wegen der Beschneidung auf eine endliche Stossantwort Gleichung (7.36) nicht mehr ganz genau stimmt. Leider hat diese kleine Abweichung aber verheerende Konsequenzen. Der pure Theoretiker weiss aber auch, dass die Fourier-Koeffizienten (und die Filterkoeffizienten können als solche aufgefasst werden) orthogonal sind. Diese Eigenschaft wiederspiegelt sich in (7.35) darin, dass jeder Koeffizient unabhängig von den anderen berechenbar ist. Also muss man ein Filter ohne mittleren Koeffizienten mit einer Ordnung von z.B. 500 berechnen, dann mit (7.36) den fehlenden Koeffizienten bestimmen und danach die überzähligen Koeffizienten wegschmeissen. Diese vierte Variante ist natürlich nicht gerade praxisgerecht, gibt aber schöne Einblicke in die Theorie und lässt sich mühelos mit dem Rechner ausprobieren. Hoffentlich hat der Leser Lust darauf bekommen.

7.2.4 Filterentwurf durch Frequenz-Abtastung

Die Vorgabe des Amplitudenganges muss nicht unbedingt einem idealen Tiefpass entsprechen wie bisher angenommen. Bei anderen Verläufen kann die soeben behandelte Fenstermethode insofern anspruchsvoll sein, als das Integral (7.30) schwierig auszuwerten ist. Diese Schwierigkeit kann man mit einer Näherungslösung umgehen: man ersetzt die inverse FTA durch die inverse DFT, wozu man vorgängig $H_d(j\omega)$ abtasten muss. Man verknüpft also einen diskreten Amplitudengang mit einer diskreten Impulsantwort (bei der Fenstermethode war es ein kontinuierlicher Amplitudengang und eine diskrete Impulsantwort). Bei der Wahl der Abtastzeitpunkte und der Anzahl Abtastungen (gerade oder ungerade) muss man natürlich Tabelle 7.5 berücksichtigen, denn diese gilt unabhängig von der Entwurfsmethode für alle linearphasigen FIR-Filter.

Der Amplitudengang des durch Frequenz-Abtastung erzeugten Filters stimmt an den Abtaststellen mit dem Vorbild überein, dazwischen wird nach dem minimalen Fehlerquadrat approximiert. Wird als Vorgabe ein Frequenzgang mit Diskontinuitäten (Kanten) benutzt (z.B. ein idealer Tiefpass), so tritt wegen diesen Kanten das Gibb'sche Phänomen auf. Abhilfe kann auf zwei Arten getroffen werden:

- Fenstergewichtung der Filterkoeffizienten (genau wie beim Fensterverfahren, diese Methode gehört darum auch eher in die Gruppe der Fensterverfahren).
- Modifikation der Frequenzgangvorgabe vor der IDFT so, dass die störende Diskontinuität über mehrere Abtastwerte verteilt wird (Abrunden der Kanten). Die betroffenen Abtastwerte werden *Transitionskoeffizienten* genannt. Diese Aufgabe kann von Rechnern in Form eines Optimierungsproblems gelöst werden.

Normalerweise geht man aus von einem gewünschten Amplitudengang des Filters. Je nach Typ (Tabelle 7.5) wird dieser als gerader und reeller bzw. ungerader und imaginärer Frequenzgang geschrieben. Wiederum je nach Typ wird eine gerade oder eine ungerade Anzahl Abtastwerte entnommen und die IDFT durchgeführt. Bild 7.18 zeigt ein Beispiel.

Zwischen den Fensterverfahren und dem Frequenz-Abtastverfahren besteht eine enge Verwandtschaft. Ist $H_d(j\omega)$ bandbegrenzt, sodass das Shannon-Theorem eingehalten ist, sind die
Verfahren sogar identisch.

7.2.5 Filterentwurf durch Synthese im z-Bereich

Auch für FIR-Filter gibt es Verfahren, welche die Koeffizienten iterativ mit einem Optimierungsverfahren bestimmen. Natürlich ist diese Methode nur mit einem Rechner durchführbar.
Am berühmtesten ist wohl das auf dem Remez-Austausch-Algorithmus beruhende Verfahren
von Parks-McClellan, dessen Funktionsweise z.B. in [Opp95] beschrieben ist. In den DSV-
Softwarepaketen ist dieses Programm meistens enthalten. Dieser Algorithmus erzeugt automatisch die Koeffizienten eines linearphasigen FIR-Filters, ausgehend von einem Stempel-
Matrizen-Schema. Auch hier tritt im Frequenzgang eine Welligkeit auf. Im Gegensatz zu den
beiden vorherigen Methoden konzentriert sich diese Welligkeit aber nicht an den Grenzen zum
Übergangsbereich, sondern wird *gleichmässig* über den ganzen Sperrbereich verteilt. Diese
Filter heissen darum auch *Equiripple-Filter*. Der grosse Vorteil dabei ist, dass bei gegebener
minimaler Sperrbereichsdämpfung die Ordnung kleiner als bei den anderen Methoden wird,
bzw. dass bei gegebener Ordnung die minimale Dämpfung grösser wird.

Bild 7.18 zeigt oben einen FIR-Tiefpass, der mit inverser DFT und Blackman-Fensterung dimensioniert wurde. Das untere Filter wurde im z-Bereich approximiert. An beide Filter wurden
dieselben Anforderungen wie im letzten Beispiel (Bild 7.17) gestellt.

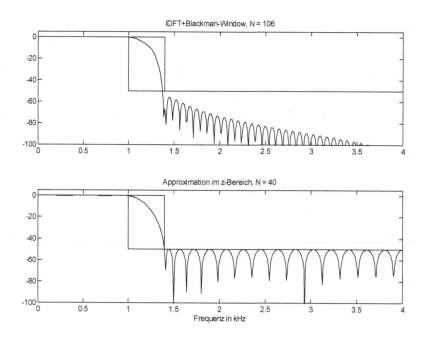

Bild 7.18 FIR-Filter dimensioniert mit der IDFT (oben) bzw. mit Approximation im z-Bereich

Für dieselbe Vorgabe braucht ein FIR-Filter nach der Fenstermethode die Ordnung 65, ein Filter nach der Frequenz-Abtastung über 100 und das im z-Bereich approximierte Filter lediglich 40. Typisch für das dritte Filter (Bild 7.18 unten) ist der gleichmässige Rippel im Sperrbereich. Dieses Filter dämpft bei 3.5 kHz nur mit 50 dB, wohingegen das Filter in Bild 7.18 oben bei 3.5 kHz fast 100 dB Dämpfung hat. Das Filter in Bild 7.17 oben links bringt es noch auf etwa 70 dB. Die weit auseinanderliegenden Ordnungszahlen kommen also nicht durch „gute" oder „schlechte" Entwurfsverfahren zustande, vielmehr liegt der Grund darin, dass bei diesem Beispiel für die Sperrdämpfung überall 50 dB vorgeben waren. Das Equiripple-Filter ist dieser Vorgabe sehr gut angepasst, während die anderen beiden Filter typischerweise eine mit der Frequenz wachsende Sperrdämpfung aufweisen, die Vorgabe bei 1.4 kHz gerade erfüllen und darüber zum Teil weit übertreffen.

Würde man die Sperrdämpfung nicht konstant, sondern steigend (d.h. den Amplitudengang fallend) vorgeben, so bräuchte das Equiripple-Filter eine grössere Ordnung. Dieses Beispiel zeigt auch, dass es nicht genügt, eine einzige Methode zum Filterentwurf zu kennen. Vielmehr braucht es ein ganzes Sortiment an Methoden und natürlich auch die Kenntnis der jeweiligen Stärken und Schwächen.

7.2.6 Linearphasige Hochpässe, Bandpässe und Bandsperren

Mit der Approximation im z-Bereich (→ 7.2.5) und der Frequenzabtastung (→ 7.2.4) lassen sich alle Filterarten direkt realisieren. Bei der Fenstermethode (→ 7.2.3) hingegen geschieht die Synthese indirekt über einen Prototyp-Tiefpass mit anschliessender Frequenztransformation. Diese Frequenztransformation wird im vorliegenden Abschnitt behandelt.

Wir beginnen mit den Bandpässen. Eine Frequenztransformation wie in Bild 4.13 oder Tabelle 7.4 fällt für FIR-Filter ausser Betracht, da beides nichtlineare Abbildungen sind und somit einen Hauptvorteil der FIR-Filter, nämlich die konstante Gruppenlaufzeit, zunichte machen würden. Darüber hinaus würden sie meistens aus dem FIR-Tiefpass ein rekursives System erzeugen.

Für FIR-Filter wählt man deshalb eine Frequenztranslation nach dem Verschiebungssatz der Fourier-Transformation (2.29). Allerdings muss die Impulsantwort reell sein, d.h. der Frequenzgang ist nach Tabelle 2.1 reell und gerade oder imaginär und ungerade. Man multipliziert also die Stossantwort des Prototyp-Tiefpassfilters mit einer Cosinus- oder Sinusfunktion. Im Spektrum bedeutet dies eine Faltung mit Diracstössen, also eine Verschiebung, vgl. Bild 2.14 rechts. Die Multiplikation mit einem Cosinus führt je nach Ordnungszahl auf FIR-Filter Typ 1 oder 2, die Multiplikation mit einem Sinus ergibt Filter vom Typ 3 oder 4 (Tabelle 7.5). Gleichung (2.44) verlangt noch einen Faktor 2.

$$\text{Typ 1, 2:} \quad b_{BP}[n] = 2 \cdot \cos(\omega_m nT) \cdot b_{TP}[n]$$
$$\text{Typ 3, 4:} \quad b_{BP}[n] = 2 \cdot \sin(\omega_m nT) \cdot b_{TP}[n]$$

(7.37)

$$b_{BP}[n] = 2 \cdot \cos(n \cdot \Omega_m) \cdot \frac{\Omega_g}{\pi} \cdot \frac{\sin(n \cdot \Omega_g)}{n \cdot \Omega_g} \cdot w[n] \qquad (\text{Typ 1, 2})$$

$$b_{BP}[n] = 2 \cdot \sin(n \cdot \Omega_m) \cdot \frac{\Omega_g}{\pi} \cdot \frac{\sin(n \cdot \Omega_g)}{n \cdot \Omega_g} \cdot w[n] \qquad (\text{Typ 3, 4})$$

(7.38)

Ω_m = Mittenfrequenz des Bandpasses, Ω_g = halbe Öffnung des Bandpasses

$n = -N/2 \ldots N/2$, vgl. Anmerkung zu Gleichung (7.35)

Man könnte auch auf eine andere Art einen Bandpass mit der Öffnung von Ω_u bis Ω_o erzeugen, nämlich indem man einen Tiefpass mit der Grenzfrequenz Ω_u von einem Tiefpass mit der Grenzfrequenz Ω_o subtrahiert, Bild 7.19.

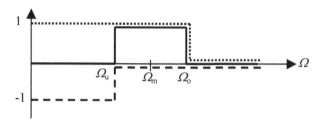

Bild 7.19 Bandpass als Differenz von zwei Tiefpässen

$$b_{BP}[n] = \left[\frac{\Omega_o}{\pi} \cdot \frac{\sin(n \cdot \Omega_o)}{n \cdot \Omega_o} - \frac{\Omega_u}{\pi} \cdot \frac{\sin(n \cdot \Omega_u)}{n \cdot \Omega_u} \right] \cdot w[n] \qquad (7.39)$$

Ω_u, Ω_o = untere bzw. obere Durchlassfrequenz des Bandpasses (normierte Frequenzen!)

$n = -N/2 \dots N/2$, vgl. Anmerkung zu Gleichung (7.35)

Nun nehmen wir (7.38) für Typ 1, 2:

$$b_{BP}[n] = 2 \cdot \cos(n \cdot \Omega_m) \cdot \frac{\Omega_g}{\pi} \cdot \frac{\sin(n \cdot \Omega_g)}{n \cdot \Omega_g} \cdot w[n]$$

Jetzt formen wir goniometrisch um:

$$b_{BP}[n] = \frac{2 \cdot w[n]}{n \cdot \pi} \cdot \cos(n \cdot \Omega_m) \cdot \sin(n \cdot \Omega_g)$$

$$= \frac{2 \cdot w[n]}{n \cdot \pi} \cdot \frac{1}{2} \cdot \left[\sin(n \cdot (\Omega_m + \Omega_g)) - \sin(n \cdot (\Omega_m - \Omega_g)) \right]$$

Wir setzen $\quad \Omega_g = \frac{1}{2} \cdot (\Omega_o - \Omega_u) \quad$ und $\quad \Omega_m = \frac{1}{2} \cdot (\Omega_o + \Omega_u) \quad$ ein:

$$b_{BP}[n] = \frac{w[n]}{n \cdot \pi} \cdot \left[\sin(n \cdot \Omega_o) - \sin(n \cdot \Omega_u) \right] \qquad (7.40)$$

(7.40) entspricht exakt (7.39). Die Dimensionierungsformeln (7.38) und (7.39) sind also identisch und unterscheiden sich nur in der Art der Eingabe (untere und obere Grenzfrequenz bzw. Mittenfrequenz und Bandbreite).

Für Bandpassfilter Typ 3, 4 ergeben sich in (7.39) und (7.40) Cosinusfunktionen anstelle der Sinusfunktionen.

Diese Zweideutigkeit entsteht dadurch, dass die Überlegung in Bild 7.19 aufgrund eines Amplitudenganges erfolgte, der aber zu einem reellwertigen oder einem imaginären Frequenzgang gehören kann.

Man kann sich hier ja fragen, ob man tatsächlich vier Typen von FIR-Bandpässen braucht und sich nicht mit zwei begnügen könnte (gerade bzw. ungerade Ordnung). Im Zusammenhang mit der in der Nachrichtentechnik sehr beliebten Quadraturdarstellung von Signalen sind aber alle vier Typen sehr nützlich [Mey19].

Beispiel: Gesucht wird ein linearphasiger FIR-Bandpass mit 8 kHz Abtastfrequenz, einem Durchlassbereich von 1 … 3 kHz und einer Dämpfung von mindestens 50 dB unter 0.6 kHz und über 3.4 kHz.

Die Übergangsbereiche sind 400 Hz breit, als Prototyp-Tiefpass können wir darum das Filter aus dem letzten Abschnitt (Bild 7.17) benutzen. Die Koeffizienten erhalten wir aus (7.38) mit $\Omega_m = 2\pi \cdot 2000/8000$ und $\Omega_g = 2\pi \cdot 1200/8000$ (die Grenzfrequenz des Tiefpasses reicht bis in die Mitte des Übergangsbereiches). Bild 7.20 zeigt die vier Varianten. Wiederum sind die zwangsläufigen Nullstellen im Amplitudengang bei der Frequenz 0 und der halben Abtastfrequenz erkennbar.

□

Die Filterflanken in Bild 7.20 sind symmetrisch, was typisch ist für FIR-Filter nach der Fenstermethode. Falls die Anwendung keine symmetrischen Flanken verlangt, so bestimmt die steilere Flanke die Filterordnung, während die flachere Flanke dann *im Vergleich zur Anforderung* zu steil abfällt.

Wie eingangs erwähnt, kann man Bandpässe ohne Umweg über den Tiefpass direkt im *z*-Bereich approximieren. Auf diese Art lassen sich auch asymmetrische Filterflanken erzeugen, was bei asymmetrischer Anforderung die Filterordnung gegenüber der Fenstermethode etwas herabsetzt.

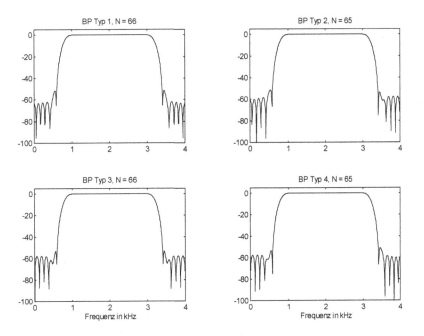

Bild 7.20 FIR-Bandpass nach der Fenstermethode (Amplitudengänge in dB)

Hochpässe lassen sich gleichartig wie die Bandpässe direkt im z-Bereich approximieren oder nach (7.37) durch eine Frequenztranslation aus einem Prototyp-Tiefpass erzeugen. Dabei setzen wir $\omega_m = 2\pi \cdot f_A/2$, also gleich der halben Abtastfrequenz, Bild 7.21.

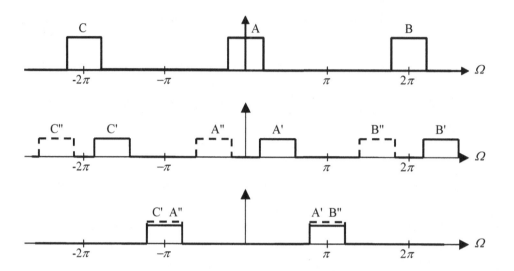

Bild 7.21 Tiefpass, Bandpass und Hochpass (idealisierte Amplitudengänge). Erklärung im Text.

Oben in Bild 7.21 sieht man den Amplitudengang des idealen zeitdiskreten Tiefpasses. Das Spektrum ist zweiseitig gezeichnet und überstreicht nicht nur das Basisband von $-f_A/2 \ldots f_A/2$ bzw. $\Omega = -\pi \ldots \pi$, sondern einen viel weiteren Bereich. Entsprechend sieht man nicht nur den gewünschten Durchlassbereich A, sondern auch die periodische Fortsetzung B und ihren konjugiert komplexen Partner C. Das Anti-Aliasing-Filter am Systemeingang (Bild 5.1) hat dafür zu sorgen, dass keine Signale in die Bereiche B und C fallen.

Das mittlere Bild zeigt die Auswirkung der Bandpass-Transformation nach (7.37): Die Multiplikation mit dem Cosinus lässt sich nach (2.44) aufteilen in zwei Exponentialfunktionen, die je einen Diracstoss mit dem Gewicht 0.5 als Spektrum haben. Der Block A aus dem oberen Bild teilt sich deshalb auf auf zwei halb so hohe Blöcke A' und A". Mit den periodischen Fortsetzungen B und C geschieht dasselbe.

Wenn wir nun die Frequenz des Cosinus erhöhen, so bewegt sich A' nach rechts und B" nach links, bei den negativen Frequenzen verschiebt sich A" nach links und C' nach rechts. Wählen wir die Frequenz des Cosinus gleich der halben Abtastfrequenz, so kommen A' und B" bzw. A" und C' aufeinander zu liegen, untere Zeichnung in Bild 7.21. Die aufeinanderliegenden Blöcke summieren sich zur Höhe wie im obersten Teilbild. B' und C" haben den Abbildungsbereich nach rechts bzw. links verlassen.

Die Verschiebungsfaktoren in (7.37) werden damit:

$$\cos(\omega_m nT) = \cos\left(\frac{2\pi \cdot f_A \cdot nT}{2}\right) = \cos(n\pi) = (-1)^n$$

$$\sin(\omega_m nT) = \sin\left(\frac{2\pi \cdot f_A \cdot nT}{2}\right) = \sin(n\pi) = 0$$

(7.41)

Die untere Lösung fällt natürlich weg. Die Koeffizienten des FIR-Hochpasses entstehen also, indem man die Tiefpass-Koeffizienten alternierend invertiert. Da nun nach Bild 7.21 sich zwei Blöcke aufsummieren, entfällt noch der Faktor 2 in (7.37) und die Formel für die FIR-Hochpass-Koeffizienten lautet:

$$b_{HP}[n] = (-1)^n \cdot b_{TP}[n]$$

(7.42)

$$\boxed{b_{HP}[n] = (-1)^n \cdot \frac{\Omega_g}{\pi} \cdot \frac{\sin(n \cdot \Omega_g)}{n \cdot \Omega_g} \cdot w[n]}$$

(7.43)

$\Omega_g = \pi - \Omega_{gr}$ mit Ω_{gr} = gewünschte (normierte) Durchlassfrequenz des Hochpasses.

$n = -N/2 \ldots N/2$, vgl. Anmerkung zu Gleichung (7.35)

Beispiel: Mit demselben Prototyp-Tiefpass wie in Bild 7.17 entsteht ein Hochpass mit dem Durchlassbereich ab 3 kHz und einer Dämpfung von mindestens 50 dB unter 2.6 kHz, Bild 7.22. Im selben Bild ist noch der Amplitudengang des entsprechenden im *z*-Bereich approximierten Hochpasses zu sehen.

Bild 7.23 zeigt nochmals zwei Hochpass-Amplitudengänge, zusammen mit den Filterkoeffizienten. Das obere Filter ist vom Typ 1, das untere vom Typ 4.

Den Hochpass kann man aber auch als sog. *Komplementärfilter* erzeugen mit der Differenzbildung

$$\boxed{H_{HP}\left(e^{j\Omega}\right) = 1 - H_{TP}\left(e^{j\Omega}\right) \quad \circ\!\!-\!\!\bullet \quad h_{HP}[n] = \delta[n] - h_{TP}[n] \quad ; \quad N \text{ gerade}}$$

(7.44)

Man muss also lediglich die Tiefpass-Koeffizienten nach (7.35) invertieren und zum mittleren Koeffizienten 1 addieren. Dies geht allerdings nur für eine *ungeradzahlige Koeffizientenzahl*, d.h. eine *geradzahlige Filterordnung*. Die Filter Typ 2 und 4 haben eine ungerade Ordnung, also eine gerade Länge der Impulsantwort. Somit gibt es gar keinen mittleren Koeffizienten und ein anderer Koeffizient darf wegen der Symmetrie nicht verändert werden. Es bleiben also die Typen 1 und 3, wobei Typ 3 aufgrund Tabelle 7.5 ebenfalls aus dem Rennen fällt.

Bild 7.24 zeigt ein Beispiel: oben ist der Tiefpass mit seinen Koeffizienten und unten der daraus entstandene Hochpass und seine Koeffizienten abgebildet. Der Tiefpass wurde aus Bild 7.17 übernommen, jedoch die Eckfrequenz auf 2 kHz erhöht, damit die Sperrbereiche des Hoch- und Tiefpasses gleich breit werden und die Bilder besser vergleichbar sind. Weiter wurde die Filterordnung auf 40 verkleinert, damit die Abbildungen mit den Filterkoeffizienten nicht überladen sind. Beide Filter sind vom Typ 1, etwas anderes kommt laut Tabelle 7.5 auch gar nicht in Frage. Beim Entwurf nach (7.43) besteht diese Einschränkung nicht, dort sind Hochpässe vom Typ 1 und 4 möglich, Bild 7.23.

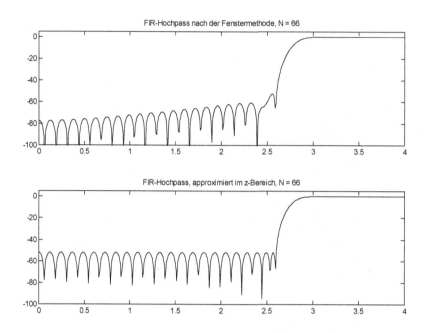

Bild 7.22 FIR-Hochpässe nach der Fenstermethode (oben) und im z-Bereich approximiert (unten)

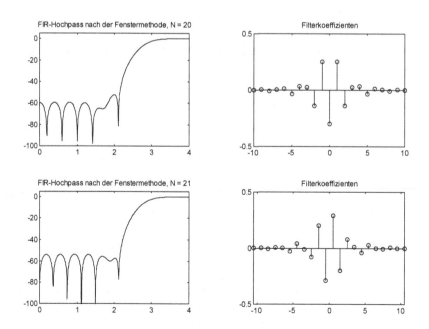

Bild 7.23 FIR-Hochpässe Typ 1 und 4 (Amplitudengänge in dB und Koeffizientenfolge)

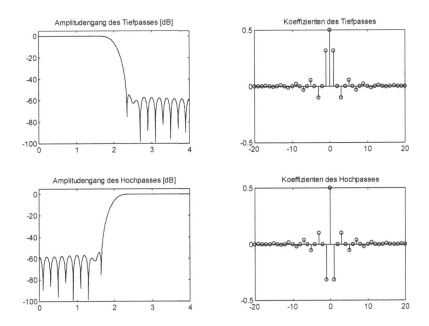

Bild 7.24 Tiefpass und der mit Gleichung (7.44) daraus dimensionierte Hochpass (unten)

Schliesslich bleiben noch die Bandsperren. Auch diese kann man entweder direkt im z-Bereich approximieren oder als Komplementärfilter aus einem Bandpass ableiten:

$$H_{BS}\left(e^{j\Omega}\right)=1-H_{BP}\left(e^{j\Omega}\right) \quad \circ\!\!-\!\!\circ \quad h_{BS}[n] = \delta[n]-h_{BP}[n] \quad ; \quad N \text{ gerade} \qquad (7.45)$$

Die Koeffizienten der Bandsperre erhält man, indem man die Bandpass-Koeffizienten invertiert und zum mittleren Koeffizienten 1 addiert. Auch hier muss die Filterordnung gerade sein, in Frage kommt also nur Typ 1.

Bild 7.25 zeigt oben eine FIR-Bandsperre vom Typ 1, wobei der Prototyp-Tiefpass mit (7.38) oben dimensioniert wurde.

Unten links in Bild 7.25 wurde dieselbe Bandsperre mit (7.38) unten entworfen, also lediglich vom Sinus auf den Cosinus gewechselt. Dies ergibt ein Filter vom Typ 3 mit den entsprechend verheerenden Auswirkungen auf die Bandsperre.

Unten rechts in Bild 7.25 sieht man den gescheiterten Versuch, eine Bandsperre Typ 2 zu realisieren. Dazu wurde bei der geglückten Bandsperre oben lediglich die Ordnung um 1 erhöht und die beiden Koeffizienten in der Mitte modifiziert.

Bild 7.26 zeigt als Zusammenfassung eine Übersicht über die Synthese von linearphasigen FIR-Filtern.

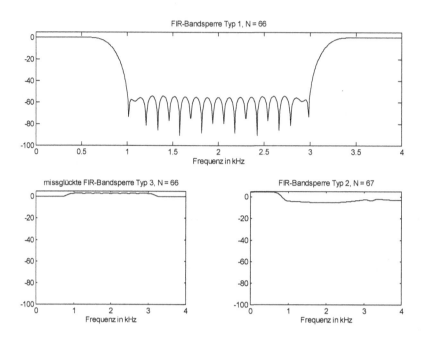

Bild 7.25 FIR-Bandsperren, unten zwei misslungene Versuche (Erläuterungen im Text)

Das anschauliche Transformationsverfahren für die Komplementärfilter (Gleichungen (7.39), (7.44) und (7.45)) ist nur bei linearphasigen FIR-Filtern anwendbar und nicht etwa bei IIR-Filtern. Diese einfache Differenzbildung beruht nämlich auf der Reellwertigkeit der Frequenz-gänge (Nullphasigkeit), was mit kausalen IIR-Filtern prinzipiell nicht machbar ist, vgl. Anhang A8 (erhältlich unter www.springer.com).

Die Komplementärfilter sind sehr nützlich als Bausteine in sog. Filterbänken, wie sie u.a. im Zusammenhang mit den Polyphasenfilter zur Anwendung gelangen, vgl. Anhang B. Die Filter-ordnung muss jedoch gerade sein, was eine Einschränkung sein kann (ausser bei Bandsperren, die nur vom Typ 1 sein können).

Die Hochpässe nach (7.43) und die Bandpässe nach (7.38) kennen diese Einschränkung nicht. Die Bandpässe nach (7.38) weisen einen Phasenunterschied von $\pi/2$ auf. Ein Paar solcher Filter führt darum zusätzlich zur Frequenzselektion auch noch eine Hilbert-Transformation aus. Dies macht sie sehr interessant für Quadraturnetzwerke, die in der Nachrichtentechnik eine grosse Bedeutung haben.

Mit etwas Phantasie kann man sich noch weitere Dimensionierungsarten vorstellen. So kann ein Bandpass oder eine Bandsperre auch durch die Hintereinanderschaltung eines Tiefpasses und eines Hochpasses realisiert werden. Allerdings summieren sich dann die Gruppenlaufzei-ten und die Verzögerung ist grösser als bei der Parallelschaltung von Tiefpässen wie in (7.39).

Alle linearphasigen FIR-Filter lassen sich mit dem REMEZ-Algorithmus direkt im z-Bereich approximieren. Dies gestattet eine tiefere Filterordnung bei asymmetrischen Filterflanken und die Approximation von Amplitudengängen, die nicht einem klassischen Vorbild entsprechen.

Auf der anderen Seite ermöglicht das Fensterverfahren punktsymmetrische Filterflanken, was zu den in der Nachrichtentechnik bedeutungsvollen Nyquistfiltern führt [Mey19].

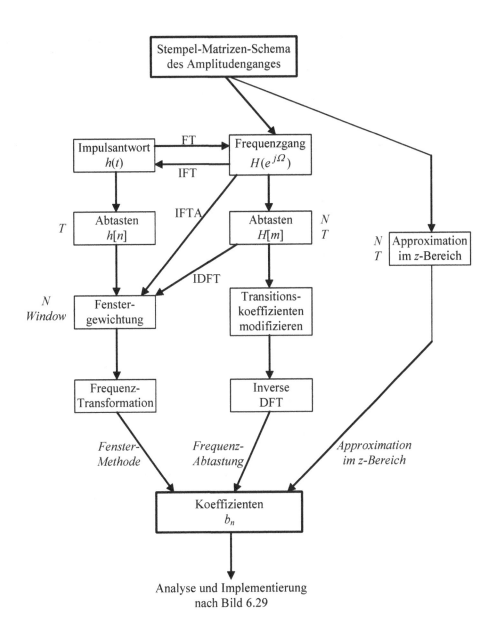

Bild 7.26 Synthese von linearphasigen FIR-Filtern. Kursiv sind die Eingaben für die jeweiligen Blöcke bzw. die Namen der Methoden angegeben.

Im Anhang A9 (erhältlich unter www.springer.com) finden sich weitere Beispiele zur Dimensionierung von FIR-Filtern: Differentiator, Hilbert-Transformator, Kammfilter und Moving Averager.

Bisher haben wir stets von linearphasigen FIR-Filtern gesprochen. Diese stellen ein Hauptanwendungsgebiet für diese Filterklasse dar und gestatten eine Filterung ohne Phasenverzerrungen. Dies ist mit rekursiven oder gar analogen Systemen nur sehr aufwändig und nur näherungsweise machbar.

FIR-Filter können aber auch einen nichtlinearen Phasenverlauf haben, nämlich dann, wenn die Koeffizienten keine Symmetrie aufweisen. In diesem Fall können sie als Ersatz für ein IIR-Filter dienen, mit dem Vorteil, dass das FIR-Filter nie instabil werden kann. Dies ist v.a. vorteilhaft in der Anwendung als adaptives (sich selbst einstellendes) Filter. Auf der anderen Seite steigt die Ordnung gegenüber dem IIR-Vorbild drastisch an, da letzteres dank der Rückkopplung jeden Eingangswert unendlich oft verarbeiten kann. Voraussetzung ist allerdings, dass die Impulsantwort *abklingend*, das System also strikt stabil ist. Bei nur bedingt stabilen Systemen (ein Pol befindet sich auf dem Einheitskreis) wie dem Intergrator bleibt nur die rekursive Realisierung.

Beispiel: Wir bemühen einmal mehr den Tiefpass 1. Ordnung, dessen Stossantwort ein abklingender e-Puls ist, Gleichung (3.18):

$$h(t) = A \cdot e^{-\sigma t} \cdot \varepsilon(t)$$

Wir wählen $A = 1$, $\sigma = 0.5$ und tasten mit $T = 1$ s ab:

$$h(t) = e^{-0.5t} \cdot \varepsilon(t) \quad \rightarrow \quad h[n] = e^{-0.5n} \cdot \varepsilon[n] = 0.6^n \cdot \varepsilon[n]$$

Nun werten wir diese Gleichung aus und erhalten wegen $T = 1$ gerade die Filterkoeffizienten:

$$h[n] = b_n = [1 \quad 0.6 \quad 0.6^2 \quad 0.6^3 \quad ...]$$

Dasselbe System haben wir bereits als impulsinvariantes IIR-Filter dimensioniert, Gleichung (7.6). Setzen wir dort $A = 1$, $B = -0.5$ und $T = 1$, so ergibt sich:

$$H(z) = \frac{1}{1 - e^{-0.5} \cdot z^{-1}} = \frac{1}{1 - 0.6 \cdot z^{-1}} = \frac{z}{z - 0.6}$$

Dividiert man den Polynomquotienten aus, so ergibt sich im Allgemeinen ein unendlich langes Polynom in z^{-1}, die Koeffizienten dieses Polynoms stellen gerade die Abtastwerte von $h[n]$ und somit die Koeffizienten des entsprechenden FIR-Filters dar:

$$H(z) = z : (z - 0.6) = 1 + 0.6 \cdot z^{-1} + 0.6^2 \cdot z^{-2} + 0.6 \cdot z^{-3} + ...$$

Bei langsam abklingenden Stossantworten ergibt sich natürlich eine sehr grosse Ordnung für das FIR-Filter.

□

7.3 Die Realisierung eines Digitalfilters

Dieser Abschnitt dient der kurzen Rekapitulation, um die Struktur der in den Abschnitten 7.1 und 7.2 vorgestellten Konzepte zu verdeutlichen.

Gegenüberstellung FIR-Filter - IIR-Filter:

Die nachstehende Aufstellung vergleicht IIR- und FIR-Filter. Die Frage ist nicht, welche Klasse besser ist, sondern welche Klasse geeigneter für eine *bestimmte Anwendung* ist. Beide Klassen haben ihre Berechtigung.

Tabelle 7.7 Gegenüberstellung der FIR- und IIR-Filter (die Hauptvorteile sind kursiv hervorgehoben)

Kriterium	FIR-Filter	IIR-Filter
Filterarten	Tiefpass, Hochpass, Bandpass, Bandsperre, Multibandfilter, *Differentiator, Hilbert-Transformator*	Tiefpass, Hochpass, Bandpass, Bandsperre, *Allpass, Integrator*
Stabilität	*stets stabil*	u.U. instabil
linearer Phasengang	*einfach möglich*	nur akausal möglich
Gruppenlaufzeit	gross und bei linearphasigen Filtern *frequenzunabhängig*	*klein* und frequenzvariabel (minimalphasige Systeme sind einfach machbar)
Realisierungsaufwand (Filterlänge)	gross	klein
Beeinflussung durch Quantisierung der Koeffizienten	*klein*	gross
Beeinflussung durch Störungen	nur kurz wirksam	u.U. lange wirksam
Grenzzyklen	keine	möglich
häufigste Struktur	Transversalstruktur	Kaskade von Biquads
Adaptive Filter	in Transversalstruktur gut machbar	v.a. in Abzweig / Kreuzglied-Struktur

Schema zur Filterentwicklung:

1. Spezifikation aus der Anwendung ableiten (Stempel-Matrizen-Schema mit Eckfrequenzen, Sperrdämpfung usw.)

2. FIR- oder IIR-Filter? ($\rightarrow$ Tabelle 7.7)

3. Abtastfrequenz hoch: - Anti-Aliasing-Filter einfach (d.h. analoger Aufwand klein)

   - Anforderung an digitale Hardware gross

   - Einfluss der Koeffizienten-Quantisierung gross

   tief: umgekehrt

4. Filter dimensionieren $\rightarrow$ Ordnung, Koeffizienten, Abtastintervall

   Methoden: *FIR* (Bild 7.26):   *IIR* (Bild 7.1):

   Parks McClellan   Yulewalk

   Fensterverfahren   Bilineare Transformation

   Frequenzabtastung   Impulsinvariante Transformation

5. Eventuell Struktur umwandeln (Bild 6.24) und Skalieren (Abschnitt 6.10)

6. Kontrolle der Performance durch Analyse / Simulation (Bild 6.29). Evtl. Redesign mit folgenden Änderungen (einzeln oder kombiniert anwendbar):

   - Filtertyp

   - Struktur

   - Ordnung

   - Abtastfrequenz

   - Koeffizienten-Quantisierung feiner

7. Hardware auswählen ($\rightarrow$ Anhang A7) und Filter implementieren. Test im Zielsystem.

8. Erfahrungen dokumentieren.

Mit den heutigen Entwicklungshilfsmitteln ist es durchaus möglich, ja sogar ratsam, die Schritte 2 bis 6 für mehrere Varianten durchzuspielen. Punkt 8 wird leider häufig vernachlässigt.

In diesem Kapitel 7 haben wir nur die „klassischen" Digitalfilter behandelt. Daneben gibt es noch weitere Arten, die jedoch aufgrund folgender Ursachen (die sich z.T. gegenseitig bewirken) seltener verwendet werden:

- viele Aufgabenstellungen lassen sich ohne Spezialfilter lösen
- es sind (noch) wenig Softwarepakete zur Synthese von Spezialfiltern vorhanden
- die Theorie der Spezialfilter ist anspruchsvoll und noch nicht stark verbreitet.

Nicht behandelt haben wir z.B. Allpässe und Phasenschieber, Zustandsvariablenfilter, Wellendigitalfilter, Abzweigfilter (Ladder Filter) und Kreuzgliedfilter (Lattice Filter) u.v.a. Dazu sei auf die weiterführende Literatur verwiesen. Der Anhang B (erhältlich unter www.springer.com) gibt eine Einführung in die Multiratensysteme und Polyphasenfilter. Im Anhang B finden sich zusätzliche Hinweise für die Weiterarbeit im Themengebiet der Signalverarbeitung.

Literaturverzeichnis

[Abm94]   Abmayr, W.: *Einführung in die digitale Bildverarbeitung*
          Teubner-Verlag, Stuttgart, 1994

[Bac92]   Bachmann, W.: *Signalanalyse*
          Vieweg-Verlag, Braunschweig/Wiesbaden, 1992

[Benxy]   Bendat, J.S.: *The Hilbert Transform and Applications to Correlation Measurement*
          Brühl&Kjaer, Naerum (Denmark), ohne Jahreszahl

[Beu00]   Beucher, O.: *MATLAB und SIMULINK kennenlernen – Grundlegende Einführung*
          Addison Wesley, Reading, 2000

[Bra65]   Bracewell, R.: *The Fourier Transform and its Applications*
          McGraw-Hill, New York, 1965

[Bri95]   Brigham, E.O.: *Schnelle Fourier-Transformation*
          Oldenbourg-Verlag, München, 1995

[Cha02]   Chassaing, R.: *DSP Applications Using C and the TMS320C6x DSK*
          Wiley & Sons, Chichester, 2002

[Dob01]   Doblinger G.: *MATLAB - Programmierung in der digitalen Signalverarbeitung*
          J. Schlembach Fachverlag, Weil der Stadt, 2001

[Gon93]   Gonzalez, R.C., Woods, R.E.: *Digital Image Processing*
          Addison Wesley, Reading, 1993

[End90]   Van den Enden, A. / Verhoecks, N.: *Digitale Signalverarbeitung*
          Vieweg-Verlag, Braunschweig/Wiesbaden, 1990

[Epp93]   Eppinger, B. / Herter E.: *Sprachverarbeitung*
          Hanser-Verlag, Wien, 1993

[Fli91]   Fliege, N.: *Systemtheorie*
          Teubner-Verlag, Stuttgart, 1991

[Fli93]   Fliege, N.: *Multiraten-Signalverarbeitung*
          Teubner-Verlag, Stuttgart, 1993

[Ger97]   Gerdsen P. / Kröger, P.: *Digitale Signalverarbeitung in der Nachrichtenübertragung*
          Springer-Verlag, Berlin, 1997

[Grü01]   von Grünigen, D.: *Digitale Signalverarbeitung*
          Fachbuchverlag Leipzig / Hanser, München, 2001

© Springer Fachmedien Wiesbaden GmbH, ein Teil von Springer Nature 2021
M. Meyer, *Signalverarbeitung*, https://doi.org/10.1007/978-3-658-32801-6

[Hei99]   Heinrich, W.: *Signalprozessor Praktikum. Zum Starter Kit EZ-KIT-LITE von Analog Devices*, Franzis-Verlag, München, 1999

[Hig90]   Higgins, R.J.: *Digital Signal Processing in VLSI* Prentice-Hall, Englewood Cliffs, 1990

[Hof99]   Hoffmann, J.: *MATLAB und SIMULINK in Signalverarbeitung und Kommunikationstechnik*, Addison-Wesley, Reading, 1999

[Höl86]   Hölzler, E. / Holzwarth, H.: *Pulstechnik, Band 1* Springer-Verlag, Berlin, 1986

[Ing91]   Ingle, V.K. / Proakis, J.G.: *Digital Signal Processing Laboratory using the ADSP-2101*. Prentice-Hall, Englewood Cliffs, 1991

[Kam98]   Kammeyer K.D. / Kroschel, K.: *Digitale Signalverarbeitung* Teubner-Verlag, Stuttgart, 1998

[Kam01]   Kammeyer K.D. / Kühn V.: *MATLAB in der Nachrichtentechnik* J. Schlembach Fachverlag, Weil der Stadt, 2001

[Mcc98]   McClellan, J.H. / Schafer, R.W. / Yoder, M.A.: *DSP First – A Multimedia Approach* Prentice Hall, Upper Saddle River, NJ 07458, USA, 1998

[Mer96]   Mertins, A.: *Signaltheorie* Teubner-Verlag, Stuttgart, 1996

[Mey19]   Meyer, M.: *Kommunikationstechnik – Konzepte der modernen Nachrichtenübertragung*, Springer Vieweg Verlag, Wiesbaden, 2019

[Mil92]   Mildenberger, O.: *Entwurf analoger und digitaler Filter* Vieweg-Verlag, Braunschweig/Wiesbaden, 1992

[Mil95]   Mildenberger, O.: *System- und Signaltheorie* Vieweg-Verlag, Braunschweig/Wiesbaden, 1995

[Mil97]   Mildenberger, O.: *Übertragungstechnik* Vieweg-Verlag, Braunschweig/Wiesbaden, 1997

[Mit01]   Mitra, S.K.: *Digital Signal Processing – A Computer-Based Approach* McGraw-Hill, Boston, 2001

[Mul99]   Mulgrew, B. / Grant, P. / Thompson, J.: *Digital Signal Processing* MacMillan Press, London, 1999

[Opp95]   Oppenheim, A.V. / Schafer, R.W.: *Zeitdiskrete Signalverarbeitung* Oldenbourg-Verlag, München, 1995

[Opw92]   Oppenheim, A.V. / Willsky, A.S.: *Signale und Systeme* VCH-Verlag, Weinheim, 1992

[Pap62]   Papoulis, A.: *The Fourier Integral and its Applications*
          McGraw-Hill, New York, 1962

[Ran87]   Randall, R.B.: *Frequency Analysis*
          Brüel & Kjaer, Naerum (Denmark), 1987

[Stä00]   Stähli, F. / Gassmann F.: *Umweltethik – Die Wissenschaft führt zurück zur Natur*
          Sauerländer-Verlag, Aarau, 2000

[Ste94]   Stearns, S.D. / Hush, D.R.: *Digitale Verarbeitung analoger Signale*
          Oldenbourg-Verlag, München, 1994

[Teo98]   Teolis, A.: *Computational Signal Processing with Wavelets*
          Birkhäuser-Verlag, Boston, 1998

[Unb96]   Unbehauen, R.: *Systemtheorie 1, 2*
          Oldenbourg-Verlag, München, 1996/97

[Wer01]   Werner, M.: *Digitale Signalverarbeitung mit MATLAB*
          Vieweg-Verlag, Braunschweig/Wiesbaden, 2001

Verzeichnis der Formelzeichen

a	Nennerkoeffizienten einer Systemfunktion
A_D	Durchlassdämpfung
A_S	Sperrdämpfung
b	Zählerkoeffizienten einer Systemfunktion
B	Aussteuerbereich eines Systems
B	Bandbreite
$d[n]$	Einheitsimpuls für digitale Simulation: $[1/T, 0, 0, \dots]$
f	Frequenz
f_A	Abtastfrequenz
f_g	Grenzfrequenz
f_S	Sperrfrequenz
$g(t)$	Sprungantwort, Schrittantwort
$h(t)$	Stossantwort, Impulsantwort
$H(j\omega)$	Frequenzgang eines kontinuierlichen Systems (Fourier)
$H(e^{j\Omega})$	Frequenzgang eines zeitdiskreten Systems
$H(s)$	Übertragungsfunktion eines kontinuierlichen Systems (Laplace)
$H(z)$	Übertragungsfunktion eines zeitdiskreten Systems (z-Transformation)
i	Laufvariable
j	imaginäre Einheit
k	Laufvariable
k	Wortbreite eines digitalen Systems
L	Länge der Impulsantwort
n	Laufvariable
$n(t)$	Störsignal (n = noise)
N	Systemordnung, Filterordnung
$p(t)$	Momentanleistung
P	mittlere Signalleistung
q	Quantisierungsintervall
Q_N	Nullstellengüte
Q_P	Polgüte
R_P	Passband-Rippel
R_S	Stoppband-Rippel
SR_Q	Quantisierungsrauschabstand
T, T_A	Abtastintervall
T_B	Beobachtungszeit
T, T_P	Periodendauer
T, τ	Zeitdauer eines Signals
V	Verstärkung
V_D	Durchlassverstärkung
V_S	Sperrverstärkung
W	Signalenergie
$x[n]$	Sequenz, Eingangssequenz
$x(t)$	Signal, Eingangssignal
$x_A(t)$	abgetastetes (zeitdiskretes) Signal
$y(t)$	Signal, Ausgangssignal
$y[n]$	Sequenz, Ausgangssequenz

© Springer Fachmedien Wiesbaden GmbH, ein Teil von Springer Nature 2021
M. Meyer, *Signalverarbeitung*, https://doi.org/10.1007/978-3-658-32801-6

$\delta(t)$	Diracstoss, Deltafunktion
$\delta[n]$	Einheitsimpuls: $[1, 0, 0, \dots]$
$\varepsilon(t)$	Sprungfunktion, Schrittfunktion
$\varepsilon[n]$	Schrittsequenz
ξ	Dämpfung
τ	Zeitkonstante, Zeitdauer
ω	Kreisfrequenz für kontinuierliche Signale
Ω	normierte Kreisfrequenz für zeitdiskrete Signale, $\Omega = \omega \cdot T = \omega / f_A$
ω_g	Grenzkreisfrequenz
ω_s	Sperrkreisfrequenz
ω_0	Polfrequenz
$*$	Faltung
$*$	konjugiert komplexe Grösse

Verzeichnis der Abkürzungen

AAF	Anti-Aliasing-Filter
ADC	Analog-Digital-Wandlung, Analog-Digital-Wandler
AP	Allpass
AR	Auto-Regressiv
ARMA	Auto-Regressiv & Moving Average
ASV	Analoge Signalverarbeitung
BP	Bandpass
BS	Bandsperre
CCD	Charge Coupled Device
DAC	Digital-Analog-Wandlung, Digital-Analog-Wandler
DB	Durchlassbereich
DC	Direct Current, Gleichstrom, Gleichanteil
DFT	Diskrete Fourier-Transformation
DG	Differentialgleichung, Differenzengleichung
DSP	Digitaler Signalprozessor
DSV	Digitale Signalverarbeitung
DTFT	Discrete Time Fourier Transform (= FTA)
FFT	Fast Fourier Transform, Schnelle Fourier-Transformation
FIR	Finite Impuls Response (endlich lange Impulsantwort)
FK	Fourier-Koeffizienten
FR	Fourier-Reihe
FT	Fourier-Transformation
FTA	Fourier-Transformation für Abtastsignale
HF	Hochfrequenz
HP	Hochpass
IFT	Inverse FT
IFFT	Inverse FFT
IIR	Infinite Impuls Response (unendlich lange Impulsantwort)
LHE	linke Halbebene (s-Ebene)
LT	Laplace-Transformation
LTD	Lineares, zeitinvariantes und diskretes System
LTI	Lineares, zeitinvariantes und kontinuierliches System
MA	Moving Averager (gleitender Mittelwertbildner)
NS	Nullstelle(n)
PLL	Phase-Locked-Loop, Phasenregelkreis
PN	Pol-Nullstellen…
PRBN	Pseudo Random Binary Noise
RHE	rechte Halbebene (s-Ebene)
SB	Sperrbereich
SC	Switched Capacitor
SMS	Stempel-Matrizen-Schema
S/N	Signal to Noise Ratio, Signal-Stör-Abstand
S&H	Sample & Hold, Abtast- und Halteglied
TP	Tiefpass
UTF	Übertragungsfunktion
ZT	z-Transformation

© Springer Fachmedien Wiesbaden GmbH, ein Teil von Springer Nature 2021
M. Meyer, *Signalverarbeitung*, https://doi.org/10.1007/978-3-658-32801-6

Sachwortverzeichnis

© Springer Fachmedien Wiesbaden GmbH, ein Teil von Springer Nature 2021
M. Meyer, *Signalverarbeitung*, https://doi.org/10.1007/978-3-658-32801-6